**21世纪电气信息学科立体化系列教材**

# 编审委员会

**顾问：**

　　潘　垣（中国工程院院士，华中科技大学）

**主任：**

　　吴麟章（湖北工业大学）

**委员：**（按姓氏笔画排列）

　　王　斌（三峡大学电气信息学院）

　　余厚全（长江大学电子信息学院）

　　陈铁军（郑州大学电气工程学院）

　　吴怀宇（武汉科技大学信息科学与工程学院）

　　陈少平（中南民族大学电子信息工程学院）

　　罗忠文（中国地质大学信息工程学院）

　　周清雷（郑州大学信息工程学院）

　　谈宏华（武汉工程大学电气信息学院）

　　钱同惠（江汉大学物理与信息工程学院）

　　普杰信（河南科技大学电子信息工程学院）

　　廖家平（湖北工业大学电气与电子工程学院）

21世纪电气信息学科立体化系列教材

# 电工与电子技术

（第二版）

主　编　陶桓齐
副主编　杨　刚　喻向东　吕晓雁
　　　　张　珩　刘文琮

华中科技大学出版社
http://www.hustp.com
中国·武汉

## 内 容 简 介

本书是高等学校"21世纪电气信息学科立体化系列教材"之一。根据教育部颁发的高等学校"电工技术"和"电子技术"两门课程的基本要求,本着"加强基础、注重实用、精简内容、创新思维"的原则编写而成。主要内容包括电路基本概念与定律、电路分析方法、正弦交流电路、三相电路、线性电路的暂态分析、变压器与电动机、半导体二极管及其应用、三极管及其放大电路、集成运算放大器及其应用、直流稳压电源、组合逻辑电路、时序逻辑电路等。各章均有内容提要、小结和精选的练习题。

本书既可作为高等学校理工科非电类各专业及相关课程的本科教材,也可作为相关专业工程技术人员的阅读参考书。

**图书在版编目(CIP)数据**

电工与电子技术(第二版)/陶桓齐主编. —武汉:华中科技大学出版社,2012.9(2025.7重印)
ISBN 978-7-5609-4865-2

Ⅰ.①电… Ⅱ.①陶… Ⅲ.①电工技术-高等学校-教材 ②电子技术-高等学校-教材
Ⅳ.①TM ②TN

中国版本图书馆 CIP 数据核字(2012)第 135643 号

**电工与电子技术(第二版)**　　　　　　　　　　　　　　　　　　　　　陶桓齐　主编

策划编辑:王红梅
责任编辑:王红梅
封面设计:秦　茹
责任校对:朱　玢
责任监印:周治超

出版发行:华中科技大学出版社(中国•武汉)　　　电话:(027)81321913
　　　　　武汉市东湖新技术开发区华工科技园　　　邮编:430223
录　　排:武汉市洪山区佳年华文印部
印　　刷:武汉开心印印刷有限公司
开　　本:787mm×960mm　1/16
印　　张:23.5　插页:2
字　　数:474千字
版　　次:2025 年 7 月第 2 版第 12 次印刷
定　　价:48.80元

本书若有印装质量问题,请向出版社营销中心调换
全国免费服务热线:400-6679-118　　竭诚为您服务
版权所有　侵权必究

# 第二版前言

本书第一版自2008年9月出版以来,以其内容精练、重点突出等特点被多所高等院校选为教材。作为21世纪电气信息学科立体化系列教材之一,使用效果良好。为适应电工电子技术的发展和教学改革的需要,作者对本书第一版进行了修订。与第一版相比较,第二版的内容有所增减,部分章节作了调整。

电工与电子技术作为现代科学技术最活跃的重要技术之一,已经广泛渗透到各个学科领域,在各种工程实践中具有重要的基础性、广泛的应用性和卓越的先进性。因此,"电工与电子技术"作为高等学校工科专业的技术基础课程,其主要目的是使学生通过本课程的学习,获得电工与电子技术的基本理论、基本知识和基本技能,熟悉常用电子元器件的基本特性和应用条件,掌握电工与电子技术典型电路的基本分析方法和应用技巧,从而提高实践技能,增强分析和和解决实际问题的能力,为学习后续课程和专业知识以及从事相关专业的工程技术和科学研究建立电工电子技术的理论基础,也为继续深造、开拓知识和创新发展构建基础平台。

根据知识的系统性特点,本书内容分为上、下两篇,共12章。上篇为电工技术基础,包括电路基本理论、变压器、电动机及其简单控制。下篇为电子技术基础,包括模拟电子技术、数字电子技术及大规模集成电路等。为满足不同专业的教学要求,第二版仍然突出了以下特点:强调基础,注重实用,创新思维,体现最新科技成果;归纳要点,提高效率,及时总结各章内容,以达到理清思路,抓住重点,分辨难点的目的;加强基础习题练习和实验技能训练,提高思维和动手能力;配备了电子课件、电子习题及解答,教学大纲及授课实施方案,方便教学及自学。

为了适应不同专业的教学要求,建议本教材授课学时分为两种选择:一种是一个学期结束课程的,可选择70~74学时;另一种是两个学期结束课程的,可选择100~110学时,其中均包括课内实验。任课教师可灵活选取或删减。

本书由陶桓齐担任主编,杨刚、喻向东、吕晓雁、张珩、刘文琮为副主编。杨刚编写第1、2章;陶桓齐编写第3、10、11、12章及附录;张珩编写第4、9章;刘文琮编写第5章;喻向东编写第6章;吕晓雁编写第7、8章。全书由陶桓齐统稿、校订,并完成第二版的修订。

本书的编写、修订、出版得到了武汉纺织大学有关领导和专家、华中科技大学出版社领导和专家的大力帮助和支持,也曾参考了许多同仁的教材和文献资料。在此一并致以衷心感谢!

限于时间及编者的业务水平,书中难免有错误和欠缺之处,敬请广大师生和读者批评、指正,不胜感激!

编 者

2012 年 6 月

# 第一版前言

"电工与电子技术"课程是高等学校非电类专业开设的一门技术基础课。随着科学技术的快速发展,电工电子技术已越来越广泛地渗透到各个学科和技术领域。因而它具有重要的基础性、广泛的应用性和典型的先进性。

"电工与电子技术"作为非电类专业的技术基础课程,其主要目的是使学生通过本课程的学习,获得电工与电子技术必要的基本理论、基本知识和基本技能;了解电工与电子技术的应用和发展概况;获得电工与电子技术的基本分析方法和应用技巧;熟悉常用电子元器件的基本特性和应用条件。从而培养初步的实践技能,以及分析问题和解决问题的实际能力。为学生学习后续课程和专业知识以及从事相关的工程技术和科学研究工作打好必要的理论基础,也为自学深造、拓宽视野和创新知识建立基础平台。

根据教育部有关提高高等学校教学水平、加强教学质量建设的总体要求,结合本课程的教学改革需要,面对现有教材显现出内容过多、篇幅过长、部分内容过时的缺陷,以及科学技术的飞速发展和市场变化的需求,电工电子技术的教材应不断更新。因此,为适应课程改革的要求,解决非电类专业课时少、内容多的矛盾,本教材致力于突出以下特点。

1. 以"强调基础、注重实用、精简内容、创新思维"为原则,适当减少以往同类教材的繁杂叙述和冗长部分,及时增加最新的科技成果等内容。

2. 为便于有效掌握知识要点,提高学习效率,每章的开始和结束部分分别设置有内容提要和本章小结等内容,以达到提出问题、分析问题、理清思路、突出主干、分辨重点和难点的目的。

3. 为加强课后练习和效果检验,每章习题的选择既有检测性,又有启迪性。加强基础训练,联系实际应用,选题形式多样灵活,突出培养学生正确的思维方式和分析方法,提高其相应能力。

4. 以工程应用为主线,以典型案例为示范,配有相应的电子课件、习题及解答、教学大纲及授课实施方案,从而便于教师教学和学生自学。

由于非电类专业较多,且有些专业的发展与电的联系程度不一。因此,对电工与电子技术的要求不一样,相应的学时也有差别,为了使本教材具有灵活性,本书的内容大致有两种类别:

(1) 基本内容:作为教学要求所规定的内容;
(2) 选讲内容(书中用※号加以区别):作为不同专业要求或加深加宽的内容。

为了适应不同专业的教学要求,建议本教材授课学时分为两种选择:一种是在一个学期内结束课程的,可选择 70~74 学时;另一种是在两个学期内结束课程的,可选择 100~110 个学时,其中均包括课内实验。任课教师可灵活选取或删减。

参加本书编纂的教师都有着多年的教学经验和科研实践经历,其中杨刚编写第 1、2 章;陶桓齐编写第 3、10、11、12 章及附录;张珩编写第 4、9 章;刘文琮编写第 5 章;喻向东编写第 6 章;吕晓雁编写第 7、8 章。全书由陶桓齐担任主编,并负责策划、统稿和校订。王水兵、马双宝、李颂战、郭旻、严新、刘丰等参与部分内容的编写及课件制作。

本书的出版得到了武汉纺织大学教材建设出版基金的资助,同时得到武汉纺织大学张建钢教授以及华中科技大学出版社领导和专家的大力支持;本书参阅了有关作者的教材和文献资料,在此一并致以衷心的感谢! 由于编者水平有限,见解不深,书中难免有不妥之处,真诚希望读者,尤其是使用本教材的教师和同学们提出批评和改进意见,以便修订提高。

编　者
2008 年 1 月

# 目 录

## 上篇 电工技术

**1 电路模型与基本定律** (1)
  1.1 电路的基本概念 (1)
  1.2 电路模型与电路元件 (4)
  1.3 电路的基本状态 (8)
  1.4 基尔霍夫定律 (13)
  1.5 电阻的串联与并联及其等效电路 (15)
  本章小结 (18)
  习题 1 (19)

**2 电阻电路的分析方法** (21)
  2.1 电压源与电流源的等效变换 (21)
  2.2 支路电流法 (26)
  2.3 节点电压法 (27)
  2.4 叠加定理 (29)
  2.5 等效电源定理 (31)
  本章小结 (37)
  习题 2 (38)

**3 正弦稳态交流电路分析** (41)
  3.1 正弦交流电的基本概念 (41)
  3.2 正弦电路的相量表示法 (45)
  3.3 单一电路元件的正弦交流电路 (51)
  3.4 混合电路元件的正弦交流电路 (58)
  3.5 正弦交流电路的功率因数及其提高 (68)
  3.6 正弦交流电路的频率特性 (71)
  本章小结 (78)

习题 3 ································································· (79)

## 4　三相交流电路及其应用 ····································· (83)
4.1　三相电源 ····················································· (83)
4.2　三相负载 ····················································· (86)
4.3　三相功率 ····················································· (91)
4.4　安全用电 ····················································· (92)
本章小结 ···························································· (94)
习题 4 ································································ (95)

## 5　电路的暂态分析 ··············································· (97)
5.1　暂态分析的基本概念 ······································ (97)
5.2　RC 电路的暂态响应 ······································ (102)
5.3　一阶线性电路暂态分析的三要素法 ················· (109)
5.4　RL 电路的暂态响应 ······································ (110)
5.5　电路暂态过程的应用与预防 ·························· (112)
本章小结 ··························································· (116)
习题 5 ······························································· (116)

## 6　变压器与电动机 ·············································· (119)
6.1　磁路的基本概念 ·········································· (119)
6.2　变压器 ······················································ (124)
6.3　电动机 ······················································ (130)
6.4　电气控制电路 ············································· (146)
本章小结 ··························································· (155)
习题 6 ······························································· (155)

# 下篇　电子技术

## 7　半导体二极管及其应用 ····································· (157)
7.1　半导体的基本特性 ······································· (157)
7.2　半导体二极管 ············································· (161)
7.3　二极管应用电路 ·········································· (167)
本章小结 ··························································· (170)
习题 7 ······························································· (170)

**8　半导体三极管放大电路基础** ································································· (173)
　8.1　半导体三极管及其放大作用 ···················································· (173)
　8.2　共发射极放大电路的静态分析 ················································ (179)
　8.3　共发射极放大电路的动态分析 ················································ (186)
　8.4　共集电极放大电路——射极输出器 ········································· (192)
　8.5　工程实用放大电路及其特性 ···················································· (195)
　8.6　场效应晶体管及其放大电路 ···················································· (207)
　本章小结 ································································································ (211)
　习题 8 ··································································································· (212)

**9　集成运算放大器及其应用** ······························································· (217)
　9.1　集成运算放大器概述 ································································ (217)
　9.2　集成运算放大电路的负反馈 ···················································· (222)
　9.3　集成运算放大器构成的信号运算电路 ···································· (228)
　9.4　集成运算放大器构成信号处理电路 ········································ (234)
　9.5　集成运放构成正弦波振荡电路 ················································ (239)
　本章小结 ································································································ (243)
　习题 9 ··································································································· (243)

**10　直流稳压电源** ················································································· (247)
　10.1　单相整流电路 ·········································································· (248)
　10.2　滤波电路 ·················································································· (251)
　10.3　直流稳压电源 ·········································································· (254)
　本章小结 ································································································ (261)
　习题 10 ································································································· (262)

**11　逻辑门与组合逻辑电路** ··································································· (265)
　11.1　数字电路基本概念 ·································································· (265)
　11.2　数字逻辑代数基础 ·································································· (269)
　11.3　基本逻辑门电路 ······································································ (281)
　11.4　组合逻辑电路的分析和设计 ·················································· (291)
　11.5　常用组合逻辑集成器件 ·························································· (294)
　本章小结 ································································································ (306)
　习题 11 ································································································· (306)

## 12 触发器与时序逻辑电路 ······(311)

### 12.1 双稳态触发器 ······(311)
### 12.2 寄存器 ······(322)
### 12.3 计数器 ······(324)
### 12.4 单稳态和无稳态触发器 ······(336)
### 本章小结 ······(340)
### 习题 12 ······(340)

## 附录 ······(345)

### 附录 A 电路仿真软件 EWB-Multisim 简介 ······(345)
### 附录 B 常用半导体分立器件的参数 ······(356)
### 附录 C 部分模拟集成电路主要参数 ······(358)
### 附录 D 部分数字集成电路品种型号 ······(360)
### 附录 E 习题部分参考答案 ······(361)

## 参考文献 ······(366)

# 上篇 电工技术

# 1

# 电路模型与基本定律

本章将以物理概念为基础,结合电路基本理论,介绍了电路元件与电路模型的概念,重点讨论电路元件的电压和电流的参考方向、电路的基本状态和基尔霍夫定律等,这些内容都是分析和计算电路的基础,应当给予足够的重视。

## 1.1 电路的基本概念

### 1.1.1 电路的作用与组成

电路是指为了实现某个目的而将相应的电路元器件按照一定的原则要求组合起来、并通以电流作用的路径。

虽然电路的使用目的和结构形式多种多样、千差万别,但根据电路的功能,其作用大致可以分为两个方面:电能的传输和转换、信号的传递和处理。

**1. 电能的传输和转换**

用于电能传输与转换的电路的特征是电压较高且电流较大,习惯上称这样的电路为强电电路,其电路示意图如图 1-1 所示。它由电源、负载和中间环节三个部分组成,主要的功能是实现电能的传输和转换。因此,要求这种电路在输送和转换电能的过程中具有尽可能高的效率。

电源,是指能将其他形式的能量转换成电能的设备。如化学能电池、太阳能电池、水力发电机、汽轮发

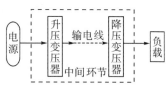

图 1-1 电力系统电路示意图

电机、核能发电装置等。

中间环节,是指将电源和负载连接起来的部分,包括导线、变压器、开关、仪表和保护设备等。

负载,是指能将电能转换成其他形式能量的设备,如电灯、电炉、电动机等。

#### 2. 信号的传递和处理

用于信号传递与处理的电路的特征是电压较低且电流较小,习惯上称这样的电路为弱电电路,其电路示意图如图 1-2 所示。它由信号源、中间环节和负载三个部分组成,主要功能是实现信息的传递和处理。因此,要求此种电路在传递和处理信息的过程中必须具有较高的保真度。

图 1-2　扩音机电路示意图

信号源是指能将语言、文字、图像、音乐和数据等信息转换为相应电信号的设备,如扩音机的话筒、收音机和电视机的天线、DVD 机等。

中间环节是指能将接收的信号进行传递和处理的电路,如调谐、变频、检波、放大和分频电路等。

负载是指能将电信号还原为原始信息的设备,如扬声器可将电信号还原为语言和音乐,显示器可将电信号还原为文字、数据和图像等。

因为电源和信号源的电压、电流能使电路发生作用,故称作电路的激励(原因);由于激励的作用而在电路中产生的电压和电流称为电路的响应(结果)。

电路分析是指在已知电路结构的条件下,讨论激励和响应之间的关系。

### 1.1.2　电路的基本物理量及其参考方向

无论是强电还是弱电,其电流 $I$、电压 $U$、电位 $V$、电动势 $E$、电荷 $Q$ 和磁通 $\Phi$,以及电功率 $P$、电能 $W$ 均为电路的基本物理量。由于它们在电路中不仅有作用大小的区别,还有作用方向的区别,因此在分析电路时必须在电路图上标注它们的方向或极性,只有这样才能正确地列出电路的代数方程。

电荷在电场力作用下有规则地运动形成电流,衡量电流大小的物理量是电流强度,简称为电流。电流大小等于单位时间内通过导体横截面的电荷量,即

$$i = \frac{dQ}{dt} \tag{1-1}$$

在国际单位制中,电流的基本计量单位是安培,简称安(A),还有千安(kA)、毫安(mA)和微安($\mu$A),它们的换算关系是:$1\ kA = 10^3\ A$;$1\ mA = 10^{-3}\ A$;$1\ \mu A = 10^{-6}\ A$。

大小和方向随时间变化而变化的电流称为变动电流或交流电流,用小写字母 $i$ 表示;大小和方向都不随时间变化而变化的电流则称为恒定电流,简称直流,用大写字母 $I$ 表示。

习惯上规定,正电荷运动的方向为电流的实际流动方向。电流在导线中流动方

向只有两种可能,如图 1-3 所示。然而,在分析或计算复杂电路时,一般不可能预先确定电流流动的实际方向。为此,可先在电路图上任意选定某一方向作为电流的假定正方向,或称为电流的参考方向,一般采用箭标或双下标(如 $I_{ab}$)来表示参考方向。当电流的

图 1-3 电流的参考方向

实际方向与选定的参考方向一致时,则电流为正值(见图1-3(a));反之,则电流为负值(见图 1-3(b))。因此,只有在参考方向选定之后,电流才有正、负值之分。

电路中之所以产生电荷的定向移动(即电流),其基本原因是电路中存在电位差,这种电位的差别是由电动势提供的。为分析方便,电路中也常使用电位这一物理量。基本方法是:选定电路中任意一点作为电位参考点,而把电路中其他点到参考点之间的电压称作该点的电位,用 $V$ 表示,并设参考点电位为零伏。如图 1-4 所示,b 点的电位为 $V_b$,a 点的电位为 $V_a$,若选择 b 点为电位参考点,则 b 点的电位 $V_b=0$。习惯上将参考点 b 用接地符号"⊥"表示,此连接仅表示该点电位为零,并非与大地直接相连。根据上述电位的概念,电路中任意两点间的电压,可表示为这两点的电位之差,即

$$U_{ab}=V_a-V_b \tag{1-2}$$

因此,电场力将单位正电荷从 a 点移到 b 点所做功的数值就是 a 点到 b 点间的电压 $U_{ab}$。习惯上规定,电压的实际极性是由高电位("+"极性)端指向低电位("-"极性)端,即为电位降落的方向。

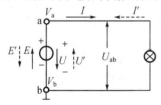

图 1-4 电位和电压的参考方向

电源动力在电源内部将单位正电荷从 b 点移到 a 点所做功的数值就是电源的电动势,用符号 $E_{ba}$ 表示,其中,下标 ba 表示电动势的正方向,如图 1-4 所示。习惯上规定,电动势的实际极性是在电源内部由低电位("-"极性)端指向高电位("+"极性)端,即为电位升高的方向。

在国际单位制中,电压、电位和电动势的基本计量单位都是伏特,简称伏(V),还有千伏(kV)、毫伏(mV)和微伏(μV)。它们之间的换算关系是:1 kV=$10^3$ V;1 mV=$10^{-3}$ V;1 μV=$10^{-6}$ V。

同样,在分析或计算复杂电路时往往也不可能预先确定电压和电动势的实际极性,为此,应在电路图上任意选定电压和电动势的假定正极性(方向),或称作参考极性(方向),一般是采用双下标或箭标来表示参考极性(方向),如 $U_{ab}$。当电压和电动势的实际极性与选定的参考极性一致时,电压和电动势为正值;反之,则电压和电动势为负值。因此,在参考极性或方向选定之后,电压和电动势也就有了正、负值之分。

在电路图中标注的 $I$、$U$、$E$ 的方向,一般表示为参考方向(假定正方向),它们是取正值还是取负值,均要根据参考方向而定。

在同一段电路中,当电压和电流的参考方向选择一致时,称为关联的参考方向;否则,参考方向相反时,称为非关联的参考方向。

应特别指出的是:对于同一个电源而言,电动势与端电压的极性相反。即提供电能作用(或发出功率)的电源的端电压与其电流的方向为非关联的参考方向。

在图 1-4 所示的各个电量的参考方向中,a 点为高电位,b 点为低电位。根据 $I$、$U$、$E$ 实际方向(极性)的规定,有 $I=I_{ab}>0$、$U=U_{ab}>0$、$E=E_{ba}>0$;若 $I$、$U$、$E$ 参考方向的选取与图中所示的相反,则 $I'=I_{ba}<0$、$U'=U_{ba}<0$、$E'=E_{ba}<0$;并且,对于同一段电路,当选取的参考方向相反时,则 $I_{ab}=-I_{ba}$,$U_{ab}=-U_{ba}$,$E_{ba}=-E_{ab}$,即绝对值相等,而符号相反。

电路的物理量是电路分析的基础,在分析过程中,一定要注意正确使用,包含其计量单位。

## 1.2 电路模型与电路元件

### 1.2.1 电路模型

实际应用的电路,均是由起不同作用的各种电路元器件按照一定的要求组成的,每一个元器件所起的作用都比较复杂。例如,具有典型意义的绕线型电阻器,其主要作用是消耗电能,即主要是电阻的性质;但同时由于绕线又具有一定的电感特性,两者相比较,电阻的作用远远大于电感的作用。因此,主要考虑绕线型电阻器的电阻作用,而忽略次要的电感作用,可认为绕线型电阻器就是一个纯电阻,即实际元件理想化处理,使实际电路的分析和计算既简便又实用。由理想元件构成的电路称为实际电路的电路模型。使用电路模型的主要目的是便于分析、计算。实践证明,采用电路模型分析完全可以满足一般条件下的工程要求。

理想电路元件(简称元件)及参数主要有电阻元件 $R$、电感元件 $L$、电容元件 $C$、电源元件电动势 $E$(或恒流源 $I_S$)和内电阻(简称内阻)$R_0$ 等。

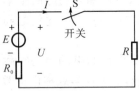

图 1-5 手电筒的电路模型

手电筒的电路模型如图 1-5 所示。整个电路包括干电池电动势 $E$ 和内电阻 $R_0$(为分析和计算的需要,常将它们分开),负载为电珠 $R$,开关 $S$ 和金属体(无电阻的)构成中间环节。本书所分析的电路(在无特殊说明时)都是指电路模型,简称电路。在电路图中,各种电路元件都用规定的图形符号来表示。

### 1.2.2 电压源和电流源

电源是为电路提供能源的特殊元件,通常又称为有源元件。根据电源的外特性,分为电压源和电流源两种。

1. 电压源

目前使用的绝大部分电源,无论是交流的还是直流的,当外接电阻 $R_L$ 变化时,电源的输出端电压即电路端电压 $U$ 波动较小,通常,将具有此种特性的电源称为电压源。发电机、稳压电源、电池以及各种信号源,其内部都含有电动势为 $E$ 的理想电压源和内阻 $R_0$,这类电源的内阻 $R_0$ 比较小。在分析和计算电路时,往往将它们分开画出,即由电动势为 $E$ 的理想电压源和阻值为 $R_0$ 的内阻串联而成的电路模型,如图1-6所示,即电压源模型,简称电压源。

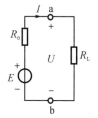

图1-6 电压源电路模型

2. 电流源

另外,还有一种电源,当外接的电阻 $R_L$ 变化时,电源的输出电流 $I$ 波动较小,通常将具有此种特性的电源称为电流源,如光电池等。其电路模型是:内部含有理想电流源 $I_s$ 和内阻 $R_0$。一般情况下,这类电源的内阻 $R_0$ 比较大,在分析和计算电路时,往往是将它们分开画出,即由理想电流源 $I_s$ 和阻值为 $R_0$ 的内阻并联而成的电路模型,如图1-7所示的即为电流源模型,简称电流源。

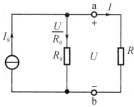

图1-7 电流源电路模型

### 1.2.3 电阻、电感和电容元件

电阻、电感和电容这三种理想元件在电路中不提供能源,因而都被称为理想无源元件。但是,它们的特性及其在电路中的作用各不相同。

1. 电阻元件

电阻元件被表征为电路中消耗电能的理想元件,具有阻碍电流的特性,当电流经过时,在电阻两端将产生电压。电阻元件上电压和电流的参考方向如图1-8所示,根据欧姆定律可得电阻元件的参数

$$R = \frac{u}{i} \quad \text{或} \quad u = iR \quad (1-3)$$

图1-8 电阻元件

式中:$R$ 为电阻元件的参数,简称电阻,它是具有对电流起阻碍作用的物理量。如果电阻两端的电压与通过的电流成正比,这说明电阻是一个常数,不随电压或电流的变化而变化,这种电阻称为线性电阻;如果电阻不是一个常数,而是随着电压或电流的变化而变化,这种电阻称为非线性电阻。

金属导体的电阻 $R$ 与导体的截面积 $S$、长度 $L$ 及导体材料的导电性能有关,即

$$R=\frac{\rho l}{S} \tag{1-4}$$

式中:$\rho$ 为电阻率。在国际单位制中,电阻的单位是欧姆,简称欧($\Omega$),其他还有千欧($k\Omega$)和兆欧($M\Omega$),它们之间的换算关系是:$1M\Omega=10^3 k\Omega=10^6 \Omega$。

在式(1-3)两边同乘以 $i$ 时,则电阻 $R$ 吸收的功率为 $ui=Ri^2$。再对功率积分,即得到电阻从电源获得的能量,用 $W_R$ 表示,计量单位为焦耳(J)。电阻在一定时间内所消耗的能量为

$$W_R = \int_0^t ui\,dt = \int_0^t Ri^2\,dt \tag{1-5}$$

式(1-5)表明,电阻将电能转换为热能而消耗掉了,这是一个不可逆的转换过程。

### 2. 电感元件

由物理学可知,流过线圈的电流产生磁场,而磁场的变化又感应出电场,所以,电路中的线圈被称为电感线圈(或电感元件),简称电感。一个有 $N$ 匝线圈的空芯线圈,如图 1-9(a)所示。作为理想电感元件,图中,$i$、$\Phi$、$e_L$ 的极性或参考方向,遵循右手螺旋法则,同时符合电动势与电流的方向。

设电流通过一匝线圈所产生的磁场通量(或称磁通)为 $\Phi$,则相同的电流通过 $N$ 匝线圈所产生的总磁通(也称磁链)为 $N\Phi$,记作 $\Psi$。实验表明,在空芯线圈中,总磁通 $\Psi$ 与电流 $i$ 呈正比例关系,即总磁通 $\Psi$ 与电流 $i$ 的比值为一常数,用 $L$ 表示,有

$$\Psi=N\Phi=iL \quad 或 \quad L=\frac{\Psi}{i}=\frac{N\Phi}{i} \tag{1-6}$$

式中:$L$ 为电感线圈的参数,称为电感值,也常称为自感系数,简称电感。这一比例常数说明:$N$ 匝空芯线圈的电感值与电流无关,只与电感元件自身的结构和材料有关。当线圈的 $N$ 越大(匝数越多)时,$L$ 就越大;或线圈中单位电流 $i$ 产生的 $\Psi$ 越大(线圈中加入导磁材料)时,$L$ 也越大。在国际单位制中,电感的单位有亨利(H)、毫亨(mH)和微亨($\mu H$)。它们的换算关系是:$1mH=10^{-3}H,1\mu H=10^{-6}H$。

根据电磁感应定律:当流过电感线圈的电流 $i$ 发生变化时,将在电感线圈中产生变化的磁通 $\Delta\Psi$,变化的磁通将产生自感电动势 $e_L$,其大小与电流的变化率成正比,$e_L$ 的极性(方向)也随 $i$ 的改变而变化,且具有反抗 $i$(或 $\Psi$)的变化的特性,即

$$e_L = -\frac{d\Psi}{dt}=\frac{d(N\Phi)}{dt}=-\frac{d(Li)}{dt}=-L\frac{di}{dt} \tag{1-7}$$

式(1-7)中的负号是由楞次定律决定的,表示自感电动势 $e_L$ 的方向与线圈电流 $i$ 或者磁通变化的方向相反。

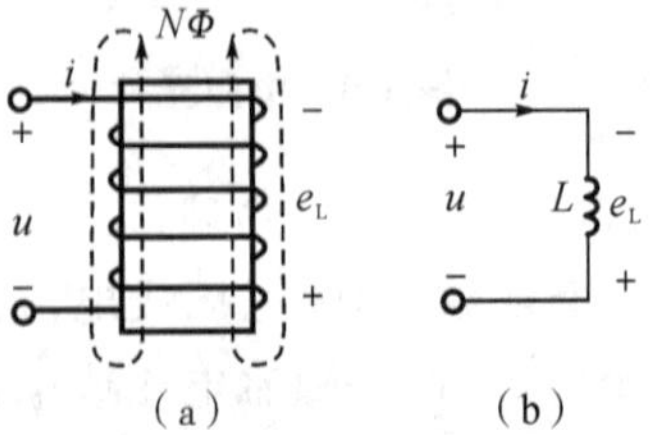

图 1-9 电感元件及其电路符号

根据图 1-9 中的参考方向可得电感电压为

$$u = -e_L = L\frac{di}{dt} \quad 即 \quad u = L\frac{di}{dt} \tag{1-8}$$

当线圈中通过恒定电流(直流)时,电流对时间的导数为零,故其上的电压为零,视其为短路。因此,直流电路中,暂不讨论电感电路。

将式(1-8)两边乘以 $i$,并对之积分,则可得电感的储能为

$$W_L = \int_0^t ui\,dt = \int_0^t iL\frac{di}{dt}dt = \int_0^i Li\,di = \frac{1}{2}Li^2 \tag{1-9}$$

由物理知识可知,式(1-9)表示磁场能量,这说明,当电流增加时,电感从电源获取电能后转换为磁能储存起来,没有变为热能耗散,这是一个可逆的转换过程。当电流减小时,又将磁能转换为电能,返还给电源,完成一个能量交换过程。可见,理想电感元件不消耗能量,只储存磁场能量,是储能元件。

### 3. 电容元件

电容元件及其电路符号如图 1-10 所示,其基本结构是由两个相互绝缘的金属极板组成。由静电学知识可知,当电容两端加上电压后,两个极板上分别感应出等量异号的电荷,电荷与电压的极性相同。对于一个理想的电容器,其极板上聚集的电荷只与两极间的电压成正比,即

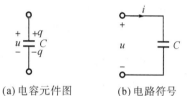

(a) 电容元件图　　(b) 电路符号

图 1-10　电容元件及其电路符号

$$q = Cu \quad 或 \quad C = \frac{q}{u} \tag{1-10}$$

式(1-10)中,比例常数 $C$ 就是电容元件的参数,称为电容值,简称电容。此常数表明:一个电容元件的电容值 $C$ 与电荷及电压无关,只与其自身的材料和结构有关。例如,平板电容器的电容量 $C$ 与 $\varepsilon S$ 成正比,与 $d$ 成反比,即

$$C = \frac{\varepsilon S}{d} \tag{1-11}$$

式中:$S$ 为平行的金属极板的面积;$\varepsilon$ 为两平行极板间绝缘介质的介电常数;$d$ 为两极板间的距离。在国际单位制中,电容 $C$ 的单位有法拉(F)、微法拉($\mu$F)和皮法拉(pF)。它们之间的换算关系为:$1F = 10^6 \mu F$,$1\mu F = 10^6 pF$。

当电容上的电荷量 $q$ 或两端电压 $u$ 发生变化时,电路中便引起电流。当选择图 1-10 所示的端电压 $u$ 和电流 $i$ 的参考方向($i$ 为电容器充电电流)时,则有

$$i = \frac{dq}{dt} = C\frac{du}{dt} \tag{1-12}$$

式(1-12)表明,电容上的电流与电压成微分关系。当电容两端加上恒定电压(即直流)时,电压对时间的导数为零,则其上的电流 $i$ 为零,视其为开路。因此,直流电路中也暂不讨论电容电路。

将式(1-12)两边均乘以 $u$,并对之积分,则得电容的储能为

$$W_C = \int_0^t ui\,dt = \int_0^t uC\frac{du}{dt}dt = \int_0^u Cu\,du = \frac{1}{2}Cu^2 \tag{1-13}$$

根据物理学知识可知,式(1-13)表示电容电场的能量,这说明,当电压增加时,电容从电源获取电能(即充电)后转为电场能储存下来,没有变为其他能量消耗,这也是一个可逆转换过程。当电压降低时,电容又将电场能通过电流形式返还给电源(即放电),也就完成了一次能量交换过程。可见,理想电容元件不消耗能量,只是储存电场能量,也是储能元件。

电阻、电感和电容都有线性和非线性之分,当 $R$、$L$ 和 $C$ 为常数时即为线性元件,否则,为非线性元件。

## 1.3 电路的基本状态

电路的基本状态包括电源的有载工作、开路和短路等三种状态,下面将讨论在不同状态下,电路的电流 $I$、电压 $U$ 和功率 $P$ 所具有的特征。

### 1.3.1 有载工作状态

电路的有载工作状态即电路的正常工作状态。在图 1-11 中,当开关 S 闭合时,电源与负载形成一个闭合电路,电路中将产生电流 $I$,这一状态称为电路的有载工作状态。下面将讨论关于有载的几个问题。

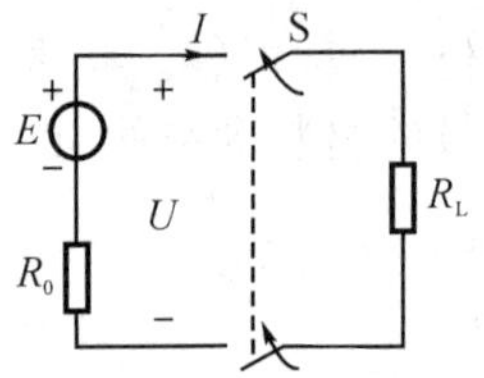

**1. 电压与电流**

应用全电路(含有电源的)欧姆定律可知

$$I = \frac{E}{R_0 + R_L} \tag{1-14}$$

应用部分电路(不含电源)欧姆定律,可知负载电阻 $R_L$ 两端的电压,即电源的端电压

$$U = R_L I \tag{1-15}$$

图 1-11 有载工作状态

根据式(1-14)、式(1-15)可得

$$U = E - R_0 I \tag{1-16}$$

式(1-16)表明,含有内阻 $R_0$ 的电源,其输出端(或称路端)电压 $U$ 将随电流 $I$(即负载)的加大而减小,如图 1-12 所示,路端电压下降的程度(即斜率)与内阻 $R_0$ 有关。表示电源端电压 $U$ 与输出电流 $I$ 之间关系的曲线,称为电源的外特性曲线。电源内阻一般都比较小,当 $R_0 \ll R$ 时,则有

$$U \approx E$$

上式表明,电路电流(负载)的变动对路端电压基本

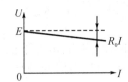

图 1-12 电源的外特性曲线

没有影响,据此说明此电源带负载的能力较强。

### 2. 功率与功率平衡

将 $U=E-IR_0$ 各项乘以电流 $I$,则电压方程变为功率平衡式

$$UI=EI-R_0I^2 \quad \text{或} \quad P=P_E-\Delta P \tag{1-17}$$

式中:$P_E=EI$ 是电源产生的功率;$\Delta P=R_0I^2$ 是电源内阻上损耗的功率;$P=UI$ 是电源输出的功率,即负载上获得的功率。

在国际单位制中,功率的单位是瓦特(W)或千瓦(kW),其换算关系为 $1\text{ kW}=10^3\text{ W}$。

【**例 1-1**】 如图 1-13 所示,$U=220\text{ V}$,$I=5\text{ A}$,内阻 $R_{01}=R_{02}=0.6\text{ Ω}$。(1)试求电源的电动势 $E_1$ 和负载的反电动势 $E_2$;(2)试说明功率的平衡关系。

【**解**】 (1)电源

$$U=E_1-\Delta U_1=E_1-R_{01}I$$
$$E_1=U+R_{01}I=(220+0.6\times 5)\text{ V}=223\text{ V}$$

负载
$$U=E_2+\Delta U_2=E_2+R_{02}I$$
$$E_2=U-R_{02}I=220\text{ V}-0.6\times 5\text{ V}=217\text{ V}$$

(2)由(1)中两式可得

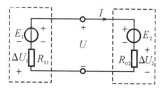

图 1-13 例 1-1 的电路

$$E_1=E_2+R_{01}I+R_{02}I$$

等号两边同乘以 $I$ 时,则有

$$E_1I=E_2I+R_{01}I^2+R_{02}I^2$$
$$223\times 5\text{ W}=(217\times 5+0.6\times 5^2+0.6\times 5^2)\text{ W}$$
$$1\,115\text{ W}=(1\,085+15+15)\text{ W}$$

式中,$E_1I=1\,115\text{ W}$,是由电源 $E_1$ 所提供的功率,即在单位时间内由其他形式的能转换成电能的值;$E_2I=1\,085\text{ W}$,是负载取用的功率,即在单位时间内由电能转换成的其他形式的能的值。这里的 $E_2$ 原本是电源(蓄电池),但此时不仅没有为电路提供功率,反而从电路中取用功率,即对蓄电池进行充电(取用电能转换成化学能储存起来),由于其作用与负载相当,因此,此时的 $E_2$ 被称作负载。

$R_{01}I^2=15\text{ W}$ 和 $R_{02}I^2=15\text{ W}$ 分别表示电源内阻和负载电阻上所取用(消耗)的功率。

综上所述,在这个电路中,电源所提供的功率和负载所取用的功率是平衡的。

### 3. 电源与负载的判别

在分析电路时,有时由于电路中各元件的作用不是特别明显,因此,还需要判别哪个电路元件是电源(或起电源的作用),哪个是负载(或起负载的作用),如图1-14所示。

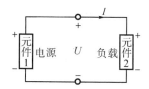

图 1-14 电源与负载的判别

一般可根据 $U$ 和 $I$ 的实际方向来确定。电源:$U$ 和 $I$ 的实际方向相反,电流从"+"端流出,提供功率。负载:$U$ 和 $I$ 的实际方向相同,电流从"+"端流入,取用

功率。那么，根据判定，图中元件 1 是电源，而元件 2 则是负载。

**4. 额定值与实际值**

从以上分析可知，负载在运行（即工作）时，必须从电源取用功率。负载所取用的电功率为 $P=UI=I^2R$，即当负载（$R$）为一定值时，其取用电功率的大小就随电压 $U$ 或电流 $I$ 的不同而不同。负载所取用的电功率用于能量转换，例如转换为热能、机械能、光能和声能等。如果负载取用的电功率大于负载自身的转换能力，那么，负载将会被烧毁。因此，生产厂家为使电器产品能在给定的工作条件下正常、安全运行，规定了一个正常允许值，即额定值，包括额定电压 $U_N$、额定电流 $I_N$ 和额定功率 $P_N$ 等额定数据。例如，一盏电灯的电压为 220 V，功率为 40 W，这就是它的额定值。若将该电灯接入 380 V 的电源，它将立即被烧毁；若将它接入 110 V 的电源，发光将严重不足。电气设备或元件的额定值通常标在产品的铭牌上或写在其说明中，在使用时必须注意额定数据。

但是，电气设备或元件在使用时的实际值不一定等于它的额定值。

究其原因，一是由于电源的输出电压经常波动，造成负载运行时的实际值或高或低；二是在供电时，为保证每个负载（如电灯、电炉、电动机等）均能独立正常工作，通常将负载并联运行。并联的负载越多（即增加），从电源取用的功率就越大。这不仅说明，电源输出功率和电流的大小取决于负载的大小，同时也说明，电源通常不可能工作在额定状态，但在使用时一般不应超过额定值。

**【例 1-2】** 有一额定功率值为 5 W，电阻值为 500 Ω 的线绕电阻，其额定电流为多少？在使用时电压不得超过多大的数值？

**【解】** 根据功率的计算式和已知条件，可直接求出额定电流，即

$$I=\sqrt{\frac{P}{R}}=\sqrt{\frac{5}{500}} \text{ A}=0.1 \text{ A}$$

根据电阻的功率和电流，可知该电阻使用时的电压不得超过

$$U=RI=500\times 0.1 \text{ V}=50 \text{ V}$$

若使用电压超过 50 V，由于电阻的实际耗散功率大于额定功率，该电阻将被烧毁。因此，选用电阻时不仅要确定欧姆数，还要根据电阻实际电流的大小来确定电阻的瓦数。

### 1.3.2 开路与短路状态

在图 1-15 所示的电路中，当开关 S 断开后，电路处于开路（空载）状态。由于电路断开（此时相当于 $R_L \to \infty$），故电路电流为零。这时，电源的端电压 $U_0$（称为开路电压或空载电压）等于电源电动势，电源不输出电能。如上所述，电源开路时的特征可表示为

$$I=0, \quad U=U_0=E, \quad P=0 \tag{1-18}$$

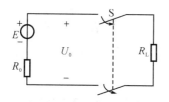
图 1-15 电路开路状态

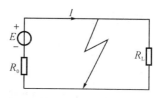
图 1-16 电路短路状态

如图 1-16 所示,当电路两端由于某种原因而直接连接在一起时,称为电路短路状态(此时相当于 $R_0=0$),电流有捷径通过,不再流过负载。因为此时回路中仅有阻值很小的电源内阻 $R_0$ 限流,故电流很大,此电流称为短路电流 $I_S$。短路时电源所产生的电能全部被内阻所消耗。则 $P_E$ 很大,电源将被烧毁。

如上所述,电源短路时的特征可表示为

$$\begin{cases} U=0, I=I_S=\dfrac{E}{R_0} \\ P_E=\Delta P=R_0 I^2, P=0 \end{cases} \quad (1-19)$$

由于短路电流具有极大的破坏性,应该尽量防范电路发生短路。通常采用的预防措施是,在电路中接入熔断器或自动空气开关来实现短路保护。

【例 1-3】 在图 1-15 所示的电路中,若已知其开路电压 $U_0=10$ V、短路电流 $I_S=20$ A,那么,该电源的电动势和内阻各为多少?

【解】 电源的电动势

$$E=U_0=10 \text{ V}$$

电源的内阻

$$R_0=\frac{E}{I_S}=\frac{U_0}{I_S}=\frac{10}{20} \Omega=0.5 \Omega$$

这是利用电源的开路电压和短路电流计算其电动势和内阻的一种方法。

### 1.3.3 电路中电位的计算

电路中的两点之间之所以有电压,是因为电路中的两点间存在电位差。对于一个比较复杂的电路,为了便于分析,常使用电位来表示电路中的电压。根据上述电位概念的规则,电路中任意两点间的电压,就等于这两点之间的电位之差。

在图 1-17 所示的电路中,当以 b 点为电位参考点时,则有

$$V_b=0, \quad V_a=U_{ab}+0=U_{ab}=8\times 5 \text{ V}=40 \text{ V}$$

当以 a 点为电位参考点时,如图 1-18 所示,则有

$$V_a=0, \quad V_b=0+U_{ba}=-40 \text{ V}$$

由以上分析可知,当电路中某点电位设定为参考电位后,其他各点的电位都同它进行比较,比它高的为正值,比它低的为负值。正数值越大的电位越高,负数值越大的电位越低。另外,在同一电路中由于选择参考点的不同,各点的电位值将会随之

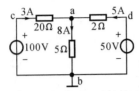
图 1-17 以 b 点为参考点的电路

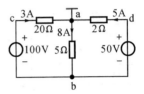
图 1-18 以 a 点为参考点的电路

改变,但任意两点间的电压值却是固定不变的。所以各点的电位高低是相对的,而两点之间的电压是绝对的。

在电子电路中,为使绘图简便,常常不画出电源的符号,而将电源一端"接地",电位为零;在电源的另一端标出电位极性与数值。图 1-17 所示的电路,可简化为图 1-19 所示的电路形式。

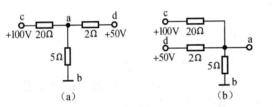
图 1-19 图 1-17 的简化电路

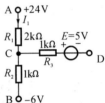
图 1-20 例 1-4 的电路

【例 1-4】 试求图 1-20 中的电流 $I_1$ 和电位 $V_C$、$V_D$。

【解】
$$I_1 = \frac{24-(-6)}{(2+1)\times 10^3} \text{ A} = 10 \text{ mA}$$
$$V_C = V_A - R_1 I_1 = (24 - 2\times 10^3 \times 10 \times 10^{-3}) \text{ V} = 4 \text{ V}$$
$$V_D = V_C - E = (4-5) \text{ V} = -1 \text{ V}$$
$$V_C - V_B = R_2 \times I_1 = 10 \text{ V}$$

所以
$$V_C = 10 + V_B = 4 \text{ V}$$

【例 1-5】 试计算图 1-21(a)中 A 点的电位 $V_A$。

【解】 根据电位的概念可知,电位 $V_A$ 其实就是12 Ω电阻上的电压降。

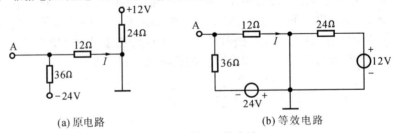

(a) 原电路　　　　(b) 等效电路

图 1-21 例 1-5 的电路

图 1-21(a)所示的电路可转化为图 1-21(b)所示的电路,以便分析时更清晰。由图中可看出,两个电源分别组成独立的工作回路,互不影响。

$$V_A = 12I$$
$$I = -\frac{24}{36+12} \text{ A} = \frac{-24}{48} \text{ A} = -0.5 \text{ A}$$
$$V_A = 12I = [12 \times (-0.5)] \text{ V} = -6 \text{ V}$$

由上例可看出,在多个电源共同作用的电路中,首先一定要能正确地确定各电源的作用回路,否则,将无法解题。

## 1.4 基尔霍夫定律

基尔霍夫定律与欧姆定律都是分析和计算电路的基本定律,不过基尔霍夫定律的应用更广泛,该定律分为基尔霍夫电流定律和基尔霍夫电压定律。基尔霍夫电流定律应用于电路中的节点,基尔霍夫电压定律应用于电路中的回路。

电路中三条或三条以上路径相连的点称为节点,图 1-22 所示的电路中有两个节点:a、b。电路中任意两节点之间不分岔的路径称为支路,一条支路流过同一电流,称为支路电流。在图 1-22 中有三条支路,相应的支路电流有 $I_1$、$I_2$ 和 $I_3$。

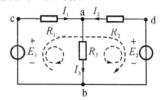

图 1-22 电路的支路、节点和回路

电路中由一条或多条支路组成的闭合电路称为回路。在图 1-22 中,共有 abca、abda 和 adbca 三个回路。

### 1.4.1 基尔霍夫电流定律

基尔霍夫电流定律(简称 KCL)是用来确定连接在同一节点上的各支路电流之间关系的。由于电流的连续性,电路中任何一点(包括节点在内)均不能堆积电荷。因此,该定律指出,在任意瞬间,流入电路中任一节点的电流之和等于流出该节点的电流之和。

在图 1-22 所示的电路中,对节点 a 可以写为

$$I_1 + I_2 = I_3 \tag{1-20}$$

或改写为
$$I_1 + I_2 - I_3 = 0$$
即
$$\sum I = 0 \tag{1-21}$$

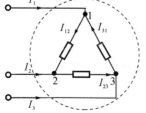

图 1-23 KCL 的推广应用

式(1-21)表明:在任一瞬间,关于一个节点上电流的代数和恒等于零。如果规定参考方向为流入节点的电流取正号,那么,流出节点的电流就取负号。KCL 不仅适用于电路中的节点,而且还可以推广应用于包围部分电路的任一假设闭合面,即将其看成是一个虚拟的大节点。如图 1-23 所示,闭合面包围的是一个三角形电路,它有三个节

点。由 KCL 可得

$$I_1 = I_{12} - I_{31}$$
$$I_2 = I_{23} - I_{12}$$
$$I_3 = I_{31} - I_{23}$$

将上列三式相加，可得

$$\sum I = I_1 + I_2 + I_3 = 0$$

可见，在任一瞬间，通过任一闭合面的电流的代数和也恒等于零。

【例 1-6】 如图 1-24 所示，已知 $I_1 = 4$ A，$I_2 = -2$ A，$I_3 = 1$ A，$I_4 = -3$ A。求 $I_5$。

【解】 由基尔霍夫电流定律可列出

$$I_1 - I_2 - I_3 - I_4 + I_5 = 0$$
$$I_5 = -I_1 + I_2 + I_3 + I_4$$
$$= [-4 + (-2) + 1 + (-3)] \text{ A} = -8 \text{ A}$$

由本例可见，式中出现了两套正负号，$I$ 前的正负号是由基尔霍夫电流定律根据电路图中电流的参考方向确定的，而括号内数字前的符号则是表示电流实际数值的正负。

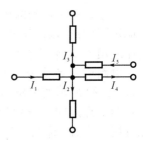

图 1-24　例 1-6 的电路

### 1.4.2　基尔霍夫电压定律

基尔霍夫电压定律（简称 KVL）是用来确定回路中各段电压之间关系的。该定律指出：在任一瞬间，从回路中任意一点出发，沿回路按任意方向绕行一周，则在这个方向上的电位降之和应等于电位升之和。

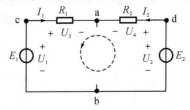

图 1-25　回路绕行方向及电压

以图 1-25 所示的回路（即为图 1-22 所示电路的一个回路）为例，从 c 点出发，按照逆时针方向绕行一周，根据图中电流、电动势和各段电压所示的参考方向，可得

$$U_1 + U_4 = U_2 + U_3$$

或

$$U_1 - U_2 - U_3 + U_4 = 0$$

即

$$\sum U = 0 \tag{1-22}$$

在任一瞬间，沿任意回路绕行一周，回路中各段电压的代数和恒等于零。如果规定电位降取正号，则电位升就取负号。

图 1-25 所示的回路是由电动势和电阻构成的，若用电动势和电阻乘以电流替代各段电压，那么，上式可改写为

$$E_1 - E_2 - R_1 I_1 + R_2 I_2 = 0$$

或

$$E_1 - E_2 = R_1 I_1 - R_2 I_2$$

即
$$\sum E = \sum RI \qquad (1-23)$$

这是基尔霍夫电压定律在电阻电路中的另一种表达形式,即在任意回路绕行方向上,回路中电动势的代数和等于电阻上电压降的代数和。在这里,凡是电动势的参考方向与所选回路绕行方向相反者取正号,一致者则取负号;凡是电流的参考方向与回路绕行方向相反者,该电流在电阻上产生的电压降取正号,一致者则取负号。

基尔霍夫电压定律不仅应用于闭合回路,也可以把它推广应用于回路的部分电路即非闭合电路。

【例 1-7】 根据图 1-26 所示 $I$、$U$ 和 $E$ 的参考方向,写出表示三者关系的式子。

【解】 由基尔霍夫电压定律根据电压的参考方向可分别列出:

(a) $\begin{cases} U-E=0 \\ U=E \end{cases}$  (b) $\begin{cases} U+RI-E=0 \\ U=E-RI \end{cases}$  (c) $\begin{cases} U-RI-E=0 \\ U=E+RI \end{cases}$

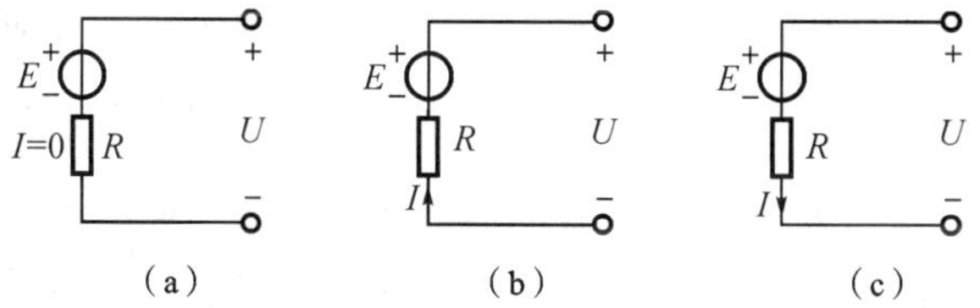

图 1-26 例 1-7 的电路

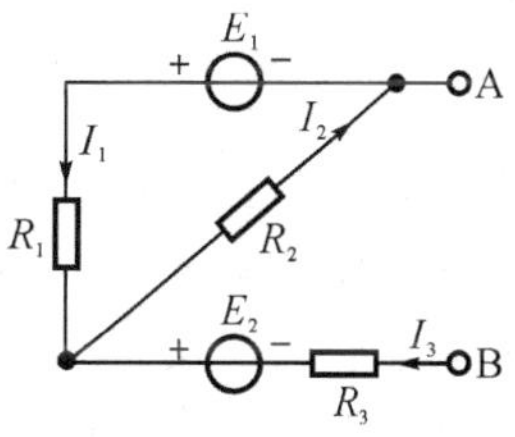

图 1-27 例 1-8 的电路

【例 1-8】 电路如图 1-27 所示,已知 $E_1=6$ V,$E_2=4$ V,$R_1=4$ Ω,$R_2=R_3=2$ Ω,求电压 $U_{AB}$。

【解】
$$I_1 = I_2 = \frac{E_1}{R_1+R_2} = \frac{6}{4+2} \text{ A} = 1 \text{ A}$$
$$I_3 = 0$$
$$U_{AB} = -E_1 + R_1 I_2 + E_2 - R_3 I_3 = (-6+4+4) \text{ V} = 2 \text{ V}$$
或
$$U_{AB} = -R_2 I_2 + E_2 - R_3 I_3 = (-2+4) \text{ V} = 2 \text{ V}$$

需特别指出的是,以上的分析虽然均以直流电阻电路作为依据,但是基尔霍夫的两个定律却具有普遍性,它们不仅适用于由各种不同元件构成的电路,也适用于任一瞬间对任何变化的电压和电流的情况。

在进行电路分析时,不论是应用欧姆定律还是基尔霍夫定律列代数方程,首先必须在电路图上标出电流、电压、电动势的参考方向。因为所列方程中各项前的正负号是由它们的参考方向所决定的,如果参考方向选得相反,则会相差一个负号。

## 1.5 电阻的串联与并联及其等效电路

在电路中,电阻的连接形式多种多样,其中最基本、最常用的连接是串联与并联。

### 1.5.1 电阻的串联

如果将电路中多个电阻按顺序依次连接,并且在这些电阻中通过同一电流,则这样的连接方式就称为电阻的串联。图1-28(a)所示的是两个电阻串联的电路。

两个串联电阻可用一个等效电阻表示,如图1-28(b)所示,等效的条件是在同一电压 $U$ 的作用下电流 $I$ 保持不变。等效的电阻等于串联的电阻之和,即

$$R = R_1 + R_2 \tag{1-24}$$

两个串联电阻上的电压分别为

$$\begin{cases} U_1 = IR_1 = \dfrac{R_1}{R_1+R_2}U \\ U_2 = IR_2 = \dfrac{R_2}{R_1+R_2}U \end{cases} \tag{1-25}$$

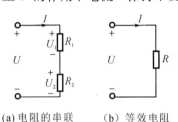

(a) 电阻的串联　　(b) 等效电阻

图 1-28　串联电阻电路

可见,各串联电阻上电压的大小是按串联电阻的大小正比分压,因此,式(1-25)称为电阻串联的电压分配公式。根据该公式可知,当其中某个电阻较其他电阻小很多时,那么,这个电阻的分压作用常常可忽略不计。

电阻串联的应用很广。例如,在负载的额定电压低于电源电压的情况下,通常需要与负载串联一个电阻,使高出额定电压的那一部分电压被电阻分担。有时为了限制负载中通过过大的电流,也可以给负载串联一个限流电阻。

### 1.5.2 电阻的并联

如果电路中有多个电阻连接在两个公共节点之间,并且在各个电阻两端承受同一电压,这样的连接方法称为电阻的并联。图1-29(a)所示的是两个电阻并联的电路。

两个并联电阻也可用一个等效电阻来代替,如图1-29(b)所示。等效电阻的倒数等于各个并联电阻的倒数之和,即

$$\frac{1}{R} = \frac{1}{R_1} + \frac{1}{R_2} \tag{1-26}$$

两个并联电阻上的电流分别为

$$\begin{cases} I_1 = \dfrac{U}{R_1} = \dfrac{RI}{R_1} = \dfrac{R_2}{R_1+R_2}I \\ I_2 = \dfrac{U}{R_2} = \dfrac{RI}{R_2} = \dfrac{R_1}{R_1+R_2}I \end{cases} \tag{1-27}$$

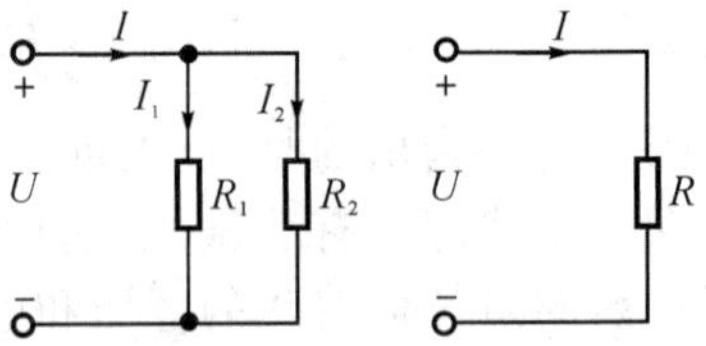

(a) 电阻的并联　　(b) 等效电阻

图 1-29　并联电阻电路

可见,各并联电阻上电流的大小与电阻的大小反比分流。因此,式(1-27)也称为电阻并联的电流分配公式。根据该公式可知,当某个电阻远大于其他电阻时,这个电阻的分流作用常忽略不计。

负载一般都是并联使用的。负载并联使用的优点在于,所有负载均处于同一电

压之下独立工作,且各负载的工作状况基本上不相互影响。

在实际应用中,经常将电路中的某一段与电阻或变阻器并联,以起到分流或调节电流的作用。

**【例 1-9】** 图 1-30 所示的是用变阻器调节负载 $R_L$ 两端电压的分压电路。已知 $R_L = 50\ \Omega$,电源电压 $U = 220\ V$,中间环节是变阻器。变阻器的规格是 $100\ \Omega$、$3\ A$。现将它分为四段,在图上用 a、b、c、d、e 等点标出。试求滑动触点分别在 a、c、d、e 四点时,负载和变阻器各段所通过的电流及负载电压,并就流过变阻器的电流与其额定电流比较来说明使用时的安全问题。

**【解】** (1) 触点在 a 点时,有
$$U_L = 0, \quad I_L = 0$$
$$I_{ea} = \frac{U}{R_{ea}} = \frac{220}{100}\ A = 2.2\ A$$

(2) 触点在 c 点时,此时 e、a 之间的等效电阻 $R'$ 为 $R_{ca}$ 与 $R_L$ 并联后,再与 $R_{ec}$ 串联,即

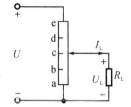

图 1-30 例 1-9 的电路

$$R' = R_{ca} /\!/ R_L + R_{ec} = \frac{R_{ca}R_L}{R_{ca}+R_L} + R_{ec} = \left(\frac{50\times 50}{50+50} + 50\right)\Omega = 75\ \Omega$$

$$I' = \frac{U}{R'} = \frac{220}{75}\ A = 2.93\ A$$

$$I_L = \frac{R_{ca}}{R_{ca}+R_L}I' = \frac{50}{50+50}\times 2.93\ A = 1.47\ A$$

$$U_L = R_L I_L = 50\times 1.47\ V = 73.5\ V$$

值得注意的是,这时滑动触点虽然处于变阻器的中点,但是输出电压并不等于电源电压的一半,而只有 73.5 V。

(3) 触点在 d 点时:此时 e、a 之间的等效电阻 $R'$ 为 $R_{da}$ 与 $R_L$ 并联后,再与 $R_{ed}$ 串联,即

$$R' = \frac{R_{da}R_L}{R_{da}+R_L} + R_{ed} = \left(\frac{75\times 50}{75+50} + 25\right)\Omega = 55\ \Omega$$

$$I' = \frac{U}{R'} = \frac{220}{55}\ A = 4\ A$$

$$I_L = \frac{R_{da}}{R_{da}+R_L}I' = \frac{75}{75+50}\times 4\ A = 2.4\ A$$

$$U_L = R_L I_L = 50\times 2.4\ V = 120\ V$$

因为 $I_{ed} = I' = 4\ A > 3\ A$,故 ed 段电阻有被烧毁的危险,这需要特别注意。

(4) 触点在 e 点时,有
$$I_{ea} = \frac{U}{R_{ea}} = \frac{220}{100}\ A = 2.2\ A, \quad I_L = \frac{U}{R_L} = \frac{220}{50}\ A = 4.4\ A$$
$$U_L = U = 220\ V$$

**【例 1-10】** 试估算图 1-31 所示电路中的电流 $I$。

**【解】** 图 1-31(a)中,依据各串联电阻上电压的大小是按串联电阻的大小正比分压原则可知,由于 500 kΩ≫1 kΩ,那么,1 kΩ 电阻上的电压降可以忽略不计,相当于短接,即对电流的阻碍作用同样可以忽略不计,则有

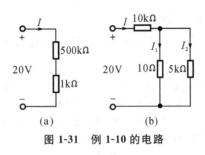

图 1-31  例 1-10 的电路

$$I = \frac{20}{(500+1)\times 10^3} \text{ A} \approx \frac{20}{500\times 10^3} \text{ A} = 0.04 \text{ mA} = 40 \text{ μA}$$

图 1-31(b)中，依据各并联电阻上电流与电阻反比分流原则，由于 5 kΩ≫10 Ω，那么，5 kΩ 电阻分流作用可以忽略不计，相当于开路，又由于 10 kΩ≫10 Ω，因此，有

$$I \approx \frac{20}{10\times 10^3} \text{ A} = 2\times 10^{-3} \text{ A} = 2 \text{ mA}$$

## 本章小结

(1) 电路具有传输和转换电能以及传递和处理信号两大主要的功能；虽然电路的结构形式和功能多种多样，但都可以归纳为由电源(或信号源)、负载和中间环节三个基本部分所组成。

(2) 电路中电流、电压等物理量既有大小，也有方向。电流的方向规定为正电荷运动的方向；电压的方向规定为由高电位端指向低电位端，即电位降低的方向；电动势的方向规定为在电源内部由低电位端指向高电位端，即电位升高的方向。电路分析中，在不能确定电流、电压的实际方向时，可任意选定某一方向作为电流、电压的参考方向，或称为正方向。当参考方向与实际方向一致时，则电流和电压为正值；反之，则为负值。电路分析时，应首先标注出电压和电流的参考方向，方可进行计算。

(3) 为方便电路分析，常将实际电路元件理想化处理，组成实际电路的电路模型，简称电路。所谓理想化处理即突出元件的主要特性而忽略其次要性质，其中包括电阻元件、电感元件、电容元件和电源元件等，它们分别由相应的参数和规定的图形符号来表示。本教材所述电路均指实际电路的电路模型。

(4) 电源是电路中的特殊有源元件。根据其外特性，电源可分别用理想电压源与电阻串联的电压源模型和用理想电流源与电阻并联的电流源模型来描述。这样的电源被称为电源模型，简称电源。

(5) 电阻、电感和电容是组成电路模型的理想化无源元件。电阻在各种电路中均具有阻碍电流和消耗电能的作用，被称为耗能元件；电感在交流电路中则具有阻碍电流变化的作用，而在直流电路中可视作短路。理想电感不消耗电能，而具有储存能量(磁场能)的功能。电容在交流电路中具有阻碍电压变化的作用，而在直流电路中可视为开路，电容同样不消耗电能，具有储存能量(电场能)的功能，因而电感和电容都被称为储能元件。

(6) 电源为有载状态时，电源向负载提供能量。根据能量守恒与转换定律可知，电路中电源产生的功率与电路消耗的功率是平衡的，可据此列出功率平衡式。功率平衡式是检验电路分析是否正确的有效方法之一。依据提供能量还是消耗能量，可以判断电路中的元件哪一个是电源，哪一个是负载。在电压和电流参考正方向的条件下，功率为正值的元件提供能量，功率为负值的元件消耗能量。当电源开路时，电路中电流为零，路端电压等于电源电动势电压；而当电源短路时，路端电压为零，电路中的电流为短路电流，数值很大，应尽量避免。

(7) 基尔霍夫电流定律和基尔霍夫电压定律是对电路进行分析与计算的最基本和最重要的定律。其中，电流定律应用于节点，用来确定连接在同一节点上的各条支路电流间的关系；电压定律应用于回路，用来确定回路中各段电压间的关系。基尔霍夫两个定律具有普遍性，适用于由各种不同元件所构成的电路,也适用于任一瞬间对任何变化的电流和电压关系。

(8) 由于电源电动势的存在,电路中各点的电位不同,某点的电位就是该点和参考点之间的电位差(即电压)。通常,将这个参考点的电位设定为零,称为参考电位。其他各点的电位以参考点为基准,则有正负之分。值得注意的是,参考点可任意选定,而不同参考点产生的同一点的电位可以不同,但任意两点之间的电位差(即电压)是不变的。

(9) 线性电阻的串联值等效于各串联电阻之和。各个串联电阻中的电流相同,而各个电压则按照电阻值的大小正比分压;线性电阻的并联值等效于各并联电阻的倒数之和的倒数,即并联电阻越多,等效电阻的阻值就越小。各个并联电阻上的电压相同,而各自的电流则按照电阻值的大小反比于分流。

"等效"是电路分析的重要概念和方法,在工程实践中将经常用到。所谓等效,就是在一定条件限定下,两个结构不同的电路具有完全相等的效果(作用)。

# 习 题 1

1-1 一台直流电源的内阻为 0.1 Ω,当输出电流为 100 A 时,端电压为 220 V。(1) 求电源的电动势;(2) 求负载的电阻值。

1-2 某电源的开路电压为 1.6 V,短路电流为 500 mA。求该电源的电动势和内阻。

1-3 一只额定电压为 220 V,功率为 100 W 的白炽灯,在额定状态下工作时,其等效电阻和电流各为多少?

1-4 阻值为 1 000 Ω 的电阻器,其额定功率是 1 W,该电阻器的额定电流和电压是多少?

1-5 有一直流电源,其额定功率 $P_N=200$ W,额定电压 $U_N=50$ V,内阻 $R_0=0.5$ Ω,负载电阻 $R$ 可以调节,其电路如图 1-11 所示。试求:(1) 额定工作状态下的电流及负载电阻;(2) 开路状态下的电源端电压;(3) 电源短路状态下的电流。

1-6 一只 110 V、8 W 的指示灯,现在要在 380 V 的电源上,问要串联多大阻值的电阻? 该电阻应选用多大的瓦数?

1-7 在题图 1-7 中,五个元件代表电源或负载。电流和电压的参考方向如图中所示,通过实验测量得知:
$I_1=-4$ A,$I_2=6$ A,$I_3=10$ A,$U_1=140$ V,$U_2=-90$ V,$U_3=60$ V,$U_4=-80$ V,$U_5=30$ V。
(1) 试标出各电流的实际方向和电压的实际极性;
(2) 判断哪些元件是电源? 哪些是负载?
(3) 计算各元件的功率,判断电源发出的功率和负载取用的功率是否平衡?

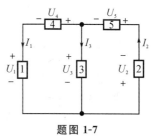

题图 1-7

1-8 试求题图 1-8 所示电路中 A 点、B 点和 C 点的电位。

1-9 试求题图 1-9 所示电路中 A 点的电位。

1-10 求题图 1-10 所示电路中 A 点和 B 点的电位。如将 A、B 两点直接连接或者接一电阻,对电路工作有无影响?

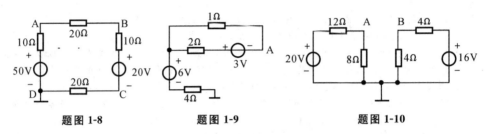

题图 1-8　　　　　题图 1-9　　　　　题图 1-10

1-11　在题图 1-11 中，在开关 S 断开和闭合的两种情况下试求 A 点的电位。

1-12　计算题图 1-12 所示两电路中 a、b 间的等效电阻 $R_{ab}$。

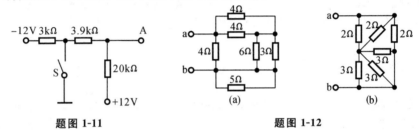

题图 1-11　　　　　　　　题图 1-12

1-13　在题图 1-13 中，$R_1 = R_2 = R_3 = R_4 = 300\ \Omega$，$R_5 = 600\ \Omega$，试求开关 S 断开和闭合时 a 和 b 之间的等效电阻。

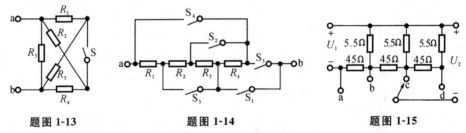

题图 1-13　　　　　　题图 1-14　　　　　　题图 1-15

1-14　题图 1-14 所示的是直流电动机的一种调速电阻，它由四个固定电阻串联而成。利用几个开关的闭合或断开，可以得到多种电阻值。设四个电阻都是 1 Ω，试求在下列三种情况下 a、b 两点间的电阻值：(1) $S_1$ 和 $S_5$ 闭合，其他断开；(2) $S_2$、$S_3$ 和 $S_5$ 闭合，其他断开；(3) $S_1$、$S_3$ 和 $S_4$ 闭合，其他断开。

1-15　题图 1-15 所示的衰减电路，共有四挡。当输入电压 $U_1 = 16$ V 时，试计算各挡输出电压 $U_2$。

1-16　题图 1-16 所示的是由电位器组成的分压电路，电位器的电阻 $R_P = 270\ \Omega$，两边的串联电阻 $R_1 = 350\ \Omega$，$R_2 = 550\ \Omega$。设输入电压 $U_1 = 12$ V，试求输出电压 $U_2$ 的变化范围。

1-17　试用两个 6 V 的直流电源、两个 1 kΩ 的电阻和一个 10 kΩ 的电位器连成调压范围为 $-5$ V ～ $+5$ V 的调压电路。

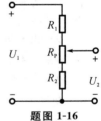

题图 1-16

# 2 电阻电路的分析方法

本章以线性电阻电路的电路模型为例,介绍几种常用的电路分析方法,其中包括电压源与电流源的等效变换、支路电流法、节点电压法、叠加定理和等效电源定理等,这些都是分析电路的最基本也是最重要的原理和方法。

## 2.1 电压源与电流源的等效变换

### 2.1.1 实际电源的特性

电源是电路工作必不可少的重要元件。通常所见到的电源一般是输出电压稳定的电压源。应用电路模型可以将任何一个实际电源表示成两种电源模型,即理想电压源(即电动势)与电阻串联的电压源模型和理想电流源与电阻并联的电流源模型。

**1. 电压源模型**

一个实际电源,可看成是电动势 $E$ 和内阻 $R_0$ 串联的电路模型,即电压源模型,简称电压源。如图 2-1 所示。

根据图 2-1 所示的电路,可得出

$$U = E - R_0 I \tag{2-1}$$

据此,可作出电压源的外特性曲线,如图 2-2 所示。当电压源开路时,$I=0$,$U=U_0=E$;当电压源短路时,$U=0$,$I=I_S=E/R_0$。内阻 $R_0$ 越小,则直线越平。

当电压源的内阻 $R_0=0$ 时,为理想电压源。理想电压源实际上是不存在的,但只有一个电源的内阻远小于负载电阻,即 $R_0 \ll R_L$ 时,则路端电压 $U \approx E$,可以认为是理想电压源或恒压源。理想电压源的输出端电压为一定值,而输出的电流 $I$ 则是任意的,由负载电阻 $R_L$ 及电压 $U$ 确定。因此,与理想电压源并联的所有件(包含恒流源)两端的电压都由恒压源决定,其符号及电路模型如图 2-3 所示。其外特性曲线将是与横轴平行的一条直线,如图 2-2 所示。

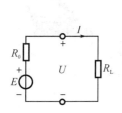

图 2-1 电压源电路模型

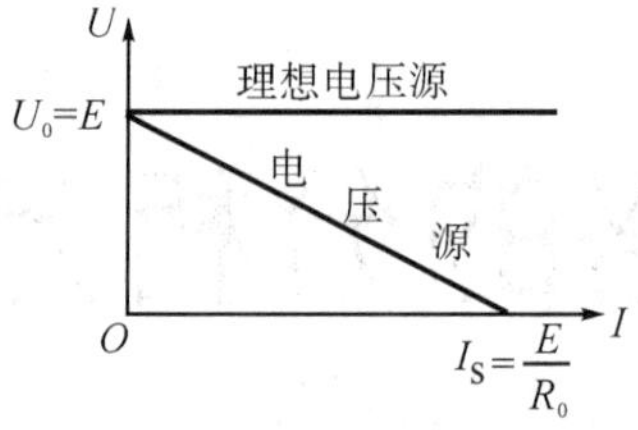

图 2-2 电压源和理想电压源的外特性曲线

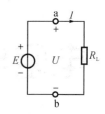

图 2-3 理想电压源电路

### 2. 电流源模型

一个实际电源除用理想电压源 $E$ 和内阻 $R_0$ 串联的电路模型表示外,还可以用另一种电路模型来表示。

若将式(2-1)各项除以 $R_0$,则有

$$\frac{U}{R_0} = \frac{E}{R_0} - I = I_S - I \tag{2-2}$$

即

$$I_S = \frac{U}{R_0} + I \tag{2-3}$$

式中:$I_S = E/R_0$ 为电源的短路电流;$I$ 仍为负载电流;而 $U/R_0$ 是引出的另外一个电流。据 KCL 可知,这三个电流的关系,可用图 2-4 表示。由于该电路是用电流来表示电源的电路模型,因此称作电流源模型,简称电流源。

图 2-4 所示的电源由两条支路并联,支路电流分别为 $I_S$ 和 $U/R_0$。对负载电阻 $R_L$ 而言,电流源的作用效果与电压源电路工作的情况一样,$R_L$ 上的电压 $U$ 及通过的电流 $I$ 没有改变。

据式(2-3)可作出电流源的外特性曲线,如图 2-5 所示。当电流源开路时,$I=0$,$U=U_0=R_0 I_S$;当电流源短路时,$U=0$,$I=I_S$。内阻 $R_0$ 的值越大,则直线的斜率就越陡。

当电源的内阻 $R_0 \to \infty$(相当于并联支路 $R_0$ 断开)时,电流 $I=I_S$,这时的电流源称为理想电流源或恒流源。理想电流源实际上是不存在的,但只要一个电源的内阻远大于负载电阻,即 $R_0 \gg R_L$ 时,则 $I \approx I_S$,可以认为是理想电流源。理想电流源的电流为一定值,而其输出端电压 $U$ 则是任意的,由负载电阻 $R_L$ 及 $I_S$ 本身确定。因此,与理想电流源串联的所有元件(包含恒压源)的电流都由恒流源决定,其符号及电路

模型如图 2-6 所示。其外特性曲线将是与横轴垂直的一条直线,如图 2-5 所示。

### 2.1.2 电源的等效变换

对于同一个电源,它的电压源模型的外特性(见图 2-2)和电流源模型的外特性(图 2-5)是相同的,因此,电源的两种电路模型(见图 2-1 和图 2-4)相互间是等效的,可以等效变换,如图 2-7 所示。等效变换的条件为

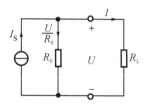

图 2-4 电流源电路模型

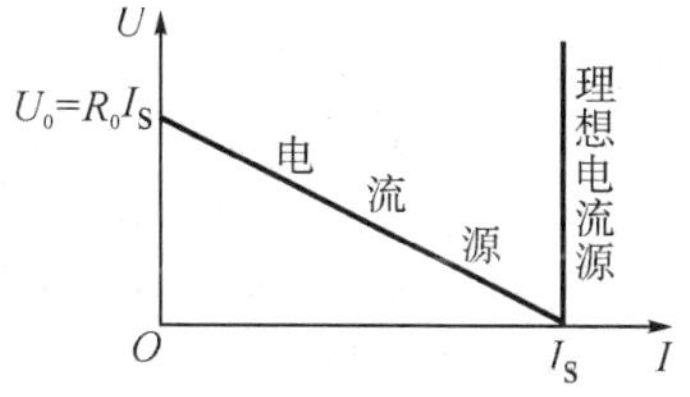

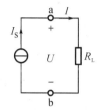

图 2-5 电流源和理想电流源的外特性曲线

图 2-6 理想电流源电路

$$I_S = \frac{E}{R} \quad \text{或} \quad E = RI_S \quad (2-4)$$

实际上,凡是电动势为 $E$ 的理想电压源与电阻 $R$ 串联的电路都可与理想电流源 $I_S$ 与电阻 $R$ 并联的电路等效变换。利用电路的这一等效变换方法可简化电路的分析与计算过程,但在使用时应注意以下几点。

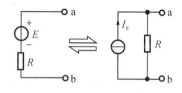

图 2-7 电压源与电流源的等效变换

(1) 电压源和电流源等效变换时对外电路的电压和电流的大小和方向都不变。电流源模型电流流出端应与电压源模型的正极相对应。

(2) 电压源和电流源的等效变换是对外电路而言的,对电源内部并不等效。例如在图 2-1 中,当电压源开路时,$I=0$,电源内阻 $R_0$ 上不损耗功率;但在图 2-4 中,当电流源开路时,电源内部仍有电流,内阻 $R_0$ 上有功率损耗。

(3) 理想电压源和理想电流源本身之间不存在等效变换的关系。因为对理想电压源($R_0=0$)而言,其短路电流 $I_S \to \infty$,对理想电流源($R_0 \to \infty$)而言,其开路电压 $U_0 \to \infty$,都不能得到有限的数值,故两者之间不存在等效变换的条件。

(4) 若理想电压源与其他元件(电阻或理想电流源)并联,在分析和计算电路时一般可将并联的元件采用开路方式而不予考虑。这是因为在理想电压源外部无论并联多少元件,其端电压的大小都不受影响。

(5) 若理想电流源与其他元件(电阻或理想电压源)串联,在分析和计算电路时一般可将串联的元件采用短接方式而不予考虑。这是因为在理想电流源回路中无论串联多少元件,都不会改变其输出电流的大小。

【例 2-1】 有一直流发电机，$E=230$ V，$R_0=1$ Ω，当负载电阻 $R_L=22$ Ω 时，用电源的两种电路模型分别求电压 $U$ 和电流 $I$，并计算电源内部的损耗功率和内阻压降，看它们是否也相等？

【解】 图 2-8(a)、2-8(b)所示分别为直流发电机的电压源电路和电流源电路。

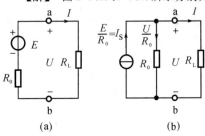

图 2-8 例 2-1 的电路

(1) 计算电压 $U$ 和电流 $I$。在图 2-8(a)中，有

$$I=\frac{E}{R_0+R_L}=\frac{230}{1+22}\text{ A}=10\text{ A}$$

$$U=R_L I=22\times 10\text{ V}=220\text{ V}$$

在图 2-8(b)中，有

$$I=\frac{R_0}{R_0+R_L}I_S=\frac{R_0}{R_0+R_L}\times\frac{E}{R_0}=\frac{1}{1+22}\times\frac{230}{1}\text{ A}=10\text{ A}$$

$$U=R_L I=22\times 10\text{ V}=220\text{ V}$$

(2) 计算内阻压降和电源内部损耗的功率。在图 2-8(a)中，有

$$R_0 I=1\times 10\text{ V}=10\text{ V}$$

$$\Delta P_0=R_0 I^2=1\times 10^2\text{ W}=100\text{ W}$$

在图 2-8(b)中，有

$$\frac{U}{R_0}R_0=220\text{ V}$$

$$\Delta P_0=\left(\frac{U}{R_0}\right)^2 R_0=\left(\frac{220}{1}\right)^2\times 1\text{ W}=48\ 400\text{ W}$$

从本例可看出，直流发电机的电压源模型和电流源模型对负载 $R_L$ 而言，它们的作用是等效的，即同一电源的两种电源模型对外电路而言，相互间是等效的；但对电源内部而言，它们之间是不等效的。

【例 2-2】 在图 2-9 中，(1) $R_L$ 中的电流 $I$ 及其两端的电压 $U$ 各为多少？如在图 2-9(a)中除去恒流源，在图 2-9(b)中除去恒压源，对结果有无影响？(2) 判断两个电源，哪个是电源，哪个是负载？(3) 试分析功率平衡关系。

【解】 (1) 在图 2-9(a)中，有

① $U=10$ V，$I=\frac{10}{2}$ A $=5$ A （除去恒流源对结果无影响）

② $P_L=R_L I^2=2\times 5^2$ W $=50$ W （负载）

$P_I=[-(2\times 10)]$ W $=-20$ W （电源）

$P_V=[-(I-2)\times 10]$ W $=-30$ W （电源）

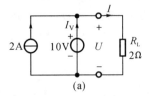
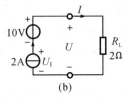

图 2-9 例 2-2 的电路

③ $P_L = P_I + P_V$ （功率平衡）

本例说明，在恒压源与恒流源并联的电路中，恒压源起主要作用。

(2) 在图 2-9(b)中，有

① $I = I_S = 2$ A，$U = 2 \times 2$ V $= 4$ V （除去恒压源对结果无影响）

② $P_L = R_L I^2 = 2 \times 2^2$ W $= 8$ W （负载）

因为 $10 + U_1 - U = 0$，得 $U_1 = -6$ V。

$P_I = -U_1 I_S = [-(-6) \times 2]$ W $= 12$ W （负载，电源充电）

$P_V = [-(2 \times 10)]$ W $= -20$ W （电源）

③ $P_V = P_L + P_I$ （功率平衡）

本例说明，在恒压源与恒流源串联的电路中，恒流源起主要作用。

【例 2-3】 用电压源与电流源等效变换的方法计算图 2-10(a)中 1 Ω 电阻上的电流 $I$。

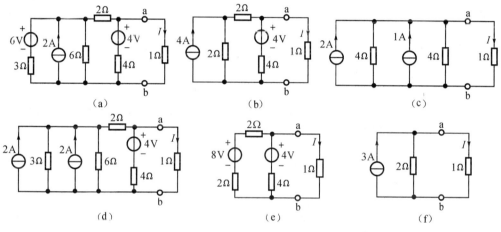

图 2-10 例 2-3 电路

【解】 根据图 2-10 的变换顺序，最后可将图 2-10(a)化简为图 2-10(f)所示的电路。由此可得

$$I = \frac{2}{2+1} \times 3 \text{ A} = 2 \text{ A}$$

在进行变换时，要特别注意电流源的电流方向与电压源的电压极性之间的对应关系。

【例 2-4】 电路如图 2-11(a)所示，$U_1 = 10$ V，$I_S = 2$ A，$R_1 = 1$ Ω，$R_2 = 2$ Ω，$R_3 = 5$ Ω，$R = 1$ Ω。(1) 求电阻 $R$ 中的电流 $I$；(2) 计算理想电压源 $U_1$ 中的电流 $I_{U1}$ 和理想电流源 $I_S$ 两端的电压 $U_{IS}$；(3) 分析功率平衡。

【解】 (1) 在求解 $I$ 时，由于与理想电压源 $U_1$ 并联的电阻 $R_3$ 和与理想电流源 $I_S$ 串联的电阻 $R_2$ 存在与否对解题结果无影响，故可将 $R_3$ 断开和 $R_2$ 短接，这样，简化后得到图 2-11(b)所示的电路，然后将电压源等效变换为电流源再与理想电流源合并，最后得到图 2-11(c)所示的电路。由此可得

$$I_1 = \frac{U_1}{R_1} = \frac{10}{1} \text{ A} = 10 \text{ A}$$

由于 $R_1 = R$，故

$$I = \frac{I_1 + I_S}{2} = \frac{10 + 2}{2} \text{ A} = 6 \text{ A}$$

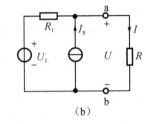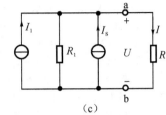

图 2-11 例 2-4 电路

(2) 这里要注意,在计算 $I_{U1}$ 和 $U_{IS}$ 及电源的功率时,电阻 $R_2$ 和 $R_3$ 存在与否将影响到解题结果,因此必须保留。在图 2-11(a)中

$$I_{R1} = I_S - I = (2-6)\text{ A} = -4\text{ A}$$

$$I_{R3} = \frac{U_1}{R_3} = \frac{10}{5}\text{ A} = 2\text{ A}$$

于是,理想电压源 $U_1$ 中的电流为

$$I_{U1} = I_{R3} - I_{R1} = [2-(-4)]\text{ A} = 6\text{ A}$$

理想电流源 $I_S$ 两端的电压为

$$U_{IS} = U + R_2 I_S = RI + R_2 I_S = (1\times 6 + 2\times 2)\text{ V} = 10\text{ V}$$

(3) 根据电源的判别,本例中理想电压源的 $I_{U1}$ 与 $U_1$ 实际方向相反,理想电流源的 $I_S$ 与 $U_{IS}$ 实际方向也相反,因此,理想电压源和理想电流源都是电源,发出的功率分别为

$$P_{U1} = U_1 I_{U1} = 10\times 6\text{ W} = 60\text{ W}$$

$$P_{IS} = U_{IS} I_S = 10\times 2\text{ W} = 20\text{ W}$$

各电阻所取用的功率为

$$P_R = RI^2 = 1\times 6^2\text{ W} = 36\text{ W}$$

$$P_{R1} = R_1 I_{R1}^2 = 1\times (-4)^2\text{ W} = 16\text{ W}$$

$$P_{R2} = R_2 I_S^2 = 2\times 2^2\text{ W} = 8\text{ W}$$

$$P_{R3} = R_3 I_{R3}^2 = 5\times 2^2\text{ W} = 20\text{ W}$$

电源发出的功率与负载取用的功率平衡为

$$P_{U1} + P_{IS} = P_R + P_{R1} + P_{R2} + P_{R3}$$

即

$$(60+20)\text{ W} = (36+16+8+20)\text{ W}$$

$$80\text{ W} = 80\text{ W}$$

## 2.2 支路电流法

在实际的应用电路中,按电路的结构可分为简单电路和复杂电路。对于多回路且不能用电阻串、并联等效化简为单回路的电路,称作复杂电路。在分析和计算复杂电路的各种方法中,支路电流法是最基本的。它应用基尔霍夫电流定律和电压定律,对节点和回路列出所需要的方程组,然后解出各未知支路电流。

在求解电路之前,必须先在电路图上选定各未知支路电流、电压或电动势的参考方向。

现以图 2-12 所示两个电源并联的电路为例,说明支路电流法的应用。在图 2-12 中,支路数 $b=3$,节点数 $n=2$,未知电流有 $I_1$、$I_2$、$I_3$,须列 3 个独立方程。根据 KCL 列出以下电流方程。

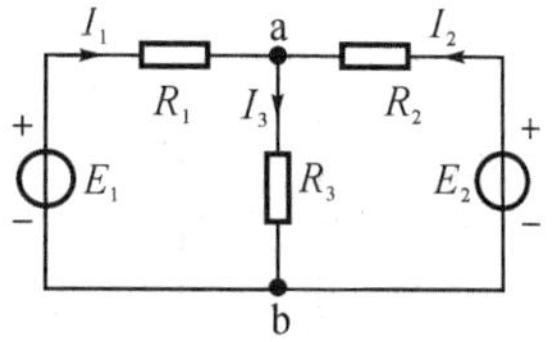

对 a 点:　　　　　$I_1+I_2=I_3$　　　　　(2-5)

对 b 点:　　　　　$I_3=I_1+I_2$

图 2-12　两个电源并联的电路

以上 a、b 两点的两个方程相等,只有一个独立。

其实,对于 $n$ 个节点的电路只能列出 $(n-1)$ 个独立的电流方程。其余 $b-(n-1)$ 个方程,由 KVL 列出以下电压方程:

$$E_1=R_1I_1+R_3I_3,\quad E_2=R_2I_2+R_3I_3 \quad (2\text{-}6)$$

所列独立方程数:

$$(n-1)+[b-(n-1)]=b$$

【例 2-5】 在图 2-12 所示的电路中,设 $E_1=140$ V,$E_2=90$ V,$R_1=20$ Ω,$R_2=5$ Ω,$R_3=6$ Ω,试求各支路电流。

【解】 应用 KCL 和 KVL 列式,并将已知数据代入,即得

$$\begin{cases} I_1+I_2-I_3=0 \\ 140=20I_1+6I_3 \\ 90=5I_2+6I_3 \end{cases}$$

解之,得　　　　　$I_1=4$ A,　$I_2=6$ A,　$I_3=10$ A

【例 2-6】 在图 2-13 所示的电路中,已知 $E=18$ V,$R_1=40$ Ω,$R_2=30$ Ω,$R_3=60$ Ω。试用支路电流法求各支路电流。

【解】 各支路电流的参考方向如图 2-13 所示,应用 KCL 和 KVL 列出方程为

$$\begin{cases} I_1-I_2-I_3=0 \\ E=R_1I_1+R_2I_2 \\ 0=-R_2I_2+R_3I_3 \end{cases}$$

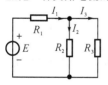

图 2-13　例 2-6 的电路

将已知数据代入,即得

$$\begin{cases} I_1-I_2-I_3=0 \\ 18=40I_1+30I_2 \\ 0=-30I_2+60I_3 \end{cases}$$

解之,得　　　　　$I_1=0.3$ A,　$I_2=0.2$ A,　$I_3=0.1$ A

## 2.3　节点电压法

节点电压法适用于节点数少,而支路数较多的电路。如图 2-14 所示的电路,是

有2个节点的复杂电路。a、b 间的电压 $U$ 被称为节点电压,其参考方向由 a 指向 b。各支路的电流可应用 KCL、KVL 和欧姆定律列出:

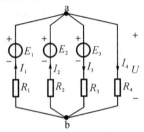

图 2-14 具有两个节点的复杂电路

$$\begin{cases} U=E_1-R_1I_1, & I_1=\dfrac{E_1-U}{R_1} \\ U=E_2-R_2I_2, & I_2=\dfrac{E_2-U}{R_2} \\ U=E_3+R_3I_3, & I_3=\dfrac{-E_3+U}{R_3} \\ U=R_4I_4, & I_4=\dfrac{U}{R_4} \end{cases} \quad (2\text{-}7)$$

由式(2-7)可见,在已知电动势和电阻的情况下,只要先求出节点电压 $U$,就可以计算各支路的电流。

应用 KCL 可以得到节点电流的计算公式为
$$I_1+I_2-I_3-I_4=0$$
将各支路电流计算公式代入电流方程,可得
$$\frac{E_1-U}{R_1}+\frac{E_2-U}{R_2}-\left(-\frac{E_3-U}{R_3}\right)-\frac{U}{R_4}=0$$
经整理得节点电压公式为
$$U=\frac{\dfrac{E_1}{R_1}+\dfrac{E_2}{R_2}+\dfrac{E_3}{R_3}}{\dfrac{1}{R_1}+\dfrac{1}{R_2}+\dfrac{1}{R_3}+\dfrac{1}{R_4}}=\frac{\sum\dfrac{E}{R}}{\sum\dfrac{1}{R}} \quad (2\text{-}8)$$

必须注意的是,上式中分母的各项总为正,而分子中各项的正或负则根据节点电压 $U$ 和电动势 $E$ 的参考方向来确定:当两者参考方向相同时取正号,相反时则取负号,而与各支路电流的参考方向无关。

【例 2-7】 试用节点电压法求图 2-15 所示电路中的各支路电流,并求出 3 个电源的输出功率和负载电阻 $R_L$ 取用的功率。两个电压源的内阻分别为 $0.8\ \Omega$ 和 $0.4\ \Omega$。

【解】 图 2-15 所示的电路只有 2 个节点,而有 4 条支路,故采用节点电压法。其节点电压为

$$U_{ab}=\frac{\dfrac{120}{0.8}+\dfrac{116}{0.4}+10}{\dfrac{1}{0.8}+\dfrac{1}{0.4}+\dfrac{1}{4}}\ \text{V}=\frac{600+1160+40}{5+10+1}\ \text{V}=112.5\ \text{V}$$

$$I_1=\frac{120-112.5}{0.8}\ \text{A}=9.375\ \text{A}$$

$$I_2=\frac{116-112.5}{0.4}\ \text{A}=8.75\ \text{A}$$

$$I=\frac{112.5}{4}\ \text{A}=28.125\ \text{A}$$

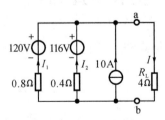

图 2-15 例 2-7 的电路

由于3个电源的电流值均为正值,即从电源的正极流出,均为输出功率。各电源输出的功率为

$$P_1 = (120 \times 9.375 - 0.8 \times 9.375^2) \text{ W} = (1\,125 - 70) \text{ W} = 1\,055 \text{ W}$$
$$P_2 = (116 \times 8.75 - 0.4 \times 8.75^2) \text{ W} = (1\,015 - 31) \text{ W} = 984 \text{ W}$$
$$P_3 = (112.5 \times 10) \text{ W} = 1\,125 \text{ W}$$

负载取用的功率 $P_L = R_L I^2 = (4 \times 28.125^2) \text{ W} = 3\,164 \text{ W}$

功率平衡式 $P_1 + P_2 + P_3 = P_L$

即 $(1\,055 + 984 + 1\,125) \text{ W} = 3\,164 \text{ W}$

**【例 2-8】** 用节点电压法计算例 2-5。

**【解】** 图 2-12 所示的电路只有两个节点 a 和 b,运用节点电压法分析较方便,其节点电压为

$$U_{ab} = \frac{\dfrac{E_1}{R_1} + \dfrac{E_2}{R_2}}{\dfrac{1}{R_1} + \dfrac{1}{R_2} + \dfrac{1}{R_3}} = \frac{\dfrac{140}{20} + \dfrac{90}{5}}{\dfrac{1}{20} + \dfrac{1}{5} + \dfrac{1}{6}} \text{ V} = 60 \text{ V}$$

则各支路的电流分别为

$$I_1 = \frac{E_1 - U_{ab}}{R_1} = \frac{140 - 60}{20} \text{ A} = 4 \text{ A}$$

$$I_2 = \frac{E_2 - U_{ab}}{R_2} = \frac{90 - 60}{5} \text{ A} = 6 \text{ A}$$

$$I_3 = \frac{U_{ab}}{R_3} = \frac{60}{6} \text{ A} = 10 \text{ A}$$

## 2.4 叠加定理

在多个电源共同作用的线性电路中,任何一条支路中的电流或电压都可以看成是由电路中各个电源分别作用时,在此支路产生的电流或电压的代数和,这就是叠加定理。叠加定理的正确性可举例说明,如图 2-16 所示。

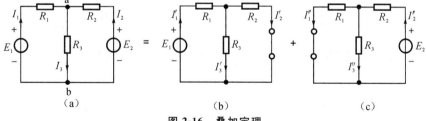

图 2-16 叠加定理

以图 2-16(a)中支路电流 $I_1$ 为例,运用 KCL、KVL 列出以下方程组:

$$\begin{cases} I_1 + I_2 = I_3 \\ E_1 = R_1 I_1 + R_3 I_3 \\ E_2 = R_2 I_2 + R_3 I_3 \end{cases}$$

或
$$\begin{cases} E_1 = R_1 I_1 + R_3 I_3 \\ E_2 = -R_2 I_1 + (R_2 + R_3) I_3 \end{cases}$$

利用行列式求解,得

$$D = \begin{vmatrix} R_1 & R_3 \\ -R_2 & R_2 + R_3 \end{vmatrix} = R_1(R_2 + R_3) + R_2 R_3 = R_1 R_2 + R_2 R_3 + R_3 R_1$$

$$I_1 = \frac{\begin{vmatrix} E_1 & R_3 \\ E_2 & R_2 + R_3 \end{vmatrix}}{R_1 R_2 + R_2 R_3 + R_3 R_1} = \left(\frac{R_2 + R_3}{R_1 R_2 + R_2 R_3 + R_3 R_1}\right) E_1 - \left(\frac{R_3}{R_1 R_2 + R_2 R_3 + R_3 R_1}\right) E_2$$

于是
$$I_1 = I'_1 - I''_1$$

显然,$I'_1$ 是当电路中只有 $E_1$ 单独作用时,在第一支路中所产生的电流(见图 2-16(b));而 $I''_1$ 是当电路中只有 $E_2$ 单独作用时,在第一支路中产生的电流(见图 2-16(c))。因为 $I''_1$ 的参考方向同 $I_1$ 的参考方向相反,所以带负号。

同理可得
$$I_2 = -I'_2 + I''_2 = I''_2 - I'_2$$
$$I_3 = I'_3 + I''_3$$

应用叠加定理时应注意以下几点。

(1) 此定理只适用于线性电路的分析和计算;

(2) 求代数和时要注意各量的正负号;

(3) 叠加运算时,电路中的连线及参数均不得改变。当一个电源单独作用时,即将其余的电压源短路、电流源开路,但其内阻应计算在内;

(4) 功率不能用叠加定理计算。

叠加定理是分析与计算线性问题的普遍原理。

【例 2-9】 电路如图 2-17(a)所示,$E = 12$ V,$R_1 = R_2 = R_3 = R_4$,$U_{ab} = 10$ V,将恒压源去掉后(见图 2-17(b)),试问此时的 $U'_{ab}$ 的值是多少?

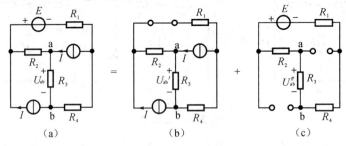

图 2-17 例 2-9 的电路

【解】 根据叠加定理可知:$U_{ab} = U'_{ab} + U''_{ab} = 10$ V,令两恒流源作用时产生的电压为 $U'_{ab}$(见图 2-17(b));恒压源独立作用时产生的电压为 $U''_{ab}$(见图 2-17(c))。

因为
$$U''_{ab} = \frac{R_3}{R_1 + R_2 + R_3 + R_4} E = \frac{1}{4} \times 12 \text{ V} = 3 \text{ V}$$

所以 $U'_{ab} = U_{ab} - U''_{ab} = (10-3)$ V $= 7$ V

**【例 2-10】** 用叠加定理求图 2-18(a)所示电路中各支路的电流。已知 $E = 10$ V,$I_S = 2$ A,$R_1 = 3$ Ω,$R_2 = 5$ Ω,$R_3 = 2$ Ω。

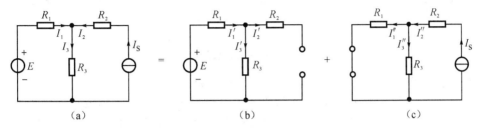

图 2-18 例 2-10 的电路

**【解】** 图 2-18(a)所示电路的电流可以看成是由图 2-18(b)和图 2-18(c)所示两个电路的电流叠加起来的。当恒压源 $E$ 单独作用电路时,由图 2-18(b)可得

$$I'_1 = \frac{E}{R_1 + R_3} = \frac{10}{3+2} \text{ A} = 2 \text{ A}$$

$$I'_2 = 0$$

$$I'_3 = I'_1 = 2 \text{ A}$$

当恒流源 $I_S$ 单独作用电路时,由图 2-18(c)可得

$$I''_1 = \frac{R_3}{R_1 + R_3} I_S = \frac{2}{3+2} \times 2 \text{ A} = 0.8 \text{ A}$$

$$I''_2 = I_S = 2 \text{ A}$$

$$I''_3 = I''_2 - I''_1 = (2 - 0.8) \text{ A} = 1.2 \text{ A}$$

所以
$$I_1 = I'_1 - I''_1 = (2 - 0.8) \text{ A} = 1.2 \text{ A}$$

$$I_2 = -I'_2 + I''_2 = (0 + 2) \text{ A} = 2 \text{ A}$$

$$I_3 = I'_3 + I''_3 = (2 + 1.2) \text{ A} = 3.2 \text{ A}$$

## 2.5 等效电源定理

对于任何一个电路,如果只需计算其中某一条支路的电流或某一个元件上的电压时,采用等效电源定理就比较简单。

首先说明什么是等效电源。如果只需计算复杂电路中的一条支路时,可以将这条支路画出,如图 2-19(a)中的 ab 支路,其中的电阻为 $R_L$,而把其余部分看成一个有源二端网络,如图 2-19(a)中的方框部分。因为有源二端网络对这条支路提供电能,其作用相当于一个电源,因此,这个有源二端网络一定可以简化为一个等效电源,如图 2-19(b)所示。经过等效变换以后,ab 支路中的 $I$ 和端电压 $U$ 没有改变。

所谓二端网络指的是,电路结构不论是简单的还是复杂的,只要是具有两个出线端的部分电路,均称作二端网络。二端网络又以其中是否含有电源分为两种:含

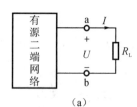 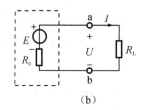 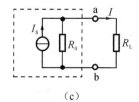

图 2-19 等效电源定理

有电源的称作有源二端网络；不含电源的称作无源二端网络。

根据 2.1 节所述，一个电源可用两种电路模型表示：一种是用电动势为 $E$ 的理想电压源和阻值为 $R_0$ 的内阻串联组成的电压源；另一种是以电流为 $I_S$ 的理想电流源和阻值为 $R_0$ 的内阻并联组成的电流源，如图 2-19(c)所示。因此，可以有两种等效电源的形式得到下面所述的两个定理——戴维宁定理和诺顿定理。

### 2.5.1 戴维宁定理

任何一个有源二端线性网络都可以用一个电动势为 $E$ 的恒压源和内阻 $R_0$ 串联的电源来等效代替。其 $E$ 是该有源二端网络的开路电压 $U_0$，即 $R_L$ 断开时 ab 间的电压，如图 2-20(a)所示。内阻 $R_0$ 等于该有源二端网络除源后 a、b 间的等效电阻，如图 2-20(b)所示。网络除源的方法是：理想电压源短路、理想电流源开路后，无源二端网络 a、b 间的等效电阻。这就是戴维宁定理。

利用戴维宁定理使电路计算简单，即
$$I = E/(R_0 + R_L)$$
等效电压源的电动势 $E$ 和内阻 $R_0$ 可通过实验得出。

### 2.5.2 诺顿定理

任何一个有源二端线性网络都可以用一个电流为 $I_S$ 的恒流源和内阻 $R_0$ 并联的电源来等效代替。其中 $I_S$ 是有源二端网络的短路电流，即将 a、b 两端短接后其支路中的短路电流，如图 2-21(a)所示。内阻 $R_0$ 等于二端网络除源后 a、b 间的等效电阻，如图 2-21(b)所示。这就是诺顿定理。

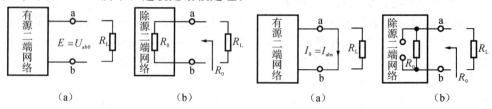

图 2-20　电动势 $E$ 与内阻 $R_0$ 的确定　　　　图 2-21　恒流源 $I_S$ 与内阻 $R_0$ 的确定

计算负载电流的公式为

$$I = \frac{R_0}{R_0 + R_L} I_S$$

一个有源二端网络既可用戴维宁定理转化为等效电压源，也可用诺顿定理转化为等效电流源。两者对于外电路的作用是等效的，其关系为

$$E = R_0 I_S \quad 或 \quad I_S = \frac{E}{R_0}$$

【例 2-11】 分别应用戴维宁定理和诺顿定理将图 2-22 所示的各电路转化为等效电压源和等效电流源。

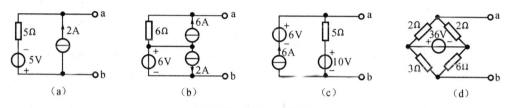

图 2-22 例 2-11 的电路

【解】 (1) 对于图 2-22(a) 所示的电路。

① 应用戴维宁定理可将图 2-22(a) 所示的电路转化为图 2-23 所示的等效电路，其中等效电动势 $E$ 和内阻 $R_0$ 由图 2-24 所示电路计算求得，则有

$$E = U_0 = U_{ab0} = (2 \times 5 - 5) \text{ V} = 5 \text{ V}$$
$$R_0 = 5 \text{ Ω}$$

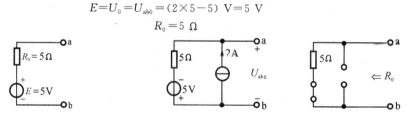

图 2-23 例 2-11(a) 的等效电路一　　　图 2-24 例 2-11(a) 计算用电路一

② 应用诺顿定理可将图 2-22(a) 所示的电路转化为图 2-25 所示的等效电路，当 2 A 理想电流源单独作用时，在 ab 间产生的电流为 $I'_S$；当 5 V 理想电压源单独作用时，在 ab 间产生的电流为 $I''_S$，如图 2-26 所示，则有

$$I_S = I'_S - I''_S = \left(2 - \frac{5}{5}\right) \text{ A} = 1 \text{ A}$$

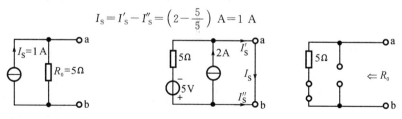

图 2-25 例 2-11(a) 的等效电路二　　　图 2-26 例 2-11(a) 计算用电路二

(2) 对于图 2-22(b)所示的电路。

① 应用戴维宁定理可将图 2-22(b)所示的电路化为图 2-27 所示的等效电路,其中等效电动势 $E$ 应用叠加定理分析可知:6 A 理想电流源单独作用时在 6 Ω 电阻上产生上正下负 36 V 的压降;而 2 A 理想电流源单独作用时只会与理想电压源构成回路,不能改变理想电压源的端电压;6 V 理想电压源单独作用时不能构成回路,如图 2-28 所示,则有

$$E=U_0=U_{ab0}=6\times 6+6=42 \text{ V}$$
$$R_0=6 \text{ Ω}$$

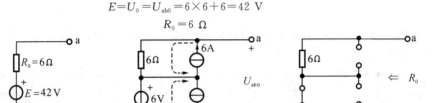

图 2-27　例 2-11(b)的等效电压源　　　　图 2-28　例 2-11(b)计算用电路一

② 应用诺顿定理可将图 2-22(b)所示的电路化为图 2-29 所示的等效电路,其中理想电流源 $I_S$ 可根据叠加定理求得,当 6 A 理想电流源单独作用时,在 ab 间产生的电流为 $I'_S$,当 6 V 理想电压源单独作用时,在 ab 间产生的电流为 $I''_S$,而 2 A 理想电流源单独作用时只与 6 V 理想电压源构成回路,因此,没有电流流过 ab 支路,如图 2-30 所示,则有

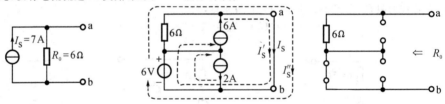

图 2-29　例 2-11(b)的等效电流源　　　　图 2-30　例 2-11(b)计算用电路二

$$I_S=\left(6+\frac{6}{6}\right) \text{ A}=7 \text{ A}$$
$$R_0=6 \text{ Ω}$$

(3) 对于图 2-22(c)所示的电路。

① 应用戴维宁定理可将图 2-22(c)所示的电路转化为图 2-31 所示的等效电路,其中等效电动势 $E$ 和内阻 $R_0$ 由图 2-32 所示电路计算求得,则有

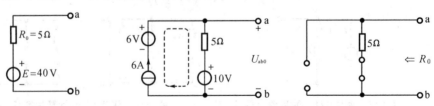

图 2-31　例 2-11(c)的等效电压源　　　　图 2-32　例 2-11(c)计算用电路一

$$E = U_0 = U_{ab0} = (6 \times 5 + 10) \text{ V} = 40 \text{ V}$$
$$R_0 = 5 \text{ Ω}$$

② 应用诺顿定理可将图 2-22(c) 所示的电路转化为图 2-33 所示的等效电路,其中,理想电流源 $I_S$ 可根据叠加定理求得,当 6 A 理想电流源单独作用时,在 ab 间产生的电流为 $I'_S$;当 10 V 理想电压源单独作用时,在 ab 间产生的电流为 $I''_S$;而 10 V 理想电压源单独作用时不能构成回路,因此,ab 支路没有电流,如图 2-34 所示,则有

$$I_S = \left(6 + \frac{10}{5}\right) \text{ A} = 8 \text{ A}$$
$$R_0 = 5 \text{ Ω}$$

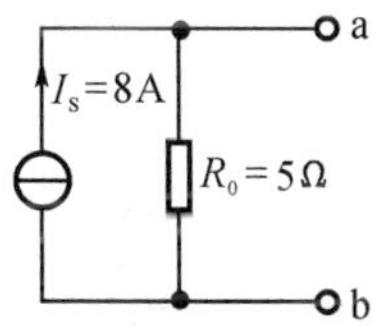

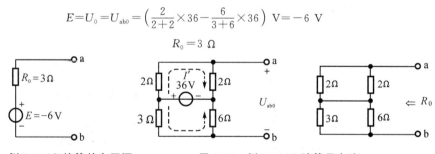

图 2-33 例 2-11(c) 的等效电流源 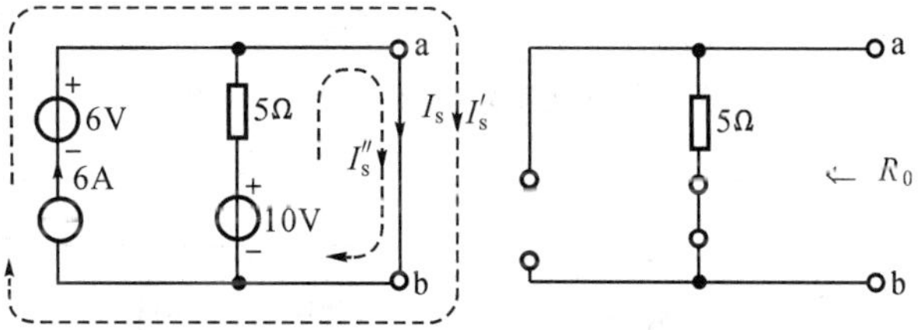  　　图 2-34 例 2-11(c) 计算用电路二

(4) 对于图 2-22(d) 所示的电路。

① 应用戴维宁定理可将图 2-22(d) 所示的电路转化为图 2-35 所示的等效电路,其中,等效电动势 $E$ 和内阻 $R_0$ 由图 2-36 所示电路计算求得,则有

$$E = U_0 = U_{ab0} = \left(\frac{2}{2+2} \times 36 - \frac{6}{3+6} \times 36\right) \text{ V} = -6 \text{ V}$$
$$R_0 = 3 \text{ Ω}$$

图 2-35 例 2-11(d) 的等效电压源  　　图 2-36 例 2-11(d) 计算用电路一

② 应用诺顿定理可将图 2-22(d) 所示的电路转化为图 2-37 所示的等效电路,其中理想电流源 $I_S$ 可根据基尔霍夫第一定律求得,即 $I_S = I_1 - I_2$ 如图 2-38 所示,则有

$$I_S = I_{ab} = I_1 - I_2 = \left(\frac{3}{5} - \frac{6}{8}\right) I = \left(\frac{3}{5} - \frac{3}{4}\right) I$$
$$I = \left(\frac{36}{6/5 + 12/8}\right) \text{ A} = \left(\frac{36}{6/5 + 3/2}\right) \text{ A} = \frac{40}{3} \text{ A}$$
$$I_S = I_1 - I_2 = (8 - 10) \text{ A} = -2 \text{ A}$$
$$R_0 = 3 \text{ Ω}$$

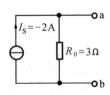
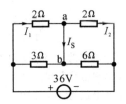
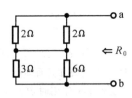

图 2-37 例 2-11(d)的等效电流源　　　　图 2-38 例 2-11(d)计算用电路二

【例 2-12】 用戴维宁定理求图 2-39 所示电路中的电流 $I$。

【解】 (1) 先将 3.6 Ω 电阻支路开路,求开路端电压:

$$E = U_0 = \left(1 + \frac{6-1}{6+4} \times 4\right) \text{ V} = 3 \text{ V}$$

(2) 求无源二端网络等效电阻,如图 2-40 所示。

$$R_0 = \frac{6 \times 4}{6+4} \text{ Ω} = 2.4 \text{ Ω}$$

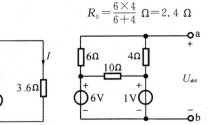
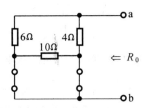

图 2-39 例 2-12 的电路　　　　图 2-40 例 2-12 计算用电路

(3) 求 3.6 Ω 电阻中的电流如图 2-41 所示。

$$I = \frac{E}{R_0 + 3.6} = \frac{3}{2.4 + 3.6} \text{ A} = 0.5 \text{ A}$$

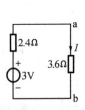
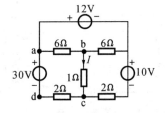

图 2-41 例 2-12 的等效电路　　　　图 2-42 例 2-13 的电路

【例 2-13】 用戴维宁定理求图 2-42 所示电路中的电流 $I$。

【解】 (1) 该电路有三个理想电压源共同作用,因此,等效电源的电动势 $E$ 可采用叠加定理求解。将 bc 间开路,等效电源电动势 $E$ 可由图 2-43(a)求得

$$E = U_{bc0} = U_{ba} + U_{ad} + U_{dc}$$

根据叠加定理,当 30 V 电源独立作用电路时,其余的理想电压源短接,则有

$$U'_{ba} = 0, \quad U'_{dc} = -15 \text{ V}$$

当 12 V 电源独立作用电路时,则有

$$U''_{ba} = -6\text{ V}, \quad U''_{dc} = 6\text{ V}$$

当 10 V 电源独立作用电路时,则有

$$U'''_{ba} = 0, \quad U'''_{dc} = 5\text{ V}$$

因此,有

$$U_{ba} = U'_{ba} + U''_{ba} + U'''_{ba} = [0 + (-6) + 0]\text{ V} = -6\text{ V},$$
$$U_{ad} = 30\text{ V},$$
$$U_{dc} = U'_{dc} + U''_{dc} + U'''_{dc} = [(-15) + 6 + 5]\text{ V} = -4\text{ V},$$
$$E = U_{bc0} = [(-6) + 30 + (-4)]\text{ V} = 20\text{ V}$$

(2) 等效电源的内阻 $R_0$ 可由图 2-43(b) 所示电路求得

$$R_0 = [6 /\!/ 6 + 2 /\!/ 2]\text{ Ω} = 4\text{ Ω}$$

(3) 最后,由图 2-44 求出 1 Ω 电阻中的电流

$$I = \frac{E}{R_0 + 1\text{ Ω}} = \frac{20}{4+1}\text{ A} = 4\text{ A}$$

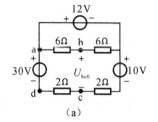
(a)

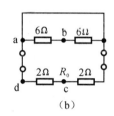
(b)

图 2-43 例 2-13 计算用电路

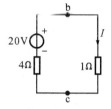

图 2-44 例 2-13 的等效电路

## 本章小结

(1) 任何一个实际电源都可以等效为电压源或电流源这两种电路模型,两者外特性的一致,表明两者对外部电路而言是完全等效的。需要注意的是:对电压源和电流源内部而言,它们是不等效的,理想电压源和理想电流源之间也是不等效的。

电压源与电流源的等效变换是分析和简化电路的一种方法。具体做法是,只要是一个电动势为 E 的理想电压源与某个电阻 R 串联的电路,都可以化为一个电流为 $I_S$ 的理想电流源与这个电阻并联的电路,两者完全等效,其中

$$I_S = \frac{E}{R} \quad \text{或} \quad E = RI_S$$

应当注意的是:电压源和电流源作等效变换时对外电路的电压和电流的大小和方向都不变,即电流源的电流应从电压源的正极性端流出。若理想电压源与其他元件(电阻或理想电流源)并联时,并联支路的电压只由理想电压源决定;若理想电流源与其他元件(电阻或理想电压源)串联时,串联支路的电流只由理想电流源决定。

(2) 支路电流法是计算复杂电路的基本方法,它是以电路中各个支路的电流为未知数,应用基尔霍夫的两个定律列出所需的方程式来求解的方法。和其他方法比较,支路电流法的缺点是所列方程式较多,不便求解,但它是其他计算方法的基础。

(3) 节点电压法也是计算复杂电路的基本方法,只是应用在节点数少而支路数多的电路比较

方便。应用节点电压法的公式时,应特别注意电动势 $E$ 和节点电压 $U$ 的参考方向。

(4) 叠加定理应用于线性电路,表示线性电路的可加性。在线性电路中,任一条支路的电流和电压都可以看成是电路中各个电源单独作用时,在这一支路产生的电流和电压的叠加。叠加定理不适用于非线性电路,也不能用来计算线性电路中的功率。叠加定理的重要性不在于计算,而在于它是分析线性电路的普遍原理。

(5) 戴维宁定理和诺顿定理是电路分析的两个重要定理,也称为等效电源定理,特别适用于在复杂电路中只求解个别支路参数的情况。任何有源二端线性网络都可以简化为一个等效电源,这个等效电源可以是电压源,也可以是电流源。应用这两个定理时,最关键的是如何确定等效电源的两个参数,即电动势和等效内阻。

戴维宁定理是本节的重点,它把一个有源二端线性网络用一个电动势为 $E$ 的理想电压源和内阻 $R_0$ 串联的电压源来等效代替。学习本节内容的关键,是要掌握计算 $E$ 和 $R_0$ 的方法。

# 习 题 2

2-1 试用电压源与电流源等效变换的方法计算题图 2-1 中 8 Ω 电阻两端的电压 $U_{cd}$。

2-2 试用电压源与电流源等效变换的方法计算题图 2-2 中 3 Ω 电阻中的电流 $I$。

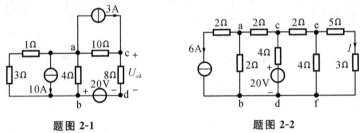

题图 2-1　　　　题图 2-2

2-3 计算题图 2-3 中 1 Ω 电阻上的电压 $U_{ab}$。

2-4 试用电压源与电流源等效变换的方法计算题图 2-4 中 2 Ω 电阻中的电流 $I$。

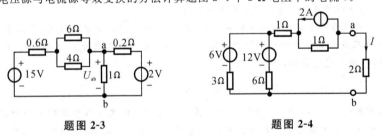

题图 2-3　　　　题图 2-4

2-5 应用支路电流法计算题图 2-5 所示电路中的各支路电流。

2-6 应用支路电流法计算题图 2-6 所示电路中的各支路电流。

2-7 应用节点电压法计算题图 2-7 所示电路中的各支路电流。

2-8 电路如题图 2-8 所示,试用节点电压法计算图中电阻 $R_L$ 两端电压 $U$,并计算理想电流源的功率。

2-9 应用叠加定理计算题图 2-9 所示电路中 1 Ω 电阻支路的电流 $I$。

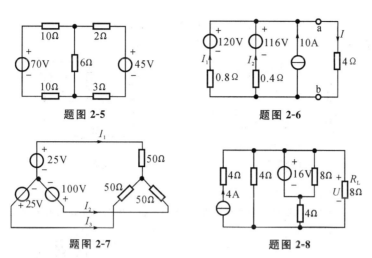

2-10 应用叠加定理计算题图 2-10 所示电路中的电流 $I$。

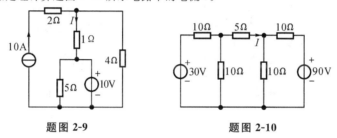

2-11 应用叠加定理计算题图 2-11 所示电路中的电流 $I$。
2-12 电路如题图 2-12 所示,分别用戴维宁定理和诺顿定理计算 24 Ω 电阻中的电流 $I$。

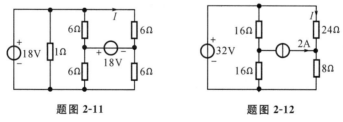

2-13 应用戴维宁定理计算题图 2-13 所示电路中 4 Ω 电阻中的电流 $I$。
2-14 应用戴维宁定理计算题图 2-14 所示电路中 6 Ω 电阻两端的电压 $U$。

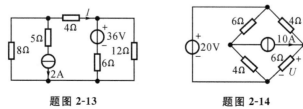

2-15 在题图 2-15 中,已知 $I=1\text{ A}$,应用戴维宁定理求电阻 $R$。

2-16 应用戴维宁定理计算题图 2-16 所示电路中的电流 $I$。

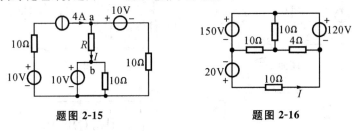

题图 2-15　　　　　题图 2-16

2-17 电路如题图 2-17 所示,应用戴维宁定理计算图中电流 $I$。

2-18 用戴维宁定理和诺顿定理分别计算题图 2-18 所示桥式电路中 9 Ω 电阻中的电流 $I$。

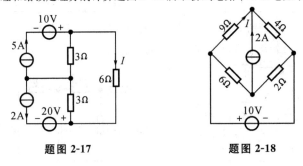

题图 2-17　　　　　题图 2-18

# 3 正弦稳态交流电路分析

本章首先讨论正弦交流电量的电压、电流、电动势等三个要素,及正弦电量的复数表示法。在此基础上,重点分析在正弦稳态情况下单一元件交流电路、混合元件交流电路和不同组成结构的正弦电路,讨论正弦交流电路的频率特性和功率因数的提高等内容。通过这一章的学习和讨论,为以后的电机、电器及电子技术课程的学习打下理论基础。

## 3.1 正弦交流电的基本概念

在前面的章节中,我们讨论的是电压、电流的大小、方向都恒定不变的直流电源电路,而实际生产和生活中使用最多的是交流电,即大小、方向都随时间变化而变化的电压和电流。交流电的形式有很多,随着时间按正弦规律变化的电压和电流称为正弦交流电。不仅工程实际和日常生活中的用电都是正弦交流电,而且电子线路中的复杂电信号,也可以分解为不同频率的正弦交流量来进行分析讨论。因此,正弦交流电路的内容,是电工与电子技术中一个很重要的部分。

### 3.1.1 正弦交流电的基本表示方式

随着时间按正弦函数规律周期变化的电压、电流的波形及原理电路如图 3-1 所示。其中实线箭头为电流的参考方向,"+"、"−"为电压的参考方向,而虚线箭头和 ⊕、⊖ 分别为电流和电压的实际方向。所以波形图中的上半部分波形代表一个周期中的正半周情况,参考方向与实际方向一致,习惯上也称为正极性波;下半部分波形代表周期的负半周情况,参考方向与实际方向相反,习惯上称为负极性波。

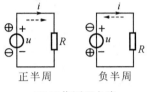

(a) 电流或电压波形　　　　(b) 工作原理电路

**图 3-1　正弦电压和电流的波形及原理电路**

正弦电压和电流等物理量，一般统称为正弦量，正弦量除了用波形图表示外，常用的表示方式还有数学表达式，即随着时间按正弦规律变化的函数式。正弦电压、电流、电动势的时间函数式分别为

$$\begin{cases} u = U_\mathrm{m}\sin(\omega t + \varphi_\mathrm{u}) \\ i = I_\mathrm{m}\sin(\omega t + \varphi_\mathrm{i}) \\ e = E_\mathrm{m}\sin(\omega t + \varphi_\mathrm{e}) \end{cases} \tag{3-1}$$

式中，小写字母 $u$、$i$、$e$ 是这些电量在任一瞬间的值，称为瞬时值。它们都是时间的周期函数。

### 3.1.2　正弦交流电的基本参数

正弦量的基本特征可以分别由频率（或周期）、幅值（有效值）和初相位来确定。其中，频率表示正弦量变化的快慢；幅值表示其强度的大小；初相位表示分析时的初始状态。因此，频率、幅值和初相位被称为确定正弦量的三要素。下面分别作进一步的讨论。

**1. 周期、频率和角频率**

正弦量变化一次所需的时间称为周期，用 $T$ 表示，单位为秒（s），它反映了正弦量变化的快慢程度，而周期 $T$ 的倒数为单位时间内重复变化的次数称为频率 $f$，单位为赫兹（Hz），即有

$$f = \frac{1}{T} \quad \text{或} \quad T = \frac{1}{f} \tag{3-2}$$

在我国，规定工业交流电的标准频率（简称工频）为 50 Hz，国际上大多数国家也是 50 Hz，因此，日常生产和生活的电气都使用这一频率。但有少数国家如日本、美国等为 60 Hz。

除工频外，在其他不同的领域使用着各种不同的频率，如高频加热电炉的为 $50 \sim 50 \times 10^6$ Hz，中、短波无线电通信载波频率为 30 kHz $\sim 3 \times 10^4$ MHz，卫星通信频率可达 $10^6$ MHz 以上。

除了用周期和频率来表示正弦量变化的快慢外，还可以用角频率 $\omega$ 来表示，由

于正弦量变化一周经历了 $2\pi$ 个弧度,故角频率 $\omega$ 与频率 $f$ 的关系为

$$\omega = \frac{2\pi}{T} = 2\pi f \tag{3-3}$$

它的单位是弧度/每秒(rad/s)。

式(3-3)表示了 $T$、$f$、$\omega$ 三者之间的关系,只要知道其中之一就可以相互转换,便于工程上的分析计算。周期为 $T$ 的正弦交流电流的波形如图 3-2 所示。

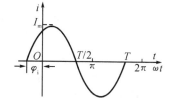

图 3-2 周期为 $T$ 的正弦交流电流

**2. 幅值与有效值**

幅值又称为最大值,是正弦量在变化过程中出现的最大瞬时值,幅值反映了正弦量变化的大小范围,用带下标的大写字母表示,如 $U_m$、$I_m$、$E_m$ 分别表示电压、电流和电动势的幅值。

由于幅值(或最大值)只是正弦量的最大瞬时值,即瞬间强度,虽然能够反映出不同交流电的大小,但不能准确地反映交流电做功的效果。因此,一般不用幅值来表示正弦电压、电流及电动势的作用效果,而是用有效值(即均方根值)来表示或计量。

有效值表示的是交流电做功的平均效果,其大小是根据电流热效应来确定的。有效值是由周期的交流电在一周期内做功的热效应与直流电在同样条件下做功的热效应相比较而确定的。如果一个周期变化的交变电流 $i$ 通过电阻 $R$(如电阻炉)在一个周期时间内产生的热量 $Q_{ac}$,与某个直流电流 $I$ 通过同一电阻在相等的时间内产生的热量 $Q_{dc}$ 相等时,则这一直流电流 $I$ 的值就定义为该交流电流 $i$ 的有效值。综上所述,设电阻为 $R$,通过交流电流 $i$,在一周期 $T$ 内产生的热量为

$$Q_{ac} = \int_0^T Ri^2 dt$$

对于同一电阻 $R$,通以直流电流 $I$,在同一时间 $T$ 内产生的热量为

$$Q_{dc} = RI^2 T$$

当满足热效应相等的条件时,$Q_{ac} = Q_{dc}$,即有

$$\int_0^T Ri^2 dt = RI^2 T$$

所以,交流电流 $i$ 的有效值为

$$I = \sqrt{\frac{1}{T} \int_0^T i^2 dt} \tag{3-4}$$

式(3-4)适用于所有周期变化的电量,而不适用于非周期变化的电量,由式(3-4)还可得出:有效值为周期电量的方均根值。因此,当 $i = I_m \sin\omega t$ 代入式(3-4)时,则有

$$I = \sqrt{\frac{1}{T}\int_0^T I_m^2 \sin^2\omega t \, dt} = \sqrt{\frac{I_m^2}{T}\int_0^T \frac{1-\cos 2\omega t}{2} dt}$$

$$= I_m \sqrt{\frac{1}{T}\left(\int_0^T \frac{1}{2} dt - \int_0^T \frac{1}{2}\cos 2\omega t \, dt\right)} = \frac{I_m}{\sqrt{2}} = 0.707 I_m \tag{3-5}$$

同理,可得电压和电动势的有效值为

$$U = \frac{U_m}{\sqrt{2}} = 0.707 U_m, \quad E = \frac{E_m}{\sqrt{2}} = 0.707 E_m \tag{3-6}$$

工程上常说的交流电压和电流的大小都是指其有效值;一般交流测量仪表的刻度也是按照有效值来标定的;电器设备铭牌上的电压、电流也是有效值。但计算电路元件耐压值和绝缘的可靠性时,要用幅值。

### 3. 相位角、初相位和相位差

正弦量瞬时值,除了与幅值有关外,还与瞬时相位角有关,例如两个同频率的正弦量 $i_1 = I_{m1}\sin(\omega t + \varphi_1)$ 和 $i_2 = I_{m2}\sin(\omega t + \varphi_2)$,其中 $(\omega t + \varphi_1)$、$(\omega t + \varphi_2)$ 为正弦量的相位角或相位,它反映正弦量变化的进程。设 $\theta_1 = (\omega t + \varphi_1)$,$\theta_2 = (\omega t + \varphi_2)$,当 $\theta_1$、$\theta_2$ 随时间变化时,正弦量的瞬时值也随之连续变化。其波形图如图 3-3 所示。

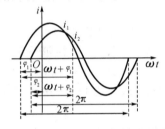

图 3-3 相位角不同的正弦波

当 $t=0$,即计时的起点为 0 时,相位角 $\theta_1 = \varphi_1$,$\theta_2 = \varphi_2$ 称为正弦量的初相位,即初相位为计时开始时的相位角。

如果初相位不同,两个正弦量初始值将不同,到达幅值的时间也不同。由于

$$\theta_1 - \theta_2 = (\omega t + \varphi_1) - (\omega t + \varphi_2) = \varphi_1 - \varphi_2 = \Delta\varphi$$

与时间无关,所以同频率正弦量的相位差也就是它们的初相位之差。不同的相位差反映两个正弦量之间不同的相对关系:

(1) 当 $\Delta\varphi > 0$ 时,称 $i_1$ 在相位上超前 $i_2$ 或 $i_2$ 滞后 $i_1$,如图 3-4 所示;

(2) 当 $\Delta\varphi < 0$ 时,称 $i_1$ 在相位上滞后 $i_2$ 或 $i_2$ 超前 $i_1$;

(3) 当 $\Delta\varphi = 0$ 时,称 $i_1$ 与 $i_2$ 同相位,如图 3-4(a)所示;

(4) 当 $\Delta\varphi = \pm\pi$ 时,称 $i_1$ 与 $i_2$ 反相,如图 3-4(b)所示;

(5) 当 $\Delta\varphi = \pm 90°$ 时,称 $i_1$ 与 $i_2$ 正交,如图 3-4(c)所示。

正弦量不仅可以灵活地进行电压的升降变换,在电路分析中进行加、减、微分和积分运算时也比较方便。由于同频率的正弦量之和或者之差仍为同一频率的正弦量,正弦量对时间的微分或积分也为同一频率的正弦量,就可能使电路各部分的电压和电流波形变化相同,这一特性在技术上具有重大意义。同时,正弦量变化平滑,正常情况下不会引起过高电压而影响电气设备的运行和损坏其绝缘。

(a)          (b)          (c)

图 3-4 同频率正弦量的相位关系

**【例 3-1】** 已知正弦电压 $u_1(t)=U_{m1}\sin(\omega t+\pi/6)$ V，$u_2(t)=U_{m2}\sin(\omega t-\pi/2)$ V，正弦电流 $i_3(t)=I_{m3}\sin(\omega t+2\pi/3)$ A，试求各正弦量间的相位差。

**【解】** 正弦电压 $u_1$ 和 $u_2$ 频率相同，可以进行相位比较，其相位差就等于 $u_1$ 和 $u_2$ 的初相角之差，即

$$\varphi_{12}=\varphi_{u1}-\varphi_{u2}=\frac{\pi}{6}-\left(-\frac{\pi}{2}\right)=\frac{2\pi}{3}>0$$

上式说明，$u_1$ 比 $u_2$ 超前 $2\pi/3$ 弧度，或 $u_2$ 比 $u_1$ 滞后 $2\pi/3$ 弧度。

正弦电压 $u_1$ 和正弦电流 $i_3$ 间的相位差为

$$\varphi_{13}=\varphi_{u1}-\varphi_{i3}=\frac{\pi}{6}-\frac{2\pi}{3}=-\frac{\pi}{2}<0$$

上式说明，$u_1$ 比 $i_3$ 滞后 $\pi/2$ 弧度，或 $i_3$ 比 $u_1$ 超前 $\pi/2$ 弧度。

正弦电压 $u_2$ 和正弦电流 $i_3$ 间的相位差为

$$\varphi_{23}=\varphi_{u3}-\varphi_{i3}=\left(-\frac{\pi}{2}\right)-\frac{2\pi}{3}=-\frac{7\pi}{6}<0$$

上式中，由于 $|\varphi_{23}|\geq\pi$，不满足相位差 $|\varphi_{23}|\leq\pi$ 的条件，因此，应取 $\varphi_{23}=-7\pi/6+2\pi=5\pi/6$。因此，$u_2$ 比 $i_3$ 超前 $5\pi/6$ 弧度，或 $i_3$ 比 $u_2$ 滞后 $5\pi/6$ 弧度。

应当注意，从上例中还可以得出，相位上的超前与滞后不满足传递性。

## 3.2 正弦电路的相量表示法

正弦量具有幅值、频率及相位三个特征，可以用各种方法表示。前面讨论了用时间的函数表达式和波形图来表示正弦量，前者方便计算瞬时值，后者很直观，但用来进行正弦量的加、减和微分、积分计算，则很烦琐。因此，引入了一种实用的表示方法，即相量法（或称复数法）。尽管是间接表示，但在计算过程中却很方便。

### 3.2.1 复数及其运算

相量表示法，是利用复数来表示正弦交流量的一种方法，也就是说相量是一种特定的表示正弦量的复数。复数表示在二维空间，用大写字母表示。为与一般复数加以区别，书写时在对应的大写字母上加一圆点，如电压、电流、电动势的有效值相量为 $\dot{U}$、$\dot{I}$、$\dot{E}$ 或幅值相量为 $\dot{U}_m$、$\dot{I}_m$、$\dot{E}_m$。既然相量是复数，则有必要介绍复数的表达方式和运算方法。

## 1. 复数的几种表达方式

1) 复数的代数形式

一个复数由实数和虚数两部分组成,设 $A$ 为复数,则有

$$A = a + jb \tag{3-7}$$

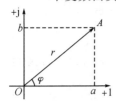

图 3-5 复平面

式中:$a$ 为复数 $A$ 的实部;$b$ 为复数 $A$ 的虚部;$j = \sqrt{-1}$,是复数中的虚数单位。复数 $A = a + jb$ 在复数平面上有一点 $A(a, b)$ 与之对应,如图 3-5 所示。图中横轴表示复数的实部,称为实轴,以 $+1$ 为单位;纵轴表示复数的虚部,称为虚轴,以 $+j$ 为单位。在该复平面上,$A$ 点的横坐标等于复数的实部 $a$,纵坐标等于复数的虚部 $b$。

图 3-5 中由原点指向 $A$ 点的有向线段也与复数 $A$ 相对应,习惯上称 $\overrightarrow{OA}$ 为向量(或矢量),其实部为 $a$,虚部为 $b$。$|A| = r = \sqrt{a^2 + b^2}$ 是复数的大小,称为复数的模;$\varphi = \arctan(b/a)$ 称为复数的辐角,是复数的模与实轴正方向间的夹角。

2) 复数的三角形式

由 $a = r\cos\varphi, b = r\sin\varphi$ 得

$$A = r\cos\varphi + jr\sin\varphi = r(\cos\varphi + j\sin\varphi) \tag{3-8}$$

在进行复数的加减运算时,用三角形式比较方便。

3) 复数的指数形式

根据欧拉公式,有

$$\cos\varphi = \frac{e^{j\varphi} + e^{-j\varphi}}{2}, \quad \sin\varphi = \frac{e^{j\varphi} - e^{-j\varphi}}{2j}$$

则有

$$A = r(\cos\varphi + j\sin\varphi) = r\left(\frac{e^{j\varphi} + e^{-j\varphi}}{2} + j\frac{e^{j\varphi} - e^{-j\varphi}}{2j}\right) = re^{j\varphi} = |A|e^{j\varphi} \tag{3-9}$$

在进行复数的乘除运算时,用指数形式比较方便。

4) 复数的极坐标形式

在极坐标中,可将式(3-9)表示的复数写成极坐标形式,即

$$A = r\angle\varphi = |A|\angle\varphi \tag{3-10}$$

以上关于复数的四种表示方法可以互相转换使用。

【例 3-2】 试将下列复数的极坐标式转换为代数形式。

(1) $A = 9.5\angle 73°$      (2) $A = 13\angle 112.6°$

【解】 将极坐标式转换为代数式:

(1) $A = 9.5\angle 73° = 9.5\cos 73° + j9.5\sin 73° = 2.78 + j9.1$

(2) $A = 13\angle 112.6° = 13\cos 112.6° + j13\sin 112.6° = -5 + j12$

【例 3-3】 试将下列复数的代数式转换为极坐标式。

(1) $A = 5 + j5$      (2) $A = 4 - j3$

**【解】** 将代数式转换为极坐标式：

(1) 由 $r=\sqrt{5^2+5^2}=\sqrt{50}=7.07$，$\varphi=\arctan\dfrac{5}{5}=45°$，有

$$A=5+j5=7.07\angle 45°$$

(2) 由 $r=\sqrt{4^2+(-3)^2}=5$，$\varphi=\arctan\dfrac{-3}{4}=-36.9°$，有

$$A=4-j3=5\angle(-36.9°)$$

### 2. 复数的四则运算

#### 1) 加减运算

复数的加减运算用复数的直角坐标式比较方便，运算时实部与实部、虚部与虚部相加减。例如有两个复数：

$$A=a_1+jb_1,\quad B=a_2+jb_2$$

则

$$A\pm B=(a_1\pm a_2)+j(b_1\pm b_2) \tag{3-11}$$

即当几个复数进行加减运算时，其和（差）的实部等于几个复数的实部相加（减），和（差）的虚部等于几个复数的虚部相加（减），结果仍为复数。

#### 2) 乘除运算

复数的乘除运算用复数的指数式或极坐标式比较方便。乘运算时，积的模等于各复数的模相乘，积的辐角等于各复数辐角相加；除运算时，商的模等于复数的模相除，商的辐角等于复数辐角相减。例如有两个复数：

$$A=ae^{j\varphi_1}=a\angle\varphi_1,\quad B=be^{j\varphi_2}=b\angle\varphi_2$$

则有

$$AB=(ae^{j\varphi_1})(be^{j\varphi_2})=abe^{j(\varphi_1+\varphi_2)}$$
$$=(a\angle\varphi_1)(b\angle\varphi_2)=ab\angle(\varphi_1+\varphi_2) \tag{3-12}$$

$$\dfrac{A}{B}=\dfrac{ae^{j\varphi_1}}{be^{j\varphi_2}}=\dfrac{a}{b}e^{j(\varphi_1-\varphi_2)}=\dfrac{a}{b}\angle(\varphi_1-\varphi_2) \tag{3-13}$$

**【例 3-4】** 已知 $A=20\angle(-60°)$，$B=8.66+j5$，求 $AB$，$\dfrac{A}{B}$ 和 $A+B$。

**【解】** $A$ 的代数形式为 $A=10-j17.32$，$B$ 的极坐标形式为 $B=10\angle 30°$，故

$$AB=[20\angle(-60°)](10\angle 30°)=200\angle(-30°)$$

$$\dfrac{A}{B}=\dfrac{20\angle(-60°)}{10\angle 30°}=2\angle(-90°)=-j2$$

$$A+B=(10-j17.32)+(8.66+j5)=18.66-j12.32=22.36\angle(-33.4°)$$

灵活运用复数的表达方式及其四则运算规则，可以方便地分析正弦稳态交流电路。

### 3.2.2 正弦量的相量表示法

#### 1. 复数与正弦量的对应关系

根据前面的讨论已知，一个正弦量完全可以由频率、幅值和初相位这三个要素

来确定。由数学运算可知：对于同频率正弦量的四种运算，结果仍是同频率的正弦量，只是改变了幅值和初相位角。并且在同一个正弦交流电路中，电动势、电压和电流均为同频率的正弦量，即频率是已知或特定的。所以，在同频率正弦电路的计算中，可以不必考虑频率，只需计算正弦量的幅值（或有效值）和初相位就可以确定电路的正弦量。

在复数的三角式中，如果设定复数 $A$ 的模（即大小）不变，则复数 $A$ 的虚部 $b$ 或者实部 $a$ 都是辐角 $\varphi$ 的三角函数。其中，模 $r=|A|$ 等于正弦量的幅值（或有效值），辐角等于正弦量的初相位角（相角）。于是，这一特定的复数与正弦量的幅值（或有效值）、初相位就有在一一对应的等效关系。

设正弦电流为
$$i = I_m \sin(\omega t + \varphi_i) = \sqrt{2} I \sin(\omega t + \varphi_i)$$

其幅值相量为
$$\dot{I}_m = I_m \angle \varphi_i \tag{3-14}$$

这是一个与时间无关的幅值常数，其中，$I_m$ 为正弦电流的幅值；辐角 $\varphi_i$ 为该正弦电流的初相位角。同样，也有电压幅值相量 $\dot{U}_m$。

因正弦电流的有效值 $I$ 与幅值 $I_m$ 之间的关系为 $I_m = \sqrt{2} I$，则有
$$\dot{I}_m = I_m \angle \varphi_i = \sqrt{2} I \angle \varphi_i = \sqrt{2} \dot{I}$$

故有效值相量为
$$\dot{I} = I \angle \varphi_i \tag{3-15}$$

相量是复数，可采用复数的各种数学表达形式和运算规则。对于复数的四种表示形式，相量也有与之对应的四种表示形式，例如，对应于 $i = \sqrt{2} I \sin(\omega t + \varphi_i)$，有
$$\dot{I} = I_a + jI_b = I(\cos\varphi_i + j\sin\varphi_i) = I e^{j\varphi} = I \angle \varphi_i \tag{3-16}$$

式中：$I = \sqrt{I_a^2 + I_b^2}$；$I_a = I\cos\varphi_i$；$I_b = I\sin\varphi_i$；$\varphi_i = \arctan(I_b/I_a)$。

【例 3-5】 若 $i = 141.4\sin(314t+30°)$ A，$u = 311.1\sin(314-60°)$ V，试写出代表这些正弦电流的有效值相量。

【解】 电流 $i$ 的有效值为 100 A、初相位角为 30°，电压 $u$ 的有效值为 220 V、初相位角为 $-60°$。根据相量规则，代表 $i$ 的有效值相量是 $\dot{I} = 100\angle 30°$ A，代表 $u$ 的有效值相量是 $\dot{U} = 220\angle(-60°)$ V。

【例 3-6】 已知两个正弦量的角频率都为 $\omega = 628$ rad/s，对应的有效值相量为 $\dot{I} = 200\angle 30°$ A，$\dot{U} = 150\angle 45°$ V，试写出正弦量的瞬时表达式。

【解】 由相量式可知电流、电压的幅值为
$$I_m = I\sqrt{2} = 200\sqrt{2} \text{ A}, \quad U_m = U\sqrt{2} = 150\sqrt{2} \text{ V}$$

对应的电流、电压瞬时值式为
$$i = 200\sqrt{2}\sin(628t+30°) \text{ A}, \quad u = 150\sqrt{2}\sin(628t+45°) \text{ V}$$

下面简单介绍相量和正弦量之间的内在联系。

在复数 $F = I_m e^{j\theta}$ 中，设 $\theta = (\omega t + \varphi_i)$，则由欧拉公式相对应的三角形式有：
$$F = I_m e^{j(\omega t + \varphi_i)} = I_m \cos(\omega t + \varphi_i) + jI_m \sin(\omega t + \varphi_i)$$

从上式可以看出，正弦电流 $i = I_m \sin(\omega t + \varphi_i)$ 就是复数 $\sqrt{2}\dot{I}e^{j(\omega t + \varphi_i)}$ 的虚部，引用复数取虚部运算符号"Im[ ]"，则正弦电流 $i$ 可表示为

$$i = I_m \sin(\omega t + \varphi_i) = \text{Im}[I_m e^{j(\omega t + \varphi_i)}] = \text{Im}[I_m e^{j\varphi_i} e^{j\omega t}] = \text{Im}[\dot{I}_m e^{j\omega t}] = \text{Im}[\sqrt{2}\dot{I}e^{j\omega t}] \tag{3-17}$$

因此，正弦交流量就是相应的相量乘以 $\sqrt{2}e^{j\omega t}$ 因子后取其虚部而得的结果。所以，要从电流的有效值相量 $\dot{I}$ 求出它的瞬时值 $i$，只需把 $I$ 值和 $\varphi_i$ 的相位角代入式(3-17)中即可。

这样，可以在暂不考虑角频率的条件下，用正弦量对应的复数来进行运算，求解正弦电路的幅值(或有效值)，然后再加上角频率，转换为对应的正弦量，这就是用相量表示正弦量的目的。

另外，从复平面内一个旋转矢量(有向线段)的基础上分析，也可以得出相同的结论。设 $A$ 为一个模(大小)不变的复数，$\vec{OA}$ 为矢量，如图3-6所示。当矢量 $\vec{OA}$ 以原点 $O$ 为圆心，以模 $|\vec{OA}| = r$ 为半径，以 $\omega$ 为角频率，以初相位角 $\varphi$ 为起点，沿逆时针方向旋转移动时，则辐角 $\theta = \omega t + \varphi$ 是时间的线性函数，而复数为 $A = r\cos(\omega t + \varphi) + jr\sin(\omega t + \varphi)$，其虚部和实部都是以 $\omega$ 为角频率正弦函数，其瞬时值也就与同频率正弦量相对应。

应当指出，相量不等于正弦量，只是正弦量的一种对应关系和表示方法。也只有正弦的周期量才能用相量表示，相量不能表示非正弦周期量。

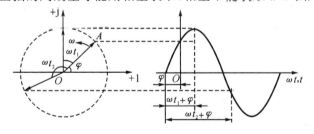

图3-6 复平面中的旋转矢量

图3-7 相量图

### 2. 正弦量的相量图与相量运算

1) 相量图

若干个同频率的正弦量，按照各自的大小和相位关系，用 $t = 0$ 时由初始相位所对应的有向线段，表示在同一个复平面内的图形称为相量图。有向线段的长度(即复数的模)表示正弦量的幅值或者有效值，辐角表示正弦量的初相位角。可见，相量图能直观、形象地表现各个正弦量之间的大小和相位关系。例如，图3-7所示的是 $e_1$

$=E_{m1}\sin(\omega t+\varphi_1)$，$e_2=E_{m2}\sin(\omega t+\varphi_2)$ 的相量图。由图可知，$E_1<E_2$ 且 $\dot{E}_1$ 超前于 $\dot{E}_2$，相位差为 $\Delta\varphi=\varphi_1-\varphi_2$。

应当指出，只有同频率的相量才能画在同一个相量图中，不同频率的相量不能在同一个图中进行比较和计算。

2) j 的几何意义

由于 $i$ 在电路中已用于表示电流，因此，在表示正弦量的复数中我们用 j 表示虚数单位。在相量中，j 既是一个虚数单位，又是一个旋转因子。因为任何一个相量与 j 相乘就意味着该相量逆时针旋转 90°，而相量的模不变。

例如，设相量为 $A=re^{j\varphi}$，而 $j=\cos90°+j\sin90°=e^{j90°}$，则有

$$Aj=re^{j\varphi}e^{j90°}=re^{j(\varphi+90°)}=re^{j\theta}=B$$

即 $|B|=|Aj|=r$ 不变，$\theta=\varphi+90°$，相当于 $A$ 逆时针旋转 90°。

同理，当 $A$ 乘以 $-j$ 时有

$$A(-j)=re^{j\varphi}e^{-j90°}=re^{j(\varphi-90°)}$$

即相当于 $A$ 顺时针旋转 90°。

3) 正弦量的相量运算

根据正弦量与相量的对应关系，同频率的两个正弦量相加减，可以在相量图上用平行四边形法则，也可以用复数的三角式加减方法进行幅值与初相位的运算，然后再考虑角频率。下面举例说明。

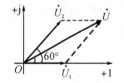

图 3-8 例 3-7 的相量图

【例 3-7】 已知 $u_1=U_{m1}\sin\omega t$，$u_2=U_{m2}\sin(\omega t+60°)$，用作图法求 $u=u_1+u_2$。

【解】 在复平面内分别作出 $u_1$ 和 $u_2$ 的有效值相量图，则 $u$ 的有效值相量如图 3-8 所示。其中

$$U=\sqrt{(U_2\sin60°)^2+(U_1+U_2\cos60°)^2}$$

$$\varphi=\arctan\frac{U_2\sin60°}{U_1+U_2\cos60°}$$

【例 3-8】 已知 $i_1=I_{m1}\sin(\omega t+\varphi_1)=10\sqrt{2}\sin(\omega t+30°)$ A

$i_2=I_{m2}\sin(\omega t+\varphi_2)=5\sqrt{2}\sin(\omega t+150°)$ A

求总电流 $i$。

【解】 用三角形式的方法，正弦量对应的有效值相量式为

$$\dot{I}_1=10(\cos30°+j\sin30°) \text{ A}$$

$$\dot{I}_2=5(\cos150°+j\sin150°) \text{ A}$$

则相量和为

$$\dot{I}=\dot{I}_1+\dot{I}_2=[10\cos30°+5\cos150°+j(10\sin30°+5\sin150°)] \text{ A}$$

$$=\left[10\times\frac{\sqrt{3}}{2}+5\times\left(\frac{-\sqrt{3}}{2}\right)+j\left(10\times\frac{1}{2}+5\times\frac{1}{2}\right)\right] \text{ A}=\left(\frac{5\sqrt{3}}{2}+j\frac{15}{2}\right) \text{ A}$$

即

$$I=\sqrt{\left(\frac{5\sqrt{3}}{2}\right)^2+\left(\frac{15}{2}\right)^2}=5\sqrt{3}, \quad \varphi=\arctan\frac{15}{5\sqrt{3}}=60°$$

而电流和的频率不变,仍为 $\omega$,所以有

$$i=5\sqrt{6}\sin(\omega t+60°) \text{ A}$$

## 3.3 单一电路元件的正弦交流电路

实际电路是由多种不同电磁特性(即电阻性、电容性、电感性)的电路元件组成的。在一定的条件下,每一种元件只有一种特性参数占主导地位,而其他特性参数处于次要地位。为了分析方便,往往忽略其次要参数,而只考虑主要参数,由前面的分析可知,这种处理的元件称为理想元件。电路中,只有一种理想元件的电路称为单一电路元件的电路。分析单一电路的目的,是为分析复杂交流电路打下基础。分析的主要内容是讨论电路中的电压与电流的关系,并了解电流中的功率和能量的转换问题。

### 3.3.1 电阻元件的正弦交流电路

电阻元件的交流电路如图 3-9(a)所示,其中,当电阻 $R$ 为常数(即任何情况下其阻值不变)时,电压与电流呈线性关系。按照 $u$ 和 $i$ 的参考方向,由欧姆定律有

$$u=Ri$$

对于正弦交流电路,设电流瞬时值为

$$i=I_m\sin\omega t \quad (3-18)$$

则电压为

$$u=Ri=RI_m\sin\omega t=U_m\sin\omega t \text{ V}$$
$$(3-19)$$

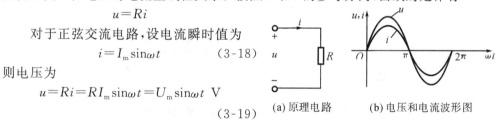

(a) 原理电路　　(b) 电压和电流波形图

图 3-9 电阻元件交流电路

其中 $\quad U_m=RI_m=R\sqrt{2}I=\sqrt{2}U \quad (3-20)$

为电压的幅值。电压的有效值为

$$U=RI \quad (3-21)$$

则由式(3-20)可得幅值和有效值的欧姆定律为

$$R=\frac{U_m}{I_m}=\frac{U}{I}$$

由式(3-18)、式(3-19)可知,电压与电流的相位角差为

$$\Delta\theta=\omega t-\omega t=0$$

这表明,在电阻元件的交流电路中,电压与电流的相位相同,波形如图 3-9(b)所示。

电流和电压用相量式表示为

$$\dot{I}=I\angle 0°=Ie^{j0°} \quad (3-22)$$

$$\dot{U} = \dot{I}R = IR\angle 0° = U\angle 0° = Ue^{j0°} \qquad (3\text{-}23)$$

其相量图如图 3-10(a)所示。

由以上分析可得出，电阻电路中电压与电流的瞬时值、有效值（或幅值）及相量值均满足欧姆定律的关系，有

$$R = \frac{u}{i} = \frac{U_m}{I_m} = \frac{U}{I} = \frac{\dot{U}}{\dot{I}} \qquad (3\text{-}24)$$

由于正弦量随时间交变，电压与电流的乘积反映的是瞬时功率。用 $p$ 表示为

$$p = ui = U_m I_m [\sin(\omega t)]^2 = \frac{U_m I_m}{2}[1 - \cos(2\omega t)] = UI[1 - \cos(2\omega t)] \qquad (3\text{-}25)$$

式(3-25)表示电阻电路的瞬时功率 $p$ 由两部分叠加组成。一部分是常数 $UI$，另一部分是角频率为 $2\omega$ 的正弦量 $UI\cos(2\omega t)$，并且始终有 $p \geq 0$，其波形如图 3-10(b)所示，这说明，电阻元件总是从电源获取能量后转换为其他形式的能量。但是这种转换是不可逆转的过程。因此，电阻元件为耗能元件。然而，瞬时功率只是反映能量转换的特性，不能表示能量转换的大小。所以，用瞬时功率在一个周期内的平均值来表示功率消耗的大小称为平均功率（或称为有功功率）。用大写字母 $P$ 表示电阻电路的平均功率，有

$$P = \frac{1}{T}\int_0^T p\,\mathrm{d}t = \frac{1}{T}\int_0^T UI[1-\cos(2\omega t)]\mathrm{d}t = UI = RI^2 = \frac{U^2}{R} \qquad (3\text{-}26)$$

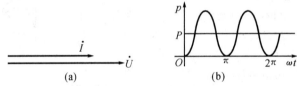

图 3-10　电阻交流电阻的相量图和功率波形

【例 3-9】　把一个 100 Ω 的电阻元件接到频率为 100 Hz、电压有效值为 20 V 的正弦交流电源上，问电流是多少？如保持电压值不变，而电源频率改变为 500 Hz，这时电流将变为多少？两种频率下的平均功率各为多少？

【解】　因为电阻与频率无关，因此电压有效值保持不变，电流有效值不变，即

$$I = \frac{U}{R} = \frac{20}{100} \text{ A} = 0.2 \text{ A} = 200 \text{ mA}$$

因平均功率与频率无关，故当电压不变时，同一电阻上的平均功率也不变，为

$$P = \frac{U^2}{R} = \frac{20^2}{100} \text{ W} = 4 \text{ W}$$

### 3.3.2　电感元件的正弦交流电路

**1. 电感的电压和电流关系**

线性电感元件的交流电路如图 3-11 所示。当线圈中通过交流电流 $i$ 时，将产生

自感电动势 $e_L$。根据第 1 章的讨论可知，电感两端的电压 $u$ 与其通过的电流 $i$ 呈微分关系，即

$$u = -e_L = L\frac{\mathrm{d}i}{\mathrm{d}t} \quad (3\text{-}27)$$

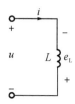

图 3-11  电感元件交流电路

由式(3-27)可得出以下结论：当 $\mathrm{d}i/\mathrm{d}t > 0$，即 $i$ 增加时，$e_L < 0$，与图 3-11 中的参考方向相反，表明自感电动势反抗 $i$ 的增加；当 $\mathrm{d}i/\mathrm{d}t < 0$，即 $i$ 减少时，则 $e_L > 0$，与图 3-11 中的参考方向相同，表明自感电动势反抗 $i$ 的减少；当 $\mathrm{d}i/\mathrm{d}t = 0$，即 $i$ 不变时（指直流），$e_L = 0$，无自感电动势，因此，直流电路中电感视为短路。

将式(3-27)两边各自对时间 $t$ 积分，可得电流 $i$ 与电压 $u$ 的积分关系，即

$$i = \frac{1}{L}\int_{-\infty}^{t} u\mathrm{d}t = i_0 + \frac{1}{L}\int_{0}^{t} u\mathrm{d}t \quad (3\text{-}28)$$

其中，$i_0 = \frac{1}{L}\int_{-\infty}^{0} u\mathrm{d}t$，为初始电流值；若 $i_0 = 0$，则有

$$i = \frac{1}{L}\int_{0}^{t} u\mathrm{d}t \quad (3\text{-}29)$$

式(3-29)表明，电感中电流 $i$ 不能突变，只能逐渐变化。

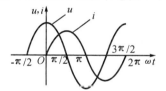

图 3-12  电感的电压与电流波形图

设电流 $i$ 为正弦交流量，即

$$i = I_m\sin\omega t$$

则电感电压为

$$u = L\frac{\mathrm{d}i}{\mathrm{d}t} = \omega L I_m\cos\omega t = \omega L I_m\sin(\omega t + 90°)$$
$$= U_m\sin(\omega t + 90°) = \sqrt{2}U\sin(\omega t + 90°) \quad (3\text{-}30)$$

可见，电压也是一个同频率的正弦量，且相位角超前电流 $90°$，如图 3-12 所示。

**2. 电感的感抗与相量式**

在式(3-30)中，电压的幅值为 $U_m = \omega L I_m$，有效值为 $U = \omega L I$，而其中

$$\omega L = \frac{U_m}{I_m} = \frac{U}{I} \quad (3\text{-}31)$$

具有电阻的量纲（或单位），也有阻碍电流变化的作用，但不消耗电能，故在交流电路中电感被称为电抗元件，$\omega L$ 被称为电感元件的电抗，简称感抗，用 $X_L$ 表示，即

$$X_L = \omega L$$

由于角频率 $\omega = 2\pi f$，所以有

$$X_L = \omega L = 2\pi f L \quad (3\text{-}32)$$

式(3-32)表明：感抗 $X_L$ 不仅与电感 $L$ 有关，而且与频率 $f$ 成正比关系，如图 3-13 所示。所以，电感对电流的阻碍作用主要由电流的频率 $f$ 决定，而不是电感量

$L$。因为当 $f=0$(直流)时,$X_L=0$,$L$ 视为短路,而 $L \neq 0$。当 $U$ 和 $L$ 固定时,有关系式:

$$I = \frac{U}{X_L} = \frac{U}{\omega L} = \frac{U}{2\pi f L} \tag{3-33}$$

即 $I$ 和 $f$ 成反比关系,如图 3-13 所示。

应该指出,由式(3-32)可知,感抗 $X_L = \omega L$ 不等于电压与电流的瞬时值之比,只是幅值或有效值之比,这是电感电路与电阻电路的不同之处。

对于正弦量,电感的电压和电流用相量表示为

$$\dot{I} = I \angle 0° = I e^{j0°}, \quad \dot{U} = U \angle 90° = U e^{j90°}$$

而

$$\frac{\dot{U}}{\dot{I}} = \frac{U e^{j90°}}{I e^{j0°}} = \frac{U}{I} e^{j90°} = j X_L$$

$jX_L$ 称为电感的复数感抗,也称相量式的欧姆定律,所以有

$$\dot{U} = \dot{I} j X_L \quad \text{或} \quad \dot{I} = \frac{\dot{U}}{j X_L} \tag{3-34}$$

式(3-34)表明,$\dot{U}$ 在相位上比 $\dot{I}$ 超前 $90°$,其相量图如图 3-14 所示。

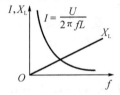

图 3-13 $I, X_L$ 与 $f$ 的关系

图 3-14 电感的电流与电压相量图

### 3. 正弦电路中电感元件的功率

因为,$i = I_m \sin \omega t$,$u = U_m \sin(\omega t + 90°)$,则其瞬时功率为

$$p = ui = U_m I_m \sin \omega t \cos \omega t = U_m I_m \frac{\sin 2\omega t}{2} = UI \sin 2\omega t \tag{3-35}$$

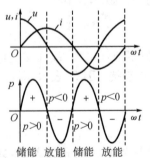

图 3-15 电感的瞬时功率波形图

由上式可知,瞬时功率 $p$ 是一个幅值为 $UI$,角频率为 $2\omega$ 的正弦交变量,其波形如图 3-15 所示。其平均功率为

$$P = \frac{1}{T} \int_0^T p \, dt = \frac{1}{T} \int_0^T UI \sin 2\omega t \, dt = 0 \tag{3-36}$$

电感元件的平均功率 $P$ 为零的含义是:当瞬时功率为正值时,表明电感元件从电源取用电能;当瞬时功率为负值时,表明电感元件放出电能(归还电能)。

也就是说,理想的电感元件在电路中并不消耗能量,只是交换能量。

储能元件与电源交换能量的特性,通常用无功功率 $Q$ 来表示。规定瞬时功率的最大值 $UI$ 为电感元件无功功率的值,即

$$Q_L = UI = I^2 X_L = \frac{U^2}{X_L} \tag{3-37}$$

无功功率具有功率的量纲,但没有功率的实质。因为它并不表示消耗的功率,只是等于单位时间内交换了多少能量。因此,$Q$ 的单位用乏(var),不用瓦(W),以便与平均功率(即有功功率)有所区别。

**【例 3-10】** 如图 3-16(a)所示的电阻、电感串联电路中,已知正弦电流 $i = 4\sqrt{2}\sin 20t$ A,$R = 30\ \Omega$,$L = 2$ H,试求正弦电压 $u_R$、$u_L$、$u$,并画出相量图。

**【解】** 正弦电流的相量为

$$\dot{I} = 4\angle 0° \text{ A}$$

电感元件的感抗为

$$X_L = \omega L = 20 \times 2 = 40\ \Omega$$

可求得电阻电压的相量为

$$\dot{U}_R = R\dot{I} = 30 \times 4\angle 0° \text{ V} = 120\angle 0° \text{ V}$$

可求得电感电压的相量为

$$\dot{U}_L = jX_L \dot{I} = j40 \times 4\angle 0° = 160\angle 90° \text{ V}$$

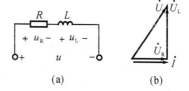

图 3-16 例 3-10 电阻、电感串联交流电路

则电阻、电感电压的瞬时值表达式为

$$u_R = 120\sqrt{2}\sin 20t \text{ V},\quad u_L = 160\sqrt{2}\sin(20t + 90°) \text{ V}$$

由 KVL 得总电压为

$$u = u_R + u_L = 120\sqrt{2}\sin 20t + 160\sqrt{2}\sin(20t + 90°) \text{ V}$$
$$= 200\sqrt{2}\sin(20t + 53.1°) \text{ V}$$

可见,总电压与两个分电压是同频率正弦量,但三个正弦电压的有效值和初相各不相同。作三个电压的相量图,由 $\dot{U}_R$、$\dot{U}_L$、$\dot{U}$ 构成以 $\dot{U}$ 为斜边的直角三角形,如图 3-16(b)所示。

**【例 3-11】** 设有一线圈,其电阻可忽略不计,电感 $L = 35$ mH,在频率为 50 Hz 的电压 $U_L = 110$ V 的作用下,求:(1) 线圈的感抗 $X_L$;(2) 电路中的电流 $\dot{I}$ 及其与 $\dot{U}_L$ 的相位差 $\varphi$;(3) 线圈的无功功率 $Q_L$;(4) 在 1/4 周期中线圈储存的磁场能量 $W_L$。

**【解】** (1) $X_L = 2\pi f L = 2 \times 3.14 \times 50 \times 35 \times 10^{-3}\ \Omega = 11\ \Omega$

(2) 设 $\dot{U}_L = U_L \angle 0°$ V,则

$$\dot{I} = \frac{\dot{U}_L}{jX_L} = \frac{110\angle 0°}{11\angle 90°} \text{ A} = 10\angle(-90°) \text{ A}$$

即 $\dot{I}$ 落后 $\dot{U}_L$ 90°,$\varphi = -90°$。

(3) $\qquad\qquad Q_L = I^2 X_L = 10^2 \times 11 \text{ var} = 1\ 100 \text{ var}$

或 $\qquad\qquad Q_L = U_L I = 110 \times 10 \text{ var} = 1\ 100 \text{ var}$

(4) $W_L = \frac{1}{2}LI_m^2 = LI^2 = 35 \times 10^{-3} \times 10^2 \text{ J} = 3.5 \text{ J}$

### 3.3.3 电容元件的正弦交流电路

**1. 电容的电压和电流关系**

电容元件的交流电路如图 3-17 所示。当电容加上交流电压时,平行极板上电荷 $q$ 发生变化,电路中将产生电流。根据第 1 章的讨论可知,电容上的电流 $i$ 与其两端电压 $u$ 成微分关系,即

图 3-17 电容的交流电路

$$i = \frac{dq}{dt} = \frac{d(Cu)}{dt} = C\frac{du}{dt} \quad (3-38)$$

由式(3-38)引出如下结论:当 $du/dt > 0$ 时,$i > 0$,则电流流入电容,储存电荷增加;$du/dt < 0$ 时,$i < 0$,则电流流出电容,储存电荷减少;$du/dt = 0$ 时,$i = 0$,则表示电荷不变,电压 $u$ 不变,即直流情况。

将式(3-38)两边各自对时间 $t$ 积分,可得电容元件的电压 $u$ 与电流 $i$ 的积分关系:

$$u = \frac{1}{C}\int_{-\infty}^{t} i\,dt = u_0 + \frac{1}{C}\int_0^t i\,dt \quad (3-39)$$

式中:$u_0 = \frac{1}{C}\int_{-\infty}^{0} i\,dt$ 为电容初始电压值,若 $u_0 = 0$,则有

$$u = \frac{1}{C}\int_0^t i\,dt \quad (3-40)$$

式(3-40)表明,电容上电压 $u$ 不能突变,只能逐渐变化。

设电容电压为 $u = U_m \sin\omega t$,则电容电流为

$$i = C\frac{du}{dt} = \omega C U_m \cos\omega t = \omega C U_m \sin(\omega t + 90°)$$
$$= I_m \sin(\omega t + 90°) = \sqrt{2} I \sin(\omega t + 90°) \quad (3-41)$$

可见,电容电流 $i$ 也是一个同频率的正弦量,且相位角超前电压 90°,电容的电压与电流的波形如图 3-18 所示。

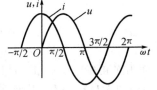

图 3-18 电容的电压与电流波形图

**2. 电容的容抗与相量式**

在式(3-41)中,电容电流幅值为 $I_m = \omega C U_m$,有效值则为 $I = \omega C U$,而

$$\frac{U_m}{I_m} = \frac{U}{I} = \frac{1}{\omega C} \quad (3-42)$$

式(3-42)具有电阻的量纲(或单位),因此,也有阻碍电流变化的作用,但不消耗电能,故在交流电路中电容也称为电抗元件,$1/(\omega C)$ 被称为电容的容抗,用 $X_C$ 表示,即

$$X_C = \frac{1}{\omega C} = \frac{1}{2\pi f C} \qquad (3\text{-}43)$$

容抗 $X_C$ 不仅与电容 $C$ 有关,而且与 $f$ 成反比,如图 3-19 所示。因此,电容对电流的作用,主要由电流的变化频率决定,而不仅仅是电容,因为当 $f=0$ 时(即直流),$C$ 视为开路;$f=\infty$ 时,$X_C=0$,$C$ 视为短路,而 $C\neq 0$。

当 $U$ 和 $C$ 一定时,电流有效值为

$$I = \frac{U}{X_C} = \frac{U}{1/(\omega C)} = \omega C U = 2\pi f C U \qquad (3\text{-}44)$$

即 $I$ 与 $f$ 成正比关系,如图 3-19 所示。同样由式(3-43)可知:电容的容抗 $X_C=1/(\omega C)$ 不等于电压与电流的瞬时值之比,而是幅值或有效值之比。

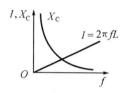

图 3-19 $X_C$ 和 $I$ 与 $f$ 的关系

对于正弦量,可用相量表示,有

$$\dot{U} = U\angle 0° = Ue^{j0°}, \quad \dot{I} = I\angle 90° = Ie^{j90°}$$

而

$$\frac{\dot{U}}{\dot{I}} = \frac{Ue^{j0°}}{Ie^{j90°}} = \frac{U}{I}e^{-j90°} = X_C e^{-j90°} = -jX_C$$

$-jX_C$ 称为复数容抗,也称为相量式欧姆定律,所以有

$$\dot{U} = -jX_C \dot{I} \quad \text{或} \quad \dot{I} = \frac{\dot{U}}{-jX_C} = \frac{j\dot{U}}{X_C} \qquad (3\text{-}45)$$

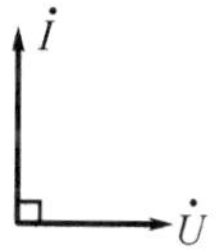

图 3-20 电容的电流与电压相量图

式(3-45)表示:电容电流 $\dot{I}$ 在相位上比 $\dot{U}$ 超前 90°,或 $\dot{U}$ 比 $\dot{I}$ 滞后 90°,其相量图如图 3-20 所示。

### 3. 正弦电路中电容元件的功率

已知电容的电压和电流分别为

$$u = U_m \sin\omega t, \quad i = I_m \sin(\omega t + 90°) = I_m \cos\omega t$$

则瞬时功率为

$$p = ui = I_m U_m \sin\omega t \cos\omega t$$

$$= U_m I_m \frac{\sin 2\omega t}{2} = UI \sin 2\omega t \qquad (3\text{-}46)$$

可见,电容的瞬时功率也是一个正弦交流量,其波形如图 3-21 所示。而一个周期内的平均功率即为

$$P = \frac{1}{T}\int_0^T p\,dt = \frac{1}{T}\int_0^T UI\sin 2\omega t\,dt = 0 \qquad (3\text{-}47)$$

由式(3-47)可知,平均功率为零表明理想电容同理想电感一样,在电路中不消耗能量,只是与电源进行能量交换。其交换能量的规模同样用无功功率 $Q_C$ 表示,即 $Q_C$ 为瞬时功率的幅度值。但为了与电感的无

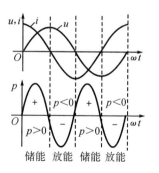

图 3-21 电容的瞬时功率波形图

功功率统一分析，也设电容的电流为
$$i = I_m \sin\omega t$$
则电容电压为
$$u = U_m \sin(\omega t - 90°)$$
故瞬时功率为
$$p = ui = -UI \sin 2\omega t$$
与电感元件比较，电容元件的无功功率相差一个负号，即
$$Q_C = -UI = -X_C I^2 = -\frac{U^2}{X_C} \tag{3-48}$$

【例 3-12】 已知电源电压 $u = 220\sqrt{2}\sin(100t - 60°)$ V，将 $R = 100\ \Omega$ 的电阻、$L = 1$ H 的电感、$C = 100\ \mu\text{F}$ 的电容分别接到电源上。试分别求出通过各元件的电流相量 $\dot{I}_R$、$\dot{I}_L$、$\dot{I}_C$，并写出各电流 $i_R$、$i_L$ 和 $i_C$ 的函数式。

【解】 取电源电压相量为参考相量
$$\dot{U} = 220 \angle (-60°) \text{ V}$$
则有
$$\dot{I}_R = \frac{\dot{U}}{R} = \frac{220 \angle (-60°)}{100} \text{ A} = 2.2 \angle (-60°) \text{ A}$$
$$\dot{I}_L = \frac{\dot{U}}{j\omega L} = \frac{220 \angle (-60°)}{j100 \times 1} \text{ A} = 2.2 \angle (-150°) \text{ A}$$
$$\dot{I}_C = j\omega C \dot{U} = j100 \times 100 \times 10^{-6} \times 220 \angle (-60°) \text{ A} = 2.2 \angle 30° \text{ A}$$

由此可得
$$i_R = 2.2\sqrt{2}\sin(100t - 60°) \text{ A}$$
$$i_L = 2.2\sqrt{2}\sin(100t - 150°) \text{ A}$$
$$i_C = 2.2\sqrt{2}\sin(100t + 30°) \text{ A}$$

【例 3-13】 已知 $C = 50\ \mu\text{F}$ 的电容，接到 $u = 220\sqrt{2}\sin 100t$ V 的交流电源上。试求电容的电流有效值；当电源角频率 $\omega = 1\,000$ rad/s 时，电流又是多少？

【解】 当 $\omega = 100$ rad/s 时，有
$$X_C = \frac{1}{\omega C} = \frac{1}{100 \times 50 \times 10^{-6}}\ \Omega = 200\ \Omega$$
$$I_C = \frac{220}{200}\text{ A} = 1.1\text{ A}$$

当 $\omega = 1\,000$ rad/s 时，有
$$X_C = \frac{1}{\omega C} = \frac{1}{1\,000 \times 50 \times 10^{-6}}\ \Omega = 20\ \Omega$$
$$I_C = \frac{220}{20}\text{ A} = 11\text{ A}$$

## 3.4 混合电路元件的正弦交流电路

实际电路一般是由多种元件组成的混合元件电路，其性能要比单一元件的电路

复杂得多,但是,有了单一参数电路分析的结论,也就有了分析混合电路的基础。这类混合元件的复杂电路从结构上可以分为串联和并联两种基本形式,两种结构形式的电路各有其特点。其他复杂电路一般都可以分解为这两种基本形式进行分析。下面首先讨论电阻、电感和电容元件(简称 RLC)串联的交流电路,然后介绍 RLC 并联的交流电路。

### 3.4.1 电阻、电感、电容元件串联的正弦交流电路

电阻、电感、电容元件串联的交流电路如图 3-22(a)所示。电路图中各个元件通过同一个正弦交流电流,因此,各电压和电流参数均用相量形式表示,参考方向表示于图中,其中 $\dot{U}$ 为理想电压源。在正弦交流电路中,所谓理想电压源是:规定电动势的最大值和频率为常数,而电源没有内阻。所以电源的端电压等于其电动势,与其负载和电流无关。

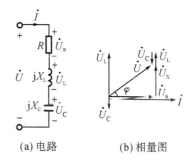

(a) 电路    (b) 相量图

图 3-22 RLC 串联的交流电路

**1. 电压与电流的关系**

1) 电路及瞬时值表达式

在图 3-22(a)的串联电路中,因为各个元件上的电流相同,根据基尔霍夫电压定律,一般电压瞬时值的表达式为

$$u = u_R + u_L + u_C = Ri + L\frac{di}{dt} + \frac{1}{C}\int i dt \tag{3-49}$$

设参考正弦电流为 $\quad i = I_m \sin\omega t$

则
$$u_R = RI_m \sin\omega t = U_{Rm}\sin\omega t$$
$$u_L = I_m \omega L \sin(\omega t + 90°) = U_{Lm}\sin(\omega t + 90°)$$
$$u_C = \frac{I_m}{\omega C}\sin(\omega t - 90°) = U_{Cm}\sin(\omega t - 90°)$$
$$u = U_{Rm}\sin\omega t + U_{Lm}\sin(\omega t + 90°) + U_{Cm}\sin(\omega t - 90°)$$
$$= U_m \sin(\omega t + \varphi) \tag{3-50}$$

可见,在同一个电流作用下,电阻的电压与电流同相位,而电感电压超前电流 90°,电容电压则滞后电流 90°,各个角频率均相同。串联电路的总电压 $u$ 的幅值为 $U_m$,电压 $u$ 与电流 $i$ 之间的相位差为 $\varphi$。

2) 基尔霍夫定律的相量形式

由三角函数运算可知:三个正弦量的瞬时值相加运算是比较繁琐的,但是同频率的正弦量相加,其和的角频率不变,而和的幅值 $U_m$ 及初相位角计算比较方便。因此,用相量式表示的电流和电压的有效值为

$$\dot{I} = Ie^{j0°} = I\angle 0°$$

$$\dot{U}_R = R\dot{I} = RIe^{j0°} = U_R\angle 0°$$

$$\dot{U}_L = jX_L\dot{I} = jX_L Ie^{j0°} = U_L e^{j90°} = U_L\angle 90°$$

$$\dot{U}_C = -jX_C\dot{I} = -jX_C Ie^{j0°} = U_C e^{-j90°} = U_C\angle(-90°)$$

由此可得基尔霍夫电压定律的相量表达式

$$\dot{U} = \dot{U}_R + \dot{U}_L + \dot{U}_C = Ue^{j\varphi} = U\angle\varphi \tag{3-51}$$

或者

$$\dot{U} = R\dot{I} + jX_L\dot{I} - jX_C\dot{I} = \dot{I}[R + j(X_L - X_C)] \tag{3-52}$$

或者

$$\dot{U} = U_R\angle 0° + U_L\angle 90° + U_C\angle(-90°)$$
$$= U_R + j(U_L - U_C) = U_R + jU_X \tag{3-53}$$

式(3-53)中 $U_X = U_L - U_C$ 表示电抗元件上电压的有效值，$U_R$ 则为电阻上电压的有效值。其有效值相量图如图3-22(b)所示。

3）电压三角形

由图3-22(b)的相量图及式(3-53)可知，$\dot{U}$ 与 $\dot{U}_R$ 和 $\dot{U}_L$、$\dot{U}_C$ 构成直角三角形，常称为电压三角形，如图3-23所示。三角形的两个直角边分别为 $\dot{U}_R$ 和 $\dot{U}_X$，其中

$$\dot{U}_R = U\cos\varphi = IR \tag{3-54}$$

表示电阻电压相量的有效值。

$$\dot{U}_X = U_L - U_C = U\sin\varphi = I(X_L - X_C) \tag{3-55}$$

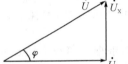

图3-23 电压三角形

表示电抗电压相量有效值。所以，总电压的有效值为

$$U = |\dot{U}| = \sqrt{U_R^2 + U_X^2} = \sqrt{(IR)^2 + (IX_L - IX_C)^2}$$
$$= I\sqrt{R^2 + (X_L - X_C)^2} \tag{3-56}$$

总电压的幅值为

$$U_m = \sqrt{2}U$$

总电压的初始相位则为

$$\varphi = \arctan\frac{U_X}{U_R} = \arctan\frac{X_L - X_C}{R} \tag{3-57}$$

综上所述，串联电路中总的电压与电流的关系，除角频率 $\omega$ 不变外，电压的幅值和初相位角均与电路的 $R$、$X_L$、$X_C$ 有关。

**2. 电路的阻抗**

由式(3-52)可得

$$\frac{\dot{U}}{\dot{I}} = R + j(X_L - X_C) \tag{3-58}$$

式(3-58)表示电压与电流的比值为复数，且这一复数只与电路本身的参数有关，并具有电阻的单位及特性，通常称为复数阻抗，用 $Z$ 表示，即

$$Z = R + j(X_L - X_C) = R + jX \qquad (3-59)$$

式(3-59)中,电阻 $R$ 为复数实部,电抗 $X = X_L - X_C$ 为复数虚部。

由复数表示方法,阻抗的指数式为

$$Z = |Z|e^{j\varphi_Z} = |Z| \angle \varphi_Z \qquad (3-60)$$

式(3-60)中,阻抗模为

$$|Z| = \sqrt{R^2 + (X_L - X_C)^2} = \sqrt{R^2 + X^2} \qquad (3-61)$$

阻抗角为

$$\varphi_Z = \arctan \frac{X}{R} = \arctan \frac{X_L - X_C}{R} \qquad (3-62)$$

图 3-24 阻抗三角形

由式(3-61)和式(3-62)可知,$|Z|$、$R$、$X$ 三者构成一个直角三角形,称为阻抗三角形,如图 3-24 所示,但是应该指出:阻抗 $Z$ 不是正弦量,只是纯复数,不能称为相量。

比较式(3-57)和式(3-62)可知,阻抗角 $\varphi_Z$ 就等于电压与电流的相位差角,即电压三角形与阻抗三角形为相似三角形,这进一步说明串联电路中的电压与电流的关系实质上是由电路的阻抗特性参数来决定的。因此,基于式(3-62)和以上分析,对混合元件参数的正弦交流电路可得出如下结论。

(1) 当 $\varphi_Z = 0$,即 $X_L = X_C$ 时,$\dot{U}$ 与 $\dot{I}$ 同相位,称电路为电阻性电路;

(2) 当 $\varphi_Z > 0$,即 $X_L > X_C$ 时,$\dot{U}$ 比 $\dot{I}$ 超前 $\varphi_Z$,称电路为电感性电路;

(3) 当 $\varphi_Z < 0$,即 $X_L < X_C$ 时,$\dot{U}$ 比 $\dot{I}$ 滞后 $\varphi_Z$,称电路为电容性电路。

**3. 阻抗串联的电路**

在实际的电路中,不仅只有单一阻抗出现,可能由若干阻抗的串联或者并联组成。在分析了单一阻抗电路后,再简单地分析阻抗的串联电路。

图 3-25 所示为两个复数阻抗串联的电路,由于通过一个电流,可以用一个等效复数阻抗来代替,称为等效阻抗。而等效阻抗的大小可用两复数阻抗相加的方法来确定。因为

$$\dot{I}_1 = \dot{I}_2 = \dot{I}, \quad \dot{U}_1 = \dot{I} Z_1, \quad \dot{U}_2 = \dot{I} Z_2$$

由基尔霍夫电压定律得

$$\dot{U} = \dot{U}_1 + \dot{U}_2 = \dot{I} Z_1 + \dot{I} Z_2 = \dot{I} Z$$

所以有

$$Z = Z_1 + Z_2 \qquad (3-63)$$

因为一般情况下电压有效值之和不等于总电压的有效值,即

$$U \neq U_1 + U_2$$

亦即

$$|Z|I \neq |Z_1|I + |Z_2|I$$

所以

$$|Z| \neq |Z_1| + |Z_2|$$

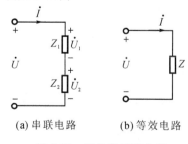

(a) 串联电路　　(b) 等效电路

图 3-25 阻抗的串联电路

因此，一般应当根据复数运算规则来确定串联后的等效阻抗模及阻抗角。设
$$Z_1 = R_1 + jX_1, \quad Z_2 = R_2 + jX_2$$
则有
$$Z = Z_1 + Z_2 = R_1 + R_2 + j(X_1 + X_2) = |Z|e^{j\varphi_z}$$
$$|Z| = \sqrt{(R_1+R_2)^2 + (X_1+X_2)^2}$$
$$\varphi_z = \arctan\frac{X_1+X_2}{R_1+R_2}$$

一般有
$$Z = \sum R_k + j\sum X_k = |Z|e^{j\varphi_z} \tag{3-64}$$
$$|Z| = \sqrt{\left(\sum R_k\right)^2 + \left(\sum X_k\right)^2}$$
$$\varphi_z = \arctan\frac{\sum X_k}{\sum R_k}$$

**【例 3-14】** 在如图 3-22(a)所示的 RLC 串联电路中，设在工频下，$I=10$ A，$U_R=80$ V，$U_L=180$ V，$U_C=120$ V。求：(1) 总的有效值电压 $U$；(2) 电路的元件参数 $R$、$L$、$C$；(3) 总电压与电流的相位差；(4) 画出相量图。

**【解】** (1) 总电压 $U$ 为
$$U = \sqrt{U_R^2 + (U_L - U_C)^2} = \sqrt{80^2 + (180-120)^2} \text{ V} = 100 \text{ V}$$

(2) 电路各参数为
$$R = \frac{U_R}{I} = \frac{80}{10} \text{ Ω} = 8 \text{ Ω}$$
$$X_L = \frac{U_L}{I} = \frac{180}{10} \text{ Ω} = 18 \text{ Ω}$$
$$L = \frac{X_L}{\omega} = \frac{X_L}{2\pi f} = \frac{18}{2\times 3.14\times 50} \text{ H} = 57 \text{ mH}$$
$$X_C = \frac{U_C}{I} = \frac{120}{10} \text{ Ω} = 12 \text{ Ω}$$
$$C = \frac{1}{\omega X_C} = \frac{1}{2\times 3.14\times 50\times 12} \text{ μF} = 265 \text{ μF}$$

(3) 总电压与电流的相位差为
$$\varphi = \arctan\frac{U_L - U_C}{U_R} = \arctan\frac{X_L - X_C}{R}$$
$$= \arctan\frac{18-12}{8} = 36.9°$$

(4) 以电流为参考相量，画出电压、电流相量图，如图 3-26 所示。

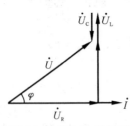

图 3-26 例 3-14 的相量图

**【例 3-15】** 在图 3-25(a)所示电路中，阻抗 $Z_1 = (30 + j40)$ Ω，阻抗 $Z_2 = (16 - j12)$ Ω，$\dot{U} = 220\angle 60°$ V。试用相量法计算电路中的电流 $\dot{I}$ 和各阻抗的电压 $\dot{U}_1$ 和 $\dot{U}_2$。

**【解】** 由阻抗串联特性得
$$Z = Z_1 + Z_2 = \sum R_k + j\sum X_k = [(30+16) + j(40-12)] \text{ Ω}$$

$$= (46+j28)\ \Omega = 53.86\angle 31.3°\ \Omega$$

$$\dot{I} = \frac{\dot{U}}{Z} = \frac{220\angle 60°}{53.86\angle 31.3°}\ \text{A} = 4.1\angle 28.7°\ \text{A}$$

$$\dot{U}_1 = Z_1\dot{I} = (30+j40)\times 4.1\angle 28.7°\ \text{A} = 205\angle 81.8°\ \text{V}$$

$$\dot{U}_2 = Z_2\dot{I} = (16-j12)\times 4.1\angle 28.7°\ \text{A} = 20\angle (-8.2°)\ \text{V}$$

### 3.4.2 电阻、电感、电容元件并联的正弦交流电路

电阻、电感、电容元件并联而成的交流电路如图 3-27(a)所示。各个元件两端加上同一个正弦交流电压,所以,可以用相量法来分析,其参考方向如图 3-27(b)所示。

**1. RLC 并联的电压与电流关系**

在该并联电路中,因各支路的端电压相等,可选取它为参考正弦相量。设电压为

$$u = U_m\sin\omega t = \sqrt{2}U\sin\omega t$$

其相量形式为  $\dot{U} = U\angle 0°$

各支路中产生的电流相量分别为

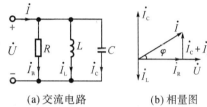

(a) 交流电路    (b) 相量图

**图 3-27 RLC 并联交流电路**

$$\begin{cases} \dot{I}_R = \dfrac{\dot{U}}{Z_R} = \dfrac{\dot{U}}{R} = \dfrac{U}{R}\angle 0° \\ \dot{I}_L = \dfrac{\dot{U}}{Z_L} = \dfrac{\dot{U}}{j\omega L} = \dfrac{\dot{U}}{jX_L} = \dfrac{U}{X_L}\angle (-90°) \\ \dot{I}_C = \dfrac{\dot{U}}{Z_C} = \dfrac{\dot{U}}{1/(j\omega C)} = \dfrac{U}{X_C}\angle 90° \end{cases} \quad (3\text{-}65)$$

由式(3-65)可知,电阻支路的电流与电压同相位;电感支路的电流滞后电压 90°;电容支路的电流超前电压 90°。

根据各支路电流,由 KCL 的相量形式可求出总电流的关系式,即

$$\dot{I} = \dot{I}_R + \dot{I}_L + \dot{I}_C = \frac{\dot{U}}{R} - j\frac{\dot{U}}{X_L} + j\frac{\dot{U}}{X_C} = \dot{U}\left[\frac{1}{R} - j\left(\frac{1}{X_L} - \frac{1}{X_C}\right)\right] \quad (3\text{-}66)$$

其有效值为

$$I = \sqrt{I_R^2 + (I_L - I_C)^2} = U\sqrt{\left(\frac{1}{R}\right)^2 + \left(\frac{1}{X_L} - \frac{1}{X_C}\right)^2} \quad (3\text{-}67)$$

各支路电流及总电流的相量关系如图 3-27(b)所示。相量图上由电流 $\dot{I}_R$、$(\dot{I}_L + \dot{I}_C)$ 和 $\dot{I}$ 构成的直角三角形称为电流三角形。总电流与电压的相位差为

$$\varphi_i = \arctan\frac{-(I_L - I_C)}{I_R} = \arctan\frac{-(1/X_L - 1/X_C)}{1/R} \quad (3\text{-}68)$$

根据式(3-68)可知,总电流的相位 $\varphi_i$ 也是由电路的参数所决定的。

当 $1/X_L > 1/X_C$ 时,有 $I_L > I_C$,$\varphi_i < 0$,则电路的总电流滞后于电源电压,并联电

路呈现电感性；当 $1/X_L<1/X_C$ 时，有 $I_L<I_C$，$\varphi_i<0$，则电路的总电流超前于电源电压，并联电路呈现电容性；当 $1/X_L=1/X_C$ 时，有 $I_L=I_C$，$\varphi_i=0$，则电路的总电流与电源电压同相，并联电路呈现电阻性。

**【例 3-16】** 在图 3-27(a)所示的 RLC 并联电路中，$R=10\ \Omega$，$X_C=8\ \Omega$，$X_L=15\ \Omega$，$U=120$ V，$f=50$ Hz。试求：(1) $\dot{I}_R$、$\dot{I}_L$、$\dot{I}_C$ 及 $\dot{I}$；(2)写出 $i_R$、$i_L$、$i_C$ 及 $i$ 的表达式。

**【解】** (1)选取电压为参考相量，令 $\dot{U}=120\angle 0°$ V，则有

$$\dot{I}_R=\frac{\dot{U}}{R}=\frac{120\angle 0°}{10}\ \text{A}=12\angle 0°\ \text{A}$$

$$\dot{I}_L=\frac{\dot{U}}{\text{j}X_L}=\frac{120\angle 0°}{\text{j}15}\ \text{A}=8\angle(-90°)\ \text{A}$$

$$\dot{I}_C=\frac{\dot{U}}{-\text{j}X_C}=\frac{120\angle 0°}{-\text{j}8}\ \text{A}=15\angle 90°\ \text{A}$$

$$\begin{aligned}\dot{I}&=\dot{I}_R+\dot{I}_L+\dot{I}_C=[12\angle 0°+8\angle(-90°)+15\angle 90°]\ \text{A}\\&=(12+\text{j}7)\ \text{A}=13.9\angle 30.2°\ \text{A}\end{aligned}$$

(2) 因 $f=50$ Hz，$\omega=2\pi f=314$ rad/s，各电流的瞬时值表达式为

$$i_R=12\sqrt{2}\sin 314t\ \text{A}$$

$$i_L=8\sqrt{2}\sin(314t-90°)\ \text{A}$$

$$i_C=15\sqrt{2}\sin(314t+90°)\ \text{A}$$

$$i=13.9\sqrt{2}\sin(314t+30.2°)\ \text{A}$$

### 2. 阻抗的并联

图 3-28(a)所示的是两个复数阻抗并联的电路，两个支路受到同一个电压的作用，对于电源而言，在相同的电压下，只要使总电流不变，其效果可以用一个等效的复数阻抗来代替。等效的复数阻抗计算如下。

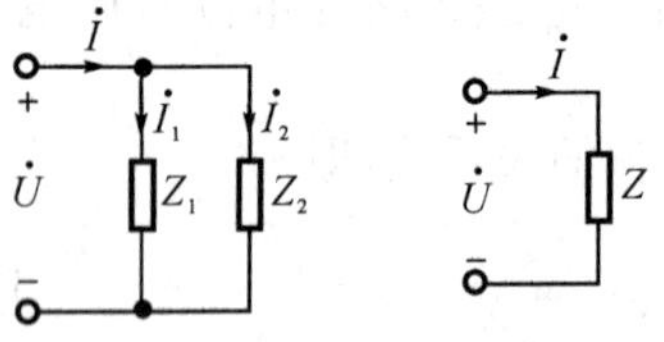


(a) 并联电路　　(b) 等效电路

**图 3-28　阻抗的并联电路**

由
$$\dot{U}_1=\dot{U}_2=\dot{U}$$

得
$$\dot{I}_1=\frac{\dot{U}}{Z_1},\quad \dot{I}_2=\frac{\dot{U}}{Z_2}$$

根据 KCL 的相量形式，有

$$\dot{I}=\dot{I}_1+\dot{I}_2=\frac{\dot{U}}{Z_1}+\frac{\dot{U}}{Z_2}=\dot{U}\left(\frac{1}{Z_1}+\frac{1}{Z_2}\right)=\frac{\dot{U}}{Z}\tag{3-69}$$

将式(3-69)中两个并联的阻抗用一个等效阻抗 $Z$ 来代替，等效电路如图 3-28(b)所示。因此，有

$$\frac{1}{Z}=\frac{1}{Z_1}+\frac{1}{Z_2}\tag{3-70}$$

或者为
$$Z = \frac{Z_1 \times Z_2}{Z_1 + Z_2} \tag{3-71}$$

相应的分流公式为
$$\dot{I}_1 = \frac{Z_2}{Z_1 + Z_2}\dot{I}, \quad \dot{I}_2 = \frac{Z_1}{Z_1 + Z_2}\dot{I} \tag{3-72}$$

因为,电流有效值之和一般不等于总电流的有效值,即
$$I \neq I_1 + I_2$$

亦即
$$\frac{U}{|Z|} \neq \frac{U}{|Z_1|} + \frac{U}{|Z_2|}$$

所以
$$\frac{1}{|Z|} \neq \frac{1}{|Z_1|} + \frac{1}{|Z_2|}$$

根据复数运算的规则,各复数阻抗倒数之和才等于总复数阻抗的倒数。在通常条件下,有

$$\frac{1}{Z} = \sum \frac{1}{Z_k} \tag{3-73}$$

### 3.4.3 正弦交流电路的功率

前面讨论了正弦交流电路的电压与电流的关系,以及串联、并联阻抗的特性,下面讨论正弦交流混合元件电路的功率。

**1. 瞬时功率**

在混合元件的交流电路中,由于电路不仅有电阻,还有电感和电容等电抗元件,因此,无论是串联还是并联电路,其电压与电流总是存在相位差。所以,如果假设
$$i = I_m \sin\omega t, \quad U = U_m \sin(\omega t + \varphi)$$

则瞬时功率为
$$p = ui = U_m I_m \sin\omega t \ \sin(\omega t + \varphi) = \frac{1}{2} U_m I_m [\cos\varphi - \cos(2\omega t + \varphi)]$$
$$= UI\cos\varphi - UI\cos(2\omega t + \varphi)$$
$$= UI\cos\varphi[1 - \cos(2\omega t)] + UI\sin\varphi\sin2\omega t \tag{3-74}$$

式(3-74)表示瞬时功率是直流分量与交流分量的叠加,其电压、电流、功率的波形如图 3-29 所示。

**2. 平均功率**

根据定义,电路中的平均功率为
$$P = \frac{1}{T}\int_0^T p\,\mathrm{d}t = \frac{1}{T}\int_0^T UI[\cos\varphi - \cos(2\omega + \varphi)]\mathrm{d}t$$
$$= UI\cos\varphi - 0 = UI\cos\varphi \tag{3-75}$$

由电压三角形及式(3-54)可知,$U\cos\varphi = U_R = IR$ 表示电阻 $R$ 上的电压,平均功率为

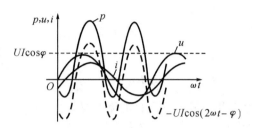

图 3-29　正弦交流电路中电压、电流和瞬时功率变化曲线

$$P = IU_R = I^2R = IU\cos\varphi \tag{3-76}$$

比较式(3-75)和式(3-76)可得：混合参数电路的平均功率就是电阻上消耗的功率，故又称为有功功率。

**3. 无功功率**

对于混合电路中的储能元件电感及电容，它们仍与电源之间要进行能量交换，交换的规模也用无功功率 $Q$ 表示，其数值大小应是电感、电容的无功功率的代数和为

$$Q = Q_L - Q_C = IU_L - IU_C = I(U_L - U_C) = IU_X = I^2(X_L - X_C)$$

再根据图 3-23 所示的电压三角形及式(3-55)可知，电抗元件的电压为

$$U_L - U_C = U_X = U\sin\varphi$$

所以电路的无功功率的数值也就是电抗元件上电压与电流的乘积，即

$$Q = I^2(X_L - X_C) = IU\sin\varphi \tag{3-77}$$

式(3-76)和式(3-77)不仅适用于串联电路，也是计算一般交流电路的平均功率和无功功率的通用公式，适用于各种串、并联的混合元件参数电路。

**4. 视在功率与功率三角形**

从以上分析可知，与单一元件电路相比，混合元件电路的有功功率 $P$（或平均功率）及无功功率 $Q$ 不再是电压与电流有效值的乘积($UI$)，单凭 $P$ 或者 $Q$ 不能反映整个电源的总功率或负载能力。因此，为了表示电源或供电设备的供电能力（也称功率容量），定义正弦交流电压与电流有效值的乘积($UI$)为视在功率，用 $S$ 表示，单位为伏安(V·A)，这里既不用瓦(W)，也不用乏(var)，以便与平均功率和无功功率相区别，即

$$S = UI = |Z|I^2 \tag{3-78}$$

于是，由 $S$、$P$、$Q$ 的表达式也构成一个直角三角形，称为功率三角形，其中，两直角边分别表示有功功率 $P = IU\cos\varphi$ 和无功功率 $Q = IU\sin\varphi$，如图 3-30 所示。其中，$X_L - X_C$ 表示该电路阻抗三角形的电抗部分，$\dot{U}_L + \dot{U}_C$ 表示该电路电压三角形的电抗电压部分。所以，综合式(3-76)、式(3-77)、式(3-78)，三个功率的关系可表示为

$$\begin{cases} P = UI\cos\varphi \\ Q = UI\sin\varphi \\ \sqrt{P^2+Q^2} = UI = S \end{cases} \quad (3\text{-}79)$$

其中
$$\frac{P}{S} = \frac{UI\cos\varphi}{UI} = \cos\varphi$$

表示有功功率所占整个功率容量的比例。对于同样的电源，不同负载获得的有功功率取决于 $\cos\varphi$，而其中的 $\varphi$ 就是该负载上电压与电流的相位差角或阻抗角，即

$$\varphi = \arctan\frac{Q}{P} = \arctan\frac{U_X}{U_R} = \arctan\frac{I(X_L-X_C)}{IR} = \arctan\frac{X_L-X_C}{R}$$

由此可知，一个交流电路中同一负载的电压、阻抗及功率的三个三角形为相似三角形。应当注意的是，功率 $P$、$Q$、$S$ 都不是正弦量，所以不能用相量表示。

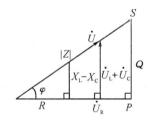
图 3-30　功率及电压和阻抗三角形

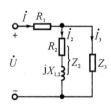
图 3-31　例 3-17 的电路

【例 3-17】　电路如图 3-31 所示，已知 $\dot{U}=100\angle 0°$ V，$\dot{I}=1.39\angle 19.6°$ A，$R_1=20$ Ω，$R_2=X_{L2}=30$ Ω，试求总电路的 $P$、$Q$、$S$ 及支路的无功功率 $Q_2$、$Q_3$ 和有功功率 $P_2$。

【解】　由于 $\varphi=\varphi_u-\varphi_i=0°-19.6°=-19.6°$，所以
$$P = UI\cos\varphi = 100\times 1.39\cos(-19.6°)\text{ W} = 131\text{ W}$$
$$Q = UI\sin\varphi = 100\times 1.39\sin(-19.6°)\text{ var} = -46.6\text{ var}$$
$$S = \sqrt{P^2+Q^2} = UI = 100\times 1.39\text{ V·A} = 139\text{ V·A}$$

由于支路中 $Q_2 = U_2 I_2 \sin\varphi_2$，$\varphi_2 = \arctan(X_{L2}/R_2) = 45°$，而
$$\dot{U}_2 = \dot{U}_3 = \dot{U} - \dot{U}_1 = 100\angle 0° - \dot{I}R$$
$$= [100 - 1.39\times 20(\cos 19.6° + \text{j}\sin 19.6°)]\text{ V}$$
$$= (73.8 - \text{j}9.3)\text{ V} = 74.4\angle(-7.2°)\text{ V}$$
$$\dot{I}_2 = \frac{\dot{U}_2}{Z_2} = \frac{74.4\angle(-7.2°)}{30\sqrt{2}\angle 45°}\text{ A} = 1.75\angle(-52.7°)\text{ A}$$

所以
$$Q_2 = 74.4\times 1.75\times \sin 45°\text{ var} = 92.2\text{ var}$$
$$Q_3 = Q - Q_2 = (-46.6 - 92.2)\text{ var} = -138.8\text{ var}$$

又因为 $Z_2 = 30\sqrt{2}\angle 45°$ Ω，故有
$$P_2 = |Q_2| = 92.2\text{ W}$$

## 3.5 正弦交流电路的功率因数及其提高

### 1. 功率因数及其提高的意义

通过前面内容的分析已知,由于实际电路中存在储能元件,交流电路的电压与电流往往具有一定的相位差。电源提供的功率容量即视在功率 $S$ 不一定全部被负载吸收。因此,交流电路的功率计算与直流电路的计算有所不同,需要考虑相位差 $\varphi$ 的影响。所以,一般电路的有功功率(即平均功率)为

$$P = UI\cos\varphi$$

为了描述有功功率占视在功率的大小,称有功功率 $P$ 与视在功率 $S$ 的比值为功率因数,用 $\lambda$ 表示,即

$$\lambda = \frac{P}{S} = \cos\varphi \qquad (3-80)$$

其中,$\varphi$ 也称为功率因数角。由式(3-80)可知,$\lambda$ 的值在 0～1 之间,即负载获得的有功功率,不会大于供电设备的功率容量或视在功率 $S$,有时可能小到为零。

根据电压三角形、阻抗三角形、功率三角形这三个相似三角形可知,$\varphi$ 是由电路的负载参数决定的。负载中电抗值越大,$\varphi$ 越大,无功功率 $Q = UI\sin\varphi$ 越大,有功功率 $P$ 就越小。不仅如此,功率因数小还会带来以下问题。

(1) 电源设备的利用率低。

对于额定功率一定的供电设备而言,因视在功率是有限的,当 $\lambda$ 很小时,即

$$P = U_N I_N \cos\varphi = U_N I_N \lambda$$

有用功率只有很少一部分,另外大部分为无功功率,只能在电源与负载之间交换,不能全部用于对外做功。例如,容量为 100 kV·A 的变压器,当功率因数 $\lambda = 1$ 时,可以提供 100 kW 的有功功率;而当 $\lambda = 0.5$ 时,只能提供 50 kW 的有功功率。

(2) 增加发电机绕组和输送线路的功率损耗。

设 $r_0$ 为发电机绕组和输电线路的等效电阻,当其输出电压 $U$ 与输出有功功率 $P$ 不变时,因电流 $I$ 与功率因数成反比,则功率损耗 $\Delta P$ 与功率因数的平方成反比,即功率因数小时,功率损耗将以平方关系增加,有

$$P = IU\cos\varphi, \quad I = \frac{P}{U\cos\varphi}$$

$$\Delta P = r_0 I^2 = r_0 \left(\frac{P}{U\cos\varphi}\right)^2$$

当发电机功率容量一定时,势必加重功率损失,减少有用功率输出。因此,提高电路系统的功率因数,对节约能源与促进社会的经济发展有着重要意义。

按照我国标准要求,工业用电的功率因数 $\lambda$ 不得小于 0.95,其他用电的功率因

数 λ 不得小于 0.9。

### 2. 提高功率因数的方法

提高功率因数的方法有多种,常用的有两种:一是人工补偿法,即根据两种储能元件的无功功率互补的特点,在感性负载两个端并联电容器,在容性负载两端并联电感器,从而减小总体电路的无功功率;二是自适应补偿法,如调整同步电动机工作方式,使其只工作在电容性、电感性及电阻性等三种特性之一的状态,以适应供电线路的要求。下面重点讨论第一种方法。

功率因数低的主要原因是实际电路中感性负载多,如电动机、电焊机及变压器等都是电感性器件,感性负载自身需要一定的无功功率才能正常工作。因此,常采用并联电容的措施来提高功率因数,电容补偿的电路及相量图如图 3-32 所示。

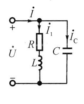
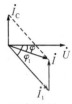

(a) 电容补偿电路图　　(b) 相量图

**图 3-32　并联电容提高功率因数**

补偿的基本原理:根据电容元件与电感元件的特点可知,由于电容损耗极小,可以忽略不计,所以并联电容后,不仅没有增加有功功率的消耗,反而使部分或全部无功功率在电容器与感性负载间交换,减少或消除感性负载与电源间的无功功率交换,从而提高了功率因数。应当指出的是,这里所指的提高,是整个电路的功率因数,而不是改变感性负载的功率因数。这就是说,感性负载工作所需要的无功功率并没有减少,而是由电容补偿一部分。下面以有功功率 $P$ 和功率因数 $\lambda$ 为已知条件,介绍如何计算并联补偿电容器 $C$ 值的方法。

在图 3-32(b)中,$\varphi_1$ 和 $\varphi$ 分别表示并联电容器之前和之后的电源电压与总电流的相位差,可由已知功率因数 $\cos\varphi_1$ 和 $\cos\varphi$ 来获得。从图可知:$|\varphi_1|>|\varphi|$,表明并联电容后功率因数得到了提高。接着是确定从原来较小的 $\lambda_1$ 提高到现在的 $\lambda$ 需要多大的电容值 $C$。这里设 $U=U\angle 0°$,有功功率为 $P$,则由相量图中的电流三角形可得

$$I\sin\varphi + I_C = I_1\sin\varphi_1$$

即

$$I_C = I_1\sin\varphi_1 - I\sin\varphi$$

另外,由相量表示式的复数相等规则也可得到以上表达式。

因感性负载电流为 $\dot{I}_1 = I_1\angle(-\varphi_1)$,电容电流(不计损耗)为 $\dot{I}_C = I_C\angle 90°$,电源电流由基尔霍夫定律得 $\dot{I} = \dot{I}_1 + \dot{I}_C$;由相量的复数式有

$$\dot{I} = I\angle(-\varphi) = I\cos\varphi - \mathrm{j}I\sin\varphi$$

$$\dot{I}_1 + \dot{I}_C = I_1\angle(-\varphi_1) + I_C\angle 90° = I_1\cos\varphi_1 - \mathrm{j}(I_1\sin\varphi_1 - I_C)$$

所以，根据复数相等得

$$\begin{cases} I\cos\varphi = I_1\cos\varphi_1 \\ I\sin\varphi = I_1\sin\varphi_1 - I_C \\ I_C = I_1\sin\varphi_1 - I\sin\varphi \end{cases} \qquad (3-81)$$

式(3-81)说明与相量图中的电流三角形结果一致。

对于同一个负载，并联电容的前后有功功率 $P$ 不变，即有

$$I_1 = \frac{P}{U\cos\varphi_1}, \quad I = \frac{P}{U\cos\varphi}$$

所以

$$I_C = \frac{P}{U\cos\varphi_1} \cdot \sin\varphi_1 - \frac{P}{U\cos\varphi} \cdot \sin\varphi = \frac{P}{U}(\tan\varphi_1 - \tan\varphi)$$

又因

$$I_C = \frac{U}{X_C} = U\omega C$$

则有

$$U\omega C = \frac{P}{U}(\tan\varphi_1 - \tan\varphi), \quad C = \frac{P}{\omega U^2}(\tan\varphi_1 - \tan\varphi) \qquad (3-82)$$

**【例 3-18】** 有一电感性负载接到 220 V、50 Hz 的交流电源上，消耗的有功功率为 5.0 kW，功率因数为 $\lambda_1 = 0.5$，如果并联电容将功率因数提高到 $\lambda_2 = 0.95$，试问电容提供了多少无功功率？电容的值又是多少？

**【解】** 由并联电容后总的无功功率的变化来求电容提供的无功功率。并联电容前功率因数为 $\lambda_1 = 0.5$，则有

$$\varphi_1 = \arctan\cos 0.5 = 60°$$

$$S_1 = \frac{P}{\lambda_1} = \frac{5\times 10^3}{0.5} \text{ kV}\cdot\text{A} = 10 \text{ kV}\cdot\text{A}$$

$$Q_1 = S_1\sin\varphi_1 = S_1\sin 60° = 10\times 0.866 \text{ kvar} = 8.66 \text{ kvar}$$

并联电容后功率因数为 $\lambda_2 = 0.95$，但负载的有功功率不变，则有

$$\varphi_2 = \arccos 0.95 = 18.2°$$

$$S_2 = \frac{P}{\lambda_2} = \frac{5\times 10^3}{0.95} \text{ kV}\cdot\text{A} = 5.26 \text{ kV}\cdot\text{A}$$

$$Q_2 = S_2\sin 18.2° = 5.26\times 0.31 \text{ kvar} = 1.63 \text{ kvar}$$

减少的无功功率就是电容提供的无功功率，即

$$\Delta Q = Q_1 - Q_2 = (8.66-1.63) \text{ kvar} = 7.03 \text{ kvar}$$

$$Q_C = \Delta Q = 7.03\times 10^3 \text{ var} = \frac{U^2}{X_C} = \omega C U^2$$

所以

$$C = \frac{Q_C}{\omega U^2} = \frac{7.03\times 10^3}{2\pi\times 50\times 220^2} \text{ F} = 462 \text{ μF}$$

直接代入式(3-82)也可求得相同的结果。

## 3.6 正弦交流电路的频率特性

### 3.6.1 电路频率特性概述

在前面的交流电路分析中,正弦电源的频率都是确定的单一频率。因此,线性电路中各个支路或元件上的电压和电流也都是同一频率的正弦量,其幅值和相位取决于支路元件的电阻、电抗,即阻抗。而电路的电抗(主要是容抗、感抗)又是电源频率的函数,故可以推理:在交流电源的作用下,电路中各个支路或元件上的电压或电流既是时间的函数,同时也是频率的函数。实际工作中,虽然提供电力的电源是单一频率,但还有更多的电信号源,它们有不同的频率,如通信系统中的信号发生器和接收机,仪器、仪表等信号源。因此,为了分析不同频率下电压、电流情况,就需要分析电路元件在不同频率的电源和信号源作用下,其阻抗变化的规律和特性。

为了叙述方便,工程上将电源和信号源的作用称为激励,而在电路各处产生的电压或电流称为响应。同时,称电路的响应与频率的函数关系为频率特性。响应中有幅值和相位之分,故频率特性分为幅度频率特性与相位频率特性,简称幅频特性和相频特性。在电路分析中,只考虑时间因素、频率相对固定的分析被称为时域分析,而只考虑频率影响,时间相对不变的电路分析被称为频域分析。

电路中只有一个 RC 串联环节的交流电路,具有最简单的频率特性。由于电阻 R 和电容 C 上的电压,对不同频率的电源表现出不同的特性——频率选择性,这种对不同频率的电压具有选择作用的电路,称为滤波电路。下面将根据 RC 串联电路的电压传输特性介绍电路的频率特性。

### 3.6.2 RC 串联电路的频率特性

一个电阻与一个电容串联组成一个最简单的容性阻抗电路。在电路两端加上交流电压后,在 $R$、$C$ 上的响应电压与总电压相比,将有不同的频率特性。如果从电容两端取电压,则电容电压与总电压之比,称为低通滤波传输特性,这一电路称为低通滤波器;当从电阻两端取电压,则电阻电压与总电压之比,称为高通滤波传输特性,这一电路称为高通滤波器。

**1. 低通滤波电路频率特性**

如图 3-33 所示的电路,设输入电源电压为正弦量,而输出电压取自电容元件上,电压 $\dot{U}_1(j\omega)$ 和 $\dot{U}_2(j\omega)$ 都是表示频率的函数,且时间为常数。由于电容的容抗 $X_C = 1/(\omega C)$ 与频率成反比,所以频率越高的输入电压在电容上的分压越小,频率越低的电压在电容上的分压就越大,等效于滤除高频而通过低频,因而称为低通滤波器。

对于线性电路而言,其串联电压的分压比,是电路自身固有的,与输入电压大小

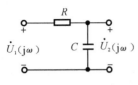

图 3-33  RC 低通滤波电路

无关。所以,为了使分析更具一般性,不考虑具体的电压值,而用电压的分压比来表示电路传输特性。这一比值,也称为电路的传送函数或转移函数,用 $T(j\omega)$ 表示。它是一个复数,其中的 $j\omega$ 为复频率,是一个变量。由图 3-33 可得传输函数为

$$T(j\omega) = \frac{\dot{U}_2}{\dot{U}_1} = \frac{1/(j\omega C)}{R + 1/(j\omega C)} = \frac{1}{1 + j\omega RC} = |T(j\omega)| \angle \varphi_T(\omega) \quad (3\text{-}83)$$

式(3-83)中

$$|T(j\omega)| = \left|\frac{\dot{U}_2}{\dot{U}_1}\right| = \frac{1}{\sqrt{1 + (\omega RC)^2}}$$

$$\varphi_T(\omega) = -\arctan(\omega RC)$$

可见,传输函数 $T$ 的幅值和相位角均是频率 $\omega$ 的函数。因此,$T$ 的幅值表达式 $|T(j\omega)|$ 被称为幅频特性,相位角表达式 $\varphi_T(j\omega)$ 被称为相频特性。设

$$RC = \frac{1}{\omega_0}$$

则有

$$|T(j\omega)| = \frac{1}{\sqrt{1 + (\omega/\omega_0)^2}}, \quad \varphi_T = -\arctan\frac{\omega}{\omega_0} \quad (3\text{-}84)$$

由式(3-84)可得,当 $\omega=0$ 时,$|T(j\omega)|=1$,$\varphi_T=0$;当 $\omega\to\infty$ 时,$|T(j\omega)|=0$,$\varphi_T=-\pi/2$;当 $\omega=\omega_0=1/(RC)$ 时,$|T(j\omega)|=1/\sqrt{2}=0.707$,$\varphi_T=-\pi/4$。

根据式(3-84)画出的频率特性曲线如图 3-34 所示。在实际应用中,通常规定输出电压降到输入电压的 0.707 倍,即 $|T(j\omega)|=0.707$ 时为最低限值。这一点的电压为输入电压的 $1/\sqrt{2}$ 倍,则功率为电压的平方,所以最低限值点的输出功率为输入功率的 $1/2$ 倍,故最低限值也称为半功率点或 -3 dB 点。此点对应的频率为 $\omega=\omega_0$,$\omega_0$ 称为截止频率或半功率点频率。而 $0<\omega\leqslant\omega_0$ 的频率范围称为通频带,即有效电压传输的频率范围。

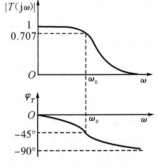

图 3-34  低通滤波率特性

由图 3-34 特性曲线可知:当 $\omega<\omega_0$ 时,$|T(j\omega)|$ 变化不大,近似为 1,低频信号几乎全部传输通过。而 $\omega>\omega_0$ 时,$|T(j\omega)|$ 明显变小,高频信号衰减过大,等效于滤掉了,所以达到低通滤波的功能。

**2. 高通滤波电路频率特性**

如图 3-35 所示的电路,与低通滤波电路相比,唯一不同的是输出电压从电阻 $R$ 两端取出,而不是从电容 $C$ 两端取出。因此,频率越高的电压在 $R$ 上的分压越大,等效于滤除低频而通过高频,所以称为高通滤波电路。

对比低通滤波电路的分析方法,用分压比表示电压传输特性,因此,由图 3-35 可得到高通滤波电路的传输函数:

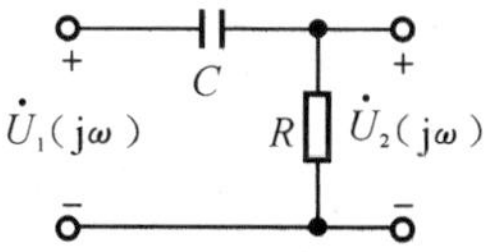

$$T(j\omega) = \frac{\dot{U}_2}{\dot{U}_1} = \frac{R}{R+1/(j\omega C)} = \frac{1}{1-j/(\omega RC)}$$
$$= |T(j\omega)| \angle \varphi_T(\omega) \quad (3-85)$$

图 3-35 高通滤波电路

式(3-85)中,

$$|T(j\omega)| = \left|\frac{\dot{U}_2}{\dot{U}_1}\right| = \frac{1}{\sqrt{1+1/(\omega RC)^2}}$$

$$\varphi_T(\omega) = \arctan\frac{1}{\omega RC}$$

传输函数 $T$ 的幅值和相位角也均是频率 $\omega$ 的函数。设 $RC = 1/\omega_0$,则

$$|T(j\omega)| = \frac{1}{\sqrt{1+(\omega_0/\omega)^2}}, \quad \varphi_T = \arctan\frac{\omega_0}{\omega}$$
(3-86)

因此,由式(3-86)可得:当 $\omega = 0$ 时,$|T(j\omega)| = 0$,$\varphi_T = \pi/2$;当 $\omega = \infty$ 时,$|T(j\omega)| = 1$,$\varphi_T = 0$;当 $\omega = \omega_0 = 1/(RC)$ 时,$|T(j\omega)| = 1/\sqrt{2} = 0.707$,$\varphi_T = \pi/4$。

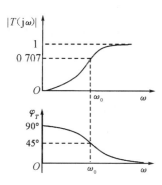

图 3-36 高通滤波频率特性

根据式(3-86)画出的频率特性曲线如图 3-36 所示,由图可知,对半功率频率点,有 $\omega_0 \leqslant \omega < \infty$ 的范围为通频带。当 $\omega < \omega_0$ 时,$|T(j\omega)|$ 较小,表示低频电压衰减过大,等效于被滤掉;而 $\omega > \omega_0$ 时,$|T(j\omega)|$ 近似为 1,高频信号顺利通过。因此,实现了高通滤波的功能。

### 3.6.3 交流电路的谐振

交流电路的频率特性除了表现为传输函数随频率变化的滤波特性外,还表现为使电路产生谐振的特性。所谓谐振,是发生电共振的物理现象。经过前面分析已知,在有电感和电容元件的电路中,电压与电流一般是不同相位角的,如果调节电路的电抗参数或者改变电源的频率,使它们的相位角相同,电路中就产生了谐振现象。

研究谐振的目的在于认识这种客观现象,并在实际应用中充分利用谐振的特性,同时防范和避免谐振所产生的危害。根据电路中电感和电容连接方式不同可分为串联和并联两种不同的谐振。下面将分别进行介绍。

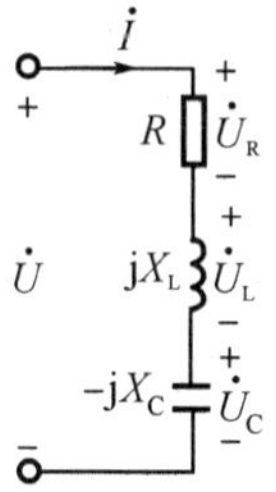

**1. 串联谐振电路**

在图 3-37 所示的电路中,电感 $L$ 和电容 $C$ 串联,其中

图 3-37 LC 串联电路

$R$ 为电感线圈的损耗电阻,一般较小;电容的损耗可以忽略,视为理想元件。各个电压相量如图 3-37 中所示。

首先分析产生串联谐振的条件。因为电路的阻抗为 $Z=R+\mathrm{j}(X_L-X_C)$,若调整电源的角频率 $\omega$,使

$$X_L=X_C \quad \text{或} \quad \omega_0 L=\frac{1}{\omega_0 C} \tag{3-87}$$

于是电抗部分为零,则电压 $\dot{U}$ 与电流 $\dot{I}$ 同相位,其中 $\omega_0$ 是谐振时的角频率,则阻抗角为

$$\varphi_Z=\arctan\frac{X_L-X_C}{R}=0$$

此时,电路发生谐振现象,由于电路中 $L$ 与 $C$ 串联,故为串联谐振。式(3-87)为串联谐振发生的条件。由式(3-87)可得串联谐振的频率:

$$\omega_0=\frac{1}{\sqrt{LC}} \quad \text{或} \quad f=f_0=\frac{1}{2\pi\sqrt{LC}} \tag{3-88}$$

由式(3-88)可知,谐振频率 $\omega_0$ 或 $f_0$ 是电路的固有性质,且与电阻 $R$ 无关,即只要调节电源的 $f$,或者改变电路的 $L$ 和 $C$ 满足式(3-88),都将发生谐振。

由式(3-87)和式(3-88)可得

$$\omega_0 L=\frac{1}{\omega_0 C}=\frac{1}{\sqrt{LC}}\times L=\sqrt{\frac{L}{C}}=\rho \tag{3-89}$$

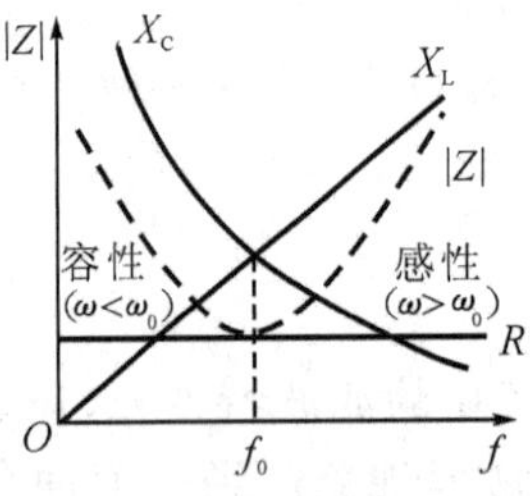

式中:$\rho$ 为串联谐振电路的特性阻抗,只与电路中的 $L$、$C$ 有关,单位为 $\Omega$。

串联谐振的特征如下。

(1) 串联谐振时电路阻抗最小。当电源电压不变时,电路中的电流将达到最大。由式(3-87),可得电路阻抗模 $|Z|=\sqrt{R^2+(X_L-X_C)^2}=R$,即

$$I=I_0=\frac{U}{R}$$

图 3-38 阻抗模随频率变化的特性

电路的阻抗模 $|Z|$ 和 $X_L$、$X_C$ 等随频率的变化曲线如图 3-38 所示。

(2) 谐振时电路呈纯电阻特性,电路与电源间无能量交换。因为电抗 $X_L-X_C=0$,电压与电流的相位差 $\varphi=0$,能量交换在电路内部的电感与电容之间进行,无功功率的代数和为零。其相量图如图 3-39 所示。

(3) 谐振时电感及电容元件上电压最大,且相位相反,故串联谐振也称电压谐振。虽然对整个电路而言,电源电压 $\dot{U}=\dot{U}_R$,但是,各个电抗元件上的电压作用不能忽视。由于谐振时电抗元件电压有效值为

$$\begin{cases} U_L = X_L I = X_L \dfrac{U}{R} \\ U_C = X_C I = X_C \dfrac{U}{R} \end{cases}$$

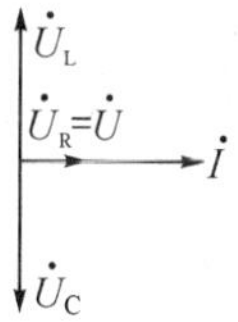

当 $X_L = X_C > R$ 时,$U_C$ 和 $U_L$ 将高于电源电压,如果电压过高,可能会击穿电感线圈和电容器绝缘层,产生短路,因而在电力工程中应避免产生串联谐振;而无线电通信工程中则常使用低损耗的电感、电容元件,在串联谐振时,即 $X_L = X_C > R$,以获得高于电源电压几十倍或几百倍的较高电压。

图 3-39 串联谐振相量图

电路谐振的程度一般用一个称为品质因数的值 $Q$ 来表示。在串联谐振时,有

$$Q = \frac{U_C}{U} = \frac{U_L}{U} = \frac{1}{\omega_0 CR} = \frac{\omega_0 L}{R} = \frac{\rho}{R} \qquad (3\text{-}90)$$

可见,$Q$ 不仅与电路的 $L$、$C$ 有关,还与电阻 $R$ 成反比,其意义表示谐振电路的损耗程度。同时说明,产生谐振时电感或电容上的电压是电源的 $Q$ 倍。例如,当 $Q=100$,$U=5$ V 时,电抗元件上的谐振电压可达 500 V。

串联谐振电路的品质因数 $Q$,在通信电子线路中是一个重要的参数,它反映了电路对不同频率信号的选择性能和抑制干扰的能力。如图 3-40 所示,当 $Q$ 值越大,谐振曲线越尖锐,通频带较窄,选择和抑制能力就越强;反之,则能力越弱。

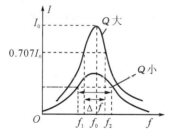

图 3-40 $Q$ 与谐振曲线及通频带的关系

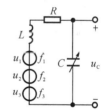

图 3-41 例 3-19 的电路

【例 3-19】 一个收音机的天线输入电路的等效电路如图 3-41 所示,感应电压与调谐电路为串联结构。线圈的电感 $L=0.3$ mH,电阻 $R=16$ Ω。当调谐到接收载波频率为 640 kHz 的电台广播时,其电容值应为多少?如果此时回路的电流 $I=0.1$ μA,试求感应电压 $U$ 和电容两端电压。

【解】 根据 $f = 1/(2\pi\sqrt{LC})$,有

$$C = \frac{1}{L(2\pi f)^2} = \frac{1}{0.3\times 10^{-3}(2\times 3.14\times 640\times 10^3)^2} \text{ F} = 204 \text{ pF}$$

此时
$$U = IR = 0.1\times 10^{-6}\times 15 \text{ μV} = 1.5 \text{ μV}$$

$$U_C \approx U_L = X_L I = 2\times 3.14\times 640\times 10^3\times 0.3\times 10^{-3}\times 0.1\times 10^{-6} \text{ V}$$
$$= 120\times 10^{-6} \text{ V} = 120 \text{ μV}$$

**【例 3-20】** 将一个 $R=50\ \Omega$、$L=4$ mH 的线圈与一个 $C=160$ pF 的电容器串联,接在 $U=25$ V 的电源上。(1)求发生谐振时电流与电容上的电压;(2)当频率增加 10% 时,求电流与电容上的电压。

**【解】** (1) $f_0 = \dfrac{\omega_0}{2\pi} = \dfrac{1}{2\pi\sqrt{LC}} = \dfrac{1}{2\times 3.14 \times \sqrt{4\times 10^{-3}\times 160\times 10^{-12}}}$ Hz $= 2\times 10^5$ Hz

$$X_L = 2\pi f_0 L = 2\times 3.14\times 2\times 10^5 \times 4\times 10^{-3}\ \Omega = 5\ 024\ \Omega$$

$$X_C = \dfrac{1}{2\pi f_0 C} = \dfrac{1}{2\times 3.14\times 2\times 10^5\times 160\times 10^{-12}}\ \Omega = 4\ 976\ \Omega$$

$$I_0 = \dfrac{U}{R} = \dfrac{25}{50}\ \text{A} = 0.5\ \text{A}$$

$$U_C = I_0 X_C = 0.5\times 4\ 976\ \text{V} = 2\ 488\ \text{V}$$

(2) 当频率增加 10% 时,有

$$X_L = 5\ 024(1+10\%)\ \Omega = 5\ 526\ \Omega$$

$$X_C = \dfrac{4\ 976}{1+10\%}\ \Omega = 4\ 524\ \Omega$$

$$|Z| = \sqrt{50^2 + (5\ 526-4\ 524)^2}\ \Omega \approx 1\ 003\ \Omega$$

$$I = \dfrac{U}{|Z|} = \dfrac{25}{1\ 003}\ \text{A} = 0.025\ \text{A}$$

$$U_C = IX_C = 0.025\times 4\ 524\ \text{V} = 113\ \text{V}$$

可见,当频率增加 10% 时,$I$ 和 $U_C$ 就大大减小。

**【例 3-21】** 一个线圈,$R=40\ \Omega$,$L=5$ mH,与一个 $C=160$ pF 的电容串联。问它的 $f_0$、$\rho$ 及 $Q$ 各是多少?当 $\rho$ 一定时,改变 $R$,$Q$ 将如何变化?

**【解】** 谐振频率 $f_0$ 和特性阻抗 $\rho$ 只取决于 $L$ 和 $C$,即

$$f_0 = \dfrac{\omega_0}{2\pi} = \dfrac{1}{2\pi\sqrt{LC}} = \dfrac{1}{2\times 3.14\times \sqrt{5\times 10^{-3}\times 160\times 10^{-12}}}\ \text{Hz} = 178\times 10^3\ \text{Hz}$$

$$\rho = \sqrt{\dfrac{L}{C}} = \sqrt{\dfrac{5\times 10^{-3}}{160\times 10^{-12}}}\ \Omega = 5\ 590\ \Omega$$

品质因数 $Q$ 还与耗能参数 $R$ 有关,即

$$Q = \dfrac{\rho}{R} = \dfrac{5\ 590}{50} = 111.8$$

$Q$ 与 $R$ 成反比,$R$ 越小,电能损耗越少,因而 $Q$ 值就越高。

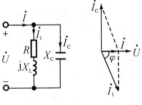

图 3-42 并联谐振电路
(a) 电路图  (b) 相量图

### 2. 并联谐振电路

图 3-42(a)所示的是电容器与线圈并联的电路,其中 $R$ 为电感线圈的损耗电阻,电容器为理想元件,损耗不计。

1) 并联谐振条件与谐振频率

设电源电压为正弦量,则电路中各个电压和电路的相量图如图 3-42(b)所示。当电路谐振时,电源

$\dot{U}$ 与总电流 $\dot{I}$ 的相位相同,故由相量图知并联谐振条件为

$$I_L \sin\varphi = I_C \tag{3-91}$$

而由电感支路的电压三角形和阻抗三角形可知:

$$\begin{cases} I_L = \dfrac{U}{\sqrt{R^2 + X_L^2}} \\ \sin\varphi = \dfrac{X_L}{\sqrt{R^2 + X_L^2}} \\ I_C = \dfrac{U}{X_C} \end{cases} \tag{3-92}$$

将式(3-92)代入式(3-91)中,可得

$$R^2 + X_L^2 = X_L X_C$$

由 $X_L = \omega L, X_C = 1/(\omega C)$ 得

$$\omega^2 = \omega_0^2 = \frac{1}{LC} - \frac{R^2}{L^2} = \frac{1}{LC}\left(1 - \frac{CR^2}{L}\right) = \frac{1}{LC}\left(1 - \frac{R^2}{\rho^2}\right) = \frac{1}{LC}\left(1 - \frac{1}{Q^2}\right)$$

所以并联谐振频率为

$$f = f_0 = \frac{\omega_0}{2\pi} = \frac{1}{2\pi}\sqrt{\frac{1}{LC}\left(1 - \frac{1}{Q^2}\right)}$$

因为谐振时 $R \ll \omega_0 L$,即 $Q$ 较大时,则可不计 $R$,谐振频率近似为

$$f_0 \approx \frac{1}{2\pi\sqrt{LC}} \tag{3-93}$$

与式(3-88)相比,当忽略 $R$ 时,并联谐振频率与串联谐振频率相同。

2) 并联谐振的特征

(1) 并联谐振时电路的阻抗最大,电流最小,因并联等效阻抗为

$$Z = \frac{-jX_C(R + jX_L)}{R + j(X_L - X_C)}$$

谐振时在忽略 $R$ 的近似条件下,有

$$|Z_0| \approx \frac{|-jX_L X_C|}{R} = \frac{L}{CR} = \frac{\rho^2}{R} \tag{3-94}$$

$$I_0 = \frac{U}{|Z_0|} = \frac{URC}{L} = \frac{UR}{\rho^2} \tag{3-95}$$

在理想条件下, $R \to 0$,则 $|Z_0| \to \infty, I_0 \to 0$。

(2) 谐振时电压与电流同相位,故电路呈电阻性。阻抗 $Z_0$ 等效为一个电阻。

(3) 谐振时各并联支路的电流最大,又称为电流谐振,因为:

$$I_{L0} = I_{C0} = U\omega_0 C = \frac{U\omega_0 L}{L/(CR) \cdot R} = \frac{U\omega_0 L}{|Z_0|R} = I_0 \frac{\omega_0 L}{R}$$

而谐振时，$R \ll \omega_0 L$，即

$$I_{L0} = I_0 \frac{\omega_0 L}{R} \gg I_0$$

因此，谐振时虽然电源总电流 $I_0$ 很小，但 $I_C$、$I_L$ 比 $I_0$ 大几十倍，故也称为电流谐振。并联谐振的品质因数 $Q$ 用电抗元件中的电流与电路总电流的比值来衡量，即有

$$Q = \frac{I_{L0}}{I_0} = \frac{I_0 \cdot \omega_0 L / R}{I_0} = \frac{\omega_0 L}{R} = \frac{\rho}{R}$$

这说明，产生谐振时支路电流是总电流的 $Q$ 倍，电路并联的总阻抗，是支路阻抗模的 $Q$ 倍，即总阻抗大于支路阻抗。表明，并联谐振电路同样对电信号具有选择性和抗干扰能力。

## 本章小结

(1) 正弦交流电量是以确定的角频率 $\omega$，随着时间 $t$ 按正弦规律变化的周期性函数。其基本特征可以用以下三个参数来表示：表示正弦量变化快慢的频率（周期）；表示正弦量变化大小的幅值（或有效值）；表示正弦量变化进程的初相位角。

(2) 为了解决正弦量运算过程的烦琐，可以用正弦量的相量表示法来简化幅值和相位的运算。由于同频率的正弦量参与运算后其频率仍不变，所以可暂不考虑频率而用相应的相量进行运算。相量就是表示正弦量的复数，相量的运算就是复数的运算。相量图是表示同频率正弦量的一个集合。

(3) 在正弦交流电路中，电阻、电感、电容元件各自表现出不同的特性。电阻元件具有耗能特性，电阻中的电流和电压之间没有相位差。电阻电路中电压与电流的幅值、有效值及瞬时值均满足欧姆定律关系，电阻性电路的平均功率大于零。电感、电容元件具有储能特性，在交流电路中具有电抗的作用，电感对电流的作用称为感抗 $X_L$，电容对电流的作用称为容抗 $X_C$，感抗和容抗都与频率有关；电感电流是电压的积分，电容电流是电压的微分；电感电压的相位超前其电流 $90°$，电容电压的相位滞后其电流 $90°$。理想的电感和电容元件的平均功率为零，但它们与电源有能量交换，所以用无功功率 $Q$ 表示它们交换程度的大小。

(4) 在电阻、电感、电容同时存在的混合元件电路中，由于电抗元件的作用，引入了阻抗的概念。在正弦交流电路中阻抗是一个复数，电阻为其实部，感抗与容抗为虚部；电压与电流的关系是由电路阻抗参数决定的。当电路的感抗大于容抗时，电压的相位超前电流的相位，称为感性电路；当感抗小于容抗时，电压的相位滞后电流的相位，此时称为容性电路。在 RLC 串联电路中，总的电压与各个阻抗上的电压关系，可用电压三角形表示。斜边长度表示总电压大小，两个直角边长度分别表示电阻和电抗电压的大小。复数阻抗的特性可以用阻抗三角形表示，其中斜边表示阻抗模的大小，两个直角边分别为电阻和电抗的大小。交流电路的功率分为有功功率 $P$、无功功率 $Q$ 和视在功率 $S$ 三种。有功功率即电路的平均功率，是电阻消耗的功率；无功功率是电抗的交换功率；视在功率表示电源的额定功率容量。三者也可用功率三角形表示，斜边表示视在功率，两个直角边分别表示有功功率和无功功率。电压、阻抗和功率这三个三角形为相似三角形。

(5) 电路获得的有功功率占视在功率的比值称为电路的功率因数，也等于阻抗角的余弦值。

由于感性元件的存在,有功功率一般小于电源提供的功率,即功率因数比较小。为了充分发挥设备的能力,可并联电容元件,以改变感性负载与电源之间无功功率的交换量,也就是提高系统的功率因数。

(6) 正弦交流电路中,电压、电流与阻抗有关,而阻抗与频率有关,所以电路中电压、电流也就是频率的函数,这就是交流电路的频率特性。最简单的频率特性表现在不同频率的滤波电路和串、并联谐振电路中。串联谐振又称为电压谐振,并联谐振又称为电流谐振。

本章的重点是理解单一元件参数的交流电路的基本概念;分析电路中阻抗的特性,掌握交流复阻抗及其阻抗串、并联电路中电压与电流的计算方法;熟悉提高功率因数的方法;理解交流电路串、并联谐振现象和特征。

# 习 题 3

3-1 已知正弦交流电 $u=220\sqrt{2}\sin(314t+30°)$,试求:
(1) 电压最大值 $U_m$、有效值 $U$、角频率 $\omega$、周期 $T$ 和初相位角 $\varphi_u$;
(2) 当 $t=0$ 和 $t=\dfrac{30}{314}$ s 时刻,电压的两个瞬时值 $u$;
(3) 写出 $u$ 的相量表示式,并画出波形图。

3-2 已知频率相同的正弦电压和电流的相量式分别为 $\dot{U}=100\mathrm{e}^{\mathrm{j}60°}$ V, $\dot{I}=(4+\mathrm{j}3)$ A。试分别写出相量的三角式和极坐标式,并画出相量图。

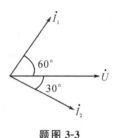

题图 3-3

3-3 已知电路的相量如题图 3-3 所示,其中 $U=220$ V, $I_1=10$ A, $I_2=5\sqrt{2}$ A,当电压的初相位为 $\varphi=0$,角频率为 $\omega$ 时,试写出它们的瞬时值表达式,并指出相位关系。

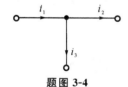

题图 3-4

3-4 某电路的电流如题图 3-4 所示,已知 $i_2=8\sqrt{2}\sin(\omega t+30°)$ A, $i_3=4\sqrt{2}\sin(\omega t+60°)$ A,求电流 $i_1$ 的有效值。

3-5 在题图 3-5 所示的各电路中,每一条支路中的电量为同频率的正弦量,图中已标的数值为正弦量的有效值,试求电流表 $A_0$ 或电压表 $V_0$ 的数值(即有效值)。

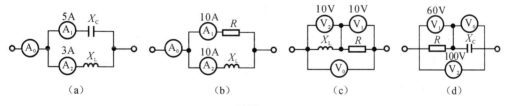

题图 3-5

3-6 将一个电感线圈接到 20 V 直流电源时,通过的电流为 1 A,将此线圈改接于 1 000 Hz, 20 V 的交流电源时,电流为 0.8 A,求线圈的电阻 $R$ 和电感 $L$。

3-7 已知电阻炉的额定电压为 100 V,功率为 1 000 W,串联一个电阻值为 4 Ω 的线圈后,接于

220 V、50 Hz 的交流电源上。试求线圈感抗 $X_L$、电流 $I$ 和线圈电压 $U_L$。

3-8 在题图 3-8 所示的电路中,已知 $R=100\ \Omega, L=318\ \text{mH}, C=31.8\ \mu\text{F}$,试求电源电压为 $U=100\ \text{V}$,频率分别为 50 Hz 和 100 Hz 情况下,开关 S 接向 a、b、c 三个位置时的电流有效值,以及各元件中的有功功率和无功功率。

3-9 在图 3-9 所示电路中,$I_1=10\ \text{A}, I_2=10\sqrt{2}\ \text{A}, U=200\ \text{V}, R=5\ \Omega, R_2=X_C$,试求 $I$、$X_C$、$X_L$ 和 $R_2$。

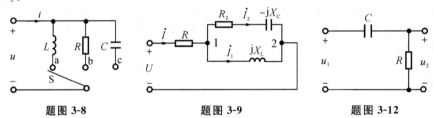

题图 3-8　　　　题图 3-9　　　　题图 3-12

3-10 某日光灯管与镇流器串联后接到交流电压上,可等效为 $R$、$L$ 串联的电路。已知灯管的等效电阻 $R_1=200\ \Omega$,镇流器的电阻和电感分别为 $R_2=15\ \Omega$ 和 $L=2\ \text{H}$,电源电压为 $U=220\ \text{V}, f=50\ \text{Hz}$,试求电路中的电流 $I_0$、灯管电压以及镇流器两端电压的有效值。

3-11 有一 RC 串联电路,电源电压为 $u$,两个元件上的电压分别为 $u_R$ 和 $u_C$,已知串联后的阻抗为 1 000 Ω,频率为 50 Hz,并设电源电压 $u$ 与电容电压 $u_C$ 之间的相位差为 30°,试求 $R$ 和 $C$,并指出 $u_C$ 与 $u$ 的相位关系(即超前还是滞后)。

3-12 在题图 3-12 所示的移相电路中,已知电压 $U_1=100\ \text{mV}, f=1\ 000\ \text{Hz}, C=0.01\ \mu\text{F}$,当 $u_2$ 的相位比 $u_1$ 的超前 60°时,求电阻 $R$ 和电压 $u_2$ 的有效值。

3-13 在题图 3-13 中,已知 $u$ 的频率 $f=1\ 000\ \text{Hz}, R=1\ 000\ \Omega$。若要使 $u_C$ 的相位滞后 $u$ 的相位 45°,求 $C$ 的值。

3-14 在题图 3-14 中,已知正弦电压的频率 $f=50\ \text{Hz}, L=0.05\ \text{H}$,若要使开关 S 闭合或断开时,电流表的读数不变,求 $C$ 的数值。

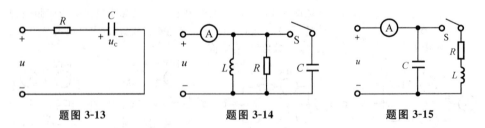

题图 3-13　　　　题图 3-14　　　　题图 3-15

3-15 已知题图 3-15 所示的正弦交流电路中,$U=10\ \text{V}, f=50\ \text{Hz}, X_L=8\ \Omega, R=6\ \Omega$,当 S 闭合前后电流不变时,求 $C$ 和电流 $I$ 各是多少?

3-16 在题图 3-16 所示电路中,已知 $R=1\ \Omega, Z_2=-\text{j}20\ \Omega, Z_1=(30+\text{j}40)\ \Omega, \dot{I}=10\angle 30°\ \text{A}$,求 $\dot{I}_1$、$\dot{I}_2$ 和 $\dot{U}$。

3-17 在题图 3-17 所示的电路中,已知 $R=X_C=10\ \Omega, U=220\ \text{V}, Z_1=\text{j}X_L$。试求在 $\dot{U}$ 和 $\dot{I}$ 同相

位时，$X_L$ 的值及 $\dot{U}_C$ 表达式。

3-18 有一 RLC 串联的正弦交流电路，已知 $\dot{U}=220\angle 0°$，$R=10\ \Omega$，$X_L=8\ \Omega$，$X_C=4\ \Omega$，试求电路总电流 $\dot{I}$、有功功率 $P$、无功功率 $Q$ 和视在功率 $S$。

3-19 电路如图 3-19 所示，已知电路有功功率 $P=60\ \mathrm{W}$，电源电压 $\dot{U}=220\angle 0°$，功率因数 $\cos\varphi=0.8$，$X_C=50\ \Omega$，试求电流 $I$、电阻 $R$ 及 $X_L$。

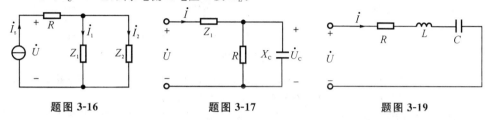

题图 3-16　　　　题图 3-17　　　　题图 3-19

3-20 有一日光灯电路如题图 3-20 所示，已知灯管功率为 30 W，工作时呈电阻特性；镇流器功率为 4 W，与灯管串接于电源电压为 220 V，频率 $f=50\ \mathrm{Hz}$ 的电路中，测得灯管电压为 110 V。试求：
(1) 灯管的等效电阻 $R_L$、镇流器的电阻 $R$ 和电感 $L$；
(2) 电路的总功率因素；
(3) 若将功率因数提高到 0.9 时应并联电容值为多大的电容？

3-21 电路如题图 3-21 所示，已知 $\dot{U}=220\angle 0°\ \mathrm{V}$，$Z_1=10\angle 30°\ \Omega$，$Z_2=20\angle (-60°)\ \Omega$，求电路总的有功功率 $P$、无功功率 $Q$ 和视在功率 $S$。

3-22 在题图 3-22 中，已知 $\dot{U}=220\angle 0°\ \mathrm{V}$，在两个电感性负载中 $Z_1$ 的有功功率 $P_1=2\ 200\ \mathrm{W}$，$\cos\varphi_1=0.5$，$I=3I_2$，当 $\dot{U}$ 与 $\dot{I}$ 的相位差为 $60°$ 时，求 $Z_2$。

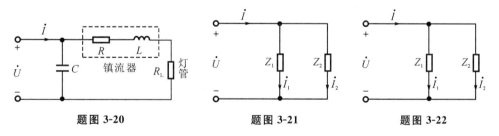

题图 3-20　　　　题图 3-21　　　　题图 3-22

3-23 已知电感性负载的有功功率为 200 kW，功率因数 $\lambda=0.6$；电源电压为 220 V，$f=50\ \mathrm{Hz}$，若要使功率因数提高到 $\lambda=0.9$，求电容器的无功功率和电容 $C$ 的值。

3-24 在题图 3-24 的电路中，已知 $I_1=I_2=10\sqrt{2}\ \mathrm{A}$，$U=220\ \mathrm{V}$，当 $\dot{U}$ 与 $\dot{I}$ 同相位时，求 $I$、$R$、$X_C$、$X_L$ 的值。

3-25 一日光灯与白炽灯并联的电路如题图 3-25 所示，其中 $R_1$ 为灯管等效电阻，$R_2$ 为白炽灯电阻，$X_L$ 为镇流器感抗，不计镇流器电阻，当 $U=220\ \mathrm{V}$，日光灯功率为 40 W，功率因数为 0.5，白炽灯功率为 100 W 时，求 $I_1$、$I_2$、$I$ 及总的功率因数。

3-26 已知一 RC 高通滤波电路中，$R=10\ \text{k}\Omega$，$C=1\ 000\ \text{pF}$，试求电路的下限截止频率 $f_L$ 及 $f=2f_L$ 时，传递函数的幅值 $|T(j\omega)|$ 和相位角 $\varphi(j\omega)$。

3-27 已知一 RC 低通滤波电路中，$R=1\ \text{k}\Omega$，$C=1\ \mu\text{F}$，试求其通频带的宽度 $\omega$。

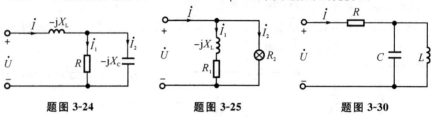

题图 3-24　　　　题图 3-25　　　　题图 3-30

3-28 有一 RLC 串联电路接于 100 V、50 Hz 的交流电源上，$R=4\ \Omega$，$X_L=60\ \Omega$，当电路谐振时，电容 $C$ 为多少？品质因数 $Q$ 为多少？此时的电流 $I$ 为多少？

3-29 有一电感线圈与电容器串联于正弦交流电源中，已知 $C=10\ \mu\text{F}$，当电源频率为 100 Hz 时发生谐振，此时电流 $I=3$ A，电容电压 $U_C$ 为电源电压的 100 倍。求线圈的电阻 $R$ 和电感 $L$ 以及电源电压 $U$ 的值。

3-30 在题图 3-30 所示的电路中，已知 $R=80\ \Omega$，$C=50\ \mu\text{F}$，$L=50\ \text{mH}$，$\dot{U}=220\angle 0°$ V，求谐振时的频率 $f$ 和最小电流 $I$ 的值。

# 4 三相交流电路及其应用

本章将主要叙述三相电源和三相负载的星形(Y)和三角形(△)的连接方式,线电压与相电压、线电流与相电流的关系,以及三相电路的功率,讨论简单三相电路分析计算。最后介绍电力系统的概况和安全用电的常识。

## 4.1 三相电源

### 4.1.1 三相电动势的产生

三相电路的电动势是由三相发电机产生的,三相发电机的结构原理如图 4-1(a)所示。发电机主要由固定的定子和转动的转子两部分组成。

定子由铁芯和绕组组成。定子铁芯由两面涂有绝缘漆的硅钢片叠压而成。铁芯内圆表面有凹槽,槽内安放的线圈称为绕组。三相发电机有三组独立的绕组,总称三相绕组。每相绕组的导线粗细一样,匝数一样,几何尺寸和形状一样,如图 4-1(b)所示。每相绕组的首端分别用 A、B、C 表示,对应的末端分别用 X、Y、Z 表示。各绕组的首端与首端之间以及末端与末端之间都彼此相隔 120°安放。

转子铁芯上绕有励磁绕组,用直流励磁。选择合适的极面形状和励磁绕组的布

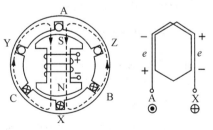

(a)三相发电机原理图　(b)定子绕组示意图

图 4-1 三相电源产生

置情况,可使空隙中的磁感应强度按正弦规律分布。

当转子由原动机带动,并以匀速按顺时针方向转动时,转子磁场也随着做匀速旋转,则每相绕组依次切割磁力线,其中产生频率相同、幅值相等、相位互差120°的,按正弦规律变化的电动势 $e_A$、$e_B$、$e_C$。电动势的参考方向选定为自绕组的末端指向首端,如图 4-2(a)所示。

如以 A 相为参考,则可得出瞬时值表达式和相量表达式为

$$\begin{cases} e_A = E_m \sin\omega t & \dot{E}_A = E\angle 0° \\ e_B = E_m \sin(\omega t - 120°) & \dot{E}_B = E\angle(-120°) \\ e_C = E_m \sin(\omega t + 120°) & \dot{E}_C = E\angle 120° \end{cases} \tag{4-1}$$

对应的波形图和相量图分别如图 4-2(b)和图 4-2(c)所示。

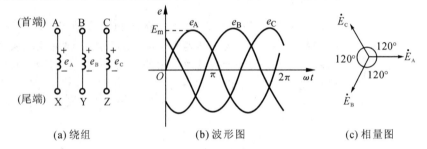

(a) 绕组      (b) 波形图      (c) 相量图

图 4-2 三相对称电动势

在三相发电机中,三个电动势的幅值、频率都相同,在相位上互差 120°,这样的电动势称为三相对称电动势。显然,它们的瞬时值或相量之和为零,即

$$\begin{cases} e_A + e_B + e_C = 0 \\ \dot{E}_A + \dot{E}_B + \dot{E}_C = 0 \end{cases} \tag{4-2}$$

三相电动势达到正幅值或零值的先后次序称为相序。在图 4-1(a)中,当转子顺时针旋转,相序为 A→B→C 时称顺相序(或正序);反之,相序为 A←B←C 时称逆相序(或负序)。以后的分析如无特殊说明,均指正序而言。

### 4.1.2 三相电源的连接

在三相制的电力系统中,电源的三个绕组不是独立向负载供电的,而是按一定方式连接起来,形成一个整体,连接的方式有星形和三角形两种方式。

**1. 三相电源的星形连接**

将交流发电机的三相绕组的末端 X、Y 和 Z 连接在一起,而首端 A、B 和 C 分别用导线引出,这样的连接方式称为三相电源的星形连接(简称 Y 连接),如图 4-3 所示。

星形连接时,三个绕组末端的连接点 N 称为中性点或零点,由中性点引出的导线称为中线或零线;因中线通常接地,所以也称为地线。由绕组首端 A、B、C 引出的三根导线称为相线或端线(相线对地有电位差,能使验电笔发光,故俗称火线)。

下面以图 4-3 为例来说明三相电路中常用术语的意义。

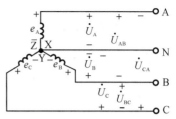

图 4-3 三相电源的星形连接

相电压:每相首端与末端间的电压,即相线与中线间的电压,其有效值用 $U_A$、$U_B$、$U_C$ 表示,三相对称时一般用 $U_p$ 表示,其参考方向选定为自绕组的首端指向末端(中性点)。

线电压:任意两始端间的电压,即两相线间的电压,其有效值用 $U_{AB}$、$U_{BC}$、$U_{CA}$ 表示,其参考方向由下标指示,例如用 $U_{AB}$ 表示由 A 端指向 B 端。三相对称时用 $U_l$ 表示。

如果忽略电源三相绕组以及连接导线的电阻,那么,三个相电压就等于相对应的三个电动势。因为三个电动势是对称的,所以三个相电压也是对称的,故得

$$\begin{cases} \dot{U}_A = U_A \angle 0° \\ \dot{U}_B = U_B \angle (-120°) \\ \dot{U}_C = U_C \angle 120° \end{cases} \quad (4\text{-}3)$$

而电源星形连接时,相电压并不等于线电压,根据 KVL 定律有

$$\begin{cases} \dot{U}_{AB} = \dot{U}_A - \dot{U}_B \\ \dot{U}_{BC} = \dot{U}_B - \dot{U}_C \\ \dot{U}_{CA} = \dot{U}_C - \dot{U}_A \end{cases} \quad (4\text{-}4)$$

由式(4-4)可画出它们的相量图,如图 4-4 所示。因为三相绕组的电动势是对称的,所以三相电源的相压也是对称的。由图 4-4 可知,三相电源的线电压也是对称的。线电压与相电压的大小关系,可由图中底角为 30°的等腰三角形中找到,即

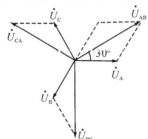

图 4-4 星形连接电压相量图

$$\frac{1}{2}U_{AB} = U_A \cos 30° = \frac{\sqrt{3}}{2}U_A, \quad U_{AB} = \sqrt{3}U_A$$

$\dot{U}_{AB}$ 超前 $\dot{U}_A$ 30°,同理可得 $\dot{U}_{BC}$、$\dot{U}_{CA}$ 的表达式,即

$$\begin{cases} \dot{U}_{AB} = \sqrt{3}U_A \angle 30° \\ \dot{U}_{BC} = \sqrt{3}U_B \angle 30° \\ \dot{U}_{CA} = \sqrt{3}U_C \angle 30° \end{cases} \quad (4\text{-}5)$$

有效值为

$$U_A = U_B = U_C = U_p$$
$$U_{AB} = U_{BC} = U_{CA} = U_l \quad (4\text{-}6)$$

$$U_l = \sqrt{3}U_p$$

由此可知,在星形连接中,如果相电压对称,则线电压也对称(大小相等,相位互差 120°),且数值上线电压有效值是相电压的 $\sqrt{3}$ 倍,相位上线电压超前对应相电压 30°。

### 2. 三相电源的三角形连接

将交流发电机的三相绕组,以一个绕组的末端和相邻一相绕组的首端按顺序连接起来,形成一个三角形回路,再从三个连接点引出三根导线与负载相连,称为三相电源的三角形连接(简称△连接),如图 4-5 所示。

通常发电机都连接成星形(Y),但也有连接成三角形(△)的。

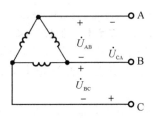

图 4-5 三相电源的三角形连接

## 4.2 三相负载

三相交流电路中负载的连接方式有星形连接和三角形连接两种,负载的连接方式由负载的额定电压而定。

### 4.2.1 负载的星形连接

负载连接的三相电路,可分为三相四线制(有中性线的)和三相三线制(没有中性线的)两种。

#### 1. 三相四线制

三相四线制电路如图 4-6 所示,每相负载的阻抗分别为 $Z_A$、$Z_B$ 和 $Z_C$。电压和电流的参考方向都已在图中标出。

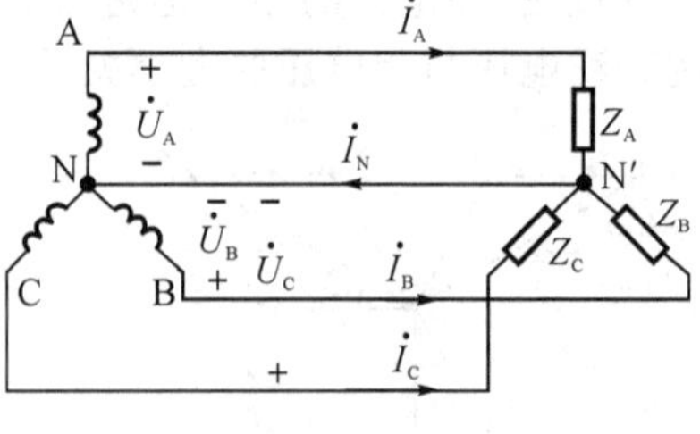

三相电路中的电流也有相电流与线电流之分。每相负载中的电流 $I_p$ 称为相电流,每根相线中的电流 $I_l$ 称为线电流。

负载星形连接的三相四线制电路中有以下基本关系。

(1) 相电流等于相应的线电流,即

$$I_p = I_l \qquad (4\text{-}7)$$

图 4-6 负载星形连接的三相四线制电路

(2) 三相四线制电路中各相电流可分为三个单相电路分别计算。

如果不计连接导线的阻抗,负载承受的电压就是电源的相电压,而且每相负载与电源构成一个单独回路,任何一相负载的工作都不受其他两相工作的影响,所以

各相电流的计算方法和单相电路一样,即

$$\begin{cases} \dot{I}_A = \dfrac{\dot{U}_A}{Z_A} = \dfrac{U_A\angle 0°}{|Z_A|\angle\varphi_A} = I_A\angle(-\varphi_A) \\ \dot{I}_B = \dfrac{\dot{U}_B}{Z_B} = \dfrac{U_B\angle(-120°)}{|Z_B|\angle\varphi_B} = I_B\angle(-120°-\varphi_B) \\ \dot{I}_C = \dfrac{\dot{U}_C}{Z_C} = \dfrac{U_C\angle 120°}{|Z_C|\angle\varphi_C} = I_C\angle(120°-\varphi_C) \end{cases} \quad (4\text{-}8)$$

式(4-8)中,每相负载的电流的有效值分别为

$$I_A = \dfrac{U_A}{|Z_A|}, \quad I_B = \dfrac{U_B}{|Z_B|}, \quad I_C = \dfrac{U_C}{|Z_C|} \quad (4\text{-}9)$$

各相负载的电压与电流之间的相位差分别为

$$\varphi_A = \arctan\dfrac{X_A}{R_A}, \quad \varphi_B = \arctan\dfrac{X_B}{R_B}, \quad \varphi_C = \arctan\dfrac{X_C}{R_C} \quad (4\text{-}10)$$

其电压、电流相量图如图 4-7(a)所示。

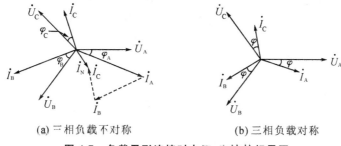

(a) 三相负载不对称    (b) 三相负载对称

图 4-7 负载星形连接时电压、电流的相量图

如果三相负载是对称的,所谓负载对称,就是指各相阻抗相等,即 $Z_A = Z_B = Z_C$,则阻抗模和相位角相等,即有

$$|Z_A| = |Z_B| = |Z_C| = |Z| \quad \text{和} \quad \varphi_A = \varphi_B = \varphi_C = \varphi$$

由式(4-9)和式(4-10)可知,因为电压对称,所以负载相电流也是对称的,如图 4-7(b)所示,即

$$I_A = I_B = I_C = I_p = \dfrac{U_p}{|Z|}$$

$$\varphi_A = \varphi_B = \varphi_C = \varphi = \arctan\dfrac{X}{R}$$

(3) 中性线电流等于三个线(相)电流的相量和,由图 4-6 所示电路,有

$$\dot{I}_N = \dot{I}_A + \dot{I}_B + \dot{I}_C \quad (4\text{-}11)$$

若负载对称,则有

$$\dot{I}_N = \dot{I}_A + \dot{I}_B + \dot{I}_C = 0$$

**2. 三相三线制**

由于在对称系统中,中性线无电流,故可将中性线除去,而成为三相三线制系统。常用的三相电动机、三相电炉等负载,在正常情况下是对称的,都可用三相三线制供电。

但是,如果三相负载不对称,中性线就会有电流 $I_N$ 通过,则中性线不能除去,否则,会造成负载上三相电压的严重不对称,使用电设备不能正常工作。所以三相三线制的星形连接只能在三相负载确保对称时采用。在没有中性线的情况下,不对称的各相负载上的电压,将不再等于电源的相电压,有的偏高,有的偏低,使负载损坏或不能正常工作。所以中性线的作用是保证星形连接负载的相电压等于电源的相电压。

**【例 4-1】** 有一个星形连接的三相对称负载如图 4-6 所示,每相的等效电阻 $R=6\ \Omega$,等效感抗 $X_L=8\ \Omega$,电源电压对称,已知 $u_{AB}=380\sqrt{2}\sin(\omega t+30°)$ V。求各相电流的瞬时表达式。

**【解】** 因为电源电压和负载都是对称的,所以这是一个对称的三相电路。只要计算出其中的一相电流,另外的两相电流也就知道了。现在计算 A 相,由图 4-6 可知

$$U_A = \frac{U_{AB}}{\sqrt{3}} = \frac{380}{\sqrt{3}}\ \text{V} = 220\ \text{V}$$

且 $u_A$ 比 $u_{AB}$ 滞后 30°,即

$$u_A = 220\sqrt{2}\sin\omega t\ \text{V}$$

A 相电流的有效值为

$$I_A = \frac{U_A}{|Z_A|} = \frac{220}{\sqrt{6^2+8^2}}\ \text{A} = 22\ \text{A}$$

A 相电压与 A 相电流的相位差为

$$\varphi_A = \arctan\frac{X_L}{R} = \arctan\frac{8}{6} = 53°(\text{电感性})$$

所以 A 相电流的三角函数式为

$$i_A = 22\sqrt{2}\sin(\omega t - 53°)\ \text{A}$$

因为电流对称,其他两相电流的三角函数式为

$$i_B = 22\sqrt{2}\sin(\omega t - 53° - 120°) = 22\sqrt{2}\sin(\omega t - 173°)\ \text{A}$$
$$i_C = 22\sqrt{2}\sin(\omega t - 53° + 120°) = 22\sqrt{2}\sin(\omega t + 67°)\ \text{A}$$

**【例 4-2】** 在三相四线制的供电线路中,已知电压为 380/220 V,三相负载都是白炽灯,其中 $R_A=220\ \Omega$,$R_B=440\ \Omega$,$R_C=110\ \Omega$,试求:(1) 各相负载上的电流和中性线电流;(2) 若 A 相线断开,B、C 相负载的电压;(3) 若 A 相线和中性线断开时,B、C 相负载的电压。

**【解】** (1) 设 A 相电压 $u_A$ 为参考正弦量,则

$$\dot{U}_A = 220\angle 0°\ \text{V},\quad \dot{U}_B = 220\angle(-120°)\ \text{V},\quad \dot{U}_C = 220\angle 120°\ \text{V}$$

各相负载上的电流为

$$\dot{I}_A = \frac{\dot{U}_A}{R_A} = \frac{220\angle 0°}{220} = 1\angle 0°\ \text{A}$$

$$\dot{I}_B = \frac{\dot{U}_B}{R_B} = \frac{220\angle(-120°)}{440} = 0.5\angle(-120°) \text{ A}$$

$$\dot{I}_C = \frac{\dot{U}_C}{R_C} = \frac{220\angle 120°}{110} = 2\angle 120° \text{ A}$$

中性线电流为

$$\dot{I}_N = \dot{I}_A + \dot{I}_B + \dot{I}_C = 1\angle 0° + 0.5\angle(-120°) + 2\angle 120° = 1.32\angle 100.9° \text{ A}$$

(2) A 相线断开,而 B 相和 C 相未受影响。

(3) A 相线和中性线断开,三相电路变为单相电路,由线电压 $U_{BC}$ 对负载 $R_B$ 和 $R_C$ 供电,则 B、C 相负载的电压分别为

$$U'_B = 380 \times \frac{R_B}{R_B + R_C} = 380 \times \frac{440}{440 + 110} \text{ V} = 304 \text{ V}$$

$$U'_C = 380 \times \frac{R_C}{R_B + R_C} = 380 \times \frac{110}{440 + 110} \text{ V} = 76 \text{ V}$$

可见,当中性线断开时,各相负载的电压不再等于电源的相电压。本例中 B 相灯泡因电压太高而烧毁,C 相灯泡因电压太低而不能正常发光。

### 4.2.2 负载的三角形连接

如果将三相负载的首尾相连,再将三相连接点与三相电源端线 A、B、C 相接,即构成负载三角形连接的三相三线制电路,如图 4-8 所示。

每相负载的阻抗分别为 $Z_{AB}$、$Z_{BC}$、$Z_{CA}$。电压和电流的参考方向都已在图中标出。若忽略掉端线阻抗,则电路具有以下基本关系。

(1) 各相负载都直接接在电源的线电压上,所以负载的相电压与电源的线电压相等。因此,不论负载对称与否,其相电压总是对称的,即

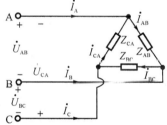

图 4-8 负载三角形连接的三相电路

$$U_{AB} = U_{BC} = U_{CA} = U_l = U_p \tag{4-12}$$

(2) 各相电流可分成三个单相电路分别进行计算,即

$$\begin{cases} \dot{I}_{AB} = \dfrac{\dot{U}_{AB}}{Z_{AB}} = \dfrac{\dot{U}_{AB}}{|Z_{AB}|\angle\varphi_{AB}} \\ \dot{I}_{BC} = \dfrac{\dot{U}_{BC}}{Z_{BC}} = \dfrac{\dot{U}_{BC}}{|Z_{BC}|\angle\varphi_{BC}} \\ \dot{I}_{CA} = \dfrac{\dot{U}_{CA}}{Z_{CA}} = \dfrac{\dot{U}_{CA}}{|Z_{CA}|\angle\varphi_{CA}} \end{cases} \tag{4-13}$$

式(4-13)中,每相负载中电流的有效值分别为

$$I_{AB} = \frac{U_{AB}}{|Z_{AB}|}, \quad I_{BC} = \frac{U_{BC}}{|Z_{BC}|}, \quad I_{CA} = \frac{U_{CA}}{|Z_{CA}|} \tag{4-14}$$

各相负载的电压与电流之间的相位差分别为

$$\varphi_{AB} = \arctan\frac{X_{AB}}{R_{AB}}, \quad \varphi_{BC} = \arctan\frac{X_{BC}}{R_{BC}}, \quad \varphi_{CA} = \arctan\frac{X_{CA}}{R_{CA}} \tag{4-15}$$

(3) 在负载三角形连接时,相电流和线电流是不一样的。各线电流由两个相邻的相电流决定。

由图 4-8 可知,各线电流分别为

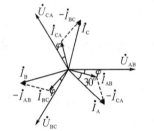

图 4-9 负载三角形连接时电压、电流的相量图

$$\begin{cases} \dot{I}_A = \dot{I}_{AB} - \dot{I}_{CA} \\ \dot{I}_B = \dot{I}_{BC} - \dot{I}_{AB} \\ \dot{I}_C = \dot{I}_{CA} - \dot{I}_{BC} \end{cases} \tag{4-16}$$

当负载对称时,由式(4-16)作出的相量图如图 4-9 所示,从图中不难得出:如果负载对称,即

$$|Z_{AB}| = |Z_{BC}| = |Z_{CA}| = |Z|, \quad \varphi_{AB} = \varphi_{BC} = \varphi_{CA} = \varphi$$

则负载电流对称也是对称的,即

$$I_{AB} = I_{BC} = I_{CA} = I_P = \frac{U_P}{|Z|}, \quad \varphi_{AB} = \varphi_{BC} = \varphi_{CA} = \arctan\frac{X}{R}$$

因此,由式(4-16)作出的相量图如图 4-9 所示,从图中不难得出:

$$\frac{1}{2}I_A = I_{AB}\cos 30° = \frac{\sqrt{3}}{2}I_{AB}, \quad I_A = \sqrt{3}I_{AB}$$

由此可得
$$I_l = \sqrt{3}I_p, \quad U_l = U_p \tag{4-17}$$

在实际工作中,三相负载采用何种连接取决于负载的额定电压及工作要求。例如电源的线电压是 380 V,相电压是 220 V,则额定电压是 220 V 的三相负载应接成星形,额定电压是 380 V 的三相负载应接成三角形。有时为了使负载在低于额定电压下工作,也可以把正常工作下属于三角形连接的负载改接成星形,这样可使负载相电压降低为额定电压的 $1/\sqrt{3}$;但不能把在正常工作时星形连接的负载改为三角形接法,因为这样负载相电压将是额定电压的 $\sqrt{3}$ 倍,所以是不允许的。

【例 4-3】 如图 4-8 所示的是负载三角形连接的三相电路,各相负载的复阻抗 $Z = (6 + j8)\ \Omega$,电源的线电压为 380 V。试求正常工作时负载的相电流和线电流。

【解】 三角形连接的对称负载,各相阻抗模均为

$$|Z| = \sqrt{6^2 + 8^2}\ \Omega = 10\ \Omega$$

相电流为
$$I_p = \frac{U_P}{|Z|} = \frac{380}{10}\ A = 38\ A$$

线电流为
$$I_l = \sqrt{3}I_p = 38\sqrt{3}\ A = 65.8\ A$$

## 4.3 三相功率

在三相负载中,不论负载如何连接,总的有功功率等于各相功率之和,即

$$P = P_A = P_B = P_C = U_A I_A \cos\varphi_A + U_B I_B \cos\varphi_B + U_C I_C \cos\varphi_C \qquad (4\text{-}18)$$

若三相负载对称,则各相功率相同,故三相总功率为

$$P = 3P_p = 3U_p I_p \cos\varphi \qquad (4\text{-}19)$$

式中:$U_p$ 为相电压;$I_p$ 为相电流;$\varphi$ 是相电压与相电流之间的相位差($\cos\varphi$ 为每相负载的功率因数)。

同理,无功功率和视在功率分别为

$$Q = 3U_p I_p \sin\varphi \qquad (4\text{-}20)$$

$$S = \sqrt{P^2 + Q^2} = 3U_p I_p \qquad (4\text{-}21)$$

当对称负载是星形连接时,有

$$U_l = \sqrt{3} U_p, \quad I_l = I_p$$

当对称负载是三角形连接时,有

$$U_l = U_p, \quad I_l = \sqrt{3} I_p$$

不论对称负载是星形或是三角形连接,三相功率若以线电压和线电流表示,将上述关系代入式(4-19),则有

$$P = \sqrt{3} U_l I_l \cos\varphi \qquad (4\text{-}22)$$

同理,可得出三相无功功率和视在功率为

$$Q = \sqrt{3} U_l I_l \sin\varphi \qquad (4\text{-}23)$$

$$S = \sqrt{3} U_l I_l \qquad (4\text{-}24)$$

**【例 4-4】** 对称三相三线制电路的线电压为 380 V,每相负载阻抗为 $Z = 10 \angle 53.1° \ \Omega$,求负载为星形连接和三角形连接时的三相功率。

**【解】** 负载为星形连接:相电压为

$$U_p = \frac{U_l}{\sqrt{3}} = \frac{380}{\sqrt{3}} \text{ V} = 220 \text{ V}$$

线电流为

$$I_l = I_p = \frac{220}{10} \text{ A} = 22 \text{ A}$$

三相功率为 $P = \sqrt{3} U_l I_l \cos\varphi = \sqrt{3} \times 380 \times 22 \times \cos 53.1° \text{ W} = 8\ 688 \text{ W}$

负载为三角形连接:相电流为

$$I_p = \frac{380}{10} \text{ A} = 38 \text{ A}$$

线电流为

$$I_l = \sqrt{3} I_p = 38\sqrt{3} \text{ A}$$

三相功率为 $P = \sqrt{3} U_l I_l \cos\varphi = \sqrt{3} \times 380 \times 38\sqrt{3} \times \cos 53.1° \text{ W} = 26\ 064 \text{ W}$

通过对以上例题的分析,得知在电源电压一定的情况下,三相负载的连接形式不同,负载的有功功率不同,所以一般三相负载在电源电压一定的情况下,都有确定的连接形式(Y连接或△连接),不能任意连接。

## 4.4 安全用电

安全用电包括人身安全和设备安全。电气事故有其特殊的严重性,当发生事故时,不仅要损坏设备,还有可能引起触电伤亡、火灾或爆炸等严重事故,因此,必须十分重视安全用电问题。

### 4.4.1 电流对人体的危害

由于不慎接触带电体,会导致电流通过人体,使人体受到不同程度的伤害,通常把这种现象称为触电。触电可分为电击和电伤两种。电击是指电流通过人体,使体内器官和神经系统受到损害,导致肌肉收缩、呼吸停止甚至死亡。所以电击的危险性极大,应予以积极预防。电伤是指由于电弧或保险丝熔断使飞溅的金属粉末等对人体外部的伤害,电伤的危险虽不及电击严重,但也不可忽视。

1) 触电电流分级

对于工频交流电,按照人体对所通过大小不同的电流所呈现的反应,可将电流划分为感知电流、摆脱电流、致命电流三级。

(1) 引起人感觉的最小电流称为感知电流,约 1 mA;

(2) 触电后人体能主动摆脱的电流称为摆脱电流,约 10 mA;

(3) 在较短时间内危及生命的电流称为致命电流,一般认为是 50 mA 以上。

2) 触电方式

最常见的触电方式有以下三种情况。

(1) 单相触电。如图 4-10 所示,人站在地面或其他接地导体上,人体某一部位触及一相带电体(如火线或漏电设备)而发生触电事故,带电体、人体和大地形成一个回路,有电流通过,单相触电最常见,大部分触电事故都是单相触电。并不是所有的单相触电都很危险,它跟电网所采用的保护措施有关。

(2) 两相触电。如图 4-11 所示,人体两处(如两只手)同时触及两相带电体(如两根火线)而发生触电。这时,两相带电体与人体形成一个回路。这种情况比较危险。

(3) 跨步触电。如图 4-12 所示,当带电体接地、有电流流入地下时,电流在接地点周围的土壤中产生了电压降。人在接地点的周围,两脚之间就会出现一个电压,称之为跨步电压。这时引起的触电事故就是跨步电压触电。在高压线因故障掉地处,就有可能出现较高的跨步电压。

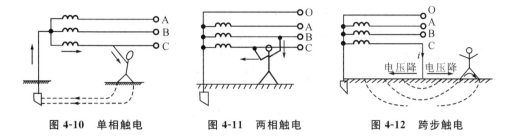

图 4-10 单相触电　　图 4-11 两相触电　　图 4-12 跨步触电

3) 触电的预防措施

触电的预防措施主要有以下几点。

(1) 不带电作业。安装和检修电气设备时,应先切断电源;而必须带电作业时,应采取必要的防范措施。

(2) 电气设备要定期进行完全检查,并及时处理隐患。

(3) 使用安全电压。空气干燥的场所用 36 V,潮湿场所用 24 V,非常潮湿的场所用 12 V。

(4) 进行电工实验时,严格遵守操作规程。检查火线和零线时要用验电笔或万用表。不允许用手触摸裸露的导线和接线柱等。

三相和单相电气设备的金属外壳,要进行保护接零和保护接地。

### 4.4.2 保护接零和保护接地

**1. 保护接零**

保护接零,是指在低压三相四线制中性点接地的供电系统中,把电气设备的金属外壳与零线紧密地连接起来,如图 4-13 所示。

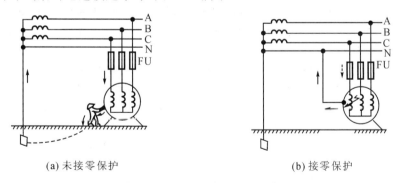

(a) 未接零保护　　　　　　　　(b) 接零保护

图 4-13 保护接零

图 4-13(a)所示的是未采用保护接零的情况。可以设想,若因绝缘损坏致使金属外壳与火线 C 相相通,一旦人体接触到金属外壳,就相当于人体触及火线 C,电流

经人体流到电源中性点,这是极不安全的事。

图 4-13(b)所示的是采用了保护接零的情况。此时,即使绝缘损坏,人体接触金属外壳也没有危险了,保护了人身安全。因为此时火线 C 通过金属外壳形成火线与零线之间的短路,很大的短路电流将熔丝烧断,切断电源。

2. 保护接地

保护接地,是指把电气设备的金属外壳用接地装置与大地连接起来,保护接地用于中性点不接地的低压三相供电系统。

在电源中性点不接地的三相三线制供电系统中,常将用电设备的金属外壳通过接地装置接大地,称为保护接地,如图 4-14 所示。低压供电系统中要求接地电阻 $R_0 \leqslant 4$ Ω,且越小越好。在该系统中,若电动机的绕组与其外壳间绝缘老化或碰触等造成短路时,本来应该不带电的电机外壳带电了,常称漏电。若无保护接地,则人体触及漏电的外壳的触电方式与中性线不接地单相触电相同。若有保护接地,人体触及漏电的外壳时,因为人体电阻 $R_r$ 远大于接地电阻 $R_0$,电流主要从接地装置旁路流入大地,基本不进入人体,这就能有效地保障人身安全。

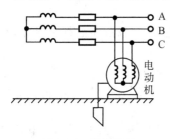

图 4-14 保护接地

# 本章小结

本章着重理解和掌握以下问题。

(1) 掌握三相对称电压的概念,在三相制供电系统中,大小相等,频率相同,相位差为 120°的三个电压称为三相对称电压。具有三相对称电压的电源称为三相对称电源。通常使用的三相电源均为三相对称电源。

(2) 理解火线、零线、相电压、线电压、相电流、线电流、三相负载对称等基本概念。

(3) 掌握三相负载的两种接线方式:三相四线制和三相三线制。在负载 Y 形连接时,当三相负载处于不对称的情况下,为了保证负载能正常工作,通常采用三相四线制:三根相线,一根中线,有四根输电线。为了保证每相负载正常工作,中性线不能断开,所以中性线是不允许接入开关或保险丝的。只有在三相负载完全对称时,采用三相三线制。在负载 △ 形连接时,采用三相三线制。

(4) 熟悉对称三相电力系统的基本特点,重点掌握对称三相负载不同连接的参数分析和计算方法,以及各个参数之间的相互关系。

(5) 理解安全用电的概念,熟悉安全电压和电流,以及预防触电的基本措施,掌握电气设备用电安全的常用保护方法。

# 习 题 4

4-1 一组星形连接的三相对称负载,每相负载的电阻为 8 Ω,感抗为 6 Ω。电源电压 $u_{AB}$ = $380\sqrt{2}\sin(\omega t+60°)$ V。
(1) 画出电压、电流的相量图。
(2) 求各相负载的电流有效值。
(3) 写出各相负载电流的三角函数式。

4-2 有一组三相对称负载,每相电阻 $R=3$ Ω,感抗 $X_L=4$ Ω,连接成星形,接到线电压为 380 V 的电源上。试求相电流、线电流及有功功率。

4-3 同一组三相对称负载,采用三角形连接和星形连接于线电压相同的三相电源上,试求这两种情况下负载的相电流、线电流和有功功率的比值。

4-4 在三相四线制线路上接入三相照明负载,如题图 4-4 所示。已知 $R_A=5$ Ω,$R_B=10$ Ω,$R_C=10$ Ω,电源电压 $U_l=380$ V,电灯负载的额定电压为 220 V。
(1) 求各相电流有效值;
(2) 若 C 线发生断线故障,计算各相负载的相电压、相电流以及中性线电流有效值。A 相和 B 相负载能否正常工作?

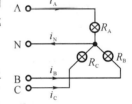

题图 4-4

4-5 在上题中,若无中性线,C 线断开后,各负载的相电压和相电流是多少?A 相和 B 相负载能否正常工作?会有什么结果?

4-6 已知三角形连接三相对称负载的总功率为 5.5 kW,线电流为 19.5 A,电源线电压为 380 V。求每相负载的电阻和感抗。

4-7 总功率为 10 kW、三角形连接的三相对称电阻炉与输入总功率为 12 kW、功率因数为 0.707 的三相异步电动机接在线电压为 380 V 的三相电源上。求电炉、电动机以及总的线电流。

4-8 如果电压相等,输送功率相等,距离相等,线路功率损耗相等,则三相输电线的用铜量为单相输电线的用铜量的 3/4。试证明之。

4-9 在同一供电系统中,为什么不能同时采用保护接地和保护接零?

4-10 区别保护接地和保护接零的含义和用法。

4-11 有一次某楼电灯发生故障,第二层和第三层楼的所有电灯忽然都暗淡下来,而第一层楼的电灯亮度未变,试问这是什么原因?这楼的电灯是如何连接的?同时,又发现第三层楼的电灯比第二层的还要暗些,这又是什么原因?画出电路图。

4-12 题图 4-12 是小功率星形对称电阻性负载从单相电源获得三相对称电压的电路。已知每相负载电阻 $R=10$ Ω,电源频率 $f=50$ Hz,试求所需的 $L$ 和 $C$ 的数值。

4-13 在线电压为 380 V 的三相电源上,接两组电阻性对称负载,如题图 4-13 所示,试求线路电流 $I$。

4-14 对称感性负载作三角形连接。已知线电压 $U_l=380$ V,每相负载电阻 $R=6$ Ω,感抗 $X_L=8$ Ω,试求各相电流 $i_{AB}$、$i_{BC}$、$i_{CA}$ 及线电流 $i_A$、$i_B$、$i_C$ 的瞬时值表达式。

4-15 三相电路中,负载对称,其有功功率 $P=2.4$ W,功率因数 $\cos\varphi=0.6$。试求星形连接和三角形连接时的等效负载阻抗 $Z_Y$ 和 $Z_\triangle$。

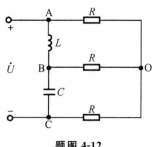
题图 4-12

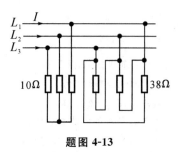
题图 4-13

4-16 单相触电和两相触电哪个更危险？为什么？

4-17 照明灯开关是接到照明灯的相线端安全，还是接到工作零线端安全，为什么？

4-18 在题图 4-18 所示三相电路中，$R=X_L=X_C=25\ \Omega$，接于线电压为 220 V 的对称三相电源上，求各相负载中的电流有效值。

4-19 在题图 4-19 所示电路中，开关 S 闭合时，各安培表均为 10 A，若打开，问各安培表所示的值为多少？

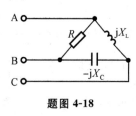
题图 4-18

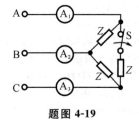
题图 4-19

# 5 电路的暂态分析

本章首先介绍暂态的基本概念及换路定则;接着讨论用微分方程描述的电路在暂态过程中电压与电流变化的规律和影响暂态过程快慢的时间常数,主要讨论 RC 和 RL 电路的零输入响应、零状态响应、全响应等重要概念,以及一阶动态电路的三要素时域分析法;最后介绍暂态过程的利用和预防。

## 5.1 暂态分析的基本概念

前面分析的电路有一个共同点,即电路都是处在一个稳定状态下工作的电路。当某个条件(如结构或参数)发生变化时,电路将从一个稳定状态转换到另一个新的稳定状态。如果电路中有电感或电容等储能的动态元件,这一转换过程是需要时间的,这时的电路只能逐渐过渡,而不是突然跳变到新的稳定状态。就像匀速运转的电动机在切断电源而又无制动的情况下只能逐渐停下来一样。这种电动机从运转(一种稳定状态)到停止(另一稳定状态)的过程,工程上称为过渡过程。相对于工作时间,这一过渡过程时间短暂,因而又称为暂态过程。因此电路的暂态过程分析,是为了利用暂态的特性和预防暂态的损害。

### 5.1.1 基本概念

**1. 激励和响应**

电路分析中,为了叙述的方便,通常将驱动电路的电源(包括信号源)称为激励,有时也称为输入,记为 $f_i(t)$。

电路在外部激励的作用下,或者在内部储能的作用下所产生的电压和电流随时间的变化称为响应,有时也称为输出,记为 $f_o(t)$。

所谓暂态分析,就是分析在激励源的作用下,电路中各部分的电压和电流随时间变化的规律,所以暂态分析也称为时域分析。

**2. 稳态和暂态**

当电路的结构、元件参数及激励确定时,电路的工作状态也就确定了,且电流和电压为某一稳定的值,此时电路所处的工作状态就称为稳定状态,简称为稳态。

当电路从一种稳态转变到另一种新的稳态时,往往需要一定的时间,电路在这段时间内所发生的物理过程称为过渡过程。由于电路中的过渡过程时间极为短暂,故为暂态过程,简称为暂态。

**3. 换路和初始值与稳态值**

电路分析中,将电路的结构或参数发生的突然变化统称为换路,例如电路中的开关接通或断开,电源电压或频率的波动等,并且认为,换路动作是在即刻完成的。为了分析方便,设换路时刻在 $t=0$,换路前的最终时刻记为 $t=0_-$,换路后的最初时刻记为 $t=0_+$,换路经历的时间为 $0_-$ 到 $0_+$。从 $0_-$ 到 $0$ 和从 $0_+$ 到 $0$ 之间的间隔都趋于零。

含有电容或电感的电路称为动态电路。分析动态电路过渡过程的方法之一就是:建立并求解电路的微分方程。用经典法求解 $n$ 阶常系数微分方程,需要根据初始条件确定积分常数。初始条件就是方程中输出或响应函数的初始值及其 $1 \sim n-1$ 阶导数的初始值。因此,换路后的最初时刻($t=0_+$),电路响应及其导数在 $t=0_+$ 的值,称为初始值,记作 $f(0_+)$。

一般意义上,电路在稳定工作时各处的电流和电压值称之为稳态值,记作 $f(\infty)$。而换路前后,电路的稳态值是不同的。通常认为换路前电路是稳定的,因此,将 $t=0_-$ 时的电压和电流值称为换路前的稳态值,记作 $f(0_-)$。换路后的稳态值则由电路的激励所决定,电路分析中,将动态电路的微分方程的特解称为换路后的稳态值。在直流激励下,特解 $f(\infty)$ 就是直流的稳态值。计算时由具体电路参数决定。

**4. 暂态产生的原因和暂态分析的意义**

一切产生暂态过程的系统都与能量有着必然的联系。暂态的产生是因为能量转换不能突变。如果能量突变,就意味着有无穷大的功率存在:$p=\mathrm{d}W/\mathrm{d}t \to \infty$,这在客观上是不可能的。电路分析中,电感元件和电容元件均为储能元件,电感元件的磁场储能为:$W_L=Li_L^2/2$;电容元件的电场储能为:$W_C=Cu_C^2/2$。当电路发生换路后,由于 $W_L$ 和 $W_C$ 不能突变,只能随时间作连续性地改变。可见,电路中暂态过程是由于储能元件中所储存的能量不能突变所引起的。所以,当电路中有储能元件存在,发生换路后又有能量的变化产生时,电路就一定会产生暂态过程。

严格来讲,电路中任何形式的能量改变必然导致电路进入暂态过程,这是一种客观存在,只是当暂态时间相对于实际要求可以忽略时,才认为电路的能量改变没有导致电路进入暂态,这就是理想电阻电路的基本特征。

对电路的暂态过程进行分析十分重要。一方面要充分利用电路的暂态过程来实现振荡信号的产生、信号波形的改善和变换、电子继电器的延时动作等;另一方面,又要防止电路在暂态过程中可能产生的比稳态时大得多的电压或电流(即所谓的过电压或过电流)现象。过电压可能会击穿电气设备的绝缘,产生局部过热,影响设备的安全运行,甚至导致人身安全事故。所以,进行暂态分析就是为了充分利用电路的暂态特性来满足技术上对电气线路和电气装置的性能要求,同时,又要尽量防止暂态过程中的过电压或过电流现象对电气线路和电气设备所产生的危害。

## 5.1.2 换路定则与初始值的确定

### 1. 换路定则

电感元件储存的磁场能量 $W_L = Li_L^2/2$ 与流过电感线圈的电流 $i_L$ 的大小有关;电容元件储存的电场能量 $W_C = Cu_C^2/2$ 与加在电容器两端的电压 $u_C$ 的大小有关。基于能量不能突变的概念可知:电感元件中的电流 $i_L$ 和电容元件的端电压 $u_C$ 是不能产生突变的,它们只能随时间作连续性的变化,它们都是时间的连续函数。

设 $t=0$ 时刻发生换路,$t=0_-$ 时刻为换路前一瞬间,$t=0_+$ 时刻为换路后一瞬间,则电感元件中的电流 $i_L$ 和电容元件的端电压 $u_C$ 在换路的前后瞬间是不能突变,而应该是相等的,这就是换路定则。换路定则可用公式表示为

$$u_C(0_+) = u_C(0_-), \quad i_L(0_+) = i_L(0_-) \tag{5-1}$$

换路定则仅适用于换路瞬间(即从 $t=0_-$ 到 $t=0_+$),这里需要注意的是,$0_-$ 和 $0_+$ 在数值上都等于 $0$,$0_-$ 是指 $t$ 从负值趋近于 $0$,$0_+$ 是指 $t$ 从正值趋近于 $0$,实际应用中可以根据换路定则来确定 $i_L(0_+)$ 和 $u_C(0_+)$ 之值。

### 2. 初始值的确定

在换路后一瞬间 $t=0_+$ 时刻,电路中各处的电压和电流之值就称为初始值,记作 $f(0_+)$。换路定则主要用来确定电路中的初始值,初始值是我们进行电路暂态分析的必要条件。确定电路初始值 $f(0_+)$ 的步骤如下。

(1) 作出 $t=0_-$ 时的等效电路,求出 $i_L(0_-)$ 及 $u_C(0_-)$ 之值。

(2) 根据换路定则求出 $i_L(0_+)$ 及 $u_C(0_+)$ 之值。

(3) 作 $t=0_+$ 时的等效电路,要对储能元件做如下的处理:若 $i_L(0_+) \neq 0$,则用恒流源 $I_S = i_L(0_+)$ 等效代替电感元件;若 $u_C(0_+) \neq 0$,则用恒压源 $U_S = u_C(0_+)$ 等效电路电容元件;若 $i_L(0_+) = 0$,则将电感元件开路;若 $u_C(0_+) = 0$,则将电容元件短路。据此,等效电路可求出各处电流和电压的初始值 $f(0_+)$。

【例 5-1】 电路如图 5-1(a)所示,换路前电容没有存储能量。在 $t=0$ 时开关 S 闭合,试求换路后电路中各电量的初始值 $f(0_+)$。

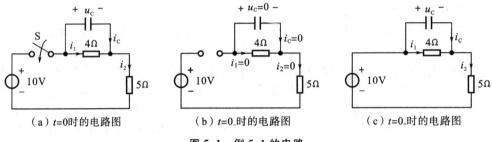

图 5-1 例 5-1 的电路

【解】 由于换路之前电容 C 没有存储能量,电路如图 5-1(b)所示。所以 $u_C(0_-)=0$ V,由换路定则可知电容电压的初始值为

$$u_C(0_+)=u_C(0_-)=0 \text{ V}$$

由此 $t=0_+$ 时刻的等效电路如图 5-1(c)所示。由图 5-1(c)可得其他电流的初始值为

$$i_1(0_+)=0 \text{ A}; \quad i_C(0_+)=i_2(0_+)=\frac{10}{5} \text{ A}=2 \text{ A}$$

【例 5-2】 电路如图 5-2(a)所示,换路前电路已经处于稳定状态。在 $t=0$ 时开关 S 闭合,试求换路后电路中各电量的初始值 $f(0_+)$。

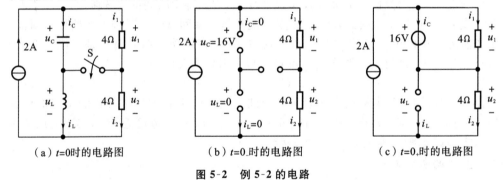

图 5-2 例 5-2 的电路

【解】 换路之前电路已经处于稳定状态,电容相当于断路,电感相当于短路,电路如图 5-2(b)所示。所以

$$u_C(0_-)=2\times(4+4) \text{ V}=16 \text{ V}, \quad i_L(0_-)=0 \text{ A}$$

由换路定则可得电容电压和电感电流初始值为

$$u_C(0_+)=u_C(0_-)=16 \text{ V}, \quad i_L(0_+)=i_L(0_-)=0 \text{ A}$$

因此 $t=0_+$ 时刻的等效电路如图 5-2(c)所示,由图 5-2(c)可得其他初始值为

$$i_1(0_+)=\frac{16}{4} \text{ A}=4 \text{ A}, \quad i_C(0_+)=(2-4) \text{ A}=-2 \text{ A}, \quad i_2(0_+)=i_C(0_+)+i_1(0_+)=2 \text{ A}$$

$$u_1(0_+)=16 \text{ V}, \quad u_L(0_+)=u_2(0_+)=4\times i_2(0_+)=8 \text{ V}$$

### 3. 稳态值的确定

换路前电路的工作状态通常为稳态,则求 $t=0_-$ 时的 $i_L(0_-)$ 和 $u_C(0_-)$ 之值,也

就是求换路前的稳态值;而当暂态过程结束后,电路进入一种新的稳定状态,此时的稳态值是 $t \to \infty$ 时的值,它与 $t = 0_-$ 时的稳态值 $f(0_-)$ 不同。稳态值是分析一阶电路暂态过程的重要因素。

确定电路稳态值 $f(\infty)$ 的步骤如下:

(1) 根据储能元件的储能状态来决定对它们的处理方法。若各储能元件已经储满能量:$i_C(\infty) = 0$ A,则将电容元件视为开路;$u_L(\infty) = 0$ V 时,电感元件视为短路。若储能元件未储存能量:$u_C(\infty) = 0$ V,则将电容元件视为短路;$i_L(\infty) = 0$ A 时,电感元件视为开路。

(2) 作出储能元件处理后的等效电路,并求出此等效电路中各处的电流和电压的值,即为 $f(\infty)$ 值。

【例 5-3】 电路如图 5-3(a)所示,换路前电路已处于稳态。在 $t = 0$ 时开关 S 断开,试求换路后电路中各电量的初始值 $f(0_+)$ 以及换路后的稳态值 $f(\infty)$。

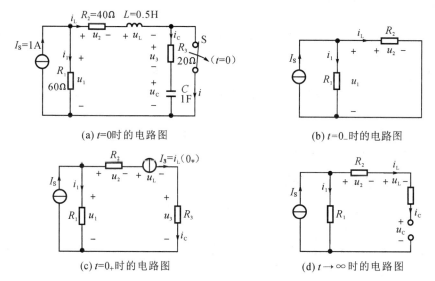

图 5-3 例 5-3 电路图

【解】 (1) 初始值 $f(0_+)$ 的求解。

因为 $t = 0_-$ 时电路已处于稳态,则电感元件已储满能量,即 $u_L(0_-) = 0$ V,电容元件被开关 S 短接而未储能,即 $u_C(0_-) = 0$ V。作出 $t = 0_-$ 时的等效电路如图 5-3(b)所示。由图 5-3(b)可知

$$u_C(0_-) = 0 \text{ V}, \quad i_L(0_-) = I_S \frac{R}{R_1 + R_2} = 1 \times \frac{60}{60 + 40} \text{ A} = 0.6 \text{ A}$$

作出 $t = 0_+$ 时的等效电路如图 5-3(c)所示,可得

$$u_C(0_+) = u_C(0_-) = 0 \text{ V}, \quad i_L(0_+) = i_L(0_-) = 0.6 \text{ A}$$
$$i_1(0_+) = I_S - i_L(0_+) = (1 - 0.6) \text{ A} = 0.4 \text{ A}, \quad i_C(0_+) = i_L(0_+) = 0.6 \text{ A}$$
$$u_1(0_+) = i_1(0_+) R_1 = 0.4 \times 60 \text{ V} = 24 \text{ V}$$

$$u_2(0_+) = i_L(0_+)R_2 = 0.6 \times 40 \text{ V} = 24 \text{ V}$$
$$u_3(0_+) = i_L(0_+)R_3 = 0.6 \times 20 \text{ V} = 12 \text{ V}$$
$$u_L(0_+) = u_1(0_+) - u_2(0_+) - u_3(0_+) = -12 \text{ V}$$

值得注意的是：换路定则只描述了电感电流以及电容电压不能突变，而其他的物理量是有可能突变的。例如：$i_C(0_-) = 0$ A，而 $i_C(0_+) = 0.6$ A，流过电容中的电流发生了突变，它会对线路或某些器件产生较大的冲击，使用时应予以注意；$u_L(0_-) = 0$ V，而 $u_L(0_+) = -12$ V，加在电感元件两端的电压发生了突变，它会将线路或某些器件的绝缘击穿，使用时也应予以注意。

(2) 稳态值 $f(\infty)$ 的求解。

稳态时电容相当于断路，电感相当于短路，电路如图 5-3(d) 所示，由图 5-3(d) 可得
$$i_L(\infty) = i_C(\infty) = 0 \text{ A}, \quad u_L(\infty) = u_2(\infty) = 0 \text{ V}$$
$$i_1(\infty) = I_S = 1 \text{ A}, \quad u_C(\infty) = i_1(\infty)R_1 = 1 \times 60 \text{ V} = 60 \text{ V}$$

## 5.2 RC 电路的暂态响应

对电路暂态过程进行分析的最常用方法是经典法。所谓经典法是指根据激励、通过求解电路的微分方程得到电路响应的方法。经典法的实质是根据电路的基本定律及电路元件的伏安约束关系，列出表征换路后电路运行状态的微分方程，再根据已知的初始条件进行求解，分析电路从换路时刻开始直到建立新的稳态终止时所经历的全过程。

通常，将描述电路暂态过程的微分方程的阶数称为电路的阶数。当电路中仅含有一种储能元件时，所列微分方程均为一阶方程，故称此时的电路为一阶电路。

### 5.2.1 RC 电路的零输入响应

电路在无外部激励的情况下，仅由电路内部储能所引起的响应，称为零输入响应，即 $f_i(t) = 0$，$f(0_+) \neq 0$。

图 5-4 所示电路的开关变化之后，电路的响应就是零输入响应，分析 RC 串联电路的零输入响应，实质上就是分析电容器的放电过程。

在图 5-4 所示的电路中，换路前电路已处于稳态，电容器上已充满了电荷，即 $u_C(0_-) = U_S$。在 $t = 0$ 时刻发生了换路，开关 S 从"1"挡切换到"2"挡，将电源从电路上断开。之后电容器将通过电阻释放电荷，把原来储存在电容器中的电场能量释放给电阻，并转变成热能消耗。根据换路定则可知：$u_C(0_+) = u_C(0_-) = U_S$，由于无外来激励，所以电容器端电压 $u_C$ 将逐渐减小，放电电流 $i_C$ 也逐渐减小，直到电容极板上储存的电荷全部释放完毕，使 $u_C \to 0$，$i_C \to 0$ 为止。至此，放电过程结束，电路达到一个新的稳态。由图 5-4 所示电路可知

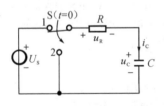

图 5-4 RC 串联电路放电过程

$$u_R(t)+u_C(t)=0 \tag{5-2}$$

而 
$$u_R(t)=i_C(t)R, \quad i_C(t)=C\frac{du_C(t)}{dt}$$

故 
$$RC\frac{du_C(t)}{dt}+u_C(t)=0 \tag{5-3}$$

显然,式(5-3)为一阶常系数线性齐次微分方程。此方程的通解形式为
$$u_C(t)=Ae^{pt} \tag{5-4}$$

式中：$A$ 为待定积分常数，$p$ 为特征根。将式(5-4)代入式(5-3)得特征方程为
$$RCp+1=0$$

故特征根为 
$$p=-\frac{1}{RC}=-\frac{1}{\tau} \tag{5-5}$$

由换路定则知
$$u_C(0_+)=u_C(0_-)=U_S$$

$t=0_+$ 时,有 $u_C(0_+)=A\cdot e^{p\cdot 0}=U_S$,故有
$$A=U_S \tag{5-6}$$

将式(5-5)及式(5-6)代入式(5-4)中,得到电容的放电规律为
$$u_C(t)=U_S e^{-t/\tau} \tag{5-7}$$

即电容的放电电压是从初始值开始,并按指数规律随时间逐渐衰减到零的。式(5-7)中,$\tau=RC(s)$,即
$$1\,\Omega\cdot\frac{C}{V}=1\,\Omega\cdot\frac{A\cdot s}{V}=1\,s$$

由于 $\tau$ 具有时间量纲,故称为时间常数。

由式(5-7)可知：$u_C(t)$ 的变化快慢完全由 $\tau$ 值决定。$\tau$ 越小,$u_C(t)$ 变化越快；$\tau$ 越大,$u_C(t)$ 变化越慢,如图5-5所示。当 $t=\tau$ 时,有
$$u_C(\tau)=U_S\cdot e^{-1}=\frac{U_S}{2.718}=(36.8\%)U_S$$

可见,时间常数 $\tau$ 等于电容端电压 $u_C$ 衰减到初始值电压 $U_S$ 的 36.8% 时所需的时间,同样,可计算出 $t=2\tau,3\tau,\cdots$ 时刻的 $u_C$ 值,列于表5-1中。

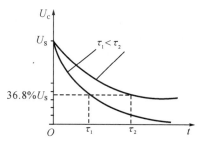

图 5-5 不同 $\tau$ 时的变化曲线

表 5-1 不同时刻的 $u_C$ 值

| $t$ | $\tau$ | $2\tau$ | $3\tau$ | $4\tau$ | $5\tau$ | $6\tau$ |
| --- | --- | --- | --- | --- | --- | --- |
| $u_C$ | $0.368U_S$ | $0.135U_S$ | $0.05U_S$ | $0.018U_S$ | $0.007U_S$ | $0.002U_S$ |

理论上,只有经过无限长的时间后($t\to\infty$),电容器的放电过程才会结束。但由表5-1中可见,当 $t=(3\sim 5)\tau$ 时,$u_C$ 就已衰减至初始值的 5%~0.7%。所以,工程

上认为,当 $t=3\tau$ 时,电路中的暂态过程就已基本结束。

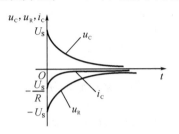

电容放电电流的变化规律为

$$i_C(t) = C\frac{du_C(t)}{dt} = -\frac{U_S}{R} \cdot e^{-t/\tau} \quad (5-8)$$

电阻端电压的变化规律为

$$u_R(t) = i_C(t) \cdot R = -U_S \cdot e^{-t/\tau} \quad (5-9)$$

式(5-8)、式(5-9)中的负号均表示 $i_C$ 及 $u_R$ 方向与图 5-4 中所选定的参考方向相反。

图 5-6 $u_C, u_R, i_C$ 的变化曲线

由此可见,在 RC 串联电路的零输入响应中,$u_C(t)$、$i_C(t)$ 和 $u_R(t)$ 均按同一指数规律衰减,如图 5-6 所示。

【例 5-4】 在图 5-7(a)所示的电路中,换路前电路已处于稳态。求 $t>0$ 后的 $i_1(t)$,$i_2(t)$,$i_C(t)$。

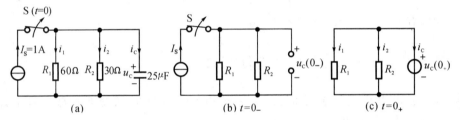

图 5-7 例 5-4 的电路图

【解】 因为 $t=0_-$ 时电路已处于稳态,作出等效电路如图 5-7(b)所示。可知

$$u_C(0_-) = I_S R = I_S \frac{R_1 R_2}{R_1 + R_2} = 1 \times \frac{60 \times 30}{60 + 30} \text{ V} = 20 \text{ V}$$

而

$$u_C(0_+) = u_C(0_-) = 20 \text{ V}$$

作出 $t=0_+$ 时的等效电路如图 5-7(c)所示,故

$$i_1(0_+) = \frac{u_C(0_+)}{R_1} = \frac{20}{60} \text{ A} = \frac{1}{3} \text{ A}, \quad i_2(0_+) = \frac{u_C(0_+)}{R_2} = \frac{20}{30} \text{ A} = \frac{2}{3} \text{ A}$$

$$i_C(0_+) = -[i_1(0_+) + i_2(0_+)] = -1 \text{ A}$$

当 $t \to \infty$ 时,$u_C(\infty) = 0$ V,即电容要经 $R_1$ 及 $R_2$ 放电至零,有

$$u_C(t) = u_C(0_+) \cdot e^{-t/\tau}$$

且

$$\tau = RC = \frac{R_1 R_2}{R_1 + R_2} C = 20 \times 25 \times 10^{-6} \text{ s} = 5 \times 10^{-4} \text{ s}$$

所以

$$u_C(t) = 20 e^{-2 \times 10^3 t}$$

$$i_C(t) = i_C(0_+) e^{-t/\tau} = -e^{-2 \times 10^3 t} \text{ A}$$

$$i_1(t) = i_1(0_+) e^{-t/\tau} = \frac{1}{3} e^{-2 \times 10^3 t} \text{ A}$$

$$i_2(t) = i_2(0_+) e^{-t/\tau} = \frac{2}{3} e^{-2 \times 10^3 t} \text{ A}$$

或
$$i_1(t) = \frac{u_C(t)}{R_1} = \frac{1}{3}e^{-2\times 10^3 t} \text{ A}$$
$$i_2(t) = \frac{u_C(t)}{R_2} = \frac{2}{3}e^{-2\times 10^3 t} \text{ A}$$
$$i_C(t) = C\frac{du_C(t)}{dt} = -\frac{u_C(0_+)}{R}e^{-t/\tau} = -\frac{20}{20}e^{-t/(5\times 10^{-4})} \text{ A} = -e^{-2\times 10^3 t} \text{ A}$$

### 5.2.2 RC电路的零状态响应

换路时，储能元件未储能，仅由外部激励所引起的响应，称为零状态响应，即 $f(0_+) = 0, f_i(t) \neq 0$。

如图5-8所示，开关变化之后电路的响应就是零状态响应，分析RC串联电路的零状态响应，实质上就是分析电容元件的充电过程。

在图5-8电路中，换路前电源 $U_S$ 与电路是断开的，电容元件没有储能，即 $u_C(0_-) = 0$ A。在 $t = 0$ 时发生换路，电源 $U_S$ 与电路接通，电源经电阻开始给电容元件充电。

此时，加在电路两端的电压为一阶跃电压 $u = \begin{cases} 0, t < 0 \\ U_S, t > 0 \end{cases}$，而不是一恒定电压 $u(t) = U_S(-\infty < t < +\infty)$，如图5-9所示。

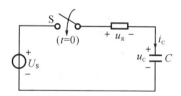
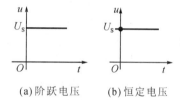

图5-8　RC充电电路　　　　图5-9　阶跃电压与恒定电压

由换路定则知，$u_C(0_+) = u_C(0_-) = 0$ A，则在开关闭合瞬间，流过电容元件的电流 $i_C$ 从 0 A 突然变到最大值 $U_S/R$。由图5-8所示电路可知
$$u_R(t) + u_C(t) = U_S$$
而
$$u_R(t) = Ri_C(t), \quad i_C(t) = C\frac{du_C(t)}{dt}$$
故有
$$RC\frac{du_C}{dt} + u_C = U_S \tag{5-10}$$

显然，式(5-10)为一阶常系数线性非齐次微分方程。此方程的解由两部分组成：对应于非齐次微分方程的特解 $u'_C(t)$ 和对应于齐次微分方程的通解 $u''_C(t)$。

特解 $u'_C(t)$ 应满足式(5-10)的要求，通常取换路后电容元件电压的新稳态值作为该方程的特解，所以特解又称为电路的稳态解或称为强制性分量。由图5-8可知，充电到稳态时，电容元件相当于断路，即 $u_C(\infty) = U_S$，则稳态电压为
$$u'_C(t) = u_C(\infty) = U_S$$

而通解 $u''_C(t)$ 应满足

$$RC\frac{du_C}{dt}+u_C=0 \tag{5-11}$$

由上一小节的分析可知其解为

$$u''_C(t)=Ae^{pt}, \quad p=-\frac{1}{RC}=-\frac{1}{\tau}$$

即
$$\tau=RC$$

所以,式(5-10)的解为

$$u_C(t)=u'_C(t)+u''_C(t)=U_S+Ae^{-t/\tau}$$

又因为 $u_C(0_+)=u_C(0_-)=0$ V,故 $0=U_S+Ae^{-0}$,故 $A=-U_S$。

所以,电容充电电压的变化规律为

$$u_C(t)=U_S-U_Se^{-t/\tau}=U_S(1-e^{-t/\tau}) \tag{5-12}$$

同理

$$i_C(t)=C\frac{du_C(t)}{dt}=\frac{U_S}{R}e^{-t/\tau} \tag{5-13}$$

$$u_R(t)=Ri_C(t)=U_Se^{-t/\tau} \tag{5-14}$$

即 $u_C(t)$、$i_C(t)$ 和 $u_R(t)$ 都是按同一指数规律变化的。其中,$u_C(t)$ 是按同一指数规律增长的,而 $i_C(t)$ 和 $u_R(t)$ 却是按同一指数规律衰减的,如图 5-10 所示。

由图 5-10 可以看出,充电初始时电容电压为 0 V,电容没有存储电场能,随着时间的推移,电容两端的电压逐渐增大,使电容中储存的电场能量也相应增大;与此同时,流过电容元件的电流逐渐减小,电阻元件两端的电压随着充电电流的减小也逐渐减小;最终当流过电容元件中的电流减小到 0 时,电阻元件两端的电压也减小到 0,从而使电容元件两端的电压上升到 $U_S$,充电过程结束,电路进入一种新的稳态。

当 $t=\tau$ 时,有

$$u_C=U_S(1-e^{-1})=U_S\left(1-\frac{1}{2.718}\right)=63.2\%U_S$$

即时间常数 $\tau$ 表示电容电压上升到稳定值的 63.2%时所需的时间。

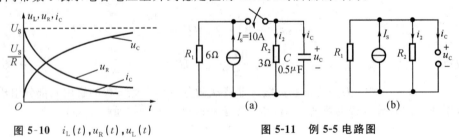

图 5-10　$i_L(t), u_R(t), u_L(t)$ 的变化曲线

图 5-11　例 5-5 电路图

【**例 5-5**】　在图 5-11(a)所示电路中,换路前电容中没有存储能量。求换路后的 $u_C(t)$ 以及电容中最后储存的总电场能量是多少?

【解】 因为 $t=0_-$ 时,$C$ 未储能,则 $u_C(0_-)=0$ V,故当 $t=0_+$ 时,有 $u_C(0_+)=u_C(0_-)=0$ V。而当 $t\to\infty$ 时,电路达到一个新的稳态,则 $C$ 中已储满了能量,相当于断路,如图 5-11(b)所示,则

$$u_C(\infty)=I_S(R_1 /\!/ R_2)=20 \text{ V}$$

且

$$C=0.5 \text{ μF}, \quad R=\frac{R_1 R_2}{R_1+R_2}=\frac{6\times 3}{6+3} \text{ Ω}=2 \text{ Ω}$$

故

$$\tau=RC=\frac{2}{2}\times 10^{-6} \text{ s}=10^{-6} \text{ s}$$

由前面的分析可知

$$u_C(t)=u_C(\infty)(1-e^{-t/\tau})=20(1-e^{-10^6 t}) \text{ V}$$

所以有

$$W_L=\frac{1}{2}Cu_C^2(\infty)=\frac{1}{2}\times 0.5\times 10^{-6}\times 400 \text{ J}=0.1\times 10^{-3} \text{ J}$$

### 5.2.3 RC 电路的全响应

换路前,电路中储能元件已储有能量,再加上换路后的外部激励,共同作用于电路所引起的响应称为全响应,即 $f(0_+)\neq 0, f_i(t)\neq 0$。

在图 5-12 所示的电路中,换路前电路已处于稳态。在 $t=0$ 时发生换路,将开关 S 从 a 端切换到 b 端,则 $t>0$ 时有

$$RC\frac{du_C(T)}{dt}+u_C(t)=U$$

且

$$u'_C(t)=U \text{ 稳态分量} \quad (\text{特解})$$

$$u''_C(t)=Ae^{pt} \text{ 暂态分量} \quad (\text{通解})$$

而

$$p=-\frac{1}{RC}=-\frac{1}{\tau}$$

且

$$u_C(0_+)=u_C(0_-)=U_S$$

故

$$A=U_S-U$$

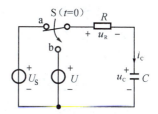

图 5-12 RC 全响应电路

所以全响应时,电容端电压的变化规律为

$$u_C(t)=U'_C(t)+U''_C(t)=U+(U_S-U)e^{-t/\tau} \tag{5-15}$$

即 RC 串联电路的全响应为:全响应=稳态分量+暂态分量,或

$$u_C(t)=U_S e^{-t/\tau}+U(1-e^{-t/\tau}) \tag{5-16}$$

即 RC 串联电路的全响应也可表示为:全响应=零输入响应+零状态响应。

由此可见,全响应是叠加原理在线性电路暂态分析中的体现。它们的变化规律如图 5-13(a)、(b)所示。同理可得,全响应时电容中电流的变化规律为

$$i_C(t)=C\frac{du_C(t)}{dt}=-\frac{U_S-U}{R}e^{-t/\tau}$$

第一,$U_S<U$ 时,$U_S-U<0$,故 $i_C(t)>0$,电容处于充电状态,即从初始值储能 $u_C(0_+)=U_S$ 开始往上充,直到稳定状态 $u_C(\infty)=U$ 时止,如图 5-13(c)中的曲线①所示。

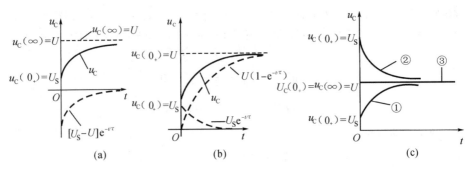

图 5-13 全响应曲线

第二,$U_S>U$ 时,$U_S-U>0$,故 $i_C(t)<0$,电容处于放电状态,即从初始储能 $u_C(0_+)=U_S$ 开始衰减,直到稳定状态 $u_C(\infty)=U$ 时止,如图 5-13(c)中曲线②所示。

第三,$U_S=U$ 时,$U_S-U=0$,故 $i_C(t)=0$ A,则换路后电路立即进入稳态,如图 5-13(c)中曲线③所示。

由此讨论可知:一阶线性电路在发生换路后是否产生暂态过程,主要由储能元件的能量状态决定。换路后,若电路中储能元件储存的能量发生了变化(增加或衰减),则电路一定有暂态过程产生;否则,不会产生暂态过程。

【例 5-6】 图 5-14(a)所示的电路换路前已处于稳态,$t=0$ 时将开关 S 从 a 挡打到 b 挡。求 $t>0$ 后的 $i(t)$ 及 $u_C(t)$,并画出变化曲线。

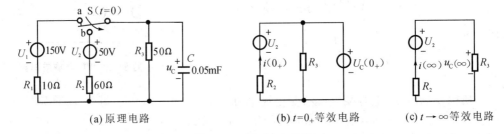

图 5-14 例 5-6 电路图

【解】 因为 $t=0_-$ 时,有

$$u_C(0_-)=\frac{R_3}{R_1+R_3}U_1=\frac{50}{10+50}\times 150 \text{ V}=125 \text{ V}$$

所以当 $t=0_+$ 时,有 $u_C(0_+)=u_C(0_-)=125$ V,作等效电路如图 5-14(b)所示,得

$$i(0_+)=\frac{U_2-u_C(0_+)}{R_2}=\frac{50-125}{60}\text{ A}=-1.25\text{ A}$$

当 $t\to\infty$ 时,电路达到一个新的稳态,其等效电路如图 5-14(c)所示,得

$$i(\infty)=\frac{U_2}{R_2+R_3}=\frac{50}{60+50}\text{ A}=0.45\text{ A}$$

$$u_C(\infty)=i(\infty)R_3=0.45\times 50\text{ V}=22.5\text{ V}$$

且

$$\tau = RC = \frac{R_2 R_3}{R_2 + R_3} C = 13.6 \times 10^{-6} \text{ s}$$

所以,有

$$i(t) = [0.45 + (-1.25 - 0.45)e^{-0.735 \times 10^6 t}] \text{ A}$$
$$= (0.45 - 1.7 e^{-0.735 \times 10^6 t}) \text{ A}$$
$$u_C(t) = [22.5 + (125 - 22.5)e^{-0.735 \times 10^6 t}] \text{ V}$$
$$= (22.5 + 102.5 e^{-0.735 \times 10^6 t}) \text{ V}$$

$i(t)$ 及 $u_C(t)$ 的变化曲线如图 5-15 所示。

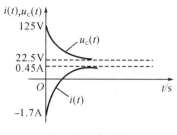

图 5-15 曲线图

## 5.3 一阶线性电路暂态分析的三要素法

由前面的分析已知,只要是一阶电路,不论是简单的还是复杂的,换路后电路在外部激励和内部储能的共同作用下所产生的响应 $f(t)$,都是从各自的初始 $f(0_+)$ 开始的,按一定的指数规律逐渐增长(或衰减)到各自的稳态值 $f(\infty)$ 为止,并且在同一电路中各种响应 $f(t)$ 均是按同一指数规律变化的。

由全响应的分析已知:一阶线性电路的全响应是由稳态分量和暂态分量两部分叠加而得,即

$$f(t) = f(\infty) + A e^{-t/\tau}$$

由于 $t = 0_+$ 满足上面的方程,带入可得 $A = f(0_+) - f(\infty)$,所以

$$f(t) = f(\infty) + [f(0_+) - f(\infty)] e^{-t/\tau} \tag{5-17}$$

式(5-17)是分析一阶线性电路暂态过程的一般公式。只要确定了电路中的初始值 $f(0_+)$、稳态值 $f(\infty)$ 及时间常数 $\tau$ 这三个值,代入式(5-17),即可完全确定一阶线性电路的暂态过程。因此,称式(5-17)为一阶线性电路暂态分量的三要素法,称 $f(0_+)$、$f(\infty)$ 及 $\tau$ 为一阶线性电路暂态分量的三要素。

三要素法是对经典法求解一阶线性电路暂态过程的概括和总结,应用三要素法的关键在于三要素的求解。三要素的求解方法如下。

(1) $f(0_+)$ 的求解方法:如 5.1.2 小节所述。

(2) $f(\infty)$ 的求解方法:将电容断路,电感短路,作出等效电路之后求稳态值。

(3) $\tau$ 的求解方法:对于 RC 电路,$\tau = RC$;对于 RL 电路,$\tau = L/R$(5.4 节将作详细介绍)。其中,$R$ 为电路的等效电阻,等效电阻采用去源等效法求解,分为以下两步。

① 将换路后的有源网络转换成无源网络(即凡是电压源均短路,凡是电流源均开路;电路结构保持不变)。

② 从储能元件的两端往里看,求出等效的电阻 $R$ 值即可。

【例 5-7】 在图 5-16(a)所示的电路中,$t=0$ 时刻开关合上,开关合上之前电路已经处于稳态,试求电容电压 $u_C(t)$,电流 $i_C(t)$ 和 $i_2(t)$。

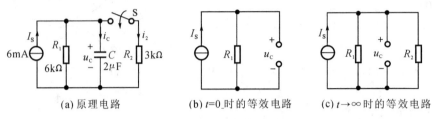

图 5-16 例 5-7 电路图

【解】 用三要素法求解。首先确定初始值 $u_C(0_+)$:图 5-16(b)所示的是 $t=0_-$ 时的电路,由图可得

$$u_C(0_-) = I_S R_1 = 6 \times 10^{-3} \times 6 \times 10^3 \text{ V} = 36 \text{ V}$$

由换路定则得

$$u_C(0_+) = u_C(0_-) = 36 \text{ V}$$

确定稳态值 $u_C(\infty)$:图 5-16(c)所示的是 $t \to \infty$ 时的电路,由图可得

$$u_C(\infty) = I_S \cdot (R_1 // R_2) = 6 \times 10^{-3} \times \frac{3 \times 6}{3+6} \times 10^3 \text{ V} = 12 \text{ V}$$

确定时间常数 $\tau$:由图 5-16(c)可得等效电阻 $R = R_1 // R_2 = 2 \text{ k}\Omega$,所以

$$\tau = RC = 2 \times 10^3 \times 2 \times 10^{-6} \text{ s} = 4 \times 10^{-3} \text{ s}$$

由三要素法可得

$$u_C(t) = u_C(\infty) + [u_C(0_+) - u_C(\infty)]e^{-t/\tau}$$
$$= [12 + (36-12)e^{-250t}] \text{ V} = (12 + 24e^{-250t}) \text{ V}$$

$$i_C(t) = C \frac{du_C}{dt} = 2 \times 10^{-6} \times 24 \times (-250)e^{-250t} \text{ A} = -0.012e^{-250t} \text{ A}$$

## 5.4 RL 电路的暂态响应

只含有一个电感的电路也属于一阶电路,同样可以用三要素法来确定电路的暂态过程。RL 电路的暂态响应与 RC 电路的一样,也分为零输入响应、零状态响应和全响应,唯一的不同之处在于时间常数 $\tau$ 的表达式不一样。以下以 RL 电路零状态响应为例来确定 RL 电路的时间常数 $\tau$。

在图 5-17 所示电路中,电感最初没有存储磁场能量,在图 $t=0$ 时刻开关闭合,由换路定则可知,$i_L(0_+) = i_L(0_-) = 0$ A,则在开关闭合瞬间,电感元件两端的电压 $u_L$ 从 0 突然变到最大值 $U_S$,随着时间的推移,流过电感元件中的电流逐渐增大,使电感中储存的磁场能量也相应增大;与此同时,电感元件两端的电压随着充磁电流的增大而逐渐减小,电阻元件两端的电压随着充磁电流的增大也逐渐增大;最终当流过电感元件中的电流增加到 $U_S/R$ 时,电阻元件两端的电压也增大到 $U_S$,从而使电感元件两端的电压下降到 0 V,充磁过程结束,电路进入一种新的稳态。

由图 5-17 所示电路可知
$$u_R(t)+u_L(t)=U_S \quad (5\text{-}18)$$

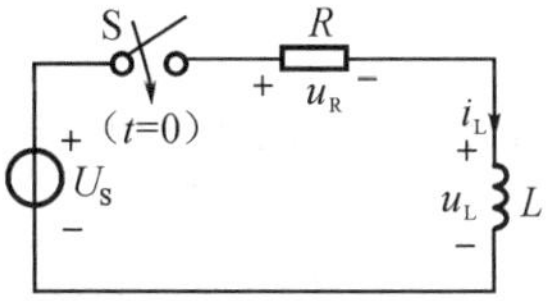

而 $u_R(t)=Ri_L(t)$, $u_L(t)=L\dfrac{di_L(t)}{dt}$

故
$$L\dfrac{di_L(t)}{dt}+Ri_L(t)=U_S \quad (5\text{-}19)$$

图 5-17 RL 电路零状态响应

显然,式(5-19)为一阶常系数线性非齐次微分方程。此方程的解由两部分组成:对应于非齐次微分方程的特解 $i'_L(t)$ 和对应于齐次微分方程的通解 $i''_L(t)$。

稳态时电感相当于断路,可得 $u_L(\infty)=0$ V,则稳态电流为 $i'_L(t)=i_L(\infty)=U_S/R$。而通解 $i''_L(t)$ 应满足
$$L\dfrac{di_L(t)}{dt}+Ri_L(t)=0 \quad (5\text{-}20)$$

其解为 $i''_L(t)=Ae^{pt}$,将该式代入式(5-20)可得 $Lp+R=0$,所以
$$p=-\dfrac{R}{L}=-\dfrac{1}{\tau}$$

即
$$\tau=\dfrac{L}{R}$$

故式(5-19)的解为 $i_L=i'(t)+i''(t)=\dfrac{U_S}{R}+Ae^{-t/\tau}$

又因为 $i_L(0_+)=i_L(0_-)=0$ A,故 $0=U_S/R+Ae^{-0}$,所以 $A=-U_S/R$,故电感充磁电流的变化规律为
$$i_L(t)=\dfrac{U_S}{R}-\dfrac{U_S}{R}e^{-t/\tau}=\dfrac{U_S}{R}(1-e^{-t/\tau}) \quad (5\text{-}21)$$

即充磁电流是从 0 A 初始值状态开始充起,并按指数规律增长,直到 $U_S/R$ 稳态值结束为止。同理,有
$$u_L(t)=L\dfrac{di_L(t)}{dt}=U_S e^{-t/\tau} \quad (5\text{-}22)$$
$$u_R(t)=Ri_L(t)=U_S(1-e^{-t/\tau}) \quad (5\text{-}23)$$

即 $i_L(t)$、$u_L(t)$ 和 $u_R(t)$ 都是按同一指数规律变化的。其中,$i_L(t)$ 和 $u_R(t)$ 是按同一指数规律增长的;而 $u_L(t)$ 却是按同一指数规律衰减的,如图 5-18 所示。当 $t=\tau$ 时,有
$$i_L(\tau)=\dfrac{U_S}{R}(1-e^{-1})=\dfrac{U_S}{R}\left(1-\dfrac{1}{2.718}\right)$$
$$=(63.2\%)\dfrac{U_S}{R}=63.2\%i_L(\infty)$$

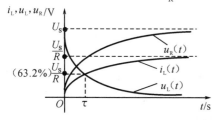

图 5-18 $i_L(t)$,$u_R(t)$,$u_L(t)$ 的变化曲线

即时间常数 $\tau$ 表示充磁电流增长到稳态电流的 63.2% 时所需的时间,如图 5-18 所示。

**【例 5-8】** 在图 5-19(a)所示电路中,$t=0$ 时开关合上,开关合上之前电路处于稳态,试求电感电流 $i_L(t)$、电流 $i_1(t)$ 和 $i_2(t)$。

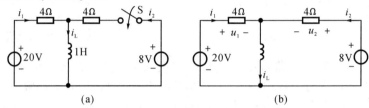

图 5-19 例 5-8 的电路图

**【解】** 确定初始值 $u_C(0_+)$:开关合上前电路已经达到稳态,电感相当于短路,此时有

$$i_L(0_-)=i_1(0_-)=\frac{20}{4}\text{ A}=5\text{ A}$$

由换路定则

$$i_L(0_+)=i_L(0_-)=5\text{ A}$$

图 5-19(b)所示的是 $t=0_+$ 时的电路图,在图中根据 KCL 有

$$i_1(0_+)+i_2(0_+)=i_L(0_+)=5\text{ A} \tag{1}$$

根据 KVL 有

$$20+u_2=8+u_1$$

代入 $u_1$ 与 $u_2$ 可得

$$20+4i_2(0_+)=8+4i_1(0_+) \tag{2}$$

联立式(1)、式(2)可得

$$i_1(0_+)=4\text{ A},\quad i_2(0_+)=1\text{ A}$$

确定稳态值 $u_C(\infty)$:稳态时电感相当于短路,此时,有

$$i_1(\infty)=\frac{20}{4}\text{ A}=5\text{ A},\quad i_2(\infty)=\frac{8}{4}\text{ A}=2\text{ A}$$

$$i_L(\infty)=i_1(\infty)+i_2(\infty)=7\text{ A}$$

确定时间常数为

$$\tau=\frac{1}{R}=\frac{1}{4/\!/4}\text{ s}=0.5\text{ s}$$

由三要素法可得

$$i_L(t)=[7+(5-7)\text{e}^{-2t}]\text{ A}=(7-2\text{e}^{-2t})\text{ A}$$
$$i_1(t)=[5+(4-5)\text{e}^{-2t}]\text{ A}=(5-\text{e}^{-2t})\text{ A}$$
$$i_2(t)=[2+(1-2)\text{e}^{-2t}]\text{ A}=(2-\text{e}^{-2t})\text{ A}$$

## 5.5 电路暂态过程的应用与预防

暂态过程是电路系统启动和运行过程中的一种客观存在,而利用电路的暂态现象可以实现一些特殊的要求。在电子技术中,有着很多利用电路中的暂态过程来实现各种要求的实用电路。如作为信号源的多谐振荡器就是电路的暂态过程的应用之一。下面的 RC 微分与积分电路也是暂态电路的典型应用。

## 5.5.1 微分与积分电路

本节所述微分电路与积分电路就是含有 RC 的动态电路,其输入的激励电压为特定的矩形波也称为矩形脉冲信号,如图 5-20 所示。其中,$U_s$ 为脉冲幅度;$t_p$ 为脉冲宽度;$T$ 为脉冲周期。

由本章的分析可知,当输入信号电压 $u_i$ 发生改变时,动态电路将进入暂态过程,在 RC 电路的输入端加入矩形脉冲激励,若选取不同的时间常数及输出端,就可得到我们所希望的某种输出波形,形成输出与输入之间的特定关系——微分与积分关系。

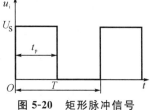

图 5-20 矩形脉冲信号

### 1. 微分电路

在图 5-21 所示电路中,激励源 $u_i$ 为一矩形脉冲信号,其响应是从电阻两端取出的电压,即 $u_o = u_R$,电路时间常数小于脉冲信号的脉宽,通常取 $\tau = t_p/10$。

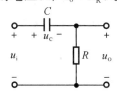

图 5-21 微分电路图

因为 $t < 0$ 时,$u_C(0_-) = 0$ V,而在 $t = 0$ 时,$u_i$ 突变到 $U_s$,且在 $0 < t < t_1$ 期间有 $u_i = U_s$,相当于在 RC 串联电路上接了一个恒压源,这就是 RC 串联电路的零状态响应:$u_C(t) = u_C(\infty)(1 - e^{-t/\tau})$。由于 $u_C(0_+) = 0$ V,则由图 5-21 所示电路可知,$u_i = u_C + u_o$。所以 $u_o(0_+) = U_s$,即输出电压产生了突变,从 0 V 突变到 $U_s$。

因为 $\tau = t_p/10$,所以电容充电极快。当 $t = 3\tau$ 时,有 $u_C(3\tau) = U_s$,则 $u_o(3\tau) = 0$ V。因此,在 $0 < t < t_1$ 期间,电阻两端输出正的尖脉冲信号,如图 5-22 所示。

在 $t = t_1$ 时刻,$u_i$ 又突变到 0 V,且在 $t_1 < t < t_2$ 期间有 $u_i = 0$ V,相当于将 RC 串联电路短接,这就是 RC 串联电路的零输入响应状态:$u_C(t) = u_C(0_+)e^{-t/\tau}$。由于 $t = t_1$ 时,$u_C(t_1) = U_s$,故有

$$u_o(t_1) = -u_C(t_1)。$$

因为 $\tau = t_p/10$,所以电容的放电过程极快。当 $t = 3\tau$ 时,有 $u_C(3\tau) = 0$ V,使 $u_o(3\tau) = 0$ V,故在 $t_1 < t < t_2$ 期间,电阻两端就输出一个负的尖脉冲信号,如图 5-22 所示。

由于 $u_i$ 为一周期性的矩形脉冲波信号,则 $u_o$ 即为同一周期正负尖脉冲波信号,如图 5-22 所示。

尖脉冲信号的用途十分广泛,在数字电路中常用作触发器的触发信号;在变流技术中常用作可控硅的触发信号。

这种输出的尖脉冲波反映了输入矩形脉冲微分

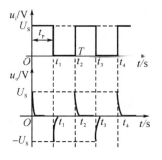

图 5-22 微分电路的 $u_i$ 与 $u_o$ 波形

的结果,故称这种电路为微分电路。

微分电路应满足三个条件:激励必须为一周期性的矩形脉冲;响应必须是从电阻两端取出的电压;电路时间常数远小于脉冲宽度,即 $\tau \ll t_p$。

**2. 积分电路**

在图 5-23 所示电路中,激励源 $u_i$ 为矩形脉冲信号,响应是从电容两端取出的电压,即 $u_o = u_C$,且电路时间常数大于脉冲信号的脉宽,通常取 $\tau = 10 t_p$。

因为 $t = 0_-$ 时,$u_C(0_-) = 0$ V,在 $t = 0$ 时刻 $u_i$ 突然从 0 V 上升到 $U_S$ 时,仍有 $u_C(0_+) = 0$ V,故有 $u_R(0_+) = U_S$。在 $0 < t < t_1$ 时间内,$u_i = U_S$,此时为 RC 串联状态的零状态响应,即 $u_o(t) = u_C(\infty)(1 - e^{-t/\tau})$。

由于 $\tau = 10 t_p$,所以电容充电极慢。当 $t = t_1$ 时,$u_o(t_1) = U_S/3$。电容尚未充电至稳态时,输入信号已经发生了突变,从 $U_S$ 突然下降至 0 V,则在 $t_1 < t < t_2$ 时间内,$u_i = 0$ V,此时为 RC 串联电路的零输入响应状态,即 $u_o(t) = u_C(0_+) e^{-t/\tau}$。

由于 $u_C(t_1) = U_S/3$,所以电容从 $U_S/3$ 处开始放电。因为 $\tau = 10 t_p$,放电进行得极慢,当电容电压还未衰减到 0 V 时,$u_i$ 又发生了突变并周而复始地进行。这样,在输出端就得到一个锯齿波信号,如图 5-24 所示。

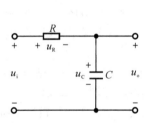

图 5-23 积分电路图

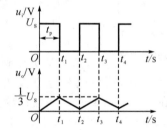

图 5-24 积分电路的 $u_i$ 与 $u_o$ 波形

锯齿波信号常用作对示波器、显示器等电子设备的扫描电压。由图 5-24 所示的波形可知:若 $\tau$ 越大,充、放电进行得越缓慢,锯齿波信号的线性就越好;还可看出,$u_o$ 是对 $u_i$ 积分的结果,故称这种电路为积分电路。

积分电路应满足三个条件:$u_i$ 为一周期性的矩形波;输出电压是从电容两端取出;电路时间常数远大于脉冲宽度,即 $\tau \gg t_p$。

**【例 5-9】** 在图 5-25(a)所示电路中,输入信号 $u_i$ 的波形如图 5-25(b)所示。试画出下列两种参数时的输出电压波形。并说明电路的作用。

(1) 当 $C = 300$ pF,$R = 10$ kΩ 时; (2) 当 $C = 1$ μF,$R = 10$ kΩ 时。

**【解】** (1) 因为 $R = 10$ kΩ,$C = 300$ pF,故有

$$\tau_1 = RC = 10 \times 10^3 \times 300 \times 10^{-12} \text{ s} = 3 \text{ μs}$$

而 $t_p = 12$ ms $= 4\,000 \tau_1$,显然,此时电路是一个微分电路,其输出电压波形如图 5-26(a)所示。

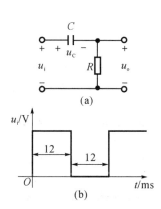
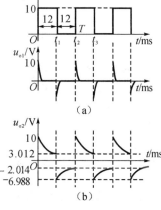

图 5-25 例 5-9 电路和输入波形　　　图 5-26 输出电压波形图

(2) 因为 $R=10\ \text{k}\Omega$，$C=1\ \mu\text{F}$，所以 $\tau_2=10\times10^3\times1\times10^{-6}=10\ \text{ms}$。而 $t_p=12\ \text{ms}>\tau_2$，但 $\tau_2$ 很接近于 $t_p$，所以电容充电较慢，即 $u_C(t)=10(1-e^{-t/\tau})$ V，$u_o(t)=10e^{-t/\tau}$ V，所以当 $t=0_+$ 时，$u_o(0_+)=10$ V，$u_C(0_+)=0$ V；$t=t_1=t_p$ 时，$u_o(t_1)=3.012$ V，$u_C(t_1)=6.988$ V。此时，$u_i$ 已从 10 V 突变到 0 V，而电容则要经电阻放电，即有

$$u_C(t)=u_C(t_1)\cdot e^{-t/\tau}$$

所以
$$u_o(t)=-u_C(t)=-u_C(t_1)e^{-t/\tau}$$

则当 $t=t_1$ 时，$u_o(t_1)=-u_C(t_1)=-6.988$ V；当 $t=t_2=t_p$ 时，$u_o(t_2)=-u_C(t_2)e^{-1.2}=-2.014$ V。输出电压波形如图 5-26(b) 所示。

由图 5-26 可知：当 $\tau_2$ 越大时，$u_o$ 波形就越接近于 $u_i$ 波形，所以此时的电路称为耦合电路。

### 5.5.2 电路暂态的预防

电路的暂态不仅有可利用的一面，也有其危害性的一面。如电感线圈直接从直流电源断开时，产生瞬间高压及闸刀电弧现象就是一例。电路如图 5-27 所示，当开关断开后，电路进入暂态。在开关断开的瞬间将产生几万伏的高压，这给电路带来致命的损害，必须设法避免此类情况发生。有效的预防方法是：在线圈两端并联续流二极管或放电电阻，以提供电流通道，如图 5-28 所示。

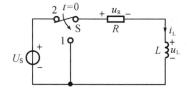
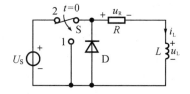

图 5-27 线圈直接从直流电源断开　　　图 5-28 线圈两端并联续流二极管

因此，在实际应用中，既要充分利用电路暂态的特性，又必须防止它所产生的

危害。

## 本章小结

本章分析了暂态过程产生的原因,并用经典法求解一阶电路的零输入响应、零状态响应和全响应。在此基础上给出了一阶电路暂态过程的简便求法——三要素法,最后介绍了对暂态过程的一些应用,其重点如下。

(1) 储能元件的存储能量的大小:电感元件储存磁场能量 $W_L = Li_L^2/2$;电容元件储存电场能量 $W_C = Cu_C^2/2$。

(2) 换路定则:电感中的电流不能突变,电容两端的电压不能突变,即 $u_C(0_+) = u_C(0_-)$,$i_L(0_+) = i_L(0_-)$。

(3) 三要素法:任意一阶电路的暂态过程可以通过确定电路的三要素来确定,即 $f(t) = f(\infty) + [f(0_+) - f(\infty)]e^{-t/\tau}$。

## 习 题 5

5-1 若一个电感元件两端的电压为零,其储能是否一定为零?若一个电容元件中的电流为零,其储能是否一定为零?为什么?

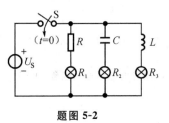

题图 5-2

5-2 在题图 5-2 所示的电路中,当开关 S 闭合后有:灯泡 $R_1$ 立即正常发光;灯泡 $R_2$ 闪光后熄灭不再亮;灯泡 $R_3$ 逐渐亮起来。试解释所发生的现象的原因。

5-3 对于同一 RC 串联电路,以不同的电压值对电容进行充电时,电容电压达到稳态值所需的时间是否相等?为什么?

5-4 在 RC 串联电路中,当电源电压和电容器容量一定时,是否电阻值越大,电容的充、放电时间就越长,则在电阻上消耗的电能也就越多?

5-5 在 RC 串联电路中,欲使暂态过程的速度不变,而使初始电流减小,应采取什么方法?在 RL 串联电路中,欲使暂态过程的速度不变,而使稳态电流减小,应采取什么方法?

5-6 两个 RC 串联电路,初始电压各不相同,判断下列说法是否正确。

① 若 $\tau_1 > \tau_2$,则它们的电压衰减到同一个电压值所需的时间必然是 $t_1 > t_2$,与初始电压的大小无关。

② 若 $\tau_1 < \tau_2$,则它们的电压衰减到各自初始电压的同一百分比所需时间必然是 $t_1 > t_2$。

③ 若 $\tau_1 = \tau_2$,两个电压衰减到同一电压值的时间必然是 $t_1 = t_2$。

5-7 已知某 RC 串联电路的初始储能为 $2 \times 10^{-2}$ J,$C = 100$ μF,$R = 10$ kΩ。当该电路与一个 $U_S = 10$ V 的恒压源接通后,试求 $t > 0$ 后 $u_C(t)$ 的变化规律。

5-8 已知:$u_C(t) = [20 + (5-20)e^{-t/5}]$ V,或 $u_C(t) = [5e^{-t/10} + 20(1 - e^{-t/10})]$ V。试在同一图上分别画出:稳态分量、暂态分量、零输入响应、零状态响应及全响应的曲线。

5-9 在 RC 串联电路中,当改变 R 值的大小时,将如何改变微分和积分电路的输出电压波形?

5-10 电路如题图 5-10 所示,换路前已处于稳态。在 $t=0$ 时发生换路,求 $C_1$、$C_2$、$R_2$ 元件端电压的初始值;当电路达到新的稳态后,求 $C_1$、$C_2$、$L_1$、$L_2$ 元件的电流稳态值。

5-11 电路如题图 5-11 所示,换路前已处于稳态。在 $t=0$ 时发生换路,求各元件的电流初始值;当电路达到新的稳态后,求各元件端电压的稳态值。

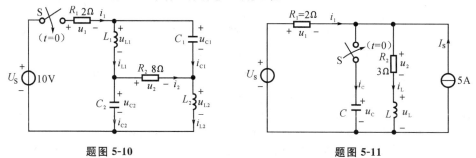

题图 5-10   题图 5-11

5-12 电路如题图 5-12(a)、图 5-12(b)所示,换路前已处于稳态。求换路后 $i_2$、$i_C$、$i_L$、$u_C$、$u_L$ 等电量的初始值、稳态值及时间常数。

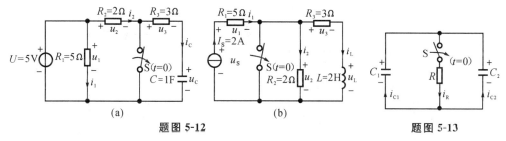

(a)   (b)

题图 5-12   题图 5-13

5-13 在题图 5-13 电路中,已知:$R=50\ \text{k}\Omega$,$C_1=4\ \mu\text{F}$,$C_2=6\ \mu\text{F}$,换路前 $C_1$ 和 $C_2$ 上储存的总电荷量为 $1.2\times10^{-4}\ \text{C}$。试求换路后 $i_R(t)$、$i_{C1}(t)$、$i_{C2}(t)$ 的变化规律。

5-14 题图 5-14 所示电路换路前处于稳态,用三要素法求 $t>0$ 后的 $u_{C1}(t)$、$u_{C2}(t)$ 及 $i(t)$ 的表达式,并画出 $i(t)$ 的曲线。

5-15 题图 5-15 所示电路换路前处于稳态,用三要素法求 $t>0$ 后的 $i(t)$ 及 $i_C(t)$ 的表达式。

5-16 题图 5-16 所示电路换路前处于稳态,用三要素法求 $t>0$ 后的 $u_C(t)$ 及 $i_1(t)$、$i_3(t)$。

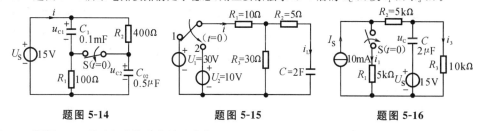

题图 5-14   题图 5-15   题图 5-16

5-17 题图 5-17 所示电路换路前处于稳态。
① 在 $t=0$ 时,闭合开关 $S_1$,求 $t>0$ 时的 $i_1(t)$ 及 $i_2(t)$ 表达式;
② 开关 $S_1$ 闭合 0.1 s 后,再闭合开关 $S_2$,求 $t>0.1\ \text{s}$ 后的 $i_1(t)$ 及 $i_2(t)$ 表达式。

5-18  题图 5-18 所示电路换路前处于稳态。在 $t=0$ 时将开关 $S_1$ 闭合,在 $t=0.1$ s 时又将开关 $S_2$ 闭合。求 $t>0.1$ s 后的 $u_R$ 及 $u_C$ 的变化规律,并说明它们是什么响应。

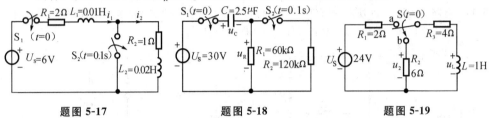

题图 5-17    题图 5-18    题图 5-19

5-19  题图 5-19 所示电路换路前已处于稳态,求 $t>0$ 后的 $u_L(t)$ 及 $u_2(t)$ 的变化规律。

5-20  题图 5-20 所示电路中,$R_1=3\ \Omega, R_2=6\ \Omega, R_3=R_4=1\ \Omega, L=1$ H,$U_S=9$ V,开关 S 开始闭合,并且电路已经达到稳定状态。$t=0$ 时,开关打开,求 $t>0$ 后的零输入响应 $i_L(t)$、$i_1(t)$ 和 $i_2(t)$。

5-21  电路如题图 5-21 所示,$R_1=10\ \Omega, R_2=40\ \Omega, U_S=10$ V,$I_S=1$ A,$C=2$ F,电容最初没有存储能量。开关在 $t=0$ 时刻合上,(1)求 $t>0$ 后的响应 $u_C(t)$ 和 $i_R(t)$;(2)求 $u_C(t)$ 达到 4 V 时所需的时间。

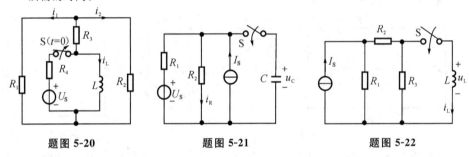

题图 5-20    题图 5-21    题图 5-22

5-22  题图 5-22 所示电路中,$R_1=R_2=R_3=3\ \Omega, L=1$ H,$I_S=9$ A,开关在 $t=0$ 时刻合上,求零状态响应 $i_L(t)$ 和 $u_L(t)$。

5-23  题图 5-23 所示电路最初处于稳态,开关 S 在 $t=0$ 时刻闭合,已知 $R_1=3\ \Omega, R_2=R_3=6\ \Omega, L=1$ H,$U_S=12$ V,$I_S=1$ A,求 $i_2(t)$。

5-24  用三要素法求题图 5-24 所示电路的 $u_R(t)$,已知 $u_C(0_-)=20$ V。

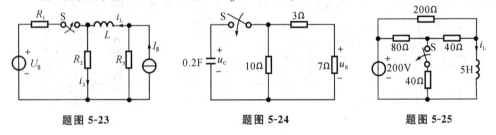

题图 5-23    题图 5-24    题图 5-25

5-25  题图 5-25 所示电路原处于稳态,开关 S 在 $t=0$ 时刻打开,求全响应 $i_L(t)$。

# 6 变压器与电动机

本章将首先介绍磁路的基本概念、基本定律和磁性材料的磁性能;其次将阐述变压器的基本结构和工作原理,以及电动机的基本构造、工作原理和应用。最后将介绍常用低压控制电器及其电动机的电气控制电路。

## 6.1 磁路的基本概念

在电动机、变压器等电气设备中,常采用磁性材料做成各种形状的铁芯。这是因为铁芯的磁导率比非磁性材料的磁导率要高得多。铁芯线圈中电流产生的磁通绝大部分经过铁芯而闭合。这种磁通经过特制铁芯而闭合的路径,称为磁路,如图 6-1 所示。

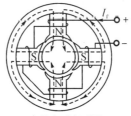
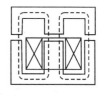

(a) 直流电动机磁路　　(b) 交流接触器磁路

图 6-1 经过铁芯而闭合的磁路

### 6.1.1 磁路的基本物理量和基本定理

**1. 磁感应强度**

磁感应强度 $B$ 是表示磁场内某点磁场强弱和方向的物理量,它的方向与电流的方向之间符合右手螺旋定则,大小为

$$B = \frac{F}{lI} \tag{6-1}$$

式中:$F$ 为磁通势;$l$ 和 $I$ 分别是磁路的长度和产生磁通势的电流。磁感应强度 $B$ 的

单位为特斯拉(T)，1 T＝1 Wb/m²。

如果磁场中各点磁感应强度大小相等、方向相同，则称该磁场为匀强磁场。

### 2. 磁通

磁通 $\Phi$ 是垂直于磁感应强度 $B$ 方向的面积 $S$ 中的磁力线总数。对于匀强磁场，有

$$\Phi = BS \tag{6-2}$$

如果不是均匀磁场，则 $B$ 取平均值。磁通 $\Phi$ 的国际单位为韦[伯](Wb)，1 Wb＝1 V·s。

由磁通的定义式(6-2)可知，磁感应强度 $B$ 在数值上可以看成与磁场方向垂直的单位面积所通过的磁通，故 $B$ 又称为磁通密度，即

$$B = \frac{\Phi}{S}$$

### 3. 磁场强度

磁场强度 $H$ 是计算磁场引用的一个物理量，它的定义是介质中某点的磁感应强度 $B$ 与介质磁导率 $\mu$ 之比，即

$$H = \frac{B}{\mu} \tag{6-3}$$

磁场强度 $H$ 的单位为安培/米(A/m)。

### 4. 磁导率

磁导率 $\mu$ 是表示磁场媒质磁性的物理量，用来衡量物质的导磁能力，单位为亨/米(H/m)。真空的磁导率为常数，用 $\mu_0$ 表示，有

$$\mu_0 = 4\pi \times 10^{-7} \text{ H/m}$$

相对磁导率 $\mu_r$ 是任何一种物质的磁导率 $\mu$ 和真空磁导率 $\mu_0$ 的比值，有

$$\mu_r = \frac{\mu}{\mu_0}$$

### 5. 安培环路定律(全电流定律)

安培环路定律主要描述磁场强度与电流的关系，将电流与磁场强度联系起来。根据安培环路定律有

$$\oint H \, dl = \sum I \tag{6-4}$$

式(6-4)中，$\oint H \, dl$ 是磁场强度 $H$ 矢量沿任意闭合路线的线积分。安培环路定律表示 $H$ 的线积分等于闭合回路中各电流的代数和。其中，电流正、负方向的规定为：任意选定一个闭合回路的围绕方向，凡是电流方向与闭合回路围绕方向之间符合右手螺旋定则的电流为正；反之则为负。在均匀磁场中，有

$$Hl = IN \quad \text{或} \quad H = \frac{IN}{l} \tag{6-5}$$

式中:$N$ 是线圈的匝数;$l$ 是磁路的平均长度;$H$ 是磁路铁芯的磁场强度;$NI$ 就是磁路中产生磁通的动力,称为磁通势,即

$$F = NI \tag{6-6}$$

式(6-6)是计算磁路的应用公式。

### 6. 磁路的欧姆定律

在磁路分析中,设磁路的磁通为 $\Phi$,磁通势为 $F$,磁阻为 $R_\mathrm{m}$,则有

$$\Phi = \frac{F}{R_\mathrm{m}} \tag{6-7}$$

即磁路的欧姆定律。式(6-7)仅表示磁通与磁通势的关系,不能用来计算磁路。

## 6.1.2 磁性材料的磁性能

物质材料按其导磁特性,大体上分为铁磁性和非铁磁性两大类,铁磁性习惯上也称磁性。磁性材料主要指铁、镍、钴及其合金等,常用的磁性材料有如下性能。

### 1. 高导磁性

磁性材料的磁导率通常都很高,即 $\mu_\mathrm{r} \gg 1$(如坡莫合金,其 $\mu_\mathrm{r}$ 可达 $2 \times 10^5$)。在外磁场的作用下,磁性材料能被强烈地磁化,具有很高的导磁性能。

磁性材料的高导磁性被广泛地应用于电工设备中,如电机、变压器及各种铁磁元件的线圈中都放有磁性铁芯,通常称为磁芯。在这种具有磁芯的线圈中通入不太大的励磁电流,便可以产生较大的磁通或磁感应强度,如图 6-2 所示。

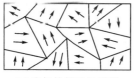
(a) 未加外部磁场情形

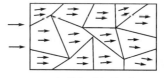
(b) 加外部磁场情形

图 6-2 磁性材料的高导磁性

### 2. 磁饱和性

磁性材料由于磁化产生的磁场不会随着外磁场的增强而无限地增强,当外磁场增大到一定程度时,磁性材料的全部磁畴的磁场方向都转向与外部磁场方向一致,磁化磁场的磁感应强度将趋向于某一定值。这一特性称为磁饱和性,表示磁性材料在磁场中被磁化过程的又一重要性质。

描述磁性材料在磁化时,磁感应强度 $B$ 与磁场强度 $H$ 之间关系的曲线称为磁化曲线,如图 6-3 所示。不同材料的磁化曲线如图 6-4 所示,其中曲线 $a$、$b$、$c$ 分别表示铸铁、铸钢、硅钢片的磁化曲线。

图 6-3、图 6-4 表明,有磁性材料存在时,$B$ 与 $H$ 不成正比;磁性材料的磁导率 $\mu$ 不是常数,随 $H$ 的变化而变化;因此,有磁性材料存在时,$\Phi$ 与 $I$ 也不成正比。

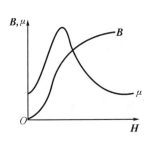

图 6-3 磁化曲线和 $B$-$H$ 关系的曲线

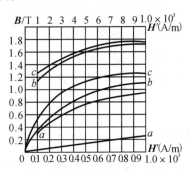

图 6-4 不同材料的磁化曲线

磁性材料的磁化曲线在磁路计算上极为重要,为非线性曲线。

### 3. 磁滞性

磁性材料中磁感应强度 $B$ 的变化总是滞后于外磁场变化的性质,称为磁滞性。

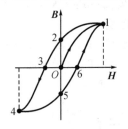

图 6-5 磁带回线

磁性材料在交变磁场中反复磁化,其 $B$-$H$ 关系曲线是一条回形闭合曲线,称为磁滞回线。磁滞回线如图 6-5 所示。在磁滞回线中,还有以下参数。

$B_r$(剩磁)表示剩磁感应强度:当线圈中电流减小到零(即 $H=0$)时,磁芯中仍然存在的磁感应强度。

$H_C$ 表示矫顽磁力,即当 $B=0$ 所需的 $H$ 值。

磁性物质不同,其磁滞回线和磁化曲线也不同。按磁性材料的磁性能,磁性材料又可分为以下三种类型。

1) 软磁材料

软磁材料具有较小的矫顽磁力,磁滞回线较窄。一般用来制造电动机、电器及变压器等的铁芯。常用的有铸铁、硅钢、坡莫合金及铁氧体等。

2) 永磁材料

永磁材料具有较大的矫顽磁力,磁滞回线较宽。一般用来制造永久磁铁。常用的有碳钢及铁镍铝钴合金等。

3) 矩磁材料

矩磁材料具有较小的矫顽磁力和较大的剩磁,磁滞回线接近矩形,稳定性良好。常在计算机和控制系统中用作记忆元件。常用的有镁、锰、铁氧体等。

### 6.1.3 简单直流磁路的计算

磁路计算的问题一般分为以下两类:一类是已知磁路中励磁线圈的安匝数,求

磁路铁芯中的磁通 $\Phi$;另一类是已知磁路中的磁通 $\Phi$,求励磁线圈的安匝数。本小节仅讨论后一类问题。

【例 6-1】 一环形铁芯线圈如图 6-6 所示,已知励磁线圈的匝数为 500 匝,铁芯中的磁感应强度 $B=1$ T,磁路平均长度为 50 cm。试求:(1)铁芯为铸钢时的励磁线圈中的电流;(2)铁芯为硅钢片时的励磁线圈中的电流。

【解】 $B=1$ T 时,查图 6-5 曲线,铁芯为铸钢时,$H=700$ A/m;铁芯为硅钢片时,$H=350$ A/m。

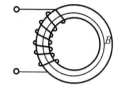

图 6-6 例 6-1 环形铁芯线圈

(1) $H_1=700$ A/m,$I_1=\dfrac{H_1 L}{N}=\dfrac{700\times 0.5}{500}$ A$=0.7$ A

(2) $H_2=350$ A/m,$I_2=\dfrac{H_2 L}{N}=\dfrac{350\times 0.5}{500}$ A$=0.35$ A

比较(1)、(2)两种情况可知,使用的铁磁材料不同,要得到同样的磁感应强度,则所需要的励磁电流也不同。采用磁导率的高铁磁材料,可以使励磁电流减小。

磁路分析计算步骤如下(由磁通 $\Phi$ 求磁通势 $F=NI$)。

设磁路由不同材料或不同长度和截面积的 $n$ 段组成,其则基本公式为
$$NI=H_1 l_1+H_2 l_2+\cdots+H_n l_n$$
即
$$NI=\sum_{i=1}^{n} H_i l_i$$

(1) 求各段磁感应强度 $B_i$。各段磁路截面积不同,通过同一磁通 $\Phi$,故有
$$B_1=\dfrac{\Phi}{S_1},\quad B_2=\dfrac{\Phi}{S_2},\quad \cdots,\quad B_n=\dfrac{\Phi}{S_n}$$

(2) 求各段磁场强度 $H_i$。根据各段磁路材料的磁化曲线 $B_i=f(H_i)$,求与 $B_1$,$B_2$,$\cdots$ 相对应的 $H_1$,$H_2$,$\cdots$。

(3) 计算各段磁路的磁压降 $H_i l_i$。

(4) 根据下式求出磁通势 $NI$:
$$NI=\sum_{i=1}^{n} H_i l_i$$

【例 6-2】 有一环形铁芯线圈如图 6-7 所示,其内径为 10 cm,外径为 15 cm,铁芯材料为铸钢。磁路中含有一空气隙,其长度等于 0.2 cm。设线圈中通有 1 A 的电流,如要得到 0.9 T 的磁感应强度,试求线圈匝数。

【解】 空气隙的磁场强度为
$$H_0=\dfrac{B_0}{\mu_0}=\dfrac{0.9}{4\pi\times 10^{-7}}=7.2\times 10^5 \text{ A/m}$$
$$H_0\delta=7.2\times 10^5\times 0.2\times 10^{-2} \text{ A}=1\,440 \text{ A}$$

根据铸钢铁芯的磁场强度,查铸钢的磁化曲线,当 $B=0.9$ T 时,磁场强度 $H_1=500$ A/m。

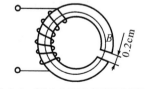

图 6-7 例 6-2 有空气隙环形铁芯

磁路的平均总长度为 $l = \dfrac{10+15}{2}\pi = 39.2$ cm

铁芯的平均长度为 $l_1 = l - \delta = (39.2 - 0.2)$ cm $= 39$ cm

当 $B = 0.9$ T 时，磁场强度 $H_1 = 500$ A/m，则有

$$H_1 l_1 = 500 \times (39.2 - 0.2) \times 10^{-2} \text{ A} = 195 \text{ A}$$

总磁通势为 $NI = H_1 l_1 + H_0 \delta = (195 + 1\,440)$ A $= 1\,635$ A

芯线圈线圈匝数为 $N = \dfrac{NI}{I} = \dfrac{1\,635}{1} = 1\,635$

从该例中可以看出，当磁路中含有空气隙时，磁通势中的大部分都降落在空气隙上面。

## 6.2 变压器

变压器是按照电磁感应原理，将某个幅值的交流电压变为同频率的另一个幅值的交流电压的设备，在电力系统和电子线路中应用非常广泛。本节将介绍变压器的基本原理和应用。

### 6.2.1 变压器的基本结构和分类

变压器主要由铁芯和绕组两个基本部分组成，其结构示意图和符号如图 6-8 所示。三相电力变压器还包括油箱、绝缘套管等附件，图 6-8 所示的是一个简单的双绕组变压器，在一个闭合的铁芯上套有两个绕组，绕组与绕组之间及绕组与铁芯之间都是绝缘的。

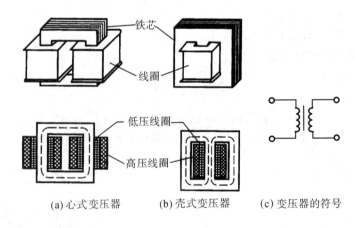

(a) 心式变压器　　(b) 壳式变压器　　(c) 变压器的符号

图 6-8　变压器的结构示意图和符号图

**1. 结构**

（1）铁芯。铁芯用软磁材料制作。常用的铁芯材料有硅钢、坡莫合金、铁氧体等。铁芯作用是构成磁路。为了减小铁芯内的磁滞和涡流损耗，变压器铁芯大多用 0.35～0.5 mm 厚的硅钢片交错叠加而成，起导磁作用。

（2）绕组。变压器所用的绕组通常用绝缘的漆包线绕制，是变压器的电路部分。其作用是传输电能，通过电磁感应实现电压、电流的变换。变压器绕组分为原边绕组和副边绕组。凡接到电源端吸取电能的绕组称为原边绕组（或称初级绕组）；凡输出电能端的绕组称为副边绕组（或称次级绕组）。

**2. 分类**

（1）按相数分类：有单相变压器、三相变压器等。

（2）按用途分类：有电力变压器、电炉变压器、电焊变压器和整流变压器等，还有用于测量电压互感器和电流互感器的变压器。

（3）按冷却方式及冷却的介质分类：有以空气冷却的干式变压器，有以油冷却的油浸式变压器。

（4）按制造方式分类：有壳式、心式变压器。

### 6.2.2 变压器的工作原理

下面以单相变压器为例来说明变压器的工作原理。

**1. 空载运行情况与电压变换**

变压器原边绕组接交流电源，副边绕组开路，称为空载运行。如图 6-9 所示。此时变压器原边绕组中流过的电流是空载电流，用 $i_{10}$ 表示。

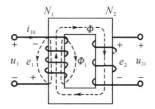

图 6-9 变压器空载运行

空载电流 $i_{10}$ 就是励磁电流。磁动势 $i_{10} N_1$ 在铁芯中产生的主磁通 $\Phi$ 通过闭合铁芯，既穿过原边绕组，也穿过副边绕组，于是在原、副边绕组中分别感应出电动势 $e_1$ 和 $e_2$。

由法拉第电磁感应定律可得

$$\left. \begin{aligned} e_1 &= -N_1 \frac{d\Phi}{dt} = -N_1 \omega \Phi_m \cos\omega t = E_{1m} \sin(\omega t - 90°) \\ e_2 &= -N_2 \frac{d\Phi}{dt} = -N_2 \omega \Phi_m \cos\omega t = E_{2m} \sin(\omega t - 90°) \end{aligned} \right\} \quad (6-8)$$

式中：$N_1$ 和 $N_2$ 分别为原、副边绕组的匝数；$\omega$ 为电源的角频率，$E_{1m}$ 和 $E_{2m}$ 分别为 $e_1$ 和 $e_2$ 的最大值。

$$\left. \begin{aligned} E_{1m} &= N_1 \omega \Phi_m = 2\pi f N_1 \Phi_m \\ E_{2m} &= N_2 \omega \Phi_m = 2\pi f N_2 \Phi_m \end{aligned} \right\} \quad (6-9)$$

把上式写成有效值形式为

$$E_1 = \frac{E_{1m}}{\sqrt{2}} = \frac{N_1 \omega \Phi_m}{\sqrt{2}} = 4.44 f N_1 \Phi_m \left.\begin{matrix}\\\\\end{matrix}\right\} \quad (6\text{-}10)$$
$$E_2 = \frac{E_{2m}}{\sqrt{2}} = \frac{N_2 \omega \Phi_m}{\sqrt{2}} = 4.44 f N_2 \Phi_m$$

空载电流 $i_{10}$ 除了产生主磁通 $\Phi$ 外，还产生漏磁通 $\Phi_1$，漏磁通 $\Phi_1$ 只与原边绕组交链。由于漏磁通 $\Phi_1$ 经过的磁路大部分是空气，可以认为 $\Phi_1$ 与 $i_{10}$ 成线性，于是将漏磁通 $\Phi_1$ 的作用等效为电感 $L_1$，漏磁通 $\Phi_1$ 产生的漏磁感应电动势等于 $I_{10} X_{L1}$，$X_{L1} = \omega L_1$，$X_{L1}$ 称为原边绕组的漏磁感抗。于是变压器空载时的等效电路如图 6-10 所示。变压器原边绕组电压方程为

$$\dot{U}_1 = (R_1 + jX_1)\dot{I}_{10} - \dot{E}_1 \quad (6\text{-}11)$$

由于空载时 $i_{10}$ 很小，可以忽略，于是有

$$\dot{U}_1 \approx -\dot{E}_1$$

变压器副边绕组电压方程为

$$\dot{U}_{20} = \dot{E}_2$$

变压器原、副边绕组电压比值为

$$\frac{\dot{U}_1}{\dot{U}_{20}} \approx \frac{E_1}{E_2} = \frac{4.44 f N_1 \Phi_m}{4.44 f N_2 \Phi_m} = \frac{N_1}{N_2} = k \quad (6\text{-}12)$$

式(6-12)中，$k$ 为变比。改变匝数比，就能改变输出电压 $U_2$，从而实现电压变换。

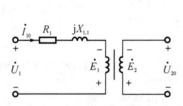

图 6-10 变压器空载时的等效电路

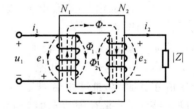

图 6-11 变压器有载运行

**2. 有载运行情况与电流变换**

变压器原边绕组接交流电源，副边绕组接负载，称为有载运行。如图 6-11 所示。此时变压器副边绕组中流过的电流是负载电流 $i_2$。

1) 电流关系

由于变压器副边绕组接上负载，在 $e_2$ 作用下，产生电流 $i_2$，这时铁芯中的主磁通 $\Phi$ 是由 $i_1$ 和 $i_2$ 共同产生的。由 $U_1 \approx E_1 \approx 4.44 f N_1 \Phi$ 可知，当电源的电压和频率不变时，铁芯中的磁通最大值应保持基本不变，那么磁动势也应保持不变，即空载时磁动势应等于有载时磁动势：

$$\dot{I}_{10}N_1 = \dot{I}_1N_1 + \dot{I}_2N_2 \tag{6-13}$$

由于变压器空载电流 $I_{10}$ 很小，一般只有额定电流 $I_{1n}$ 的百分之几，因此，当变压器额定运行时 $I_{10}N_1$ 可忽略不计，于是有

$$\dot{I}_1N_1 + \dot{I}_2N_2 \approx 0, \quad \dot{I}_1N_1 = -\dot{I}_2N_2 \tag{6-14}$$

可见，变压器负载运行时，原、副边绕组的磁动势方向相反，即副边电流 $i_2$ 对原边电流 $i_1$ 产生的磁通有去磁的作用。因此，当负载阻抗减小，副边电流 $i_2$ 增大时，铁芯中的主磁通 $\Phi$ 将减小，于是原边电流 $i_1$ 必然增加，以保持主磁通 $\Phi$ 基本不变，所以副边电流变化时，原边电流也会相应发生变化。

由式(6-14)可得，原、副边电流有效值的关系为

$$\frac{I_1}{I_2} = \frac{N_2}{N_1} = \frac{1}{k} \tag{6-15}$$

2）电压关系

副边电流 $i_2$ 除了产生主磁通 $\Phi$ 外，还产生漏磁通 $\Phi_2$，漏磁通 $\Phi_2$ 只与副边绕组交链。用类似处理漏磁通 $\Phi_1$ 的方法，将漏磁通 $\Phi_2$ 的作用等效成电感 $L_2$，漏磁通 $\Phi_2$ 产生的漏磁感应电动势等于 $i_2X_{L2}$，$X_{L2} = \omega L_2$，$X_{L2}$ 称为副边绕组的漏磁感抗。于是变压器有载时的等效电路如图 6-12 所示。因此，变压器有载时原、副边绕组电压方程为

$$\left.\begin{aligned}\dot{U}_1 &= (R_1 + jX_{L1})\dot{I}_1 - \dot{E}_1 \\ \dot{U}_2 &= \dot{E}_2 - (R_2 + jX_{L2})\dot{I}_2\end{aligned}\right\} \tag{6-16}$$

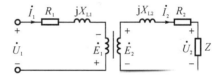

如果忽略漏磁感抗和电阻上的电压不计，则有

$$U_1 \approx E_1, \quad U_2 \approx E_2$$

图 6-12 变压器有载时的等效电路

于是，原、副边绕组电压与匝数的关系为

$$\frac{U_1}{U_2} \approx \frac{E_1}{E_2} = \frac{4.44fN_1\Phi_m}{4.44fN_2\Phi_m} = \frac{N_1}{N_2} = k \tag{6-17}$$

3）阻抗变换

变压器除了有变压和变流的作用外，还有变阻抗的作用，如图 6-13 所示。

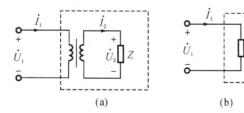

图 6-13 变压器的阻抗变换

变压器原边接电源 $U_1$，副边接负载阻抗 $Z$，对于电源来说，图中虚线框内的电路可用另一个阻抗 $Z'$ 来等效代替，如图 6-13(b)所示。所谓等效，就是它们从电源吸取

的电流和功率相等。当忽略变压器的漏磁和损耗时,等效阻抗为

$$|Z| = \frac{U_2}{I_2}$$

$$|Z'| = \frac{U_1}{I_1} = \frac{kU_2}{I_2/k} = k^2|Z| \tag{6-18}$$

式(6-18)中,$Z$ 为变压器副边的负载阻抗。式(6-18)说明,在变比为 $k$ 的变压器副边接阻抗为 $Z$ 的负载,相当于在电源上直接接一个阻抗为 $Z'$ 的负载,即变压器把负载 $Z$ 为变为阻抗 $Z'$。变压器的阻抗变换作用,在电子电路中常常用到。

【例 6-3】 已知一台单相变压器原边电压 $U_1 = 10\,000$ V,副边电压 $U_2 = 220$ V,负载为纯电阻,忽略变压器的漏磁和损耗,求当变压器的原边电流 $I_1 = 8$ A 时的副边电流 $I_2$。

【解】 变压比　　　　　$k = U_1/U_2 = 10\,000/220 = 45.5$
副边电流　　　　　$I_2 = kI_1 = 45.5 \times 8$ A $= 364$ A

【例 6-4】 电路如图 6-14 所示,交流信号源的电动势 $E = 120$ V,内阻 $R_0 = 800\ \Omega$,负载为扬声器,其等效电阻为 $R_L = 8\ \Omega$。要求:(1)当 $R_L$ 折算到原边的等效电阻 800 Ω 时,求变压器的匝数比和信号源输出的功率;(2)当将负载直接与信号源连接时,信号源输出多大功率?

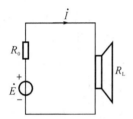

图 6-14　例 6-4 的电路

【解】 (1) 由 $R'_L = R_0 = 800\ \Omega = k^2 R_L$, $k = 10$,有

$$P_L = \left(\frac{E}{R_0 + R'_L}\right)^2 R'_L = 4.5 \text{ W}$$

(2) $P_L = \left(\dfrac{E}{R_0 + R_L}\right)^2 R_L = 0.176$ W

可见,采用变压器变换阻抗,实现变换匹配,能够使负载获得较大的功率。

### 6.2.3　变压器的外特性和效率

#### 1. 变压器的外特性

变压器在负载运行时,随着负载的增加,原、副边绕组阻抗上的电压降随之增加,副边绕组的端电压 $U_2$ 将会降低。在原边电压不变的情况下,副边电压 $U_2$ 随副边电流 $I_2$ 变化的曲线称为变压器的外特性,如图 6-15 所示,它是一条向下倾斜的曲线。对感性负载来说,功率因数越低,$U_2$ 下降得越快。

#### 2. 电压变化率

变压器从空载到满载,副边电压 $U_2$ 的变化量与空载时副边电压 $U_{20}$ 的比值称为变压器的电压变化率,用 $\Delta U$ 表示,即

$$\Delta U = \frac{U_{20} - U_2}{U_{20}} \times 100\% \tag{6-19}$$

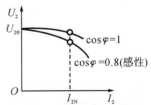

图 6-15　变压器的外特性

对负载来说,希望电压越稳定越好,即电压变化率越小越好。电力变压器的电压变化率为 2%~3%,它是一个重要的技术指标,直接影响电力变压器的供电质量。一般来说,容量大的变压器,电压变化率较小。

### 3. 效率

为了合理、经济地使用三相电力变压器,还需要考虑其效率问题。因为变压器在传输电能的过程中,原、副边绕组和铁芯都要消耗一部分功率,即铜损 $\Delta P_{Cu}$(原、副边绕组的损耗)和铁损 $\Delta P_{Fe}$(铁芯的损耗),所以输出电功率 $P_2$ 将略小于输入功率 $P_1$。输出功率 $P_2$ 与输入功率 $P_1$ 之比称为变压器的效率,通常用百分数表示,即

$$\eta = \frac{P_2}{P_1} = \frac{P_2}{P_2 + \Delta P_{Cu} + \Delta P_{Fe}} \times 100\% \qquad (6-20)$$

由上式可知,变压器的效率与负载电流有关。随着负载电流的增大,开始时变压器的效率也增大,但后来因铜损增加得很快(铜损与电流平方成正比,铁损因主磁通不变也保持不变),反而有所减小,在不到额定负载时达到效率的最大值。三相电力变压器在额定负载时的效率可达 96%~99%,但轻载时的效率很低,因此,应合理选用电力变压器的容量,避免长期轻载运行或空载运行。

## 6.2.4 电源变压器绕组的极性与连接

### 1. 变压器的同极性端

当电流流入(或流出)两个线圈时,若产生的磁通方向相同,则两个流入(或流出)端称为同极性端。或者说,当铁芯中磁通变化时,在两线圈中产生的感应电动势极性相同的两端为同极性端,也称同名端。同极性端用"·"表示。它与绕组的绕向有关,如图 6-16 所示。

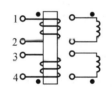

图 6-16 变压器的同极性端

### 2. 变压器绕组的连接

变压器的绕组有时需要串联或并联,这时必须注意变压器绕组的同极性端,如图 6-17 所示;否则,将烧毁绕组。

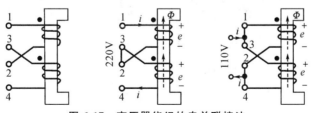

图 6-17 变压器绕组的串并联接法

## 6.3 电动机

电动机是一个能量转换装置,电动机的作用是将电能转换为机械能。在工农业生产和日常生活中,常常用电动机来驱动。

电动机驱动生产机械具有以下优点:简化生产机械的结构;提高生产率和产品质量;能实现自动控制和远距离操纵;减轻繁重的体力劳动。

根据不同生产机械的要求,正确选择电动机的功率、种类、形式,以及正确选择它的保护电器和控制电器是极为重要的。

本节主要介绍三相异步电动机结构和工作原理。三相异步电动机的转矩与机械特性、起动、调速和制动的方法,电动机的铭牌数据以及使用要求。简单说明单相异步电动机的结构和工作原理。

### 6.3.1 三相交流异步电动机

#### 1. 三相异步电动机的构造

三相异步电动机分成两个基本部分:定子(固定部分)和转子(旋转部分),如图 6-18 所示。

(1) 定子。三相异步电动机的定子是由机座(铸铁或铸钢制成)、装在机座内的圆筒形铁芯(由互相绝缘的硅钢片叠成)及铁芯内圆周表面槽中放置的对称三相定子绕组(接成星形或三角形)三部分组成的。

(2) 转子。三相异步电动机转子是由铁芯和绕组组成的。转子铁芯是圆柱状,也用硅钢片叠成,表面冲有槽。铁芯装在转轴上,轴上加机械负载。定子和转子的铁芯示意图如图 6-19 所示。

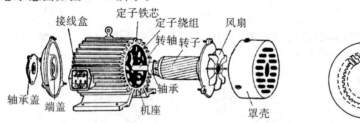

图 6-18 三相异步电动机的结构　　图 6-19 定子和转子的铁芯

根据构造上的不同,转子可分为笼型和绕线型两种形式。

笼型的转子绕组做成鼠笼状,就是在转子铁芯的槽中放铜条,其两端用端环连接,如图 6-20 所示。或者在槽中浇铸铝液,铸成一个鼠笼,如图 6-21 所示,这样便可以用廉价的铝来代替铜,同时制造快捷。因此,目前中小型鼠笼式电动机的转子很多是铸铝的。由于构造简单、价格低廉、工作可靠、使用方便,笼型电动机成为生产上应用最广泛的一种电动机。

图 6-20 笼型转子

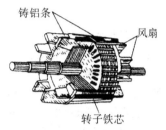

图 6-21 铸铝的笼型转子

绕线型异步电动机的构造如图 6-22 所示,它的转子绕组同定子绕组一样,也是三相的,并连成星形。每相的始端连接在三个铜制的滑环上,滑环固定在转轴上。环与环、环与转轴都互相绝缘。在环上用弹簧压着碳质电刷。启动电阻和调速电阻是借助于电刷同滑环和转子绕组连接的。通常根据绕线型异步电动机具有三个滑环的构造特点来辨认。

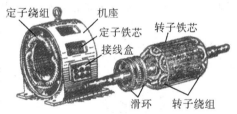

图 6-22 绕线型异步电动机的构造

**2. 三相异步电动机的转动原理**

三相异步电动机的转动,是由接在电机定子线圈上的三相电源的驱动的。而定子线圈的电源之所以能使电动机的转子转动,其主要原因是三相电源产生的旋转磁场与转子线圈相互作用的结果。因此,首先将介绍旋转磁场。

1) 旋转磁场的产生

假设三相异步电动机定子绕组接成星形,如图 6-23 所示。为分析方便作如下规定。

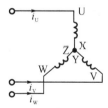

图 6-23 三相绕组的星形接法

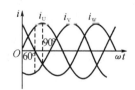

图 6-24 三相对称交流电流

(1) 通入定子绕组中三相对称交流电流是对称的,其波形如图 6-24 所示。三相对称交流电流的表达式为

$$\left. \begin{array}{l} i_{\mathrm{U}} = I_{\mathrm{m}}\sin\omega t \\ i_{\mathrm{V}} = I_{\mathrm{m}}\sin(\omega t - 120°) \\ i_{\mathrm{W}} = I_{\mathrm{m}}\sin(\omega t + 120°) \end{array} \right\} \quad (6-21)$$

(2) 三相对称定子绕组也是对称的,在空间互差 120°,如图 6-25 所示。

(3) 设电流正半周时电流从绕组首端流入,电流负半周时电流从绕组末端流入。

从图 6-25 可以看出,在三相对称交流电流的相序(即电流出现正幅值的顺序)为 U→V→W 的条件下,当 $\omega t = 0°$ 时,定子线圈的电流分别由 Y、W 两端流入,从 Z、V 两端流出,根据右手螺旋法,形成的合成磁场方向为自上而下也为 0°;当 $\omega t = 60°$ 时,定子线圈的电流分别由 U、Y 两端流入,从 X、Z 两端流出,根据右手螺旋法,形成的合成磁场方向为向右旋转 60°;当 $\omega t = 90°$ 时,定子线圈的电流分别由 U、Y、Z 三端流入,从 X、V、W 三端流出,根据右手螺旋法,形成的合成磁场方向为向右旋转 90°。不同时刻三相对称交流电流的正负方向及对应的合成磁场方向如表 6-1 所示。

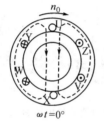 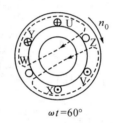 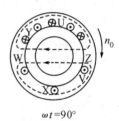

图 6-25 三相电流产生的旋转磁场($P=1$)

表 6-1 交流电流的正负方向

| $\omega t$ | $i_{\mathrm{U}}$ | $i_{\mathrm{V}}$ | $i_{\mathrm{W}}$ | 合成磁场方向 |
| --- | --- | --- | --- | --- |
| 0° | 0 | — | + | 自上而下 0° |
| 60° | + | — | 0 | 右旋转 60° |
| 90° | + | — | — | 右旋转 90° |

由以上分析可知,电流变化 90°,磁场旋转 90°。依此推理,若电流变化为 360°,则磁场旋转一周;电流不断变化,则磁场不断旋转。

在对称的三相定子绕组中通入对称三相交流电流,它们产生的合成磁场,在空间是旋转的,这就是三相电流产生的旋转磁场。

2) 旋转磁场的转向

当通入电动机定子绕组的三相电流相序为 U→V→W 时,三相电流产生的旋转磁场是顺时针方向旋转,转子转动方向也是顺时针方向。

当通入电动机定子绕组的三相电流相序变为 U→W→V 时,三相电流产生的旋转磁场将从原来顺时针方向(正转)变为逆时针方向旋转(反转),如图 6-26 所示。电动机的转子转动方向也跟着变为逆时针方向（反转）。磁场的旋转方向与通入定子绕组的三相电流相序有关。

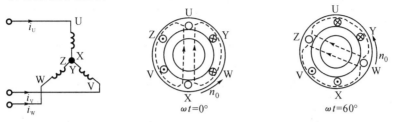

图 6-26　三相旋转磁场的反转（$P=1$）

所以，要使电动机反转，只要将同三相电源连接的电动机三根导线中的任意两根的一端对调位置，即改变通入定子绕组的三相电流相序，旋转磁场因此反转，电动机也随之改变转动方向。

3）旋转磁场的磁极对数

旋转磁场磁极对数 $P$ 取决于三相绕组的安排。如果每个绕组有一个线圈，那么三个绕组的始端之间相差 120°空间角，则产生的旋转磁场具有一对磁极：$P=1$（即一个 S 和一个 N 极），习惯称一个磁极对，如图 6-26 所示。如果每个绕组由两个线圈串联，那么三个绕组的始端之间相差 60°空间角，则产生的旋转磁场具有两对磁极（即 $P=2$），如图 6-27 所示。

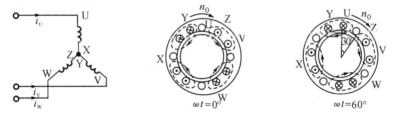

图 6-27　产生两对磁极（$P=2$）旋转磁场的定子线圈及磁场

4）旋转磁场的转速

三相异步电动机的转速与旋转磁场的转速有关。而旋转磁场的转速取决于磁场的磁极对数和电源的频率。旋转磁场的磁极对数与定子绕组安排有关。

设旋转磁场转速为 $n_0$，当旋转磁场具有 $P$ 对极时，磁场的转速为

$$n_0 = \frac{60 f_1}{P} \tag{6-22}$$

因此，旋转磁场的转速 $n_0$ 取决于电动机电源频率 $f_1$ 和磁场的极对数 $P$。对异步电动机而言，$f_1$ 和 $P$ 通常是一定的，所以磁场转速 $n_0$ 是个常数。

在我国，交流电的频率又称工频，为 $f_1=50$ Hz，对应于不同磁极对数 $P$ 的旋转

磁场转速 $n_0$ 如表 6-2 所示。

表 6-2 $f_1 = 50$ Hz，对应于不同磁极对数 $P$ 的旋转磁场转速

| 磁极对数 $P$ | 1 | 2 | 3 | 4 | 5 |
|---|---|---|---|---|---|
| $n_0$/(r/min) | 3 000 | 1 500 | 1 000 | 750 | 500 |

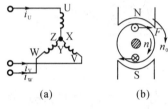

图 6-28 三相异步电动机转子转动原理

5）电动机的转动原理

三相异步电动机转子转动原理如图 6-28 所示。

图中，N、S 表示由通入定子的三相交流电产生的旋转磁场的两极。转子中只表示出分别靠近 N 极和 S 极的两根导电条（铜或铝）。旋转磁场向顺时针方向旋转时，其磁力线切割转子导电条，导电条感应电动势。在电动势的作用下，闭合的导电条中就有感应电流。感应电流的方向可以根据右手定则来判断，判断的结果如图 6-28(b) 所示。导电条中的感应电流与旋转磁场相互作用，使转子导电条受到电磁力 $F$ 作用。电磁力的方向可以由左手定则确定。靠近 N 极和 S 极的两根导电条产生的电磁力形成电磁转矩，使转子转动起来。

通过分析，三相异步电动机转动原理可归纳为：三相对称交流电通入三相对称定子绕组，产生旋转磁场。其磁力线切割转子导电条，使导电条中产生感应电动势，闭合的导电条中便有感应电流流过。在感应电流与旋转磁场的相互作用下，转子导电条受到电磁力并形成电磁转矩，从而使转子转动起来。

**3. 电动机的转差率 $S$**

由电动机转动原理可知，电动机转速 $n$ 与旋转磁场转速 $n_0$ 之间必须有差别，否则转子与旋转磁场之间就没有相对运动，则磁力线就不切割转子导体，转子电动势、转子电流及转矩也就都不存在。这样，转子就不可能继续以转速 $n$ 转动。这就是异步电动机名称的由来。而旋转磁场转速 $n_0$ 常称为同步转速。

通常用转差率 $S$ 来表示转子转速 $n$ 与旋转磁场转速 $n_0$ 之间相差的程度，即

$$S = \frac{n_0 - n}{n_0} \times 100\% \tag{6-23}$$

转差率是异步电动机的一个重要的物理量。转子转速越接近旋转磁场转速，转差率越小。由于三相异步电动机的额定转速与同步转速相近，所以它的转差率很小。通常异步电动机在额定负载时的转差率为 1%～9%。

当 $n = 0$ 时（即启动初始瞬间），$S = 1$，这时转差率最大；当 $n = n_0$ 时，$S = 0$。

【例 6-5】 有一台三相异步电动机，其额定转速 $n = 975$ r/min，试求电动机的磁极对数和在额定负载时的转差率。电源频率 $f_1 = 50$ Hz。

【解】 由于电动机的额定转速接近而略小于同步转速，而同步转速对应于不同的磁极对数有

一系列固定的数值(表 6-2)。显然,与电动机额定转速 975 r/min 最相近的旋转磁场转速(即同步转速)为 $n_0 = 1\ 000$ r/min,与此相应的磁极对数 $P=3$。因此,额定负载时的转差率为

$$S = \frac{n_0 - n}{n_0} \times 100\% = \frac{1\ 000 - 975}{1\ 000} \times 100\% = 2.5\%$$

### *4. 三相异步电动机的电路分析

从电磁关系而言,电动机的电路与变压器电路相似:定子线圈相当于变压器的初级线圈,转子线圈(一般是短接的回路)相当于变压器的次级线圈。因此,三相异步电动机的每一相电路如图 6-29 所示。

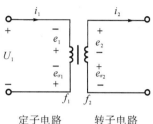

图 6-29 三相异步电动机每相电路

当三相异步电动机定子绕组接上三相电源(相电压为 $u_1$)时,则有三相电流(相电流为 $i_1$)通过。定子三相电流产生旋转磁场,其磁力线通过定子和转子铁芯而闭合。这个旋转磁场不仅在转子每相绕组中要感应出电动势 $e_2$(由此产生的感应电流为 $i_2$),而且在定子每相绕组中也要感应出电动势 $e_1$(实际上,三相异步电动机中的旋转磁场是由定子电流和转子电流共同产生的)。此外,定子绕组和转子绕组中的漏磁通还分别产生漏磁电动势 $e_{\sigma 1}$ 和 $e_{\sigma 2}$。

设定子和转子每相绕组的匝数分别为 $N_1$ 和 $N_2$;每相绕组的电阻分别为 $R_1$ 和 $R_2$;每相绕组的漏磁感抗分别为 $X_1$ 和 $X_2$;定子电流和转子电流的频率分别为 $f_1$ 和 $f_2$。则定子和转子每相电路的电压方程分别为

$$\left. \begin{array}{l} u_1 = R_1 i_1 + (-e_1) + (-e_{\sigma 1}) \\ e_2 = R_2 i_2 + (-e_{\sigma 2}) \end{array} \right\}$$

用相量表示为

$$\left. \begin{array}{l} \dot{U}_1 = R_1 \dot{I}_1 - \dot{E}_1 + jX_1 \dot{I}_1 \\ \dot{E}_2 = R_2 \dot{I}_2 + jX_2 \dot{I}_2 \end{array} \right\} \quad (6\text{-}24)$$

如果忽略电阻 $R_1$ 和感抗 $X_1$ 的电压降,则有

$$\dot{U}_1 \approx -\dot{E}_1 = 4.44 f_1 N_1 \Phi \quad (6\text{-}25)$$

由于定子电流的频率为 $f_1 = \frac{pn_0}{60}$,所以转子电流的频率为

$$f_2 = \frac{p(n_0 - n)}{60} = \frac{pn_0}{60} \cdot \frac{n_0 - n}{n_0} = Sf_1 \quad (6\text{-}26)$$

可见,转子频率 $f_2$ 与转差率 $S$ 有关。当 $n=0, S=1$ 时($n=0$ 电动机启动初始瞬间),转子频率最高 $f_2 = f_1$。当 $f_1 = 50$ Hz 时,则异步电动机在额定运行时,$f_2 = 0.5 \sim 4.5$ Hz。

对比变压器电路,转子电动势 $e_2$ 的有效值可为

$$\dot{E}_2 = 4.44 f_2 N_2 \Phi = 4.44 S f_1 N_2 \Phi \quad (6\text{-}27)$$

当 $n=0$ 时 $S=1$，转子电动势 $e_2$ 的有效值最大，即

$$\dot{E}_{20}=4.44f_1N_2\Phi \quad \text{或} \quad \dot{E}_2=S\dot{E}_{20} \tag{6-28}$$

当 $n=0$ 时 $S=1$，转子感抗 $X_2$ 也最大，即

$$X_{20}=2\pi Sf_1L_{\sigma 2} \quad \text{或} \quad X_2=SX_{20} \tag{6-29}$$

而转子电流 $I_2$ 和转子电路的功率因数 $\cos\varphi_2$ 分别为

$$\left.\begin{array}{l}I_2=\dfrac{E_2}{\sqrt{R_2^2+X_2^2}}=\dfrac{SE_{20}}{\sqrt{R_2^2+(SX_{20})^2}} \\ \cos\varphi_2=\dfrac{R_2}{\sqrt{R_2^2+X_2^2}}=\dfrac{R_2}{\sqrt{R_2^2+(SX_{20})^2}}\end{array}\right\} \tag{6-30}$$

**5. 异步电动机的转矩与机械特性**

1) 转矩公式

异步电动机的转矩 $T$ 由旋转磁场的每极磁通 $\Phi$ 与转子电流 $I_2$ 相互作用产生，即

$$T=K\Phi I_2\cos\varphi_2$$

式中：$K$ 是一个常数，它与电动机的结构有关。由上式可见，转矩 $T$ 除与每极磁通 $\Phi$ 成正比外，还与 $I_2\cos\varphi_2$ 成正比。由于转子电流和功率因数 $\cos\varphi_2$ 与转差率 $S$ 有关，所以转矩 $T$ 也与转差率 $S$ 有关。转矩的另一个表示式为

$$T=K\dfrac{SR_2U_1^2}{R_2^2+(SX_{20})^2} \tag{6-31}$$

由式(6-31)可知，转矩 $T$ 还与定子每相电压 $U_1$ 成正比，所以当电源电压有所变动时，对转矩的影响很大。此外，转矩还受转子电阻 $R_2$ 的影响。

2) 机械特性曲线

在一定的电源电压 $U_1$ 和转子电阻 $R_2$ 之下，转矩 $T$ 与转差率 $S$ 的关系曲线 $T=f(S)$，如图 6-30(a)所示；转速 $n$ 与转矩 $T$ 的关系曲线 $n=f(T)$，如图 6-30(b)所示，这条曲线称为电动机的机械特性曲线。研究机械特性的目的是为了分析电动机的运行性能。在机械特性曲线上，要讨论以下三个转矩。

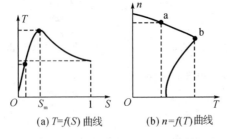

图 6-30 三相异步电动机的机械特性曲线

(1) 额定转矩 $T_N$。额定转矩是电动机在额定负载时的转矩，它可从电动机铭牌上的额定功率 $P_{2N}$ 和额定转速 $n_N$ 求得

$$T_N=9\,550\dfrac{P_{2N}}{n_N} \tag{6-32}$$

式中：功率 $P_{2N}$ 的单位是 kW；转速 $n_N$ 的单位是 r/min；转矩 $T_N$ 的单位是 N·m。

(2) 最大转矩 $T_{max}$。机械特性曲线上看，转矩有一个最大值，称为最大转矩或临

界转矩。对应于最大转矩的转差率为 $S_m$，可由 $dT/dS$ 求得

$$S_m = \frac{R_2}{X_{20}}$$

将 $S_m$ 代入式(6-31)，有

$$T_{max} = K \frac{U_1^2}{2X_{20}} \tag{6-33}$$

由上式可知，$T_{max}$ 与 $U_1$ 的平方成正比，与 $R_2$ 无关；而 $S_m$ 与 $R_2$ 有关。

当电动机的负载转矩超过额定转矩时，称为电动机过载。电动机的最大过载可以接近最大转矩。但当负载转矩超过最大转矩时，电动机就带不动了，发生所谓的"闷车"现象。出现"闷车"现象后，电动机的电流马上升高六七倍，电动机严重过载，以致烧坏。

如果电动机过载时间较短，电动机不至于立即过热，这是允许的。因此，最大转矩也表示电动机短时允许过载的能力。电动机的最大转矩 $T_{max}$ 与额定转矩 $T_N$ 之比称为过载系数 $\lambda$，即

$$\lambda = T_{max} / T_N \tag{6-34}$$

在选用电动机时，必须考虑可能出现的最大负载转矩，然后根据所选电动机的过载系数算出电动机的最大转矩，它必须大于最大负载转矩；否则，就要重选电动机。

(3) 启动转矩 $T_{St}$。电动机刚启动（$n=0, S=1$）时的转矩称为启动转矩 $T_{St}$，将 $S=1$ 代入式(6-31)有

$$T_{St} = K \frac{R_2 U_1^2}{R_2^2 + X_{20}^2} \tag{6-35}$$

由上式可知，$T_{St}$ 与 $U_1$ 及 $R_2$ 有关。当电源电压 $U_1$ 降低时 $T_{St}$ 会减小；当转子电阻 $R_2$ 适当增大时，$T_{St}$ 会增大；当转子电阻 $R_2 = X_{20}$ 时，$S_m = 1$，$T_{St} = T_{max}$；转子电阻 $R_2$ 继续增大时，$T_{St}$ 会减小。

### 6. 三相异步电动机的启动

#### 1) 启动性能

(1) 启动电流 $I_{St}$。在电动机刚启动时，转子电流最大，定子电流必然相应较大。一般中小型鼠笼式电动机的定子启动电流（指线电流）与额定电流之比为 5~7 倍。

电动机不是频繁启动时，启动电流 $I_{St}$ 对电动机本身影响不大。因为启动电流虽大，但启动时间一般很短（小型电动机只有 1~3 s），从发热角度考虑没有问题，并且一经启动，转速很快升高，启动电流便很快减小了。但当频繁启动时，由于热量积累，可以使电动机过热。因此，在实际操作时应尽可能避免电动机频繁启动。例如，机床在切削加工时，一般只是用摩擦离合器或电磁离合器将主轴与电动机轴脱开，而不是将电动机停下来。

但是，电动机的启动电流对线路是有影响的。过大的启动电流会在短时间内在

电路上造成较大的电压降落,而使负载端电压降低,影响邻近负载的正常工作。

(2) 启动转矩 $T_{St}$。在电动机刚启动时,虽然转子电流较大,但转子的功率因数 $\cos\varphi_2$ 很小。启动转矩 $T_{St}$ 实际上很小,它与额定转矩的比值为 1.0~2.2。

如果启动转矩 $T_{St}$ 过小,就不能在满载下启动,应设法提高。但启动转矩 $T_{St}$ 过大,会使传动机构(如齿轮)受到冲击而损坏,所以又应设法减小。一般机床的主电动机都是空载启动(启动后再切削),对启动转矩 $T_{St}$ 没有什么要求。但对起重用的电动机而言,应采用启动转矩较大的电动机。

由上述可知,异步电动机启动时的主要缺点是启动电流较大。为了减小启动电流(有时也为了提高或减小启动转矩),必须采用适当的启动方法。

2) 启动方法

(1) 直接启动。直接启动是用开关或接触器将电动机直接接到额定电压的电源上。它的特点是简单,但启动电流 $I_{St}$ 较大,将使线路电压下降。直接启动法适用于 20 kW 以下的电动机。

(2) 降压启动。如果直接启动使线路电压下降较大,必须采用降压启动,以减少启动电流。常用的降压启动方法有下面几种。

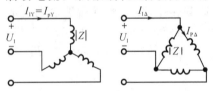

图 6-31 三相异步电动机的 Y—△ 换接启动电流

① 星形—三角形(Y—△)换接启动。Y—△ 的条件是正常运行时采用△接法的笼型电动机。Y—△ 方法是先使电动机在启动时连成星形,等到转速接近额定值时再换接成三角形。它的特点是启动器简单、可靠。下面通过图来比较异步电动机星形连接和三角形连接时的启动电流大小。由图 6-31 的计算,有 $I_{1Y}=I_{1\triangle}/3$,即星形连接启动电流降低到三角形连接的 1/3。

② 自耦变压器降压启动。自耦变压器降压启动方法是在启动时,先将电动机接到自耦变压器的副边,当电动机的转速接近额定值时,再将电动机转接到原边电源上,如图 6-32 所示。

它的特点是需要三相变压器,控制线路比较复杂,但可大大减少启动电流。

3) 绕线型异步电动机的启动

绕线型电动机在转子回路中接入启动电阻的启动方法:在绕线型电动机启动时,在电动机的转子回路中接入大小合适的启动电阻,随着电动机转速的上升,逐步减少启动电阻,直到启动电阻完全被切除,启动结束,如图 6-33 所示。

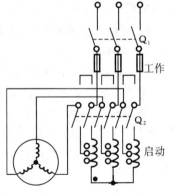

图 6-32 三相异步电动机的自耦降压启动接线图

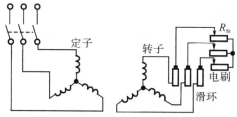

**图 6-33 三相绕线型异步电动机的启动接线图**

它的特点是启动电流小,启动转矩大,最大时 $T_{St} = T_{max}$。可用在需要电动机有较大启动转矩的场合。

**【例 6-6】** 有一个 Y225M-4 型三相异步电动机,其额定数据如下。试求:(1) 额定电流 $I_N$、启动电流 $I_{St}$;(2) 额定转差率 $S_N$;(3) 额定转矩 $T_N$、最大转矩 $T_{max}$、启动转矩 $T_{St}$。

| 功率 | 转速 | 电压 | 效率 | 功率因数 | $I_{St}/I_N$ | $T_{St}/T_N$ | $T_{max}/T_N$ |
|---|---|---|---|---|---|---|---|
| 50 kW | 1 465 r/min | 380 V | 91.5% | 0.87 | 7.2 | 2.0 | 2.4 |

**【解】** (1) 4~100 kW 的电动机通常都是 380 V,三角形连接,故有

$$I_N = \frac{50 \times 1000}{\sqrt{3} \times 380 \times 0.87 \times 0.915} \text{ A} = 95.4 \text{ A}$$

$$I_{St} = 7.2 I_N = 7.2 \times 95.4 \text{ A} = 686.9 \text{ A}$$

(2) 由电动机额定转速 $n = 1465$ r/min 可知,电动机是四级的,即 $P = 2$,$n_0 = 1500$ r/min。所以

$$S_N = \frac{1500 - 1465}{1500} = 0.023$$

(3)

$$T_N = 9550 \times \frac{50}{1465} \text{ N·m} = 325.9 \text{ N·m}$$

$$T_{max} = 2.4 \, T_N = 2.4 \times 325.9 \text{ N·m} = 782.2 \text{ N·m}$$

$$T_{St} = 2.0 \, T_N = 2.0 \times 325.9 \text{ N·m} = 651.8 \text{ N·m}$$

### 7. 三相异步电动机的调速

电动机的调速就是在同一负载下得到不同的转速,以满足生产过程的要求。例如,各种切削机床的主轴运动随着工件与刀具的材料、工件直径、加工工艺的要求及走刀量的大小等的不同,要求有不同的转速,以获得最高的生产效率和保证加工质量。如果采用电气调速,就可以大大简化机械变速机构。由转差率公式,可得

$$n = (1-S)n_0 = (1-S)\frac{60 f_1}{P} \tag{6-36}$$

上式表明,改变电动机的转速有三种可能的途径,即改变磁极对数 $P$、电源频率 $f_1$ 及转差率 $S$。因此,三相异步电动机的调速方法有变频调速、变极调速、变转差率调速等三种。前两种方法可用于笼型电动机,后一种方法只可用于绕线型电动机。

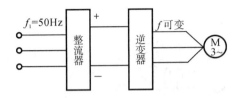

图 6-34 三相异步电动机变频调速原理图

1) 变频调速

改变电源频率的方法进行调速,称为变频调速。如图 6-34 所示。通过改变加到电动机的电源频率 $f_1$ 来实现调速,其调速特点是:可实现无级调速,并具有较硬性的机械特性。

通常有两种调速方式,其特点如下。

(1) 在 $f_1 < f_{1N}$,即低于额定转速调速时,保持 $U_1/f_1$ 比值不变,由式(6-25)可知: $\dot{U}_1 \approx -\dot{E}_1 = 4.44 f_1 N_1 \Phi$,此时磁通 $\Phi$ 保持不变,则转矩 $T$ 近似保持不变,即所谓恒转矩调速。

如果转速调低时 $U_1 = U_{1N}$ 保持不变,则减小 $f_1$ 时磁通 $\Phi$ 将增加,会使磁路饱和,导致电动机过热。

(2) 在 $f_1 > f_{1N}$,即高于额定转速调速时,应保持 $U_1 \approx U_{1N}$,此时频率增加,磁通 $\Phi$ 将减小,转矩 $T$ 也都将减小,即转速增大、转矩减小。功率近似保持不变。即恒功率调速。

如果转速调高时保持 $U_1/f_1$ 比值不变,则增加 $f_1$ 时 $U_1$ 也要增加,$U_1$ 超过额定电压也是不允许的。

频率调节范围可以从零点几赫兹到几百赫兹。

2) 变极调速

笼型三相异步电动机采用改变磁极对数的方法进行调速,称为变极调速,如图 6-35 所示。此种方法是通过改变定子绕组的接法来改变磁极对数 $P$,如图 6-36所示。其调速特点是:调速是有级差(或不连续)的。

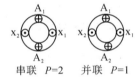

图 6-35 三相异步电动机变极调速原理图

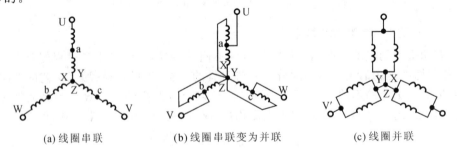

(a) 线圈串联　　(b) 线圈串联变为并联　　(c) 线圈并联

图 6-36 双速电动机中改变定子绕组接法的示意图

3) 变转差率调速

采用改变转差率的方法进行调速,称为变转差率调速。变转差率调速有串级、交流整流子电机调速、滑差电机调速、定子调电压和转子串电阻等方法。

转子串电阻方法是在线绕式电动机转子电路中接入调速电阻,减小调速电阻以平滑调速。调速特点是设备简单、投资少,但能量损耗较大。

**8. 三相异步电动机的制动**

由于电动机的转动部分有惯性,当切断电源后,电动机还会继续转动一定时间后停止转动。为了缩短辅助工时,提高生产机械的生产率,并为了安全起见,往往要求电动机能够迅速停车和反转,这就需要对电动机进行制动。

对电动机制动,也就是迅速消除断电后的转动惯性,要求它的电磁转矩与转子的转动方向相反。这时的转矩称为制动转矩。

三相异步电动机常用的制动方法有能耗制动、反接制动和发电反馈制动。

1) 能耗制动

能耗制动的方法:在切断三相电源的同时,接通直流电源,使直流电流通入定子绕组。产生固定不动的磁场(即 $n_0=0$)。转子由于惯性转动,产生感应电动势并产生转子电流,转子电流与固定磁场相互作用产生制动转矩,如图 6-37 所示。能耗制动的特点是能很平稳地制动,但需要直流电源。

2) 反接制动

反接制动的方法:停车后立刻将电动机电源的三根导线中任意两根的一端对调位置,使旋转磁场反向旋转,产生制动转矩,如图 6-38 所示。当转速接近零时,利用某种控制电器将电源自动切断。其特点是:反接制动比较简单、效果较好,但能量消耗较大。适用于某些中型车床和铣床的主轴制动。

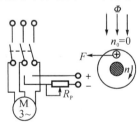
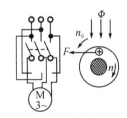

图 6-37 三相异步电动机能耗制动原理图　　图 6-38 三相异步电动机反接制动原理图

3) 发电反馈制动

发电反馈制动的首要条件是:$n > n_0$。

(1) 如多速电动机从高速调到低速的过程中,磁极对数 $P$ 刚刚加倍时 $n_0$ 立即减半,但由于惯性,$n$ 只能逐渐下降,就出现了 $n > n_0$ 的情况。

(2) 当起重机快速放下重物时,重物拖动转子,使 $n > n_0$,重物受到制动而等速下降。此时电动机已转入发电机运行,将重物的位能转换为电能而反馈到电网里去。

发电反馈制动的原理如图 6-39 所示。当转子的转速 $n$ 超过旋转磁场的转速 $n_0$

图 6-39 发电反馈制动原理图

时也会产生制动转矩。此时电动机已转入发电机运行,将产生反转转矩,达到制动的目的。

**9. 三相异步电动机的铭牌数据**

在工程应用中,为合理地使用电动机,需要进行参数选择。通常电动机的基本技术参数都记录在产品的专用铭牌中,便于安装使用,如表 6-3 所示。

表 6-3 三相异步电动机的铭牌

| 三相异步电动机 | | | | | |
|---|---|---|---|---|---|
| 型号 | Y132M-4 | 功率 | 7.5 kW | 频率 | 50 Hz |
| 电压 | 380 V | 电流 | 15.4 A | 接法 | △ |
| 转速 | 1 440 r/min | 绝缘等级 | B | 运行方式 | 连续 |
| 效率 | 90% | 温升 | 70℃ | $\cos\varphi$ | 0.8 |
| 年 月 编号: | | | | 制造单位: | |

三相异步电动机的铭牌数据的意义如下。

(1) 型号。为了适应不同用途和不同工作环境的需要,电动机制成不同的系列,每种系列用各种型号表示。例如,Y132 M-4 中:Y 表示三相异步电动机;132 表示机座中心高;M 表示机座长度代号;4 表示磁极数。

三相异步电动机机座长度代号表示为:S 表示短机座,M 表示中机座,L 表示长机座。三相异步电动机产品名称代号如表 6-4 所示。

表 6-4 异步电动机产品名称代号

| 产品名称 | 新代号 | 汉字意义 | 老代号 |
|---|---|---|---|
| 异步电动机 | Y | 异 | J,JO |
| 线绕式异步电动机 | YR | 异绕 | JR,JRO |
| 防爆型异步电动机 | YV | 异爆 | JV,JVS |
| 高启动转矩异步电动机 | YQ | 异启 | JQ |

表 6-4 中,小型 Y 系列鼠笼式异步电动机是取代 JO 系列的新产品,是封闭自扇冷式。Y 系列比 JO 系列体积小、重量轻、效率高。

(2) 接法。这是指定子三相绕组的接法。

笼型电动机的接线盒中有三相绕组的六个引出线端,如果 $U_1$、$V_1$、$W_1$ 分别为三相绕组的始端(头),则 $U_2$、$V_2$、$W_2$ 是相应的末端(尾)。连接方法有星形连接和三角形连接两种,如图 6-40 所示。

通常,三相异步电动机为 3 kW 以下的,连成星形;为 4 kW 以上的,连成三角形。

(3) 电压。铭牌上所标的电压值,是指电动机在额定运行时定子绕组上应加的线电压有效值。三相异步电动机的额定电压有 380 V、3 000 V 及 6 000 V 等多种。

一般规定电动机的工作电压不应高于或低于额定值的 5%。

当电压高于额定电压时,磁通将增大(因 $U_1 \approx 4.44 f_1 N_1 \Phi$)。磁通的增大又将引起励磁电流的增大(由于磁饱和,可能增大很多),使绕组过热。另外,磁通的增加可使铁损(与磁通平方成正比)增加,铁芯发热。

但常见的是电压低于额定值,这时会引起转速下降,电流增加。在满载或接近满载的情况下,电流的增加将超过额定电流值,使绕组过热。在低于额定电压下运行时,与电压平方成正比的最大转矩 $T_{max}$ 会显著地降低,这对电动机的运行不利。

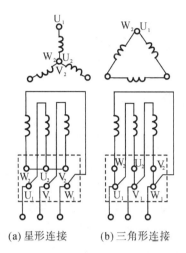

图 6-40 三相异步电动机定子绕组的接法

(4) 电流。铭牌上所标的电流值,是指电动机在额定运行时定子绕组的线电流有效值。当电动机空载时,转子转速接近旋转磁场的转速,两者之间相对转速很小,所以转子电流近似为零,这时定子电流几乎全是建立旋转磁场的励磁电流。当输出功率增大时,转子电流和定子电流都相应增大。

(5) 功率与效率。铭牌上所标的功率值,是指电动机在额定运行时输出的机械功率值。输出功率与输入功率不等,其差值等于电动机本身的损耗功率,包括铜损($P_{Cu}$)、铁损($P_{Fe}$)及机械损耗等。

效率 $\eta$ 就是输出功率与输入功率的比值。以 Y225M-4 型电动机为例,其输入功率为

$$P_1 = \sqrt{3} \times 380 \times 84.2 \times 0.88 \text{ W} = 48\ 711 \text{ W}$$

输出功率为 $P_2 = 45\ 000 \text{ W}$

效率为 $\eta = P_2/P_1 = (45\ 000/48\ 711) \times 100\% = 92.4\%$

一般笼型式电动机在额定运行时的效率为 72%～93%,在额定功率的 75% 左右时效率最高。

(6) 功率因数。因为电动机是感性负载,定子相电流比相电压滞后 $\varphi$,$\cos\varphi$ 就是电动机的功率因数。三相异步电动机的功率因数较低,在额定负载时为 0.7～0.9;在轻载和空载时更低,空载时只有 0.2～0.3。因此,必须正确地选择电动机的容量,防止"大马拉小车",并力求缩短空载的时间。

(7) 转速。电动机的转速是指转轴输出的转速。由于电动机的负载对转速要求不同,需要生产不同磁极数的异步电动机,因此有不同的转速等级。最常用的是四极电动机,其同步转速 $n_0 = 1\ 500$ r/min。

(8) 温升与绝缘等级。温升是指电动机在运行时,其温度高出环境的温度,即电

动机温度与周围环境温度之差。一般规定环境温度为 40 ℃时,若电动机的允许温升为 75 ℃,则在运行时,电动机的温度不能超过 115 ℃。电动机的允许温升取决于电动机的绝缘材料的耐热性能,即绝缘等级。

绝缘等级按电动机的绕组所用绝缘材料在使用时的最高允许温度(极限温度)来分级,如表 6-5 所示。

表 6-5 电动机绝缘等级及其极限温度

| 绝缘等级 | A 级 | E 级 | B 级 | F 级 | H 级 | C 级 |
|---|---|---|---|---|---|---|
| 极限温度/(℃) | 105 | 120 | 130 | 155 | 180 | >180 |

**10. 三相异步电动机的选择**

三相异步电动机应用广泛,根据不同生产机械的要求,正确选择电动机的功率、种类、形式,以及正确选择它的保护电器和控制电器是极为重要的。选择电动机要从技术和经济两方面考虑,既要合理选择电动机的容量类型、结构形式和转速等技术指标,又要兼顾设备的投资、费用等经济指标。

1) 功率的选择

电动机功率选择过大,电动机未能充分利用,增加了设备的投资,不经济;电动机功率选择过小,电动机长期过载,造成电动机过早损坏。对于连续运行电动机功率的选择,所选的电动机功率应不低于生产机械的功率。

2) 种类和形式的选择

(1) 种类的选择。电动机种类的选择,主要是考虑生产机械对电动机的启动、调速要求。根据生产机械负载性质来选择电动机种类,如表 6-6 所示。

表 6-6 电动机种类的选择

| 负 载 性 质 | 电动机种类 |
|---|---|
| 启动次数不频繁,不需电气调速 | 笼型式异步电动机 |
| 要求调速范围较大,启动时负载转矩大 | 绕线式异步电动机 |
| 只要求几种速度,不要求连续调速 | 多速异步电动机 |
| 要求调速范围广而且功率较大 | 直流电动机 |
| 工作速度稳定而且功率大 | 同步电动机 |

(2) 结构形式的选择。电动机结构形式有开启式、防护式、封闭式、防爆式等,根据电动机的工作环境来选择。在干燥无尘环境,可采用开启式电动机;在正常工作环境,一般采用防护式电动机;在潮湿、粉尘较多或户外场所,应采用封闭式电动机;在有爆炸危险或有腐蚀性气体的地方,应选用防爆式电动机。

3) 电压和转速的选择

(1) 电压的选择。电动机电压等级的选择,要根据电动机类型、功率以及使用地点的电源电压来决定,一般为 380 V。大功率异步电动机采用 3 000 V 或 6 000 V 的额定电压。

(2) 转速的选择。电动机额定转速是根据电动机所带生产机械负载的需要而选定的。但是,通常转速不低于 500 r/min。因为功率一定时,电动机转速越低,电动机的尺寸越大,价格越贵,而且效率也越低。

### 6.3.2 单相交流异步电动机

单相异步电动机由于使用单相电源,广泛用于洗衣机、电冰箱、电风扇、排油烟机等家用电器,也常用于功率不大的电动工具,如电钻、搅拌器等。

下面介绍两种单相异步电动机,它们都采用笼型转子。

**1. 电容分相式异步电动机**

电容分相式异步电动机的接线图如图 6-41 所示,$U_1$、$U_2$ 为工作绕组,$V_1$、$V_2$ 为启动绕组。工作绕组和启动绕组均嵌在定子铁芯槽中,它们的轴线在空间位置上相差 90°,启动绕组 $V_1$、$V_2$ 与电容串联,接于同一电源上,电容分相式异步电动机可使两个绕组电流相位差 90°,从而产生旋转磁场,有较大的启动转矩。

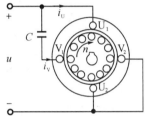

图 6-41 电容分相式异步电动机的接线图

两相电流如图 6-42 所示,有

$$i_U = I_m \sin\omega t$$
$$i_V = I_m \sin(\omega t + 90°)$$

假设电流正半周,电流从绕组首端流入;电流负半周,电流从绕组末端流入。不同时刻两相交流电流的正负方向如表 6-7 所示。

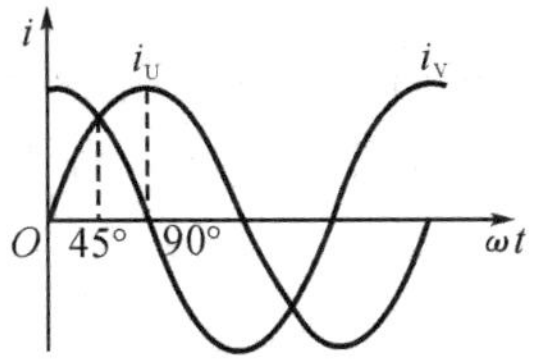

图 6-42 两组电流波形图

表 6-7 交流电流的正负方向

| $\omega t$ | $i_U$ | $i_V$ |
| --- | --- | --- |
| 0° | 0 | + |
| 45° | + | + |
| 90° | + | 0 |

由表 6-7 分析可知,两相电流产生的磁场是旋转磁场,如图 6-43 所示。笼型转子在旋转磁场的作用下,产生转矩,使转子转动起来。

如果把电容分相式异步电动机的启动绕组设计成能长期接在电源上工作的电动机,称这种电动机为电容式电动机。这时,电动机实质上是一台两相异步电动机,因此,定子绕组在空间产生圆形的旋转磁场,使电动机性能有较大的改善,其功率因数、效率和过载能力都比普通单相电动机高,运行也比较平稳。电容式电动机常用

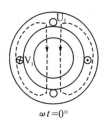 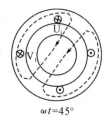 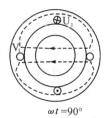

图 6-43 两相旋转磁场

于电风扇、洗衣机、办公设备、机床等。

单相异步电动机的转动方向取决于工作绕组和启动绕组的相序。改变电容器与绕组接线的位置，可以改变电动机的转向。单相异步电动机正反转原理如图 6-44 所示。

单相异步电动机的调速方法有电抗器调速、绕组抽头调速、自耦变压器调速和晶闸管装置调速。目前以绕组抽头调速方法使用比较普遍。

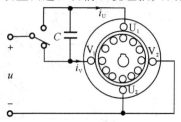 

图 6-44 单相异步电动机的正反转原理图　　图 6-45 罩极式单相电动机的结构图

### 2. 罩极式异步电动机

罩极式单相异步电动机的结构示意如图 6-45 所示。从图中可看出，罩极式单相异步电动机的定子是凸极式，单相绕组绕在磁极上，在磁极的约 1/3 部分套一短路铜环。磁极磁力线的中心线由未罩部分向被罩部分移动，相当于一个旋转磁场，因而能产生转矩，帮助电动机启动。这种电动机只能一个方向启动。罩极式电动机常用于电风扇、电唱机、录音机等。

### 3. 三相异步电动机的单相运行

三相异步电动机在运行过程中，接到三相电源中的三根线，如果由于某种原因断了一根，电动机仍会继续转动，称为三相异步电动机的单相运行。此时，另外两根线中的电流必然超过额定电流。长期这样运行，电动机将会烧坏。所以必须对电动机采取保护措施。

## 6.4 电气控制电路

应用电动机拖动生产机械，称为电力拖动。利用继电器、接触器实现对电动机和生产设备的控制和保护,称为继电接触控制。实现继电接触控制的电气设备,统称为控制电器,如刀开关、按钮、继电器、接触器等。

本节从使用的角度出发,叙述常用低压电器的结构、功能和用途。介绍自锁、联锁的作用和方法,过载、短路和失压保护的作用和方法,分析基本控制环节的组成、作用和工作过程。达到能读懂简单的控制电路原理图,或者能设计简单的控制电路的目的。下面主要以几种常用低压电器、基本控制环节和保护环节的典型线路为例进行介绍。

### 6.4.1 常用低压控制电器

低压电器是用于直流电压 1 200 V、交流电压 1 000 V 以下的各种电器,可分为手动和自动两类。

**1. 组合开关**

组合开关为手动电器,又称转换开关,由数层动、静触片组装在绝缘盒内组成。动触点装在转轴上,用手柄转动转轴使动触片与静触片接通或断开,可实现多条线路、不同连接方式的转换。图 6-46(a)为手动转换开关的结构示意图。手柄可向任意方向手动旋转,每旋转 90°,动触头就接通或断开电路。转换开关中由于采用了扭簧储能,弹簧可使动、静触片快速动作,与人的操作速度无关,有利于熄灭电弧。但转换开关的触片通流能力有限,一般用作交流 380 V、直流 220 V,电流 100 A 以下的电路的电源开关。在控制电路中常作为隔离开关使用。组合开关的电路符号如图 6-46(b)所示。

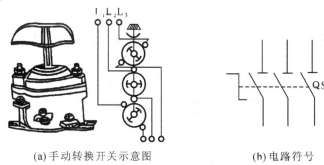

(a) 手动转换开关示意图　　　　(b) 电路符号

图 6-46　转换开关结构与电路符号

**2. 按钮**

按钮也是手动电器开关,是一种结构简单、在控制电路中发出手动"指令"的主令电器,其结构如图 6-47(a)所示。常开按钮未按下时,触头是断开的,按下时触头被接通;当松开后,按钮在复位弹簧的作用下复位断开。常闭按钮与常开按钮相反,未按下时,触头是闭合的,按下时触头被断开;当松开后,按钮在复位弹簧的作用下复位闭合。通常将常开与常闭按钮组合为一体,称为复合按钮。未按下时,常闭触头是闭合的,常开触头是断开的。

按钮通常是接在控制电路中,用于接通、断开小电流的控制电路。按钮的图形符号如图 6-47(c)所示。

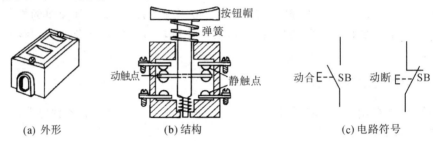

图 6-47　按钮的外形、结构与电路符号

### 3. 熔断器(自动电器)

熔断器是在照明电路和电动机控制线路中用作短路保护的电器。由于具备结构简单、价格便宜、使用维护方便、体积小等优点,熔断器广泛用于配电系统和机床电气控制系统中。

熔断器起保护作用的部分是熔丝或熔片(又称熔体)。将熔体装入盒内或绝缘管内就成为熔断器,低压熔断器按形状可分为管式、插入式、螺旋式和羊角保险等,按结构可分为半封闭插入式、无填料封闭管式和有填料封闭管式等。

熔断器串联在线路中,当线路或电气设备发生短路或严重过载时,熔断器中的熔体首先熔断,使线路或电气设备脱离电源,起到保护电气设备的作用。

熔断器的种类有瓷插式熔断器、螺旋式熔断器以及快速熔断器等,可根据不同的用途选用。熔断器的外形及电路符号如图 6-48 所示。

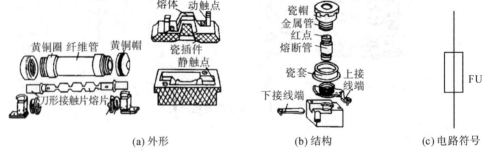

图 6-48　熔断器外形、结构及电路符号

### 4. 接触器(自动电器)

接触器是远距离频繁接通和断开交、直流主电路和控制电路的自动控制电器。

它主要的控制对象是电动机,也可用于其他大电流的电力负载。

接触器还具有欠电压释放保护、零电压保护等功能,它具有控制容量大、工作可靠、寿命长等优点,是自动控制系统中应用最多的一种电器。接触器利用电磁铁吸力及弹簧反作用力配合动作,使触头接通或断开。

按其触头控制交流电还是直流电,接触器分为交流接触器和直流接触器两种,两者之间的差异主要是灭弧方法不同。

接触器的结构主要包括电磁系统、触头系统和灭弧装置。电磁系统包括线圈、静铁芯和动铁芯(衔铁);触头系统包括用于通、断主电路的3对主触头和用于控制电路的4对辅助触头;灭弧装置用于迅速切断主触头断开时产生的电弧(电流很大),以免主触头烧毛、熔焊。对于容量较大的交流接触器,常采用灭弧栅灭弧。

交流接触器的外形结构如图6-49所示,其动作原理如图6-50所示。

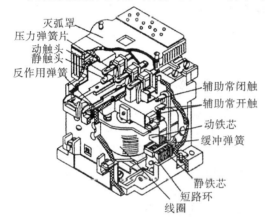 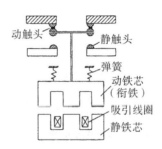

图 6-49  交流接触器外形结构示意图　　　图 6-50  交流接触器的动作原理

从图 6-50 可知,当吸引线圈通电时,铁芯被磁化,吸引动铁芯(衔铁)向下运动,使得常闭触头(动触头)断开,常开触头(静触头)闭合。当线圈断电时,磁力消失,在反力弹簧的作用下,动铁芯(衔铁)回到原来位置,也就使触头恢复到原来状态。

目前,常用的接触器有 CJ10、CJ12、CJ20 等系列,可根据不同需要选择不同型号。CJ10 适用于一般电动机的启动和控制,如机床等。CJ20 是一种性能较优的新型交流接触器,适用于频繁启动和控制的三相交流电动机。

选择交流接触器时应注意以下几点。

(1) 接触器主触头的额定电压不小于负载额定电压,额定电流不小于1.3倍负载额定电流。

(2) 接触器线圈额定电压:当线路简单、使用电器较少时,可选用220 V或380 V;当线路复杂、使用电器较多或不太安全的场所,可选用36 V、110 V或127 V。

(3) 接触器的触头数量、种类应满足控制线路的要求。

(4) 操作频率(每小时触头通断次数)应满足控制线路要求。

当通、断较大电流及通、断频率超过规定数值时,应选用额定电流大一级的接触器;否则会使触头严重发热,甚至熔焊在一起,造成电动机等负载缺相运行。

#### 5. 热继电器(自动电器)

热继电器的作用是进行电动机的过载保护,其外形结构和符号如图 6-51 所示。

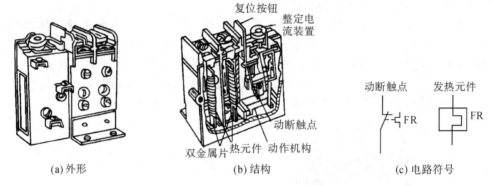

图 6-51 热继电器外形、结构及电路符号

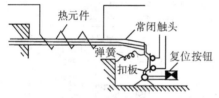

图 6-52 热继电器的原理示意图

热继电器主要由热元件、双金属片和触头三部分组成,其原理示意图如图 6-52 所示。图中热元件是一段电阻不大的电阻丝,接在电动机的主电路中。双金属片是由热膨胀系数不同的两种金属碾压而成,其中下层金属的热膨胀系数大,上层的小。

热继电器基本工作原理是利用电流的热效应原理来切断电路以保护电动机,使之免受长期过载的危害。电动机过载时间过长,绕组温升超过允许值时,将会加剧绕组绝缘的老化,缩短电动机的使用年限,严重时会使电动机绕组烧毁。由于热惯性,当电路短路时,热继电器不能立即动作使电路立即断开。因此,在继电接触器控制系统主电路中,热继电器只能用做电动机的过载保护,而不能起到短路保护的作用。同理,在电动机启动或短时过载时,热继电器也不会动作,这可避免电动机不必要的停转。

当电动机过载时,流过热元件的电流增大,热元件产生的热量使双金属片中的下层金属的膨胀变长速度大于上层金属的膨胀速度,从而使双金属片向上弯曲。经过一定时间后,弯曲位移增大,使双金属片与扣板分离脱扣。扣板在弹簧的拉力作用下,将常闭触头断开。常闭触头是串接在电动机的控制电路中的,控制电路断开使接触器的线圈断电,从而断开电动机的主电路。若要使热继电器复位,则按下复位按钮即可。

热继电器的主要技术数据是整定电流。热继电器的整定电流是指热继电器长时间不动作的最大电流,超过此值即动作的电流,其选择主要是根据电动机的额定电流来确定。一般过载电流是整定电流的 1.2 倍时,热继电器动作时间小于 20 min;过载电流是整定电流的 1.5 倍时,动作时间小于 2 min;而过载电流是整定电流的 6 倍时,动作时间小于 5 s。热继电器的整定电流是额定电流的 0.95～1.05 倍。

### 6. 自动空气断路器(自动电器)

自动空气断路器俗称空气开关。可以实现短路、失压、过载等保护功能。自动空气断路器的结构如图 6-53 所示。图中低压断路器的三副主触头串联在被保护的三相主电路中,由于搭钩钩住弹簧,使主触头保持闭合状态。当线路正常工作时,电磁脱扣器中线圈所产生的吸力不能将它的衔铁吸合。如果线路发生短路和产生较大过电流时,电磁脱扣器的吸力增加,将衔铁吸合,并撞击杠杆,把搭钩顶上去,在弹簧的作用下切断主触头,实现了短路保护。如果线路上电压下降或失去电压时,欠电压脱扣器的吸力减小或失去吸力,衔铁被弹簧拉开,撞击杠杆,把搭钩顶开,切断主触头,实现了失压保护。如果线路过载,热脱扣器的双金属片受热弯曲,也会把搭钩顶开,切断主触头,同样实现了过载保护。

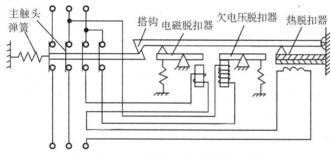

图 6-53　自动空气断路器工作原理图

自动空气断路器选型的要求如下。
(1) 额定电压不小于安装地点电网的额定电压。
(2) 额定电流不小于长期通过的最大负荷电流。
(3) 极数和结构形式应符合安装条件、保护性能及操作方式的要求。

## 6.4.2　电动机单向转动控制电路

在电气控制系统中,对电动机的控制是最主要也是最基础的环节。在此,首先以电动机的单向旋转为例介绍继电接触控制电路,然后介绍双向旋转控制电路。

### 1. 点动控制

点动控制电路如图 6-54(a)所示,其基本要求是按下按钮时电动机转动,松开按钮电动机停转。

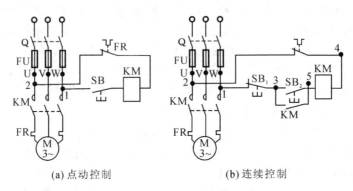

(a) 点动控制　　　　　　　(b) 连续控制

图 6-54　单向旋转控制原理图

点动工作过程及原理：合上开关 Q→按下按钮 SB→接触器 KM 线圈通电→其主触点 KM 闭合→电动机转动；松开按钮 SB→接触器 KM 线圈断电→其主触点 KM 断开→电动机停转。点动控制主要用来调整生产机械的工作位置。

**2. 连续控制**

大多数生产机械都是连续工作的，点动的电路不符合要求。需要连续工作的电路，如图 6-54(b) 所示。

连续控制过程及工作原理：启动时，闭合开关 Q→按下按钮 $SB_2$→接触器 KM 线圈通电→其主触点 KM 闭合→电动机转动；在主触点闭合的同时，其辅助触点 KM 也闭合→自锁，即使松开 $SB_2$ 电动机也会继续旋转，在停车时，按下按钮 $SB_1$→KM 线圈失电→其主触点断开→电动机停转；辅助触点也同时释放，解除自锁。

**3. 保护作用**

(1) 短路保护。因为短路电流会引起电器设备绝缘损坏，从而产生强大的电动力，使电动机和电器设备产生机械性损坏，故要求迅速、可靠地切断电源。短路保护是当电路产生大的短路电流时，短路电流熔断熔丝（片），切断电源。通常采用熔断器 FU 和过流继电器等实现保护作用。

(2) 过载保护。为防止三相电动机在运行中电流超过额定值而设置的保护。常采用热继电器 FR 保护，也可采用自动开关和电流继电器来进行保护。当电路电流超过额定值时，热继电器的双金属片弯曲，推动导板断开触点，切断电源。

(3) 失压与欠压保护。失压（零压）是指电源电压消失而使电动机停转，在电源电压恢复时，电动机可能自动重新启动（亦称自启动），易造成人身或设备故障。欠压保护是指电源电压过低时，接触器的电磁铁吸力不足，断开触点，切断电源，从而保护了电动机。常用的失压和欠压保护有：对接触器实行自锁；用低电压继电器组成失压、欠压保护等。

### 6.4.3 电动机正反转控制电路

很多生产机械都需要正反转工作,因此,要求电动机能够正反转。要实现电动机的正反转,只要将接至电动机三相电源进线中的任意两相电源线对调连接,即可达到反转的目的。因此,需要用两个接触器来实现这一要求。当正转接触器工作时,电动机正转;当反转接触器工作时,将电动机接到电源的任意两根连线对调,电动机反转。主回路的控制电路如图 6-55 所示。

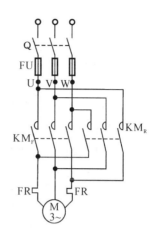

图 6-55 正反转主电路图

**1. 电动机接触器联锁的正反转控制线路**

1) 电路分析

图 6-55 中,主回路采用两个接触器,即正转接触器 $KM_F$ 和反转接触器 $KM_R$。当接触器 $KM_F$ 的三对主触头接通时,三相电源的相序按 $L_1$、$L_2$、$L_3$ 接入电动机。当接触器 $KM_F$ 的三对主触头断开,接触器 $KM_R$ 的三对主触头接通时,三相电源的相序按 $L_3$、$L_2$、$L_1$ 接入电动机,电动机就向相反的方向转动。电路要求接触器 $KM_F$ 和接触器 $KM_R$ 不能同时接通电源,否则它们的主触头将同时闭合,造成 U、W 两相电源短路。为此,在 $KM_F$ 和 $KM_R$ 线圈各自支路中相互串联对方的一对辅助常闭触头,以保证接触器 $KM_F$ 和 $KM_R$ 不会同时接通电源,$KM_F$ 和 $KM_R$ 的这两对辅助常闭触头在线路中所起的作用称为联锁或互锁作用,这两对辅助常闭触头就称为联锁或互锁触头。正反转控制电路如图 6-56 所示。

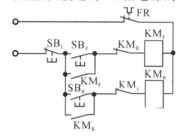

图 6-56 正反转控制电路图

2) 电路动作过程及其原理

(1) 正转控制:

合上 Q→按下 $SB_F$ →
- $KM_F$ 辅助常闭触头断开→联锁→使线圈 $KM_R$ 不得电
- $KM_F$ 线圈得电→$KM_F$ 主触头闭合→电动机 M 启动并连续正转
- $KM_F$ 辅助常开触头闭合→自锁

(2) 反转控制:

先按下 $SB_1$ →
- $KM_F$ 辅助常闭联锁触头闭合(为反转做准备)
- $KM_F$ 线圈断电→$KM_F$ 主触头断开→电动机 M 失电正转停止
- $KM_F$ 辅助常开触头断开→自锁解除

再按下 $SB_R$ $\begin{cases} KM_R \text{ 辅助常闭触头断开} \rightarrow \text{联锁} \rightarrow \text{使 } KM_F \text{ 线圈不得电} \\ KM_R \text{ 线圈得电} \rightarrow KM_R \text{ 主触头闭合} \rightarrow \text{电动机 M 启动并连续反转} \\ KM_R \text{ 辅助常开触头闭合} \rightarrow \text{自锁} \end{cases}$

对于这种控制线路，当要改变电动机的转向时，必须先按停止按钮 $SB_1$，再按反转按钮 $SB_R$，才能使电动机反转。如果不先按 $SB_1$，而是直接按 $SB_R$，电动机是不会反转的。下面的电路能够解决这个问题。

### 2. 电动机双重联锁的正反转控制线路

图 6-57 所示的是电动机接触器、按钮双重连锁的正反转控制线路图。这种线路是在接触器联锁的基础上，增加了按钮联锁。

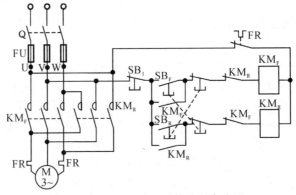

图 6-57　双重联锁正反转控制电路图

1）电路分析

所谓按钮联锁就是利用复合按钮，将其常开触头串接在正转（或反转）控制电路中；将其常闭触头串接在反转（或正转）控制电路中，当按下正转（或反转）启动按钮时，先断开反转（或正转）控制电路，反转（或正转）停止，接着接通正转（或反转）控制电路，使电动机正转（或反转）。这样，既保证了正、反转接触器不会同时接通电源，又可不按停止按钮而直接按反转（或正转）按钮进行反转（或正转）启动。这种双重联锁控制线路使线路操作方便，工作上安全可靠，因此，在电力拖动中被广泛采用。

2）电路动作原理

（1）正转控制：

按下 $SB_F$ $\rightarrow$ $\begin{cases} \rightarrow SB_F \text{ 常闭触头先断开 } KM_R \text{ 线圈电路} \rightarrow \text{使 } KM_R \text{ 不能吸合} \rightarrow \text{联锁} \\ SB_F \text{ 常开触头闭合} \rightarrow \begin{cases} KM_F \text{ 常闭触头再次断开 } KM_R \text{ 线圈电路} \rightarrow \text{联锁} \\ KM_F \text{ 线圈得电} \rightarrow KM_F \text{ 主触头闭合} \rightarrow \text{电动机 M 启动并连续正转} \\ KM_F \text{ 辅助常开触头闭合} \rightarrow \text{自锁} \end{cases} \end{cases}$

（2）反转控制：

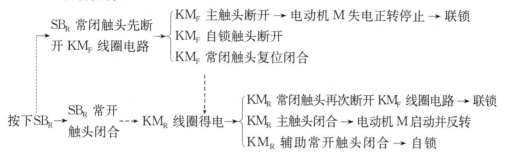

若要停止，只要按下 $SB_1$，整个控制电路失电，主触头断开，电动机 M 失电停转。

## 本章小结

（1）磁路的基本物理量和基本定理，磁性材料，直流磁路的简单计算。

（2）变压器的基本结构，变压器的工作原理，变压器的作用，变换电压、电流、变换阻抗。

$$\frac{U_1}{U_{20}} \approx \frac{N_1}{N_2} = k, \quad \frac{I_1}{I_2} = \frac{N_2}{N_1} = \frac{1}{k}, \quad |Z'| = k^2 |Z|$$

（3）变压器的外特性和效率。电力变压器在额定负载时的效率可达 99%。

（4）三相异步电动机结构、工作原理；转矩与机械特性、启动、调速和制动的方法；单相异步电动机的结构、原理；电动机的应用场合。电动机是一个能量转换装置，电动机的作用是将电能转换为机械能。各种生产机械常用电动机来驱动。电动机驱动生产机械的优点：简化生产机械的结构；提高生产率和产品质量；能实现自动控制和远距离操纵，减轻繁重的体力劳动。根据不同生产机械的要求，正确选择电动机的功率、种类、形式，以及它的保护电器和控制电器是极为重要的。

（5）常用低压电器的结构、功能和用途。自锁、联锁的作用和方法。过载、短路和失压保护的作用和方法。基本控制环节的组成、作用和工作过程。利用继电器、接触器实现对电动机和生产设备的控制和保护，称为继电接触控制。几种常用的低压电器，基本的控制环节和保护环节的典型线路。实现继电接触控制的电气设备，统称为控制电器。

## 习 题 6

6-1 一个闭合的均匀的铁芯线圈，其匝数为 300，铁芯中的磁感应强度为 0.9 T，磁路的平均长度为 45 cm，试求：(1)铁芯材料为铸铁时线圈中的电流；(2)铁芯材料为硅钢片时线圈中的电流。

6-2 有一环形铁芯线圈，其内径为 10 cm，外径为 15 cm，铁芯材料为铸钢。磁路中含有一空气隙，其长度等于 0.2 cm。设线圈中通有 1 A 的电流，如要得到 1 T 的磁感应强度，试求线圈匝数。

6-3 有一交流铁芯线圈，电源电压 $U=220$ V，电路中电流 $I=2$ A，功率表读数 $P=100$ W，频率 $f=50$ Hz，漏磁通和线圈电阻上的电压降可忽略不计，试求：(1)铁芯线圈的功率因数；(2)铁芯线圈的等效电阻和感抗。

6-4 如题图 6-4 所示，交流信号源的电动势 $E=12$ V，内阻 $R_0=200$ Ω，负载为扬声器，其等效电

阻为 $R_L=8\ \Omega$。要求:(1) 当 $R_L$ 折算到原边的等效电阻为 200 Ω 时,求变压器的匝数比和信号源输出的功率;(2) 当将负载直接与信号源连接时,信号又输出多大功率?

6-5 有一单相变压器,视在功率 100 VA,$U_1=220$ V,$U_2=36$ V,一次绕组匝数 $N_1=1\ 000$ 匝。(1)试计算副边绕组 $N_2$ 匝数;(2)若副边绕组接 60 W 灯泡一只,则原边绕组中电流为多少?

6-6 有一带电阻负载的三相变压器,其额定数据如下:$S_N=100$ kV·A,$U_{1N}=10\ 000$ V,$f=50$ Hz,$U_{2N}=U_{20}=400$ V,绕组连接成 $Y/Y_0$。由试验测得:$P_{Fe}=600$ W,额定负载时的 $\Delta P_{Cu}=2\ 400$ W。试求(1)变压器的额定电流;(2)满载和半载时的效率。

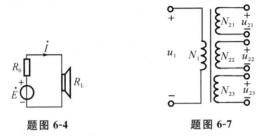

题图 6-4    题图 6-7

6-7 题图 6-7 所示,三个副边绕组电压为 $u_{21}=3$ V,$u_{22}=6$ V,$u_{23}=9$ V,试问可以得到几种电压?

6-8 一台三相异步电动机,其额定转速 $n=975$ r/min,电源频率 $f_1=50$ Hz。试求电动机的极对数和额定负载下的转差率。

6-9 一台 Y225M-4 型的三相异步电动机,定子绕组△形连接,其额定数据为:$P_{2N}=45$ kW,$n_N=1\ 480$ r/min,$U_N=380$ V,$\eta_N=92.3\%$,$\cos\varphi_N=0.88$,$I_{St}/I_N=7.0$,$T_{St}/T_N=1.9$,$T_{max}/T_N=2.2$。求:(1)额定电流 $I_N$;(2)额定转差率 $S_N$;(3)额定转矩 $T_N$、最大转矩 $T_{max}$ 和启动转矩 $T_{St}$。

6-10 在 6-9 题中,(1)如果负载转矩为 510.2 N·m,试问在 $U=U_N$ 和 $U'=0.9U_N$ 两种情况下电动机能否启动?(2)采用 Y-△换接启动时,求启动电流和启动转矩。又当负载转矩为启动转矩的 80% 和 50% 时,电动机能否启动?

6-11 三相异步电动机在一定的负载转矩下运行时,如电源电压降低,电动机的转矩、电流及转速有无变化?

6-12 有一台三相笼型异步电动机数据如下:$P_N=15$ kW,$U_N=380$ V,$I_N=31.6$ A,$n_N=980$ r/min,△接法,$I_{St}/I_N=7.0$,$T_{St}/T_N=2.0$。求:(1)直接启动时的启动电流和启动转矩;(2) Y-△启动时的启动电流和启动转矩。

6-13 已知一台三相异步电动机,额定转速为 $n_N=960$ r/min,电流频率 $f=50$ Hz,求:(1)同步转速;(2)额定负载时的转子电流频率;(3)转子转速为同步转速的 7/8 时,定子旋转磁场相对转子的转速。

6-14 为什么常用的三相异步电动机继电接触控制时,控制电路具有零压和失压保护作用。

6-15 热继电器为什么不能作短路保护?

6-16 什么叫自锁和联锁?如何实现自锁和联锁?举例说明。

6-17 某生产机械所用的电动机,既要求电动机能点动工作,又要求电机能连续运行。试绘制一个能满足要求的控制线路。

6-18 试画出能在两地控制同一台异步电动机直接启动和停止的控制电路。

# 下篇 电子技术

# 7 半导体二极管及其应用

本章主要介绍半导体的基础知识,讨论本征半导体和杂质半导体的导电规律;分析 PN 结的形成和单向导电性;介绍二极管的结构、伏安特性及主要参数,继而引出特殊性能的二极管,最后将介绍二极管应用电路。

## 7.1 半导体的基本特性

自然界的物质中,铜、铝、铁等金属是导体,其特点是电阻率小、导电性强,电阻率在 $10^{-6} \sim 10^{-4} \Omega \cdot cm$ 之间;塑料、陶瓷、橡胶等是绝缘体,其特点是电阻率大、不导电,电阻率在 $10^{10} \Omega \cdot cm$ 以上。当然,绝缘体不导电是有前提的,它导电与否与加在绝缘体上的电压高低有关,当电压高到一定程度,电场力超过了原子核对外围电子的束缚力后,外围电子就变成了自由电子,绝缘体就发生了质的变化而成为导体,这种情况称为绝缘击穿。

半导体的电阻率介于导体与绝缘体之间,故称为半导体。常用的半导体材料是锗和硅。因绝大多数半导体都是晶体,所以用半导体材料制造的二极管和二极管常称为晶体二极管和晶体三极管。

半导体材料之所以被制成广泛应用的半导体器件,并不是因为它的导电性能介于导体和绝缘体之间,而是因为它具有特殊的导电性能。其导电特点如下:

(1) 热敏性:当环境温度升高时,导电能力显著增强。利用这个特点可做成温度敏感元件,如热敏电阻。

(2) 光敏性:当受到光照时,导电能力明显变化。利用这个特点可做成各种光敏元件,如光敏电阻、光敏二极管、光敏三极管等。

（3）掺杂性：往纯净的半导体中掺入某些化学元素，其导电能力明显改变。利用这个特点可做成各种不同用途的半导体器件，如二极管、三极管和晶闸管等。

### 7.1.1 本征半导体

半导体具有特殊的导电性能和其原子结构有关。

常用的半导体锗和硅是四价元素，其原子最外层轨道上的价电子是四个。硅和锗的原子排列成非常整齐的晶格结构，所以半导体又称为晶体。以硅为例，硅的原子序数为14，即有14个电子分3层绕原子核旋转。硅的每个原子的四个价电子各为相邻的四个原子分别共有，原子间的这种结合称为共价键结构，如图7-1所示。

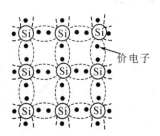
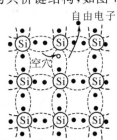

图 7-1 硅原子之间的共价键结构　　图 7-2 热激发产生的自由电子和空穴

在绝对零度时，这些价电子没有能力挣脱共价键的束缚，不能脱离原子结构出来导电，这时半导体是良好的绝缘体。但是，在室温下（27 ℃），价电子获得一定能量（温度升高或受光照）后，即可挣脱原子核的束缚，成为自由电子（带负电），这一过程称为激发。同时，共价键中留下一个空位，称为空穴（带正电），如图7-2所示。失去价电子的原子带正电，很容易吸引邻近原子的价电子来填充它的空穴，使邻近的原子失去价电子而产生新的空穴。这个空穴又会被其他价电子填充，又产生一个新的空穴，如此下去，好像空穴在移动，也相当于正电荷的移动。由于空穴带正电荷，且可以在原子间移动，因此，空穴是一种载流子。在有外电场作用时，由热激发产生的自由电子将逆着电场方向运动，形成电子电流；而空穴则顺着电场方向连续移动，形成空穴电流，两部分电流方向相同。由此可见，半导体中的电流是电子电流和空穴电流之和，自由电子和空穴都称为载流子。

在本征半导体中，激发出一个自由电子的同时，便产生一个空穴。电子和空穴总是成对地产生，称为电子空穴对。自由电子在运动的过程中，如果和空穴相遇会放出吸收的能量而填补到空穴中，这种现象称为复合。在一定温度下，载流子的产生和复合达到动态平衡，半导体中载流子便维持一定的数目。

完全纯净的、具有晶体结构的半导体中，电子和空穴总是成对出现，彼此数目完全相等，并同时参与导电，这种半导体称为本征半导体。空穴和自由电子同时参加导电,是半导体的重要特点。

需注意的是:本征半导体中载流子数目极少,其导电性能很差;温度越高,载流子的数目越多,半导体的导电性能也就越好。所以,温度对半导体器件性能影响很大。

锗也是常用的半导体材料,也是 4 价元素,其原子序数为 32,即有 32 个电子分 4 层绕原子核旋转。由于锗的 4 个价电子离原子核更远些,受热激发后,更易于脱离共价键,故在相同的温度下,锗产生的电子空穴对比硅多一些,两者在室温时的电阻率是不同的,锗的电阻率比硅小。

### 7.1.2 杂质半导体

本征半导体中产生的电子空穴对的数量是有限的,所以本征半导体的导电能力很差,不能用来制造半导体器件。为了提高半导体的导电能力,在本征半导体中用扩散的方法掺入少量其他的化学元素原子,这些原子称为杂质,掺有杂质的半导体称为杂质半导体。杂质半导体中载流子的数目增多,所以导电能力大大增强。

在纯净的硅中掺入微量的三价元素硼(或铝、铟),硼原子在晶体中占据硅原子一个位置。在与硅原子构成共价键结构时将因缺少一个电子而形成一个空穴,如图 7-3 所示。通常,掺入硼的数量总是使得硼原子产生的空穴大大超过本征半导体热激发产生的电子空穴对。空穴占优势时,成为多数载流子,简称多子;此时,自由电子是少数载流子简称少子。由于掺杂后空穴数目大量增加,空穴导电成为这种半导体的主要导电方式,称为空穴型半导体或 P 型半导体。

 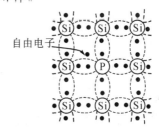

图 7-3 硅晶体中掺入硼元素出现空穴　　图 7-4 硅晶体中掺入磷元素出现自由电子

如果在硅晶体中掺入微量五价元素磷(或砷、锑),则磷原子会在晶体中取代硅原子的位置,其中有四个价电子与硅原子的价电子形成共价键结构,多余的一个价电子在共价键之外,如图 7-4 所示。通常掺入磷的数量总是使得磷原子产生的自由电子大大超过本征半导体热激发产生的电子空穴对。此时,占优势的自由电子是多数载流子,简称多子;空穴是少数载流子简称少子。由于掺杂后自由电子数目大量增加,自由电子导电成为这种半导体的主要导电方式,称为电子型半导体或 N 型半导体。

N 型半导体和 P 型半导体的多数载流子的浓度与掺入的杂质浓度有关,少数载流子的浓度与温度有关。在本征半导体中掺入微量杂质元素,使半导体中多数载流子的数目大大增加,提高了半导体的导电能力,但无论 N 型或 P 型半导体都是中性的,对外不显电性。

### 7.1.3　PN 结及其单向导电性

单纯的 P 型半导体和 N 型半导体,不能直接制成半导体器件,将 P 型半导体和 N 型半导体用不同的方式加以组合,形成 PN 结,就能构成各种不同特性的半导体器件。

**1. PN 结的形成**

利用掺杂的方法,在一片半导体材料上形成 P 型和 N 型两部分。由于 P 型半导体中的空穴浓度远大于 N 型半导体中的空穴浓度,因此,空穴将向 N 型半导体扩散;而 N 型半导体中的电子浓度远大于 P 型半导体中的电子浓度,N 型半导体中的电子将向 P 型半导体扩散。于是在 P 型半导体和 N 型半导体的交界处形成了电子和空穴的扩散运动,它是由于浓度的不均匀分布引起的。扩散运动使得 P 区的一部分空穴扩散到 N 区后,在 P 区一侧留下一些不能移动的带负电的杂质离子;同时 N 区中的一部分电子扩散到 P 区后,在 N 区一侧留下一些不能移动的带正电的杂质离子。正、负离子在交界面两边形成一个内部电场,方向由 N 区指向 P 区,阻止载流子的扩散运动继续进行。这个正负离子层因为缺少载流子而被称为耗尽层或空间电荷区,也被称为 PN 结,如图 7-5 所示。

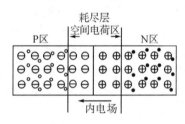

图 7-5　PN 结及其内电场

多数载流子扩散形成耗尽层;耗尽了载流子的交界处留下不可移动的离子形成空间电荷区,从而产生内电场。空间电荷区的内电场对多数载流子的扩散运动起阻挡作用;但对少数载流子(P 区的自由电子和 N 区的空穴)则可推动它们越过空间电荷区,进入对方。少数载流子在内电场作用下有规则的运动称为漂移运动。如果 PN 结不外加电压,则 PN 结中的扩散运动和漂移运动处于动平衡状态,PN 结没有电流流过。

**2. PN 结的单向导电性**

如果在 PN 结两端外接电压,就会打破 PN 结的动态平衡状态,这时 PN 结呈现单向导电的特性。

(1) PN 结加正向电压(正向偏置),即 P 区接电源正极、N 区接负极。
外加电压在 PN 结处形成外加电场,其方向由 P 区指向 N 区,与内电场方向相反,使空间电荷区变窄。外加电场削弱了内电场,使扩散运动强于漂移运动,有利于扩散运动持续进行(见图7-6)。PN结两端的多数载流子会穿越PN结形成较大的正向电流。此时,PN结呈现低阻而处于导电状态,正向电流随外加电压的增加按指数上升。正向电流包括电子电流和空穴电流两部分,它们的运动方向相反,但由于电子和空穴带有不同极性的电荷,其电流方向仍然一致,即由P区指向N区。

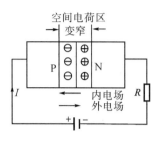

图 7-6　外加正向电压时的 PN 结

(2) PN结加反向电压(反向偏置),即P区接电源负极、N区接正极。

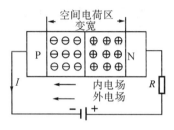

图 7-7　外加反向电压时的 PN 结

此时外加电场与内电场的方向相同,使空间电荷区加宽,内电场增强。这种情况不利于多数载流子扩散运动的进行,但有利于少数载流子的漂移运动的进行。通过 PN 结的电流主要是漂移电流,方向从 N 区指向 P 区,称为反向电流。在温度不变时,少数载流子的浓度不变,所以反向电流在一定范围内不随外加电压而变化,也称为反向饱和电流,这个电流很小(微安级),PN 结呈现高阻特性,如图7-7所示。

由此可见,PN 结外加正向电压时导通,有较大的电流流过 PN 结,对外呈现很小的电阻;PN 结外加反向电压时不导通,对外呈现很大的电阻,所以 PN 结具有单向导电性,导电方向从 P 区到 N 区。

## 7.2　半导体二极管

半导体二极管又称为晶体二极管,是最简单的半导体器件。在电子电路中,主要用于整流、检波、混频、保护、开关和稳压等。

### 7.2.1　二极管的基本结构

二极管的种类很多,用途很广,但其工作原理基本相同。将一个 PN 结加上相应的电极引线和管壳,就构成了半导体二极管。从 P 区引出的电极称为阳极(正极),从 N 区引出的电极称为阴极(负极)。图 7-8(a)所示的是二极管的表示符号。箭头方向表示加正向电压时的正向电流的方向,逆箭头方向表示不导通,体现了二极管的单向导电性能,其文字符号为 D。

按内部结构的不同,二极管分为点接触型、面接触型和平面型三大类。

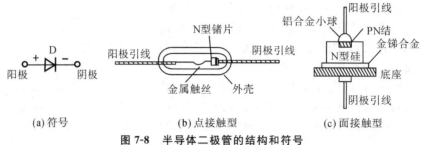

(a) 符号　　　　(b) 点接触型　　　　(c) 面接触型

图 7-8　半导体二极管的结构和符号

点接触型二极管一般为锗管,如图 7-8(b)所示。采用金属丝的尖端融在半导体晶片上的方法制成。它的 PN 结结面积很小,因此不能通过较大电流,但其高频性能好,故一般适用在高频范围内作检波和混频器使用,也用作数字电路中的开关元件。

面接触型二极管一般为硅管,如图 7-8(c)所示。由半导体晶片上形成的 PN 结组成,或由金属同半导体接触制成,它的 PN 结结面积大,故可通过较大电流(可达上千安培),但其工作频率较低,用于整流、检波、混频、开关和稳压。

### 7.2.2　二极管的伏安特性和主要参数

**1. 二极管的伏安特性**

二极管的特性主要用伏安特性曲线来表示,它反映了二极管电流随外加电压变化的规律。曲线形状如图 7-9 所示。由图中可见,二极管的伏安特性是非线性的,它可分为正向、反向、击穿三种特性。

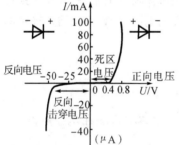

图 7-9　二极管的伏安特性曲线

1) 正向特性

当外加正向电压很小时,正向电流几乎为零,二极管呈现较大的电阻,只有当外加电压超过某一数值,才有明显的正向电流。这个电压称为死区电压。在死区电压内,外加电压的作用远小于内电场,多数载流子的扩散运动不显著,所以电流很小。通常硅管的死区电压为 0.5 V 左右,锗管的为 0.1 V 左右。正向电流显著增加后,正向特性几乎是一条直线,其电压的变化量与电流的变化量之比接近于一个常数。这是因为此时 PN 结的结电阻较小,二极管的交流电阻主要取决于结外 P 区与 N 区的体电阻、电极的接触电阻和引线中的电阻,而这些电阻在二极管制成以后,其阻值是一定的,与工作电流无关。此时二极管呈导通状态,其正向导通压降很小,硅管为 0.6～0.7 V,锗管为 0.2～0.3 V。

2) 反向特性

外加反向电压时,反向电流的数值很小。反向电压从零增大时,反向电流开始略有增加,随后就不再增加(在一定范围内)。这是因为反向电流是由少数载流子的漂移运动造成的,而少数载流子的浓度很小,它取决于温度而与外加电压无关。所以反向电流也称为反向饱和电流,数值很小,其大小与温度有关。通常硅管的反向电流小一些,为一微安至几十微安,锗管的反向电流可达几百微安。

3) 击穿特性

当反向电压增加到超过一定数值时,反向电流将急剧的增大,PN 结反向击穿,这个电压称为反向击穿电压。击穿时,电流在很大范围内变化,而 PN 结端电压几乎不变。产生反向击穿的原因是外加电场过强:一方面破坏共价键结构把价电子拉出,使少数载流子的数目急剧增加;另一方面引起电子与原子碰撞,产生新的电子空穴对。二极管发生反向击穿后,由于反向电流突然增大,可能导致 PN 结烧坏。因此,二极管在工作时,所承受的反向电压值应小于反向击穿电压。

**2. 二极管的主要参数**

二极管的寿命较长,但如果使用不当,也可能很快被损坏。了解二极管的参数,对于正确地选用和使用二极管会有很大的帮助。二极管的主要参数如下。

(1) 最大整流电流 $I_{OM}$。$I_{OM}$ 指长期运行时晶体二极管能通过的最大正向平均电流,使用时不能超过这个最大值,否则将导致 PN 结因过热而损坏。对于大功率的晶体二极管,为了降低它的温度以提高最大整流电流,要装在一定尺寸的散热片上。

(2) 反向工作峰值电压 $U_{RWM}$。$U_{RWM}$ 是保证二极管不被击穿的最大反向电压,一般是二极管反向击穿电压 $U_{BR}$ 的 1/2 或 2/3。二极管击穿后,单向导电性被破坏,甚至会因过热而烧坏。

(3) 反向峰值电流 $I_{RM}$。$I_{RM}$ 指二极管承受最高反向工作电压时的反向电流。反向电流大,说明管子的单向导电性差。$I_{RM}$ 受温度的影响,温度越高反向电流越大。硅管的反向电流较小,锗管的反向电流较大,为硅管的几十到几百倍。

(4) 最高工作频率。由于 PN 结存在结电容,高频电流很容易从结电容通过,从而失去单向导电性,因此规定二极管有一个最高的工作频率。

除此之外,二极管的参数还有结电容值、工作温度和微变电阻等。

二极管是最简单的半导体管,主要是利用它的单向导电性,作整流、检波、钳位、削波、元件保护以及数字电路中作开关元件。

二极管电路分析举例。

【例 7-1】 二极管电路如图 7-10 所示,判断图中的二极管是导通还是截止,并求出电压 $U_{AB}$。设二极管为理想二极管。

【解】 含有二极管的电路,要先分析二极管是导通还是截止,再进行计算。这里取 B 点作参考点,断开二极管,分析二极管阳极和阴极的电位。此时将 B 点接地,则二极管阳极处的电位 $U_C = -5$ V,阴极处的电位 $U_A = -9$ V,$U_C > U_A$,二极管导通。若

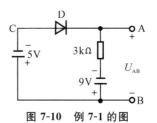

图 7-10 例 7-1 的图

忽略管压降,二极管可看做短路,则 $U_{AB}=-5$ V。此处,二极管起钳位作用。

**【例 7-2】** 电路如图 7-11(a)所示,已知 $u_i=5\sin(\omega t)$ V,试画出 $u_i$、$u_o$ 的波形,并标出幅值。设二极管为理想二极管。

**【解】** 同样选电源的负极作为参考点,断开二极管。二极管阴极处电位为 3 V。

若 $u_i>3$ V,二极管导通,可看做短路,有 $u_o=3$ V;若 $u_i<8$ V,二极管截止,可看做开路,有 $u_o=u_i$,其波形见图 7-11(b)。

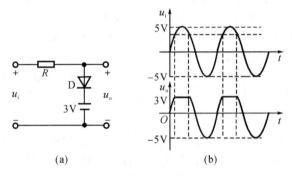

图 7-11 例 7-2 的电路和波形图

### 7.2.3 特殊性能二极管

除了前面所讨论的普通二极管外,还有若干种特殊性能的二极管,如稳压二极管、变容二极管、光电二极管和发光二极管等。

**1. 稳压二极管**

稳压二极管是一种用特殊工艺制成的面接触型硅二极管,其特殊之处在于它工作在特性曲线的反向击穿区,正常工作时处于反向击穿状态,并通过制造工艺保证 PN 结不会被热击穿。所以,在切断电源后,管子能恢复原来的状态。在电路中与适当电阻配合,能起到稳定电压的作用,故称其为稳压管。由于它有稳定电压的作用,所以经常应用在稳压设备和一些电子线路中。

稳压二极管的特性曲线与普通二极管基本相似,只是稳压二极管的反向特性曲线比较陡。稳压管反向击穿后,电流变化很大,但其两端电压变化很小,利用此特性,稳压管在电路中可起稳压作用。稳压二极管的正常工作范围,是在伏安特性曲线上的反向电流开始突然上升的 A、B 段。这一段的电流,对于常用的小功率稳压管来讲,一般为几毫安至几十毫安。稳压二极管的符号和伏安特性如图 7-12 所示。

稳压管的反向击穿是电击穿,只要与稳压管串

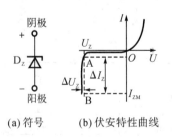

(a) 符号　　(b) 伏安特性曲线

图 7-12 稳压二极管的符号和伏安特性

联一个适当的电阻,使反向电流和管子的功率损耗不超过允许值,就控制了 PN 结的结温。单反向电压切断后,管子可以恢复正常状态。

稳压二极管的主要参数如下。

(1) 稳定电压 $U_Z$。稳定电压就是稳压二极管在正常工作时,管子两端的电压值。这个数值随工作电流和温度的不同略有改变。同一型号的稳压二极管,由于制造的原因,稳定电压值也有一定的分散性,例如 2CW14 硅稳压二极管的稳定电压为 $6\sim7.5$ V。

(2) 稳定电流 $I_Z$ 和最大稳定电流 $I_{ZM}$。稳定电流 $I_Z$ 是指工作电压等于稳定电压时的反向电流,最大稳定电流 $I_{ZM}$ 是稳压二极管允许通过的最大反向电流。稳压二极管工作时的电流应该小于这个电流;否则,管子将因过热而损坏。

(3) 动态电阻 $r_Z$。动态电阻是稳压二极管在正常工作区(反向击穿区)工作时稳压二极管两端电压的变化量与通过管子的电流的变化量之比,即 $r_Z = \Delta U_Z / \Delta I_Z$。显然,击穿特性越陡,管子的动态电阻值越小,稳压性能越好。

(4) 电压温度系数 $\alpha_U$。$\alpha_U$ 是说明稳压二极管的稳定电压受温度变化影响的系数。它定义为环境温度每变化 1℃ 引起稳压值变化的百分数。例如 2CW19($U_Z = 12$ V)的电压温度系数 $\alpha_U = +0.095\%/(℃)$,即温度升高 1 ℃,稳定电压增加 11.4 mV,电压温度系数与稳定电压的大小有关。

(5) 最大允许耗散功率 $P_{ZM}$。最大允许耗散功率是稳压二极管工作时所允许的最大耗散功率,其大小与 PN 结所允许的结温有关,它等于最大稳定电流与相应稳定电压的乘积,即 $P_{ZM} = U_Z I_{ZM}$。

【例 7-3】 图 7-13 所示电路中,已知稳压二极管的稳定电压 $U_Z = 6$ V,稳定电流的最大值 $I_{ZM} = 25$ mA。求通过稳压二极管的电流 $I_Z$;$R = 1$ kΩ,为限流电阻,其值是否合适?

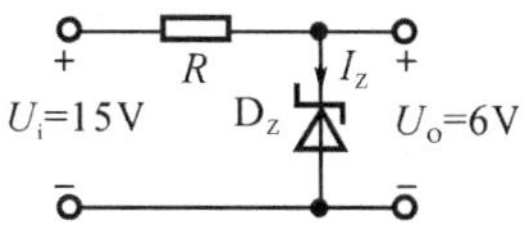

【解】 将输入和输出的负极性端接地,则有

$$I_Z = \frac{U_i - U_o}{R} = \frac{15 - 6}{1} \text{ mA} = 9 \text{ mA}$$

图 7-13 例 7-3 图

因为 $I_Z < I_{ZM}$,所以电阻值是合适的。

### 2. 发光二极管

半导体发光二极管是将电能直接转换成光能的固体发光器件,是在半导体 PN 结或类似结构中通以正向电流,以高效率发出可见光或红外辐射的器件。

发光二极管通电流时将发光,用不同材料制成的发光二极管将辐射不同颜色的光。例如砷化镓半导体辐射红色光,磷化镓半导体辐射黄色光。发光二极管的符号与特性如图 7-14 所示。发光二极管的结构与普通二极管一样,伏安特性曲线也相似,同样具有单向导电性。但发光二极管的正向导通电压比普通二极管高,正向工作电压一般小于 2 V,正向电流为 10 mA。

发光二极管多被用作仪表的指示器、光电耦合器和光学仪器的光源等领域。

### 3. 光电二极管

光电二极管是将光信号变成电信号的半导体器件。它的核心部分也是一个 PN 结。和普通二极管相比,在结构上不同的是,为了便于接受入射光照,PN 结结面积尽量做得大一些,电极面积尽量小些,而且 PN 结的结深很浅,一般小于 $1\mu m$。光电二极管的 PN

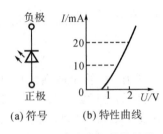

图 7-14 发光二极管的符号和特性曲线

结工作在反向偏置状态。没有光照时,反向电流很小(一般小于 $0.1\mu A$),称为暗电流。当有光照时,携带能量的光子进入 PN 结后,把能量传给共价键上的束缚电子,使部分电子挣脱共价键,从而产生电子——空穴对,称为光生载流子。它们在反向电压作用下参加漂移运动,使反向电流急剧增大,光的强度越大,反向电流也越大。光电二极管在一般照度的光线照射下,所产生的电流叫光电流。如果在外电路上接上负载,负载上就获得了随着光的变化而相应变化的电信号,实现了光-电信号的转换。

光电二极管的反向电流随光照强度的增加而上升,图 7-15 所示的是光电二极管的符号、等效电路和特性曲线。其主要特点是反向电流与照度成正比。

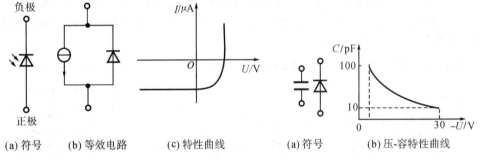

图 7-15 光电二极管     图 7-16 变容二极管

光电二极管可用作光的测量。当制成大面积的光电二极管时,可当作一种能源,称为光电池;利用光电信号的相互转换,可进行数据传输。

光电管广泛应用于各种遥控、报警及光电传感电路中。

### 4. 变容二极管

变容二极管也称为压控变容器,是随电压变化而改变结电容的半导体。二极管的 PN 结具有结电容,当加反向电压时,阻挡层加厚,结电容减小,结电容随反向电压的改变而有较大的变化。所以,改变反向电压的大小可以改变 PN 结的结电容大小,这样二极管就可以作为可变电容器用。图 7-16 所示的是变容二极管的符号和特性曲线。

变容二极管的应用非常广泛,因为变容二极管的结电容能随外加的反向偏压而变化,所以常被用于调频、扫频及相位控制。许多中小功率的调频发射机都采用变容二极管在发射载频的 LC 振荡回路上直接调频,采用晶体振荡器和锁相环路来稳定中心频率。

## 7.3 二极管应用电路

二极管的应用范围很广,主要利用它的单向导电性,用于整流、检波、钳位、削波、元件保护,以及在脉冲与数字电路中作为开关元件。

### 7.3.1 无触点开关电路

日常生活中的开关很多,如拉线开关、闸刀开关、按钮开关等,使用这些开关来接通和切断电源。在自动控制系统中,常用继电器、接触器作为电路开关,它根据需要去接通和断开电路,以达到自动控制的目的。以上这些开关都是有接触点的,称为有触点开关,其开关特性较稳定。但是,随着开关速度的加快,例如每分钟要求接通电路数千次,上万次,则继电器的触点就来不及接通和断开,失去了开关作用。另外,有触点的开关接触时有颤动,会产生火花,容易损坏而使开关动作不可靠。尤其是现在,控制系统对控制的质量提出了更高的要求,机械继电器在控制速度、电磁兼容性、隔离性能、寿命等方面往往不能满足要求。

随着半导体技术的发展,现在人们常用晶体管二极管和三极管做成无触点开关。无触点开关有许多突出的优点,如动作速度快、消耗功率少、灵敏度高、体积小、重量轻而且没有机械磨损。

**1. 二极管的开关特性**

当二极管加正向电压时,二极管导通;硅管的导通电压为 0.7 V,锗管为 0.3 V,导通电阻为几欧至几十欧,相当于开关闭合。当二极管加反向电压时,二极管截止,反向饱和电流极小,反向电阻很大(约几百千欧)相当于开关断开。开关等效电路如图 7-17 所示。

**2. 二极管的开关电路**

在电子电路中,常要用到高电平和低电平表示逻辑 **0** 和逻辑 **1** 两种逻辑状态,图 7-18(a)所示是用开关构成的获得高低电平的原理图,图 7-18(b)所示是用二极管代替开关后的二极管开关电路。在图 7-18(a)中,当开关 S 断开时,输出电压 $u_o$ 为高电平;当开关 S 闭合时,输出电压 $u_o$ 为低电平。若用一个二极管 D 取代开关 S(见图 7-17(b)),并设二极管 D 为理想开关元件,则当输入电压 $u_i$ 为高电平时,D 截止,$u_o$

$=U_{CC}$；当输入电压 $u_i$ 为低电平时，D 导通，$u_o=0$。所以可以用输入电压 $u_i$ 的高、低电平控制二极管的开关状态，并在输出端得到相应的高、低电平输出信号。

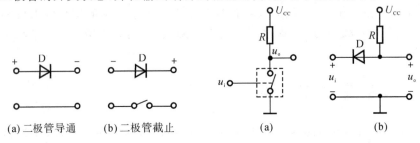

(a) 二极管导通　　(b) 二极管截止　　　　　(a)　　　　　　　(b)

图 7-17　二极管的开关等效电路　　　图 7-18　获得高、低电平的电路

### 7.3.2　限幅和钳位电路

**1. 限幅电路**

限幅电路用于限制输出电压的幅度。在脉冲与数字电路中，限幅器常用来从正、负脉冲中只取出正脉冲或只取出负脉冲。采用二极管构成的双向限幅电路如图 7-19(a)所示，输入电压 $u_i$ 为正弦波，幅值等于 10 V。当 $u_i$ 处于正半周且其值小于 5 V 时，$D_1$、$D_2$ 均截止，$u_o=u_i$；$u_i>5$ V 后，$D_1$ 导通、$D_2$ 截止，$u_o=5$ V。当 $u_i$ 处于负半周且其值大于 $-5$ V 时，$D_1$、$D_2$ 均截止，$u_o=u_i$；$u_i<-5$ V 后，$D_2$ 导通、$D_1$ 截止，$u_o=-5$ V。输出波形如图 7-19(b)所示，由图可见输入信号的正负两个半波的幅度同时受到限制，这就是利用二极管的单向导电性达到限幅的目的。

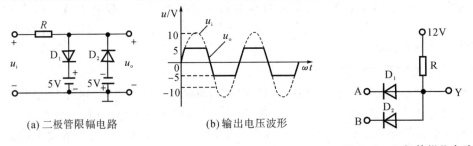

(a) 二极管限幅电路　　　　(b) 输出电压波形

图 7-19　限幅电路　　　　　　图 7-20　二极管钳位电路

**2. 钳位电路**

采用二极管钳位电路限制电路中某点的电位或者实现电路保护的电路很多，一个简单的二极管钳位电路如图 7-20 所示。设二极管 D 为理想二极管，即二极管导通时视为短路，截止时视为开路。A 端与 B 端为电路的输入端，Y 端为电路的输出端。当输入端 A 点的电位 $U_A=3$ V、B 点的电位 $U_B=0$ V 时，因为 B 点的电位比 A 点低，所以 $D_2$ 管优先导通，使 $U_Y=0$ V。$D_2$ 导通后，$D_1$ 上加的是反向电压，因而截止。

在这里,$D_2$ 起钳位作用,把输出端的电位钳制在 0 V。

### 7.3.3 整流和稳压电路

在电子线路和电子设备中通常需要稳定的直流电源供电,而供电系统供给的是 50 Hz 的交流电。因此,常用整流电路把交流电转换为直流电。但是这种直流电会因为交流电网电压的波动和负载的变化而不稳定,所以还要通过稳压电路来获得比较稳定的直流电。下面将分别介绍整流电路和稳压电路。

**1. 整流电路**

整流电路的作用是利用二极管的单向导电性将交流电压转变为单向脉动的直流电压。

桥式整流电路如图 7-21 所示。把整流元件接成电桥的形式(桥式整流电路的接法:电桥有四个端点,两个端点二极管极性相同,另两个端点二极管极性不同,负载接在两个同极性端,电源接在两个异极性端)。分析时仍把二极管当作理想元件处理,即二极管的正向导通电阻为零,反向电阻为无穷大。在电源电压交替变化的一周期内,二极管双双轮流导通,使 $R_L$ 得到单向脉动的直流电压,如图 7-22 所示。

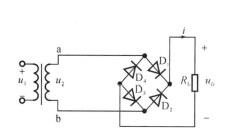

图 7-21 单相桥式整流电路

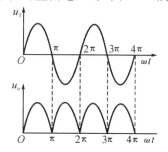

图 7-22 桥式整流电路的电压波形

**2. 稳压电路**

稳压器是为电路或负载提供稳定的输出电压的一种电子设备。在电子电路中,仅经过整流、滤波所得到的直流电压,往往会因为电网电压的波动和负载电阻的变化而产生变化,不能保证稳定不变。为了得到稳定的直流输出电压,在整流滤波电路的后面需要加稳压电路。最简单的稳压电路就是用硅稳压二极管组成的稳压电路,如图 7-23 所示。图中稳压管 $D_Z$ 工作于反向击穿状态,在电路中起控制作用,与负载电阻并联,必须反向连接。$R_L$ 为负载,$R$ 是限流电阻。二极管稳压电路的工作原理是,当输入电压 $U_i$ 波动或负载电流变化引起输出电压 $U_o$ 增大时,$U_Z$ 也增大,同时 $I_Z$ 大大增加,使 $I$ 增大,限流电阻 $R$ 两端的电压也增大,继而抑制 $U_o$ 的增大,达到稳定 $U_o$ 的目的。

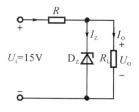

图 7-23 二极管稳压电路

## 本章小结

（1）半导体具有特殊的导电性，其导电能力会随着环境温度、光照强度的变化和掺入杂质而产生明显的变化。半导体具备的特殊导电性能与其原子结构有关，它具有共价键的晶体结构，受到激发时，会成对地产生自由电子和空穴两种极性不同的载流子，但载流子的数目极少。所以纯净的半导体也称为本征半导体类似绝缘体。

（2）本征半导体中掺入少量的三价或五价化学元素杂质，可形成 P 型半导体或 N 型半导体。P 型半导体中，空穴是多数载流子，自由电子是少数载流子。N 型半导体中，自由电子是多数载流子，空穴是少数载流子。

（3）PN 结是半导体二极管和其他半导体器件的基础，其基本特性是单向导电性，即外加正向电压时导通，外加反向电压时截止。但是，如果反向电压增加到一定的数值，PN 结也会导通，称为反向击穿。用一个 PN 结可制成一个二极管，它的特性常用伏安特性曲线表示。

（4）特殊二极管与普通二极管一样，也具有单向导电性。常用的有利用光敏特性制成的光电二极管、利用 PN 结的结电容制成的变容二极管和利用发光材料制成的发光二极管，还有工作在反向击穿区的稳压二极管。

（5）二极管的应用很广，都是利用它的单向导电性。利用它的这一特性，组成多种形式的整流电路，以及二极管限幅电路、削波电路、钳位和隔离电路。

## 习　题　7

7-1　选择合适的答案填空。

（1）在本征半导体中加入五价元素可以形成_____半导体，加入三价元素可以形成_____半导体。

　　　A. P 型　　　　　　　　　B. N 型

（2）在杂质半导体中多子的数量与_____有关。

　　　A. 掺杂浓度　　　　　　　B. 温度

（3）当温度升高时，二极管的反向饱和电流将_____。

　　　A. 减小　　　　　　B. 增加　　　　　　　　C. 不变

（4）稳压二极管稳压时工作在_____区。

　　　A. 正向特性　　　　B. 反向特性　　　　　　C. 反向击穿

7-2　二极管电路如题图 7-2 所示，判断图中二极管是导通还是截止，并求出电压 $U_{AB}$。设二极管

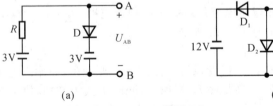

题图 7-2

的导通电压 $U_D = 0.7$ V。

7-3 电路如题图 7-3 所示,已知 $u_i = 12\sin\omega t$,试画出 $u_i$、$u_o$ 的波形,并标出幅值。设二极管为理想二极管。

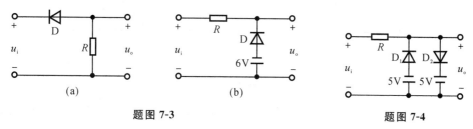

题图 7-3          题图 7-4

7-4 在题图 7-4 所示电路中,已知 $u_i = 10\sin\omega t$,试画出 $u_i$、$u_o$ 的波形,并标出幅值。设二极管为理想二极管。

7-5 二极管电路如题图 7-5 所示,已知二极管 $D_1$、$D_2$ 的导通压降为 0.7 V,求(1)A 接 10 V、B 接 0.3 V 电压时,$U_o$ 为多少伏?(2)A、B 都接 10 V 电压时,$U_o$ 为多少伏?

7-6 在题图 7-6 所示电路中,已知 $U_i = 30$ V,2CW4 稳压管的参数为:稳定电压 $U_Z = 12$ V,最大稳定电流 $I_{ZM} = 20$ mA。求电流表 $A_1$、$A_2$ 的读数和流过稳压管的电流 $I_Z$。

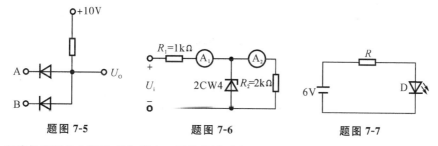

题图 7-5          题图 7-6          题图 7-7

7-7 电路如题图 7-7 所示,已知发光二极管的导通电压 $U_D = 1.6$ V,正向电流为 5~20 mA 时才能发光,求为使发光二极管发光,电路中电阻 $R$ 的取值范围。

7-8 两个 2CW15 稳压管,稳压值为 8 V,设稳压管工作在正向时稳压值为 0.7 V,若两管按题图 7-8 所示方法连接,求电路的输出电压 $U_o$。

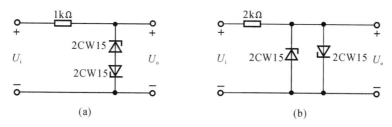

题图 7-8

7-9 电路如题图 7-9(a)所示,稳压管的稳定电压 $U_Z = 3$ V,$R$ 的取值合适,$u_i$ 的波形如图(b)所示,试画出 $u_o$ 的波形。

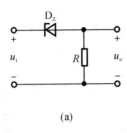 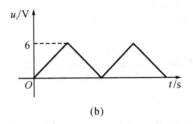

(a)                  (b)

**题图 7-9**

7-10 题图 7-10(a)中的 $R$ 和 $C$ 构成一个微分电路,输入电压如题图 7-10(b)所示,试画出输出电压 $u_o$ 的波形。设 $u_{C(0)}=0$。

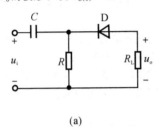 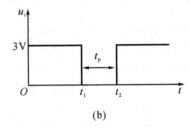

(a)                  (b)

**题图 7-10**

# 8 半导体三极管放大电路基础

本章首先介绍半导体三极管(本章简称三极管)的基本结构、工作原理以及三极管的电流分配、放大作用、特性曲线和主要参数;然后介绍放大电路的组成原则、工作原理、静态工作点的设置和放大倍数的计算,分析温度变化对放大电路静态工作点的影响并引出稳定静态工作点的电路;最后介绍功率放大电路和场效应管及其放大电路。

## 8.1 半导体三极管及其放大作用

半导体三极管是具有放大作用和开关作用的半导体器件,用来组成各种类型的放大电路,以放大微弱的电信号。半导体三极管的种类很多,按频率可分为高频管和低频管;按功率可分为小功率管和大功率管;按材料可分为硅管和锗管。常见的半导体三极管的外形如图8-1所示。

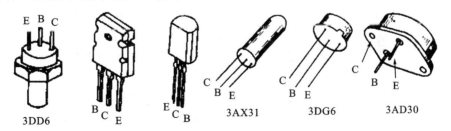

图 8-1 半导体三极管的外形图

### 8.1.1 半导体三极管的基本结构和电流放大作用

**1. 半导体三极管的基本结构**

半导体三极管由两个 PN 结构成,在一个 N 型硅片上制作两个 P 区就构成 PNP 型管;在一个 P 型硅片上制作两个 N 区就构成了 NPN 型管,其结构形式有 PNP 型 NPN 型两种,如图 8-2(a)所示。从图中可见,三极管有两个 PN 结——发射结 $J_E$ 和集电结 $J_C$;有三个区——发射区、基区、集电区。从相应的区分别引出的三个电极称为发射极 E、基极 B、集电极 C。三极管的结构特点是:发射区的掺杂浓度较高;集电区的掺杂浓度相对发射区较低;基区做得很薄,而且掺杂浓度低,多数载流子数目很少。三个区的作用分别是:发射区发射载流子;集电区收集载流子;基区对载流子起控制作用。

在电路中,三极管用图 8-2(b)所示的符号来表示,NPN 型三极管和 PNP 型三极管在符号上的区别在于发射结箭头的方向,它表示 PN 结在正向接法下的电流方向。

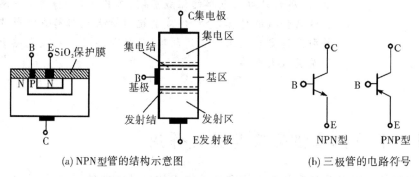

(a) NPN 型管的结构示意图     (b) 三极管的电路符号

**图 8-2 三极管的结构示意图和电路符号**

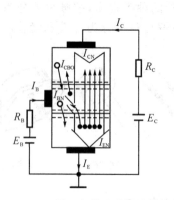

**图 8-3 NPN 型三极管中载流子的运动**

**2. 电流放大作用**

NPN 型三极管和 PNP 型三极管的工作原理是相同的,下面以 NPN 型三极管为例来说明三极管的放大作用。

将一个 NPN 型三极管接成如图 8-3 所示的电路。为了使管中有载流子运动,在管子的基极和发射极之间接入正向电源 $U_{BB}$;集电极和发射极之间接入电源 $U_{CC}$,以保证集电结上所加的电压为反向偏置,使发射极发射过来的载流子能够顺利地通过集电结。

管子内部载流子的运动规律可以分为以下三个部分。

（1）发射区向基区发射电子。由于发射结加正向电压，即基极电位高于发射极电位，使发射结变窄，发射区的多数载流子电子源源不断越过发射结到达基区，形成从发射极流出的电流 $I_E$。同时，基区的多数载流子空穴也会扩散到发射区，但因基区多数载流子的浓度比发射区多数载流子的浓度要小得多，所形成的电流很小，可以忽略不计。

（2）电子在基区中的扩散和复合。电子到达基区后，因靠近发射结的电子很多，靠近集电结的电子很少，有浓度上的差别，故电子就会向集电区扩散，被集电极收集形成集电极电流 $I_C$。电子在从发射区向集电区扩散的过程中会与基区的空穴复合，同时基区正电源又不断从基区拉走电子（供给空穴），电子复合数量与拉走数量相等，这就形成了基极电流 $I_B$。因为基区很薄而且空穴浓度很低，电子与空穴复合的机会很少，所以基极电流 $I_B$ 很小。三极管的电流放大能力与扩散和复合的比例相关，扩散运动超过复合运动越多，电流的放大作用就越强。

（3）集电区收集扩散过来的电子。扩散电子到达集电结时，因为集电结加的反向电压，所以它产生的电场会阻止集电区的电子向基区扩散，从而有利于把从基区扩散过来的电子收集到集电区形成集电极电流 $I_C$。

从上述管子内部载流子的运动规律可知，发射区发射的电子大部分越过基区流向集电极，仅有一小部分流向基极。三极管的三个电极分别出现了三个电流 $I_E$、$I_B$、$I_C$，三者的关系为 $I_E = I_B + I_C$。若调节基极电阻 $R_B$ 使基极电流 $I_B$ 增加，则集电极电流会按照比例更大幅度的增加。这是因为在制作三极管时把管子的基区做得很薄，减小了基极电阻，使发射结的正向偏置电压加大。发射区扩散的多数载流子增加，通过基区时和空穴复合的数量稍有增加，更多的多数载流子通过基区到达集电区，即基极电流小的变化将引起集电极电流大的变化，这种特性称为三极管的电流放大作用。放大的实质就是用一个微小电流的变化去控制一个较大电流的变化，所以三极管是电流控制电流源（CCCS）器件。

三极管制成以后，$I_B$ 与 $I_C$ 的比例保持一定，可以通过改变基极电流 $I_B$ 的大小来控制集电极电流 $I_C$。下面用实验结果来说明三极管电流分配和控制关系。其实验电路如图 8-4 所示，改变可变电阻 $R_B$ 的阻值，使基极电流 $I_B$ 为不同的值，测出相应的集电极电流 $I_C$ 和发射极电流 $I_E$，测量结果列于表 8-1 中。由表中数据可以看出：发射极电流 $I_E$ 等于基极电流 $I_B$ 与集电极电流 $I_C$ 之和，即

$$I_E = I_B + I_C \qquad (8\text{-}1)$$

如果基极电流 $I_B$ 产生微小的变化，将引起集电极电流 $I_C$ 较大的变化，其比值在一定范围

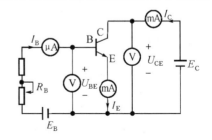

图 8-4　NPN 型三极管实验电路

内基本保持不变。集电极电流变化量与基极电流变化量的比值,称为三极管的电流放大系数,记作 $\beta$,即

$$\beta = \frac{\Delta I_C}{\Delta I_B} \tag{8-2}$$

表 8-1  三极管各电极电流的测量数据

| $I_B$/mA | 0 | 0.01 | 0.02 | 0.03 | 0.04 | 0.05 | 0.06 |
|---|---|---|---|---|---|---|---|
| $I_C$/mA | <0.001 5 | 0.7 | 1.89 | 2.79 | 3.99 | 5.14 | 6.21 |
| $I_E$/mA | <0.001 5 | 0.71 | 1.91 | 2.82 | 4.03 | 5.19 | 6.27 |

### 8.1.2 三极管的特性曲线

三极管的特性曲线是指管子各电极电压与电流的关系曲线,是三极管内部特性的外部表现,可以反映三极管的性能,是分析放大电路的依据。研究特性曲线可以直观地分析三极管的工作状态,合理地选择偏置电路的参数,设计性能良好的电路。

这里只讨论应用最广泛的共发射极放大电路的输入特性和输出特性曲线。简单的测试电路如图 8-4 所示。

**1. 输入特性**

三极管的输入特性是指在三极管的集电极与发射极之间加一定值电压 $U_{CE}$ 后,基极电流 $I_B$ 和基极与发射极之间的电压 $U_{BE}$ 之间的关系,即

$$I_B = f(U_{BE})|_{U_{CE}=常数} \tag{8-3}$$

图 8-5 所示为硅三极管的等效电路和输入特性曲线。

当 $U_{CE}=0$ V 时,集电极与发射极之间短路,相当于两个二极管并联连接,此时三极管的输入特性与二极管的正向特性曲线相似。

当 $U_{CE}>0$ V 而且取足够大时,集电结吸引电子的能力加强,使得从发射区进入基区的电子将有一部分流向集电极形成集电极电流 $I_C$。因此,在发射结外加相同的电压 $U_{BE}$ 的情况下,流向基极的电流 $I_B$ 减小,输入特性曲线将向右移。

$U_{CE}$ 的值不同,输入特性曲线也不同。但实际上,当 $U_{CE}>1$ V 以后,集电结的电场已足够大,只要 $U_{BE}$ 保持不变,扩散到基区的电子数一定。而集电结所加的反向电压已能把到达基区电子的大部分吸引到集电极,所以

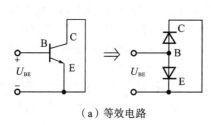

(a) 等效电路

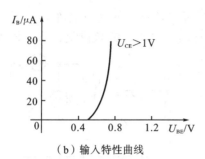

(b) 输入特性曲线

图 8-5  硅三极管的等效电路和输入特性曲线

再增加 $U_{CE}$，$I_B$ 也不再明显减小。

从输入特性可见，$I_B$ 随 $U_{BE}$ 的变化而变化，它们之间的关系是非线性关系。三极管在正常工作情况下，硅管发射结压降 $U_{BE}=0.6\sim0.8\text{ V}$；锗管发射结压降 $U_{BE}=-0.2\sim-0.3\text{ V}$。

**2. 输出特性**

输出特性是指基极电流 $I_B$ 为一定值时，三极管集电极与发射极之间的电压 $U_{CE}$ 同 $I_C$ 之间的关系

$$I_C = f(U_{CE})\big|_{I_B=\text{常数}} \tag{8-4}$$

图 8-6 所示为三极管的输出特性曲线，各条特性曲线的形状基本上一样。

测量输出特性曲线时，首先要设 $I_B$ 为某一固定值，然后改变集电极电源 $E_C$ 的大小，测 $U_{CE}$ 和 $I_C$ 的值，即可获得输出特性曲线。

从输出特性曲线中可以看到，三极管的工作状态分成三个区域：放大区、截止区、饱和区。

(1) 放大区。当发射结电压为正向偏置，集电结电压反向偏置时，发射区的电子扩散到基区，大部分被集电极收集，$I_B$ 很小，$I_E \approx I_C$。$I_B$ 变化时，$I_C$ 随着 $I_B$ 变化，但和 $U_{CE}$ 的变化无关。

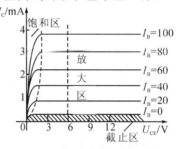

图 8-6 三极管的输出特性曲线

这说明基极电流 $I_B$ 对集电极电流 $I_C$ 的控制作用，而且由于 $I_C$ 的变化量远大于 $I_B$，这就是电流的放大作用。输出特性曲线上的平坦部分就是放大区。

(2) 截止区。当三极管发射结偏置电压为零偏置和反偏置时，发射区的电子不能扩散到基区，基极电流 $I_B=0$，相应的集电极电流 $I_C \approx 0$。在输出特性曲线上 $I_B=0$ 这条曲线以下的区域，称为截止区。这时三极管的发射结和集电结均处于反向偏置状态，失去了放大作用。

(3) 饱和区。当集电极与发射极之间的电压 $U_{CE}$ 很小时，集电结收集电子的能力较弱，这时即使增大 $I_B$，$I_C$ 也很少增大或者不增大，三极管失去放大作用，这种状态称为饱和。三极管的饱和区域在输出特性直线上升和弯曲部分，此时发射结和集电结都处于正向偏置。

【**例 8-1**】 在图 8-7(a)所示的电路中，已知 $\beta=20$，当输入信号 $u_i$ 是一个方波时，图中的三极管工作在什么状态？设 $U_{BE}=0.7\text{ V}$。

【**解**】 判断三极管的工作状态，对于 NPN 型三极管构成的电路，若基极电位为负，则三极管肯定工作在截止状态；否则，就需要计算三极管工作的基极电流 $I_B$ 和管子临界饱和的基极电流 $I_{BS}$，然后比较两者的大小。若 $I_B > I_{BS}$，三极管工作在饱和状态；若 $I_B < I_{BS}$，则三极管工作在放大状态。

先将图 8-7(a)所示电路的输入回路用戴维宁电路替代，如图 8-7(b)所示，用节点电压法求出 $E_B$

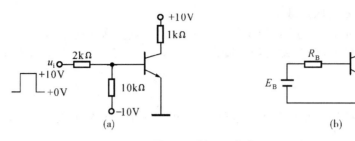

图 8-7 例 8-1 电路

和 $R_B$。

$$E_B = \frac{u_i/2 - 10/10}{1/2 + 1/10} \text{ V} = \left(\frac{5}{6}u_i - \frac{5}{3}\right) \text{ V}, \quad R_B = \frac{2 \times 10}{2 + 10} \text{ k}\Omega \approx 1.7 \text{ k}\Omega$$

当 $u_i = 0$ V 时,$E_B = -5/3$ V $\approx -1.7$ V,此时 $U_B < 0$,$I_B = 0$,三极管处于截止状态;当 $u_i = 10$ V 时,$E_B = 20/3$ V $\approx 6.7$ V,有 $I_B = \dfrac{E_B - 0.7}{R_B} = \dfrac{6.7 - 0.7}{1.7}$ mA $\approx 3.5$ mA,而临界饱和基极电流为

$$I_{BS} = \frac{I_{CS}}{\beta} = \frac{10 - 0.3}{1 \times 10^3 \times 20} \text{ A} \approx 0.5 \text{ mA}$$

可知 $I_B > I_{BS}$,所以三极管工作在饱和状态。

### 8.1.3 三极管的主要参数

三极管的性能和特征还可以用它的一些参数来表示,作为使用者选用的依据。以下介绍几个主要参数。

**1. 电流放大系数**

三极管在共发射极接法时的电流放大系数有直流、交流之分。

(1) 直流电流放大系数。直流电流放大系数是指无输入信号时,三极管集电极的直流电流 $I_C$ 与基极的直流电流 $I_B$ 之比,即

$$\bar{\beta} = \frac{I_C}{I_B} \tag{8-5}$$

(2) 交流电流放大系数。交流电流放大系数是指有输入信号时,三极管集电极电流的变化量 $\Delta I_C$ 与基极电流的变化量 $\Delta I_B$ 之比,即

$$\beta = \frac{\Delta I_C}{\Delta I_B} \tag{8-6}$$

在放大电路的估算中,可以认为 $\bar{\beta} \approx \beta$。

一个三极管的 $\beta$ 值是基本恒定的。而由于制造工艺的分散性,即使同一个型号的三极管,它的 $\beta$ 值也有差别。常用三极管的 $\beta$ 值在 20~100 之间。$\beta$ 值太小则电流放大作用差,$\beta$ 值太大则三极管的性能不稳定。

三极管的 $\beta$ 值可以从输出特性曲线上定出,也可以用测试仪测出。

## 2. 集电极-基极反向饱和电流 $I_{CBO}$

这个电流是发射极开路时,集电结的反向电流。测量电路如图 8-8 所示。它的大小仅取决于温度和少数载流子的浓度。在一定温度下 $I_{CBO}$ 是个常数,所以称为反向饱和电流。$I_{CBO}$ 的值反映集电结的质量,$I_{CBO}$ 越小质量越好。

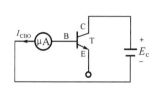

图 8-8 $I_{CBO}$ 测量电路

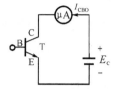

图 8-9 $I_{CEO}$ 测量电路

## 3. 集电极-发射极反向穿透电流 $I_{CEO}$

这个电流是基极开路时,集电极与发射极之间的反向穿透电流。测量电路如图 8-9 所示。根据载流子在三极管内部的运动规律和电流分配关系,可得出

$$I_{CEO} = (1+\bar{\beta})I_{CBO} \tag{8-7}$$

当温度升高时,$I_{CEO}$ 的值会随之增加,而且由于 $\bar{\beta}$ 也随温度的升高而增加,所以 $I_{CEO}$ 的值随温度的变化比 $I_{CBO}$ 的更大,$I_{CEO}$ 值大的三极管性能不稳定。

## 4. 集电极最大允许电流 $I_{CM}$

集电极电流超过一定值时,三极管的 $\beta$ 值会下降。$\beta$ 值的变化不得超过规定的允许值时的集电极最大电流称为集电极最大允许电流 $I_{CM}$。当电流超过 $I_{CM}$ 时,管子的性能将显著下降。

## 5. 集电极-发射极反向击穿电压 $U_{(BR)CEO}$

$U_{(BR)CEO}$ 是指基极开路时,加在集电极与发射极之间的最大允许电压。使用时如果 $U_{CE} > U_{(BR)CEO}$,会产生很大的集电极电流 $I_C$,导致三极管因击穿而损坏。

## 6. 集电极最大允许耗散功率 $P_{CM}$

$P_{CM}$ 是指三极管因受热导致参数的变化不超过规定的允许值时,集电极耗散的最大功率。根据三极管允许的结温,给出它的最大允许耗散功率为

$$P_{CM} = U_{CE}I_C \tag{8-8}$$

三极管消耗功率过大、温升过高会烧坏三极管。

## 8.2 共发射极放大电路的静态分析

放大电路在电子电路中的应用非常广泛。例如,在无线电技术中,为了使收音机的喇叭发出足够大的声音,电视机有足够大的音量和清晰的图像,就必须用放大

器把来自电台、电视台微弱的电信号放大,推动喇叭发出声音、使显像管成像。在自动控制技术中,常需要把温度、压力等非电量转换而来的微弱的电信号进行放大,去推动执行元件,实现自动控制。本章主要介绍由三极管组成的交流放大电路。

### 8.2.1 共发射极放大电路的组成

#### 1. 三极管放大电路的连接方式

三极管是放大电路中的核心元件。三极管的三个电极在组成放大电路时,总是一个作为信号的输入端,一个作为信号的输出端,一个作为输出、输入的公共端,可组成两个互相有联系的回路。选择不同的公共端,三极管可有三种连接方式:共基极、共发射极、共集电极(三种接法见图 8-10),其中共发射极电路用得最多。共发射极接法以发射极作为公共端,基极为输入端,集电极为输出端。共集电极接法以集电极作为公共端,基极为输入端,发射极为输出端。共基极接法以基极作为公共端,发射极为输入端,集电极为输出端。本书将会对共发射极电路和共集电极电路作较为详细的介绍。

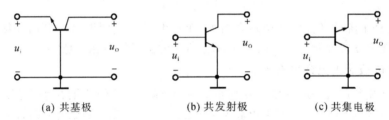

(a) 共基极　　　　(b) 共发射极　　　　(c) 共集电极

图 8-10　三极管的三种连接方式

#### 2. 共发射极电路的组成

图 8-11 所示为用 NPN 型三极管组成的共发射极基本放大电路,它的作用是放大从无线电发射台传来的微弱的电信号。要使图中的三极管起放大作用,必须给发射结加正向偏置电压,集电结加反向偏置电压。电路由直流电源 $E_C$、$E_B$,三极管 T 以及电容和电阻组成。交流信号通过电容 $C_1$ 加到三极管的基极和发射极之间,基极回路是放大器的输入回路。输出回路是由集电极电源 $U_{CC}$、集电极负载电阻 $R_C$ 及三极管集电极与发射极间的电路构成。被放大了的交流信号从集电极通过电容 $C_2$ 输出。

电路中各元件的作用如下:三极管 T 是组成放大电路的核心元件,它用小的输入信号($i_b$)去控制大的输出信号($i_c$),实现放大;电源 $E_B$ 通过电阻 $R_B$ 提供三极管发射结正向偏置电压。当 $E_B$ 的大小一

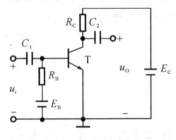

图 8-11　共射极基本放大电路

定时,改变 $R_B$ 的数值,三极管可得到合适的基极电流 $I_B$,$R_B$ 为基极偏置电阻,一般在几十千欧到几百千欧之间;电源 $E_C$ 提供三极管集电结的反向偏置电压,产生集电极电流 $I_C$ 和供给放大电路消耗的电能;电阻 $R_C$ 的作用是将输出回路中的交流电流信号转换为交流电压信号输出,称为集电极负载电阻;输入端的电容 $C_1$ 用来隔断放大电路和信号源之间的直流通路。输出端的电容 $C_2$ 用来隔断放大电路与负载之间的直流通路。同时将 $C_1$、$C_2$ 的值取得足够大,当交流信号通过它时所呈现的容抗较小时,交流信号便能畅通地通过放大器。$C_1$、$C_2$ 称为耦合电容,一般取几微法到几十微法。

在电子设备中,常把输入信号 $u_i$ 和输出信号 $u_o$ 以及电源 $E_C$ 和 $E_B$ 的公共端接机壳,图中用"⊥"表示,称为接地。

图 8-11 所示电路中有两个电源 $E_C$ 和 $E_B$,使用时不方便。仔细观察电路图可见,$E_C$ 和 $E_B$ 的负极是接在一起的,如果让 $E_C = E_B$ 并增加基极电阻 $R_B$,就完全可以让两个电源合为一个,使用一个电源 $E_C$,将电路简化,如图 8-12(a)所示。此外,为了简化电路,也常常不画出电源 $E_C$ 的符号,只标出 $E_C$ 对地的电压数值和极性,用 $U_{CC}$ 表示,如图 8-12(b)所示。

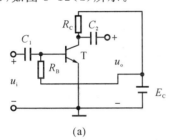
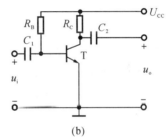

图 8-12 基本交流放大原理电路

### 8.2.2 直流通路与静态工作点的计算

放大电路有两种工作状态,静态和动态。当放大电路没有输入信号时,电路的工作状态称为静态。这时,在电源电压 $E_C$ 的作用下,电路中各处的电压和电流都是直流量,所以静态也称为直流工作状态。下面以图 8-12(b)所示的电路为例来分析静态工作情况。

放大电路的静态分析常用两种方法——近似估算法和图解法。估算法简单易算,图解法易于直接地观察放大电路的静态值的设置是否合理。下面将分别予以介绍。

静态工作时输入信号为零,电路中只有直流电源的作用,由于电路中的耦合电容 $C_1$、$C_2$ 对于直流而言相当于开路,因此放大电路可用图 8-13 所示的直流通路来表示。

### 1. 用估算法计算放大电路的静态值

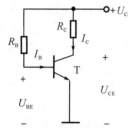

**图 8-13 直流通路**

由图 8-13 所示的直流通路中可以看到,基极电流 $I_B$ 的大小由 $U_{CC}$、$U_{BE}$ 和 $R_B$ 决定,有

$$I_B = \frac{U_{CC}-U_{BE}}{R_B} \approx \frac{U_{CC}}{R_B} \qquad (8-9)$$

式中,$U_{BE}$ 的数值比 $U_{CC}$ 小得多,通常硅管的 $U_{BE}$ 为 $0.6 \sim 0.8$ V,锗管的 $U_{BE}$ 为 $0.2 \sim 0.3$ V,而 $U_{CC}$ 一般为几伏至几十伏。当 $U_{CC} \gg U_{BE}$ 时,在计算中可以忽略 $U_{BE}$。当电路中的 $U_{CC}$ 和 $U_{BE}$ 确定后,基极电流 $I_B$ 就近似为一个固定值,所以把这个电路称为固定偏置电路。$R_B$ 称为固定偏置电阻。通常,可以用改变电阻 $R_B$ 的数值的方法来改变基极电流 $I_B$,使放大电路获得合适的静态工作点。

集电极电流 
$$I_C = \bar{\beta} I_B + I_{CEO} \approx \bar{\beta} I_B \approx \beta I_B \qquad (8-10)$$

式中:$I_{CEO}$ 是穿透电流,其值很小,可忽略不计。

集电极与发射极之间的电压为

$$U_{CE} = U_{CC} - I_C R \qquad (8-11)$$

如果 $\beta$ 已知,利用式(8-9)至式(8-11)可近似地估算放大电路的 $I_B$、$I_C$ 和 $U_{CE}$ 值,这三个值和已知的 $U_{BE}$ 的值就共同确定了放大电路在没有输入信号时电路的工作状态,即确定了放大电路的静态工作点。

**【例 8-2】** 在图 8-12(b)所示电路中,已知 $U_{CC}=12$ V,$R_C=3$ kΩ,$R_B=300$ kΩ,$\beta=50$,设 $U_{BE}=0.7$ V,试求放大电路的静态值。

**【解】**
$$I_B = \frac{U_{CC}}{R_B} = \frac{12}{300 \times 10^3} \text{A} = 4 \times 10^{-5} \text{A} = 40 \ \mu\text{A}$$

$$I_C = \beta I_B = 50 \times 40 \ \mu\text{A} = 2\ 000 \ \mu\text{A} = 2 \text{ mA}$$

$$U_{CE} = U_{CC} - I_C R_C = (12 - 2 \times 10^{-3} \times 3 \times 10^3) \text{ V} = 6 \text{ V}$$

### 2. 用图解法确定放大电路的静态值

图解法是分析非线性电路的基本方法,它是利用三极管的特性曲线,通过作图来分析和求解放大电路的静态值。其具体步骤如下。

(1) 给出所用三极管的输出特性曲线并作直流负载线。

在图 8-14(a)所示的直流通路中可以看到,输出回路由非线性部分和线性部分组成。以 A、B 两点为界,向左边看,$I_C$ 和 $U_{CE}$ 的关系是非线性的,由三极管的输出特性曲线决定;向右边看,$I_C$ 和 $U_{CE}$ 的关系是线性的,由直线方程 $U_{CE} = U_{CC} - I_C R_C$ 决定,找两个点画出这条直线。

通常找两个特殊点:取 $I_C=0$,则 $U_{CE}=U_{CC}=12$ V,在横轴上得到 $M$ 点;取 $U_{CE}=0$,则 $I_C=U_{CC}/R_C=4$ mA,在纵轴上得到 $N$ 点,连接 $M$、$N$ 两点得到直线 $MN$。这

条直线的斜率为

$$\tan\alpha = -\frac{1}{R_C} \tag{8-12}$$

它由集电极负载电阻 $R_C$ 确定,因为这条直线表示在直流工作状态下,输出回路中 $I_C$ 与 $U_{CE}$ 的关系,所以这条直线称为放大电路的直流负载线,如图 8-14(b)所示。

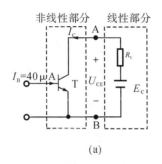 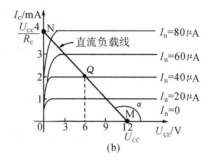

图 8-14 图解法分析静态工作点

用图解法作静态分析,即是用作图的方法求解 $I_C$ 与 $U_{CE}$。

(2) 由三极管的输出特性曲线和直流负载线的交点确定静态工作点。

因为电路的线性部分和非线性部分是串联在一起的,电路中的 $I_C$ 与 $U_{CE}$ 的值既要满足三极管的输出特性曲线,又要满足电路的直流负载线。所以,只有直流负载线与三极管某条(与 $I_B$ 有关)输出特性曲线的交点所对应的 $I_C$ 与 $U_{CE}$ 值才能达到要求。这个交点称为放大电路的静态工作点,用 $Q$ 表示。在例 8-1 中求得 $I_B = 40\ \mu A$,即三极管工作在 $I_B = 40\ \mu A$ 这一条输出特性曲线上,直流负载线与该输出特性曲线相交于 $Q$ 点,$Q$ 点所对应的 $I_C = 2\ mA$,$U_{CE} = 6\ V$,与估算的结果相同。

### 8.2.3 静态工作点的稳定

静态工作点的设置是否合理,直接影响放大电路放大倍数的大小以及放大后的信号是否失真。为了得到性能较好的放大器,必须设置合适的静态工作点。通常希望,一旦确定偏置电路的参数和三极管的参数,电路的静态工作点能够稳定不变。但在实际中,放大电路的静态工作点位置会受外界条件的影响而发生变化,如固定偏置电路的静态工作点。导致静态工作点变化的原因有:环境温度发生变化;电源电压的波动;电路元件 $R_B$ 和 $R_C$ 因老化而变值。其中,主要原因是环境温度变化的影响,下面将着重讨论温度对静态工作点的影响,介绍克服这种影响的电路。

**1. 温度对静态工作点的影响**

半导体三极管对温度较为敏感,当温度变化时,三极管的参数 $U_{BE}$、$I_{CBO}$、$\beta$ 都会发生变化,从而造成固定偏置电路的静态工作点位置的变化。

从固定偏置电路的输入回路来看,若给定 $U_{CC}$ 和 $R_B$,有

$$I_B = \frac{U_{CC} - U_{BE}}{R_B}$$

当温度升高时,因三极管内载流子运动加剧,三极管的死区电压减小,输入特性将会左移,$U_{BE}$ 将随之下降。因此,$I_B$ 将随温度的升高而增大。同时,由于电子空穴对的数目增加,$I_{CBO}$ 随之增加,而 $I_{CEO} = (1+\beta)I_{CBO}$,所以 $I_{CEO}$ 也要增大。

当温度升高时,会加快基区注入载流子的扩散速度,缩短载流子在基区的传输时间,使之在基区复合的时间减少,因而 $I_B$ 下降,$I_C$ 增加而使 $\beta$ 增大,在输出特性曲线上表现为间距变大。所以在固定偏置电路中,当温度升高时,会导致 $U_{BE}\downarrow$、$\beta\uparrow$、$I_{CBO}\uparrow$。因为

$$I_C = \beta I_B + I_{CEO} = \beta\frac{U_{CC} - U_{BE}}{R_B} + (1+\beta)I_{CBO}$$

所以当 $U_{CC}$ 和 $R_B$ 一定时,$I_C$ 与 $U_{BE}$、$\beta$ 以及 $I_{CEO}$ 有关,而这三个参数都随温度的变化而变化。当温度升高时,$U_{BE}\downarrow$、$\beta\uparrow$、$I_{CBO}\uparrow$,这将使 $I_C$ 增加,静态工作点 $Q$ 点沿负载线上移,其结果是容易使三极管的信号进入饱和区造成饱和失真。

由分析可知,当温度变化时,固定偏置电路的工作点 $Q$ 点是不稳定的,为此需要改进偏置电路,使放大电路在温度变化时,能维持 $I_C$ 基本不变,保持静态工作点的稳定。

**2. 分压式偏置电路**

最常用的稳定静态工作点的电路是分压式偏置电路,只要参数设置合适,它就可以提供合适的基极偏置电流 $I_B$,并能够自动地稳定静态工作点,其电路如图 8-15 所示。偏置电路部分由分压电阻 $R_{B1}$、$R_{B2}$ 和射极电阻 $R_E$ 构成。

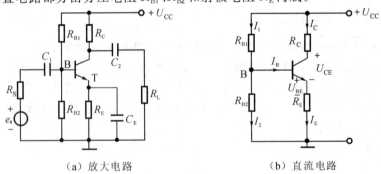

图 8-15 分压式偏置电路

1) 分压式偏置电路的特点

(1) 利用电阻 $R_{B1}$、$R_{B2}$ 的分压稳定基极电位 $U_B$,使 $U_B$ 不受其温度的影响。当不

接三极管时,流经分压电阻中的电流 $I_1=I_2=U_{CC}/(R_{B1}+R_{B2})$,接上三极管时,如果满足 $I_2\gg I_B$,那么流过三极管的基极电流可以忽略不计,基极电位基本上由 $U_{CC}$ 及 $R_{B1}$、$R_{B2}$ 的分压所决定,与 $I_B$ 无关,即

$$U_B=\frac{U_{CC}}{R_{B1}+R_{B2}}R_{B2} \tag{8-13}$$

可见,基极电位与温度无关。

(2) 利用电阻 $R_E$ 获得反映 $I_C$ 或 $I_E$ 变化的电压 $U_E$。从图 8-15 中可见

$$U_E=I_E R_E\approx I_C R_E$$

由于
$$U_E=U_B-U_{BE} \tag{8-14}$$

如果再满足 $U_B\gg U_{BE}$,则 $U_E\approx U_B$,所以

$$I_E=\frac{U_E}{R_E}\approx\frac{U_B}{R_E}=\frac{U_{CC}}{R_{B1}+R_{B2}}\frac{R_{B2}}{R_E} \tag{8-15}$$

由于 $I_E\approx I_C$,故温度变化基本不影响 $I_C$ 的变化。

由分析可知,分压式偏置电路稳定工作点要满足 $I_2\gg I_B$ 和 $U_B\gg U_{BE}$ 这两个条件。

从工作点稳定的角度来看,似乎 $I_2$、$U_B$ 越大越好。而 $I_2$ 越大,$R_{B1}$、$R_{B2}$ 的值必须取得较小,将降低整个放大器的输入电阻,使输入信号分流过大造成损失。所以,$R_{B1}$、$R_{B2}$ 的阻值一般取几十千欧,不能太小。

而 $U_B$ 过高必然使 $U_E$ 也增高,在 $U_{CC}$ 一定时,势必使 $U_{CE}$ 减小,从而减小放大电路输出电压的动态范围。$R_E$ 是温度补偿电阻。对直流,$R_E$ 越大,稳定工作点效果就越好,但不能取值太大;对交流,$R_E$ 越大,交流损失就越大,为避免交流损失,通常会与 $R_E$ 并联一个旁路电容 $C_E$。在估算时 一般选取:

$$I_2=(5\sim 10)I_B \tag{8-16}$$
$$U_B=(5\sim 10)U_{BE} \tag{8-17}$$

2) 分压式偏置电路稳定工作点的过程

随着温度增加或换用 $\beta$ 较大的三极管,有如下变化过程:

$$I_C\rightarrow U_E\uparrow\rightarrow U_{BE}\downarrow\rightarrow I_B\downarrow\rightarrow I_C\downarrow$$

3) 分压式偏置电路静态工作点的计算

静态工作点计算如下例。

【例 8-3】 图 8-15 所示的直流电路中,若 $R_{B1}=60\text{ k}\Omega$,$R_{B2}=20\text{ k}\Omega$,$R_C=3\text{ k}\Omega$,$R_E=2\text{ k}\Omega$,$U_{CC}=16\text{ V}$,$\beta=50$,试估算放大电路的静态工作点。

【解】 静态时放大器基极电位为

$$U_B=\frac{R_{B2}}{R_{B1}+R_{B2}}U_{CC}=\frac{20}{60+20}\times 16\text{ V}=4\text{ V}$$

取静态时 $U_{BE}=0.7\text{ V}$,则其集电极电流为

$$I_C\approx I_E=\frac{U_B-U_{BE}}{R_E}=\frac{4-0.7}{2}\text{ mA}=1.65\text{ mA}$$

基极电流为
$$I_B = \frac{I_C}{\beta} = \frac{1.65}{50} \text{ mA} = 33 \text{ μA}$$

集电极与发射极之间的电压降为
$$U_{CE} = U_{CC} - I_C(R_C + R_E) = [16 - 1.65 \times (3+2)] \text{ V} = 7.75 \text{ V}$$

4) 分压式偏置电路动态分析

对于接有发射极旁路电容的分压式偏置电路的动态分析一般与固定式偏置电路相同,只是在没有发射极旁路电容 $C_E$ 的特殊情况下,其放大倍数 $A_u$ 和输入电阻 $r_i$ 才有所不同。

## 8.3 共发射极放大电路的动态分析

当放大电路有输入信号时,电路的工作状态称为动态。对于使用放大器,更为关注的是放大器放大输入信号的效果,即放大器的放大倍数以及放大后的信号是否失真等问题。所以对放大电路作动态分析:一方面是利用信号的交流通路,计算放大电路的电压放大倍数以及放大电路的输入电阻和输出电阻;另一方面可以用图解法观察信号的失真情况。

### 8.3.1 放大电路的动态参数

放大电路一般由电压放大器和功率放大器两部分组成。电压放大器的作用是把微弱的电压信号逐级放大去推动功率放大器,然后功率放大器输出足够大的功率去推动负载工作。对放大电路进行分析,主要是求解以下几个重要的动态参数。

**1. 放大倍数(增益)**

放大器的输出信号与输入信号之比,称为放大器的放大倍数,它是反映放大器放大能力的主要参数。如果是放大器的输出电压与输入电压之比,就称为电压放大倍数,用 $A_u$ 表示,设输入信号为正弦波电压,则有

$$A_u = \frac{u_o}{u_i} \tag{8-18}$$

**2. 输入电阻**

一个放大器的输入端总是会和信号源或前级放大器相连(见图 8-16),此时把这个放大器看做信号源或前级放大器的负载,其负载的电阻就是从放大电路的输入端看进去的交流等效电阻,称为放大电路的输入电阻,它等于放大器的输入电压与输入电流的比值,即

$$r_i = \frac{u_i}{i_i} \tag{8-19}$$

输入电阻的大小对放大电路本身和信号源都有影响。输入电阻越大,放大电路

从信号源获得信号的能力越强,同时从信号源吸取的电流较小,能减轻信号源的负担。通常,希望输入阻抗越大越好。

### 3. 输出电阻

一个放大器的输出端会和负载或后级放大器相连,如图 8-16 所示,此时把这个放大器看做负载或后级放大器的信号源,此信号源的内阻称为放大器的输出电阻。

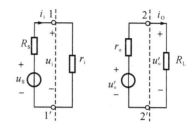

图 8-16 放大电路的输入、输出阻抗

输出电阻是表明放大电路带负载能力的参数。电路的输出电阻越小,负载变化时输出电压的变化就越小,因此,一般总是希望放大器有较小的输出电阻。

输出电阻是衡量放大电路带负载能力的一个指标。

从放大器的输出端看,放大器的输出电压为

$$u_o = \frac{R_L}{R_L + r_o} u'_o \tag{8-20}$$

则

$$r_o = \left(\frac{u'_o}{u_o} - 1\right) R_L \tag{8-21}$$

式中:$u'_o$ 是放大器不带负载时的输出电压。

### 8.3.2 动态特性的图解分析

放大电路的动态工作情况分析通常采用图解法和微变等效电路法。前者是用作图的方法,画出二极管各极电压、电流的变化波形,以确定放大倍数,同时,还可以观察信号波形是否失真。后者是用计算的方法来求解电路的动态参数 $A_u$、$r_i$、$r_o$。

#### 1. 图解分析

设放大器的输出端不接负载,输入端加输入信号 $u_i = U_{im} \sin(\omega t)$。根据输入电压 $u_i$,通过图解法确定输出电压 $u_o$,即可求出电压放大倍数。其分析步骤如下。

(1) 先在输入特性曲线上标出静态工作点 $Q$ 对应的 $I_B$ 和 $U_{BE}$;在 $U_{BE}$ 上叠加 $u_i$,可得 B、E 之间的电压 $u_{BE}$ 随时间 $t$ 变化的波形,并找出对应的基极电流 $i_B$ 随时间 $t$ 变化的曲线。若保证 $u_i$ 工作在三极管输入特性的线性段,$i_b$ 的波形将与 $u_i$ 的波形一样,是同频率的正弦波,也可保证 $i_b$ 的波形不失真,如图 8-17(a)所示。

(2) 根据 $i_B$ 的输出特性曲线求 $i_C$ 和 $u_{CE}$。$i_B$ 在变化时,直流负载线与输出特性的交点 $Q$ 也会随之改变。放大器工作点将沿着直流负载线在 $Q' \sim Q''$ 之间移动,由此可作出 $i_C$ 和 $u_{CE}$ 的变化曲线,如图 8-17(b)所示。工作点在放大区移动的范围称为动态范围。当放大电路的静态工作点设置在输出特性的放大区时,放大器工作在放大状态,输出信号可以完全不失真地反映输入量的变化。

由图 8-17 中可以看到,三极管的各个电压和电流都含有交流分量和直流分量。

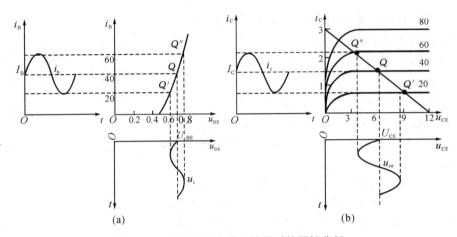

图 8-17 放大电路有输入信号时的图解分析

在放大区中,电路中的电流和电压是交流分量和直流分量的叠加,即

$$\left.\begin{array}{l}u_{BE}=U_{BE}+u_{be}\\ i_B=I_B+i_b\\ i_C=I_C+i_c\\ u_{CE}=U_{CE}+u_{ce}\end{array}\right\} \quad (8\text{-}22)$$

式中:$u_{be}=u_i$。输出电压 $u_o$ 和输入电压 $u_i$ 是同频率的正弦波,但 $u_o$ 和 $u_i$ 的相位相反。

**2. 交流负载线**

如果在放大电路的输出端接负载 $R_L$,放大器的动态工作情况将发生变化。三极管集电极电流中的交流分量既流过 $R_C$ 也流过 $R_L$,它们并联连接构成放大器的交流负载电阻 $R'_L$,即

$$R'_L=R_C /\!/ R_L=\frac{R_L\times R_C}{R_L+R_C} \quad (8\text{-}23)$$

$$u_o=-i_c R'_L \quad (8\text{-}24)$$

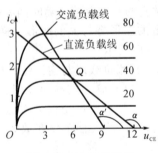

图 8-18 交流负载线

由 $u_o$ 和 $i_c$ 的关系式可得一条直线,称为放大电路的交流负载线。当 $u_i=0$ 时,电路就处于静态工作情况,所以交流负载线是一条通过 $Q$ 点、斜率为 $\tan\alpha=-1/R'_L$ 的直线,如图 8-18 所示。由图中可以看出,交流负载线比直流负载线陡一些,所以在相同的输入电压作用时,输出端带负载时的输出电压比不带负载时的输出电压要小,即放大倍数减小。

输出端开路时,$R'_L=R_C$,交流负载线与直流负载线重合。

### 3. 非线性失真

作为放大电路,通常要求输出电压和电流应与输入信号一样随时间的变化而变化,不要失真。但由于三极管是非线性元件,如果所加的输入信号过大或静态工作点设置得不合适,都有可能使输出信号的波形与输入信号的波形不完全相同,这种现象称为失真。

当工作点设置得不合适时,如静态工作点设置得太低,靠近截止区,会使输出波形产生失真,称为截止失真。如静态工作点设置得太高,靠近饱和区,也会使输出波形产生失真,称为饱和失真,如图 8-19 所示。这两种失真,都是放大电路的工作范围超出了三极管特性曲线上的线性范围所引起的,所以把这种失真称为非线性失真。

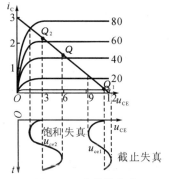

图 8-19 非线性失真

在放大电路中,如果是工作点设置不合适引起信号波形失真,可调节基极电阻 $R_B$,改变基极电流 $I_B$,使 $Q$ 点移到合适的位置,消除失真。

如果 $Q$ 设置合适,但由于信号幅值过大引起失真,则减小信号幅值可消除失真。

## 8.3.3 交流通路与微变等效电路

### 1. 交流通路

三极管交流放大电路是交直流共存的电路,其中的直流电源 $U_{CC}$ 提供放大电路合适的静态工作点,用于直流分析。信号源 $u_i$ 所产生的交流信号是需要放大器进行放大的有用信号,用于交流分析。交流信号经过的通路称交流通路。图 8-12(b)所示放大电路的交流通路如图 8-20 所示。原图中隔直电容 $C_1$、$C_2$ 视作短路;电源 $U_{CC}$ 的内阻很小,也可视作短路。动态参数的计算是通过交流通路来完成的。

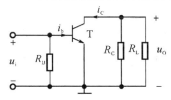

图 8-20 放大电路的交流通路

在放大电路中,三极管是一个非线性元件,所以放大电路实际上是一个非线性电路。对三极管电路的分析不能直接使用前面所学过的各种方法。为了简单有效地分析和计算三极管放大电路,在分析之前可对三极管进行线性化处理。

### 2. 三极管的微变等效电路

三极管的输入、输出特性曲线都是非线性的。仔细观察可以看到三极管的输入、输出特性曲线上具有一定的线性段,如图 8-21 所示。如果把三极管电压和电流的变化范围限制到足够小,静态工作点选择合适,就可以在三极管工作的线性范围内找出一个等效电路,即用一个线性电路等效替代三极管。这个线性电路称为三极管的微变等效电路。

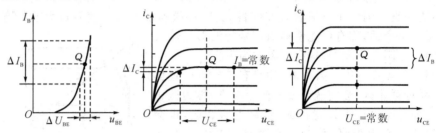

图 8-21　根据输入、输出特性求 $r_{be}$、$r_{ce}$、$\beta$

等效替代的目的是使整个放大电路成为线性电路,可以用分析线性电路的方法分析放大电路的动态。下面以共发射极接法的三极管为例,分析在输入小信号的条件下,它的简化微变等效模型。

图 8-22(a)所示为一个共发射极接法的三极管。从输入回路看,$u_{be}$ 和 $i_b$ 之间的关系由三极管的输入特性来确定。当信号很小时,静态工作点附近的输入特性在小范围内可近似线性化。三极管的输入回路(B、E 之间)可用 $r_{be}$ 等效代替,当 $U_{CE}$ 为常数时,$r_{be}$ 等于 $U_{BE}$ 的变化量 $\Delta U_{BE}$ 与 $I_B$ 的变化量 $\Delta I_B$ 之比,如图 8-21(b)所示,即

$$r_{be} = \frac{\Delta U_{BE}}{\Delta I_B}\bigg|_{U_{CE}=常数} = \frac{u_{be}}{i_b}\bigg|_{U_{CE}=常数} \tag{8-25}$$

$r_{be}$ 的大小将随着静态工作点的不同而变化,是动态电阻,称为三极管的输入电阻。低频小功率管的输入电阻可用下式估算

$$r_{be} = 200\ \Omega + (1+\beta)\frac{26\ \text{mV}}{I_E\ \text{mA}} \tag{8-26}$$

式中:$I_E$ 为发射极电流的静态值。$r_{be}$ 一般为几百欧到几千欧。在晶体管手册中常用 $h_{ie}$ 表示。

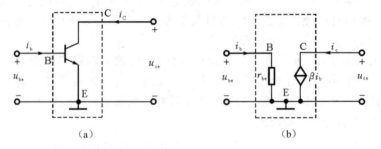

图 8-22　三极管微变等效电路

从输出回路看,$U_{CE}$ 与 $I_C$ 之间的关系由三极管的输出特性决定。而输出特性在

线性工作区是一组近似等距的平行直线,所以三极管的输出回路(C、E之间),可用受基极电流 $i_b$ 控制的受控电流源 $i_c=\beta i_b$ 等效代替,即由 $\beta$ 来确定 $i_c$ 和 $i_b$ 之间的关系。当 $U_{CE}$ 为某一常数时,$I_C$ 的变化量 $\Delta I_C$ 与 $I_B$ 的变化量 $\Delta I_B$ 之比,称为三极管的电流放大系数,即

$$\beta = \frac{\Delta I_C}{\Delta I_B}\bigg|_{u_{CE}=常数} \tag{8-27}$$

晶体管手册中常用 $h_{fe}$ 代表 $\beta$,其值一般在 20~200 之间,反映基极电流对集电极电流的控制能力。如果忽略三极管的 $u_{ce}$ 对 $i_b$ 和 $i_c$ 的影响,就可得到如图 8-22(b)所示简化小信号模型。

**3. 放大电路的微变等效电路**

分析放大电路的动态参数时,要作出其交流通路。若把交流通路中的三极管用微变等效电路来替代,可得到放大电路的微变等效电路。图 8-23 所示为共发射极基本放大电路及其微变等效电路。因为分析放大电路常用正弦量,故电路中的电压和电流用有效值相量来表示。这样,就可以把含非线性元件三极管的放大电路转化为线性电路来分析和计算了。

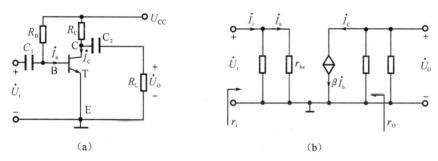

**图 8-23 共发射极基本放大电路及其微变等效电路**

(1) 用微变等效电路求电压放大倍数。由图 8-23 可见,放大器的输入电压为

$$\dot{U}_i = \dot{I}_b r_{be}$$

输出电压为

$$\dot{U}_o = \dot{I}_C R'_L = -\dot{I}_C \frac{R_C R_L}{R_C + R_L}$$

因此,放大电路的电压放大倍数为

$$\dot{A}_u = \frac{\dot{U}_o}{\dot{U}_i} = \frac{-\dot{I}_C R'_L}{\dot{I}_b r_{be}} = -\frac{\beta \dot{I}_b R'_L}{\dot{I}_b r_{be}} = -\frac{\beta R'_L}{r_{be}} \tag{8-28}$$

式中,负号表示输出电压与输入电压的相位相反。这个结果与图解分析法所得的结果相同,由上式也可以看到,放大倍数与等效负载电阻 $R'_L$ 的大小成正比:当放大器输出端接了负载 $R_L$ 后,$\dot{A}_u$ 将下降;$R_L$ 越小,$\dot{A}_u$ 下降就越多。

(2) 求输入电阻 $r_i$。放大电路的输入电阻就是从输入端口看进去的等效电阻,即

$$r_i = \frac{\dot{U}_i}{\dot{I}_i} = R_B // r_{be} \tag{8-29}$$

实际应用中,$R_B \gg r_{be}$,所以 $r_i \approx r_{be}$。

(3) 求输出电阻 $r_o$。放大电路的输出电阻就是从输出端口看进去的等效内阻。求解时,要将负载电阻 $R_L$ 断开。求解 $r_o$ 的方法很多,可在输出端用外接电源法;也可用输出端的开路电压和短路电流的比值求得。此处将放大器的输入信号源短路,使 $\dot{U}_i = 0, \dot{I}_b = 0$,则 $\beta \dot{I}_b = 0$,然后在输出端加电源 $\dot{U}_o$,产生电流 $\dot{I}_o$,得到电路的输出电阻为

$$r_o = \frac{\dot{U}_o}{\dot{I}_o} = R_C \tag{8-30}$$

【例 8-4】 共射极放大电路如图 8-23(a)所示,已知三极管在工作点处的 $\beta = 40$,$U_{CC} = 12$ V,$U_{BEQ} = 0.7$ V,$R_B = 300$ kΩ,$R_C = 4$ kΩ,$R_L = 4$ kΩ,电容 $C_1$、$C_2$ 的容量足够大,计算:(1)电压放大倍数 $\dot{A}_u$;(2)输入电阻 $r_i$;(3)输出电阻 $r_o$。

【解】 通过分析题目所提出的要求可知,要求 $\dot{A}_u$,必须求出三极管的输入电阻 $r_{be}$,而求 $r_{be}$ 必须先求解电路的静态工作点。静态工作点为

$$I_B = \frac{U_{CC} - U_{BEQ}}{R_B} = \frac{12 - 0.7}{300} \text{mA} \approx 37 \ \mu\text{A}$$

$$I_C = \beta I_B = 40 \times 37 \ \mu\text{A} = 1.48 \text{ mA}$$

则

$$r_{be} = 200 \ \Omega + (1+\beta) \frac{26 \text{ mV}}{I_E \text{ mA}} \approx \left(200 + 41 \times \frac{26}{1.48}\right) \Omega = 920 \ \Omega = 0.92 \text{ k}\Omega$$

$$R'_L = \frac{R_L R_C}{R_L + R_C} = \frac{4 \times 4}{4 + 4} \text{ k}\Omega = 2 \text{ k}\Omega$$

根据图 8-23(b)所示的微变等效电路可得

$$\dot{A}_u = \frac{\dot{U}_o}{\dot{U}_i} = -\beta \frac{R'_L}{r_{be}} = -40 \frac{2}{0.92} \approx -87$$

$$r_i = R_B // r_{be} \approx 0.92 \Omega$$

$$r_o = R_C = 4 \text{ k}\Omega$$

## 8.4 共集电极放大电路——射极输出器

射极输出器是共集电极接法的放大电路,它以集电极作为公共端,基极为输入端,发射极为输出端,是放大电路中广泛应用的单元电路。因为它的输出从发射极引出,所以称为射极输出器,图 8-24(a)所示为其原理电路,图 8-24(b)所示为交流通路。

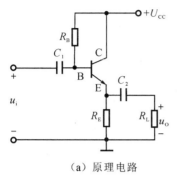 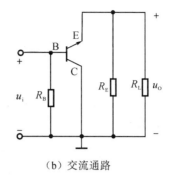

(a) 原理电路　　　　　　　　(b) 交流通路

图 8-24　射极输出器

## 8.4.1　静态计算

由图 8-24(a)可知

$$U_{CC} = I_B R_B + U_{BE} + I_E R_E = I_B R_B + U_{BE} + (1+\beta) I_B R_E$$

所以有

$$I_B = \frac{U_{CC} - U_{BE}}{R_B + (1+\beta) R_E} \quad (8\text{-}31)$$

$$I_E = (1+\beta) I_B \quad (8\text{-}32)$$

$$U_{CE} = U_{CC} - I_E R_E$$

## 8.4.2　动态分析

对射极输出器或共集电极电路作动态分析主要是求解电压放大倍数、电路的输入电阻和输出电阻。首先画出射极输出器的微变等效电路,如图 8-25 所示。

### 1. 用微变等效电路求电压放大倍数

在输入回路中,输入电压为

$$\dot{U}_i = \dot{I}_b r_{be} + \dot{I}_e R_E = \dot{I}_b r_{be} + (1+\beta) \dot{I}_b R_E$$
$$= [r_{be} + (1+\beta) R_E] \dot{I}_b$$

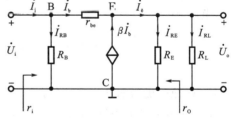

图 8-25　射极输出器的微变等效电路

在输出回路中,输出电压为

$$\dot{U}_o = \dot{I}_e R_E = (1+\beta) \dot{I}_b R_E$$

所以,电压放大倍数为

$$\dot{A}_u = \frac{\dot{U}_o}{\dot{U}_i} = \frac{(1+\beta) \dot{I}_b R_E}{[r_{be} + (1+\beta) R_E] \dot{I}_b} = \frac{(1+\beta) R_E}{r_{be} + (1+\beta) R_E} \approx 1 \quad (8\text{-}33)$$

### 2. 求输入电阻 $r_i$

在输入回路中,输入电流为

$$\dot{I}_i = \dot{I}_{RB} + \dot{I}_b$$

而

$$\dot{I}_{RB} = \frac{\dot{U}_i}{R_B}, \quad \dot{I}_b = \frac{\dot{U}_i}{r_{be} + (1+\beta)R_E}$$

所以

$$\dot{I}_i = \frac{\dot{U}_i}{R_B} + \frac{\dot{U}_i}{r_{be} + (1+\beta)R_E} = \left(\frac{1}{R_B} + \frac{1}{r_{be} + (1+\beta)R_E}\right)\dot{U}_i$$

输入电阻 $r_i$ 为

$$r_i = \frac{\dot{U}_i}{\dot{I}_i} = \frac{1}{\frac{1}{R_B} + \frac{1}{r_{be} + (1+\beta)R_E}} = R_B \mathbin{/\mkern-6mu/} [r_{be} + (1+\beta)R_E] \tag{8-34}$$

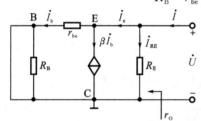

图 8-26 求射极输出器的输出电阻

**3. 求输出电阻 $r_o$**

为了求 $r_o$，将微变等效电路中的输入电压 $\dot{U}_i$ 短接，断开输出端的负载电阻 $R_L$，在输出端外接一个交流电压 $\dot{U}$，求出由输出端流入的电流 $\dot{I}$，如图 8-26 所示，则输出电阻为

$$r_o = \frac{\dot{U}}{\dot{I}}$$

从电路上看，有

$$\dot{I} = \dot{I}_b + \beta \dot{I}_b + \dot{I}_e = \frac{\dot{U}}{r_{be}} + \beta \frac{\dot{U}}{r_{be}} + \frac{\dot{U}}{R_E} = \dot{U}\left(\frac{1+\beta}{r_{be}} + \frac{1}{R_E}\right)$$

输出电阻 $r_o$ 为

$$r_o = \frac{\dot{U}}{\dot{I}} = \frac{1}{\frac{1+\beta}{r_{be}} + \frac{1}{R_E}} = R_E \mathbin{/\mkern-6mu/} \frac{r_{be}}{1+\beta} \approx \frac{r_{be}}{\beta} \tag{8-35}$$

**4. 射极输出器的几个主要特点**

(1) 电压放大倍数近似等于1，恒小于1。

输出电压的大小与输入电压近似相等，相位相同。当输入电压增加时，发射极电流增大，输出电压也随之增加，所以射极输出器又称为射极跟随器。虽然射极输出器对电压信号没有放大作用，但是发射极电流是基极电流的 $(1+\beta)$ 倍，所以它对输入电流有放大的作用。

(2) 输入电阻高。

高输入电阻是相对共射极放大电路而言的，射极输出器的输入电阻可比共射极放大电路的输入电阻高几十至几百倍，大的输入电阻使放大器从信号源取用的电流小。

(3) 输出电阻小。

因为射极输出器的输入电压和输出电压近似相等，即 $\dot{U}_o \approx \dot{U}_i$，当 $\dot{U}_i$ 的大小一定时，不论负载的大小如何变化，输出电压 $\dot{U}_o$ 基本上保持不变。这说明射极输出器具有恒压特性，所以输出电阻很小，带负载能力很强。通常，射极输出器的输出电阻为几十至几百欧姆，比共射极放大电路的输出电阻低得多。

正是由于射极输出器具有的这些特点，使它获得了比较广泛的应用。

将射极输出器放在多级放大电路的第一级，可以提高放大器的输入电阻，减少对信号源的影响。将射极输出器放在放大电路的末级，可以降低放大器的输出电阻，以提高带负载能力。将射极输出器放在电路的两级之间，用于隔离前后两级之间的相互影响，可以起到阻抗变换作用，这一级称为缓冲级或中间隔离级。

【例 8-5】 射极输出器如图 8-24(a)所示，若 $R_B=200 \text{ k}\Omega, R_E=4 \text{ k}\Omega, R_L=2 \text{ k}\Omega, U_{CC}=20 \text{ V}, \beta=60$，求(1) 电路的静态工作点；(2) 电压放大倍数；(3) 输入电阻；(4) 输出电阻。设 $U_{BE}=0.7 \text{ V}$。

【解】 (1) 根据式(8-31)、式(8-32)可求得静态工作点。

$$I_B = \frac{U_{CC}-U_{BE}}{R_B+(1+\beta)R_E} = \frac{20-0.7}{200+(1+60)\times 4} \text{ mA} = 0.0434 \text{ mA}$$

$$I_E = (1+\beta)I_B = 61 \times 0.0434 \text{ mA} = 2.65 \text{ mA}$$

$$U_{CE} = U_{CC} - I_E R_E = (20-2.65\times 4) \text{ V} = 9.4 \text{ V}$$

(2) 根据式(8-33)可求得

$$\dot{A}_u = \frac{\dot{U}_o}{\dot{U}_i} \approx \frac{(1+\beta)R''_L}{r_{be}+(1+\beta)R'_L} = 0.989$$

(3) 根据式(8-34)可求得

$$r_{be} = 200 + (1+\beta)26/I_E = 0.81 \text{ k}\Omega$$

$$R'_L = R_E /\!/ R_L = 4 /\!/ 2 \text{ k}\Omega = 1.33 \text{ k}\Omega$$

$$r_i = \frac{\dot{U}_i}{\dot{I}_i} = R_B /\!/ [r_{be}+(1+\beta)R'_L] = 200 /\!/ [0.81+(1+60)\times 1.33] = 58.1 \text{ k}\Omega$$

(4) 根据式(8-35)可求得

$$r_o = \frac{\dot{U}}{\dot{I}} = \frac{1}{\frac{1+\beta}{r_{be}} + \frac{1}{R_E}} = R_E /\!/ \frac{r_{be}}{1+\beta} \approx \frac{r_{be}}{\beta} = 15 \text{ }\Omega$$

## 8.5 工程实用放大电路及其特性

### 8.5.1 多级放大电路

在实际应用中，需要放大的信号往往是非常微弱的，若要推动喇叭和测量仪器等执行机构工作，必须把它放大到足够大才行。为了得到较高的放大倍数，一个放大器常由若干级组成,通过逐级放大以满足负载的要求。多级放大电路的方框图如图 8-27 所示,一般把多级放大电路分为四部分:输入级、中间级、末前级和末级。

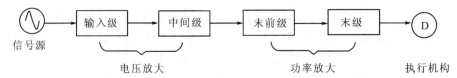

图 8-27 多级放大电路的方框图

对输入级,要求它的输入电阻大,以免从信号源取用较大的电流;对中间级,要求有足够高的放大倍数;对末前级和末级,要求它有足够的功率输出,能推动负载工作。

### 1. 多级放大电路的耦合方式

1) 级间耦合及其基本要求

多级放大电路级与级之间的连接,称为级间耦合。只有合理地处理级与级之间的连接,才能保证放大电路的正常工作。通常,放大电路级与级之间的耦合要满足以下两个方面:

(1) 保证各级都有合适的静态工作点;

(2) 保证放大电路的信号能够通过适当的级间耦合,损失较小地一级级传送过去。

2) 常用的耦合方式

(1) 阻容耦合。阻容耦合是级与级之间通过容量较大的电容耦合起来。一方面,它允许信号能顺利地通过(容抗小);另一方面,它有隔直作用,使各单级放大器的静态工作点互不影响。但阻容耦合也有局限性,它无法传递变化缓慢的信号,这类信号很难通过阻容耦合电路传到后一级去。

(2) 直接耦合。直接耦合用于传递变化缓慢的信号,级与级之间用导线相连,其频率特性较好,但存在静态工作点相互影响的问题。

(3) 变压器耦合。变压器耦合用在功率放大器中,进行阻抗匹配。其特点是前后级的静态工作点互不影响。

本节将主要介绍阻容耦合多级放大电路。

### 2. 阻容耦合电路的分析方法

图 8-28 所示为一个两级阻容耦合放大电路。两级电路为了共用一个直流电源 $U_{CC}$,直流通路采用并联相连。而交流信号要逐级传递和放大,其交流通路是逐级耦合关系。第一级由三极管 $T_1$ 组成,其输出电压经电容 $C_2$ 传送到第二级;第二级由三极管 $T_2$ 组成,其输出电压经电容 $C_3$ 传送到负载。电容 $C_1$、$C_2$、$C_3$ 起隔直流、通交流的作用,使两级放大电路的静态工作点相互独立,不受影响。前一级的输出电路是后

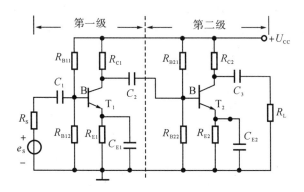

图 8-28 两级阻容耦合放大电路

一级的信号源,后一级的输入电路是前一级的负载。

1) 静态分析

两级放大电路都采用分压式偏置电路,其静态工作点是独立的,故可采用前面单级放大电路求解静态工作点的方法来分别计算第一级和第二级的静态工作点。

2) 用微变等效电路求电压放大倍数

图 8-29 所示为两级阻容耦合放大电路的微变等效电路。由电路可得两级放大电路总的电压放大倍数为

$$A_\mathrm{u}=\frac{\dot{U}_\mathrm{o}}{\dot{U}_\mathrm{i}}=\frac{\dot{U}_\mathrm{o1}}{\dot{U}_\mathrm{i}}\frac{\dot{U}_\mathrm{o}}{\dot{U}_\mathrm{o1}}=\frac{\dot{U}_\mathrm{o1}}{\dot{U}_\mathrm{i1}}\frac{\dot{U}_\mathrm{o2}}{\dot{U}_\mathrm{i2}}=A_\mathrm{u1}A_\mathrm{u2} \tag{8-36}$$

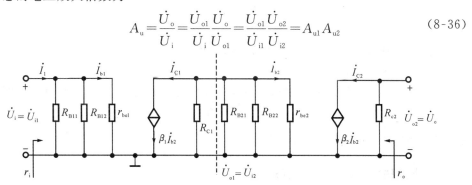

图 8-29 两级阻容耦合放大电路的微变等效

式(8-36)表明:两级放大电路的电压放大倍数等于第一级电压放大倍数与第二级电压放大倍数之积。由此推广到多级放大电路,若多级放大电路的级数为 $n$,则 $n$ 级放大电路总的电压放大倍数为

$$A_\mathrm{u}=A_\mathrm{u1}A_\mathrm{u2}A_\mathrm{u3}\cdots A_\mathrm{u n} \tag{8-37}$$

由此,可以把计算多级放大电路的问题转化为分别计算各单级放大电路放大倍数的问题,然后再计算总的电压放大倍数。

**【例 8-6】** 在图 8-28 中,已知 $R_{B11}=91$ kΩ,$R_{B12}=33$ kΩ,$R_{B21}=82$ kΩ,$R_{B22}=43$ kΩ,$R_{C1}=5.6$ kΩ,$R_{C2}=2.5$ kΩ,$\beta_1=\beta_2=50$,$r_{be1}=1.4$ kΩ,$r_{be2}=1.3$ kΩ,求总的电压放大倍数。

**【解】** 由图 8-29 所示微变等效电路可知 $\dot{U}_i=\dot{U}_{i1}=\dot{I}_{b1}r_{be1}$,$\dot{U}_{o1}=-\beta_1\dot{I}_{b1}(R_{C1}//R_{B21}//R_{B22}//r_{be2})$,$\dot{U}_{i2}=\dot{I}_{b2}r_{be2}$,$\dot{U}_{o2}=-\beta_2\dot{I}_{b2}R_{C2}=\dot{U}_o$,所以

$$A_u=\frac{\dot{U}_o}{\dot{U}_i}=\frac{\dot{U}_{o1}}{\dot{U}_i}\frac{\dot{U}_o}{\dot{U}_{o1}}=\frac{\dot{U}_{o1}}{\dot{U}_{i1}}\frac{\dot{U}_{o2}}{\dot{U}_{i2}}$$

$$=\frac{-\beta_1\dot{I}_{b1}(R_{C1}//R_{B21}//R_{B22}//r_{be2})}{\dot{I}_{b1}r_{be1}}\times\frac{-\beta_2\dot{I}_{b2}R_{C2}}{\dot{I}_{b2}r_{be2}}$$

$$=\frac{-\beta_1(R_{C1}//R_{B21}//R_{B22}//r_{be2})}{r_{be1}}\times(-\beta_2)\times\frac{R_{C2}}{r_{be2}}$$

$$=\beta_1\beta_2\frac{R_{C1}//R_{B21}//R_{B22}//r_{be2}}{r_{be1}}\times\frac{R_{C2}}{r_{be2}}$$

而

$$R_{C1}//R_{B21}//R_{B22}//r_{be2}\approx 1 \text{ kΩ}$$

所以

$$A_u=\beta_1\beta_2\frac{R_{C1}//R_{B21}//R_{B22}//r_{be2}}{r_{be2}}\times\frac{R_{C2}}{r_{be2}}=50\times50\times\frac{1}{1.4}\times\frac{2.5}{1.3}\approx 3\ 434$$

3)多级放大电路的输入电阻

从微变等效电路可知,根据输入电阻的定义可得,多级放大电路的输入电阻为

$$r_i=\frac{\dot{U}_i}{\dot{I}_i}=R_{B11}//R_{B12}//r_{be1} \tag{8-38}$$

多级放大电路的输入电阻就是输入级的输入电阻。

4)多级放大电路的输出电阻

从微变等效电路可见,多级放大电路的输出电阻就是输出级的输出电阻,即

$$r_o=R_{C2} \tag{8-39}$$

### 8.5.2 差分放大电路

**1. 直接耦合电路与零点漂移**

为了解决放大低频信号(即变化很缓慢的信号)或直流信号的问题,在多级放大电路的耦合方式中,将不再采用阻容耦合方式,而采用将导线直接连接前后级的直接耦合方式。但是这种直接连接方式将给放大电路的设计和性能带来两个新问题。

1)静态工作点的相互影响

在图 8-30(a)所示的两级直接耦合放大电路中,前级的集电极点位 $U_{C1}$ 恒等于后级基极点位 $U_{B2}$,前级的集电极电阻 $R_{C1}$ 又是后级基极电路的电阻,所以前、后级的静态工作点互相影响,互相牵制。

为了既能有效地传递信号,又使前、后级都有合适的静态工作点,常用的解决办

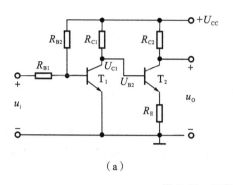 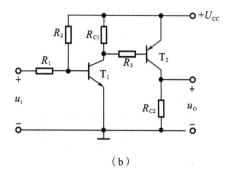

图 8-30 两级直接耦合放大电路

法之一就是在后级的发射极接入合适的电阻 $R_E$，或采用 NPN 和 PNP 两种型号相配合的电路结构，如图 8-30(b)所示。

2）零点漂移

零点漂移是直接耦合放大电路中的又一需要解决的问题。

一个多级直接耦合的放大电路，当输入信号为零时（$u_i=0$），其输出端电压（$u_o$）并不为零（保持不变），而是缓慢无规则地变化着，这种现象称为零点漂移。这个信号看上去像输入的低频或直流信号，其实它是个假信号，如图 8-31 所示。

 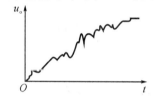

图 8-31 零点漂移现象

这种漂移信号（特别是第一级的漂移）将和输入信号共存于放大电路中，一起被逐级放大，一同在输出端输出。当漂移信号大到足以和输入信号相比时，放大电路就不能正常工作了。此时，必须分析其产生零点漂移的原因，并采取相应的措施来抑制零点漂移。

引起零点漂移的原因很多，例如，晶体管参数随温度的变化、电源电压的波动、电路元件参数的变化等。其中，温度的影响是最严重的。对于多级直接耦合放大电路，第一级的漂移将被后面几级逐级放大，因而最为严重，所以抑制零点漂移的重点在于第一级。

在直接耦合放大电路中，抑制零点漂移最有效的方法是在放大电路的第一级采用差分放大电路。

**2. 差分放大电路的结构与工作特性**

图 8-32 所示为差分放大原理电路。其特点是，电路结构对称，$T_1$、$T_2$ 两管型号、参

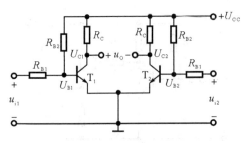

图 8-32 差分放大原理电路

数均相同,对应电阻元件的阻值相同,因而在理想条件下,它们的静态工作点也相同。

工作过程是,电路有两个对地输入端电位 $U_{B1}$、$U_{B2}$,和两个对地输出端电位 $U_{C1}$、$U_{C2}$。输入和输出信号的连接,根据信号放大的要求可以有四种连接方式,即双端输入-双端输出,双端输入-单端输出,单端输入-双端输出,单端输入-单端输出等。本节不作具体介绍。

在放大状态下,当输出信号从两管的 C 极之间取出时,可以有效地消除零点漂移,且输出信号的大小与两个输入端信号的差值成正比关系,差分电路由此而得名。下面简单介绍差分电路的工作特性。

1) 零点漂移的抑制

当没有输入信号(即静态)时,$u_{i1}=u_{i2}=0$;由于结构对称,有

$$I_{C1}=I_{C2}, \quad U_{C1}=U_{C2}$$

故输出电压为

$$u_o = U_{C1} - U_{C2} = 0$$

当温度升高,即

$$T\uparrow \rightarrow \begin{cases} I_{C1}\uparrow \rightarrow U_{C1}\downarrow \\ I_{C2}\uparrow \rightarrow U_{C2}\downarrow \end{cases} \quad 且 \quad \begin{matrix} \Delta I_{C1}=\Delta I_{C2} \\ \Delta U_{C1}=\Delta U_{C2} \end{matrix}$$

所以有

$$u_o = (U_{C1}+\Delta U_{C1}) - (U_{C2}+\Delta U_{C2}) = \Delta U_{C1} - \Delta U_{C2} = 0$$

由以上分析可知,当温度升高时,每个晶体管都产生了零点漂移,但由于两管集电极电位的变化量相同而互相抵消,所以输出电压仍然为零,零点漂移完全被抑制了。对称差分放大电路对两管所产生的同向漂移(不管是什么原因引起的)都具有抑制作用,这是它的突出优点。

2) 信号输入的三种等效模式

(1) 共模信号输入。差分电路的两个输入信号电压大小相等、极性相同,即当 $u_{i1}=u_{i2}$ 时,称为共模信号输入。这样的两个信号称为共模信号。

在共模信号的作用下,由于差分放大电路是对称的,因此,两管的集电极电位相同 $u_{C1}=u_{C2}$,所以 $u_o=0$。由此可知,差分放大电路对共模信号无放大作用,即共模放大倍数 $A_C=0$。零点漂移电压折合到输入端,相当于给差分放大电路加了一对共模信号,所以差分放大电路可以抑制零点漂移。因此,可以认为差分放大电路对零点漂移的抑制就是该电路抑制共模信号的一个特例。

(2) 差模信号输入。差分电路的两个输入信号电压大小相等、极性相反,即当 $u_{i1}=-u_{i2}$ 时,称为差模信号输入。

若 $u_{i1}>0$,则 $T_1$ 管的集电极电流增大了 $\Delta I_{C1}$,所以 $T_1$ 管的集电极点位下降了 $\Delta U_{C1}$,即 $U'_{C1}=U_{C1}-\Delta U_{C1}$;若 $u_{i2}<0$,则 $T_2$ 管的集电极电流减少了 $\Delta I_{C2}$,所以 $T_2$ 管的集电极电位上升了 $\Delta U_{C2}$,即 $U'_{C2}=U_{C2}+\Delta U_{C2}$,那么,输出电压为

$$u_o = U'_{C1} - U'_{C2} = -\Delta U_{C1} - \Delta U_{C2}$$

由于电路对称,则

$$|\Delta U_{C1}| = |\Delta U_{C2}| = |\Delta U_C|$$

故有

$$u_o = -2\Delta U_C$$

可见,在差模信号的作用下,放大电路的输出电压为每管集电极电位变化量的两倍。差分放大电路对差模信号具有放大作用。

(3) 比较信号输入。两个输入信号电压既非共模,又非差模,它们的大小和极性是任意的,这种输入称为比较信号输入。

对于这种情况,通常将此信号分解为共模分量和差模分量两部分。其中,共模分量等于两个输入分量的平均值;差模分量等于两个输入分量之差值的一半,即

$$u_{C1} = u_{C2} = \frac{1}{2}(u_{i1}+u_{i2}), \quad u_{d1} = -u_{d2} = \frac{1}{2}(u_{i1}-u_{i2})$$

则有

$$u_{i1} = u_{C1} + u_{d1}, \quad u_{i2} = u_{C2} + u_{d2}$$

由于对称即有 $A_{u1}=A_{u2}=A_u$,故有

$$u_o = A_{u1}u_{i1} - A_{u2}u_{i2} = A_u(u_{i1}-u_{i2}) \tag{8-40}$$

总之,在上述差分放大电路中,当输入有差别时,输出端就有输出;当输入无差别时,输出端就无输出。这就是差分放大电路的基本工作特性。

**3. 典型差分放大电路**

基本差分放大电路能够抑制零点漂移是利用了电路的对称性,但在实际中完全对称的理想情况并不存在。所以单纯靠电路的对称性来抑制零点漂移是有限的。而且上述电路中每个管子集电极电位的漂移并未受到抑制,若采用单端输出,漂移根本无法抑制。因此,就要对上述电路进行改进,形成典型的差分放大电路。图 8-33 所示的为典型差分放大电路,它和基本差分放大电路的区别在于多了电阻 $R_E$、

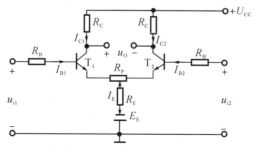

图 8-33 典型差动放大电路

电位器 $R_P$ 和电源 $E_E$。下面将分别介绍这三个元件和共模抑制比。

1) 共模抑制电阻 $R_E$

$R_E$ 能区别对待共模信号与差模信号。当输入信号为共模信号时,由于温度升高,则有

$$温度\uparrow \rightarrow \begin{matrix} I_{C1}\uparrow \\ I_{C2}\uparrow \end{matrix} \rightarrow I_E\uparrow \rightarrow U_{RE}\uparrow \rightarrow \begin{matrix} U_{BE1}\downarrow \rightarrow I_{B1}\downarrow \\ U_{BE2}\downarrow \rightarrow I_{B2}\downarrow \end{matrix} \rightarrow \begin{matrix} I_{C1}\downarrow \\ I_{C2}\downarrow \end{matrix}$$

由于电阻 $R_E$ 的存在,使得集电极电流基本保持不变,从而使集电极电位基本不变,减小了输出端的漂移量。

当输入信号为差模信号时,由于电路对称,此时在 $R_E$ 中流过一对大小相等、方向相反的电流,这样就使 $R_E$ 上的电压降之和为零,不会影响放大电路的输出。

所以 $R_E$ 对共模信号有很强的抑制能力,但对差模信号不起反馈作用。

2) 发射极负电源 $E_E$

为了更好地抑制零点漂移,希望 $R_E$ 越大越好。但在 $U_{CC}$ 一定时,过大的 $R_E$ 会使集电极电流过小,影响静态工作点和电压的放大倍数。为此,接入负电源 $E_E$ 来补偿 $R_E$ 两端的直流压降,从而获得合适的静态工作点。

3) 平衡电阻 $R_P$

电位器 $R_P$ 是调平衡用的,又称调零电位器。因为电路不会完全对称,当输入电压为零时,输出电压不一定等于零。这时可以通过调节 $R_P$ 来改变两管的初始工作状态,从而使输出电压为零。

4) 共模抑制比

对差分放大电路来说,差模信号是需要放大的有用信号,所以对它要有较大的放大倍数;而共模信号是需要抑制的无用信号,所以对它的放大倍数要求越小越好。为了全面衡量差分放大电路放大差模信号和抑制共模信号的能力,通常引用共模抑制比 $K_{CMRR}$ 来表征,即

$$K_{CMRR} = \frac{A_d}{A_c} \tag{8-41}$$

式中: $A_d$ 为差模信号的放大倍数; $A_c$ 为共模信号的放大倍数。或用对数表示为

$$K_{CMRR} = 20\lg\frac{A_d}{A_c} (dB)$$

显然, $K_{CMRR}$ 越大,差分放大电路分辨差模信号的能力就越强,受共模信号的影响也就越小。在理想情况下(电路完全对称), $K_{CMRR} \rightarrow \infty$。

### 8.5.3 互补对称功率放大电路

在实际应用中,常常需要放大电路输出足够大的功率来推动负载工作,如推动喇叭发出声音、电动机旋转、继电器动作等。因此,多极放大电路的末前级和末级通常是功率放大电路。

**1. 功率放大电路的基本特点**

功率放大电路和电压放大电路一样,都是利用三极管的控制作用,把直流电源提供的一部分能量转变成和输入信号变化规律一样的交流电能提供给负载。但功率放大电路和电压放大电路所要完成的任务不同。电压放大电路主要是把微弱的电压信号放大以获得较高的电压放大倍数,通常工作在小信号状态。其研究的对象是电压放大倍数、输入电阻和输出电阻。而功率放大电路主要是保证在不失真的情况下输出足够大的功率,通常工作在大信号状态下,研究的对象是放大电路的输出功率、效率和非线性失真。所以,制作功率放大电路主要需考虑以下几个问题。

(1) 要求输出功率尽可能大。为了获得尽可能大的功率输出,要充分利用三极管的放大性能,要求功率放大电路的电压和电流都有足够大的输出幅度。因此,三极管常常在接近允许的集电极功率损耗下工作,同时要求负载电阻要与放大电路的输出电阻匹配。

(2) 要求效率要高。效率是负载得到的交流信号功率与电源共给的直流功率之比。效率越高,线路消耗的无用功率和直流电源供给的直流功率就越小。

(3) 非线性失真小。功率放大电路工作在大信号状态下,容易产生非线性失真,功率放大电路输出功率越大,非线性失真就越严重。小的非线性失真和大的输出功率是功放管工作的主要矛盾。在具体问题中要具体对待。

由于功率放大电路在大信号状态下工作,所以电路分析用微变等效电路法已不适用,一般采用图解法。

功率放大电路的输出功率、效率和失真三者之间相互影响,在解决这些问题之前,先了解放大电路的几种工作方式,如图 8-34 所示。

图 8-34(a)所示为放大电路的甲类工作状态,此时静态工作点 $Q$ 选在交流负载线的中点,在最大功率输出时,三极管在输入信号的整个周期内都有集电极电流通过。输入信号为零时,也有静态电流 $I_C$ 流过管子,令产生静态功耗,因此效率较低,但集电极电流的波形失真最小。

图 8-34(b)所示为放大电路的甲乙类工作状态,此时静态工作点 $Q$ 向下移动,减小了 $I_C$,也就减小了管耗,有助于提高效率。但在输入信号的负半周的部分时间里,放大电路工作在截止区,从而产生了波形失真。

图 8-34(c)所示为放大电路的乙类工作状态,此时静态工作点 $Q$ 在横轴上,放大电路只在输入信号的正半周工作,在输入信号的负半周时管子截止。由于没有静态

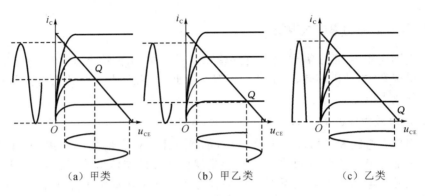

(a) 甲类　　　　(b) 甲乙类　　　　(c) 乙类

图 8-34　放大电路的工作状态

电流和静态损耗,效率显著提高,但波形严重失真。

因此,既要效率高又要信号波形失真小就成为设计功率放大电路的关键问题。以下介绍的甲乙类或乙类工作状态的互补对称功率放大电路能较好地解决这一问题。

**2. 互补对称功率放大电路**

1) 双电源的互补对称电路

互补对称电路中,利用 NPN 型管和 PNP 型管导电极性相反的特点,使其中一个在输入信号的正半周工作,另一个在输入信号的负半周工作,在输入信号的整个周期,两个管子交替工作,在负载上得到放大了的完整的正弦波输出电压,如图 8-35 所示。

这个电路要求 $T_1$ 管和 $T_2$ 管的特性完全相同,同时需要对称的两个电源分别对两管供电,保证输出电压 $u_o$ 的波形正负半周对称。当电路没有加输入信号时,由于两管的基极无偏置电流,所以两个管子都不导通,$I_C=0$,静态工作点 $Q$ 处于截止区。当输入端加了输入信号以后,在正半周,$T_1$ 管因处于正向偏置而导通,$T_2$ 管因处于反向偏置而截止,电流 $i_{C1}$ 自电源 $U_{CC}$ 经 $T_1$ 管流过负载 $R_L$;在信号的负半周,$T_2$ 管因处于正向偏置而导通,$T_1$ 管因处于反向偏置而截止,电流 $i_{C2}$ 自电源 $U_{CC}$ 经 $T_2$ 管以相反方向流过负载 $R_L$,在负载上得到一个被放大了的、形状与输入信号基本一样的正弦电压波形。这种电路,两个管子轮流导电,互补对方的不足,所以称为互补对称电路。

这种电路的缺点是:当输入电压小于三极管的死区电压时,三极管不导通,使得基极电流波形稍有失真,这种失真发生在两个半波的交接处,称为交越失真。为了消除交越失真,通常把静态工作点 $Q$ 设置得稍高一点,脱离截止区,使管子工作在甲乙类工作状态。

图 8-36 所示为甲乙类互补对称功率放大电路。这个电路主要是利用二极管 $D_1$、$D_2$ 的正向压降给 $T_1$、$T_2$ 的发射结提供一个正向偏置电压,使电路工作在甲乙类

状态以消除交越失真。

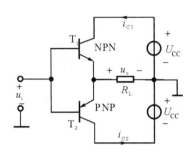

图 8-35 乙类放大的互补对称电路

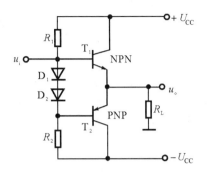

图 8-36 甲乙类互补对称电路

2) 单个电源的互补对称电路

上述互补对称电路中,有正负对称的两个电源对电路供电,为了省去一个电源,可采用图 8-37 所示的单电源互补对称电路,又称为无输出变压器(OTL)的互补对称放大电路。静态时,调节电阻 $R_3$,使 A 点的电位为 $U_{CC}/2$,即电容 $C_L$ 上的电压也为 $U_{CC}/2$。同时,利用电阻 $R_1$、$R_2$、$R_3$ 和二极管 $D_1$、$D_2$ 为 $T_1$ 和 $T_2$ 管建立很小的偏流,使两管工作在甲乙类状态。

当电路有交流信号 $u_i$ 输入时,在输入信号的正半周,$T_1$ 导通,$T_2$ 截止,电流 $i_{C1}$ 从电源经 $T_1$ 管和电容 $C_L$ 流向负载 $R_L$;在信号的负半周,$T_1$ 截止,$T_2$ 导通,电容 $C_L$ 起电源作用,通过 $T_2$ 和 $R_L$ 放电。在输入信号的一个周期内,电流 $i_{C1}$ 和 $i_{C2}$ 正反交替流过负载电阻 $R_L$,在负载 $R_L$ 上合成获得一个完整的正弦波形。在此电路中,电容 $C_L$ 的容量必须足够大,才能使 $C_L$ 在放电过程中,两端电压下降不多,以保证输出电压波形是对称的。

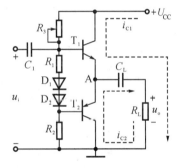

图 8-37 单个电源互补对称电路

甲乙类互补对称功率放大电路的静态电流小,功率损耗小,波形失真小,较好地解决了功率放大电路中所存在的问题。

3) 复合功率三极管

在要求输出功率较大时,输出管就要采用大功率管。但使较大功率的 PNP 型管和 NPN 型管的输入特性和输出特性相近很困难,所以常采用复合管,使功率放大电路的输出管采用同一类型的管子。

复合管是把两个三极管的电极适当地直接相连,做成一个管子。图 8-38 给出了两种类型的复合管。复合管的电流放大系数,以图 8-38(a)为例,有

$$i_C = i_{C1} + i_{C2} = \beta_1 i_{b1} + \beta_2 i_{b2} = \beta_1 i_{b1} + \beta_2 i_{e1} = \beta_1 i_{b1} + \beta_2(1+\beta_1)i_{b1}$$
$$= (\beta_1 + \beta_2 + \beta_1\beta_2)i_{b1} \approx \beta_1\beta_2 i_{b1} = \beta_1\beta_2 i_b$$

所以,复合管的电流放大系数为

$$\beta \approx \beta_1\beta_2 \tag{8-42}$$

复合管前面的管子是小功率管,它推动后面的管子工作,是推动管;后面的管子是大功率管,向负载输出功率。复合管的导电特性取决于前一个管子的导电特性。从图 8-38 可以看出,复合管后面的管子都是 NPN 型管,特性相近,易于配对。

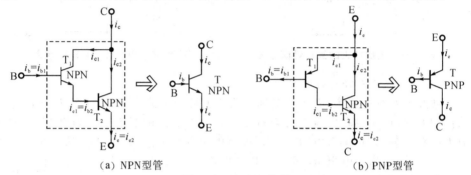

图 8-38 复合三极管

### 3. 集成功率放大电路

集成功率放大电路的产品很多,有单片集成功率放大电路、功率放大电路模块等。集成功率放大电路具有体积小、重量轻、组装方便、调整简单等优点。下面介绍应用非常广泛的集成功率放大电路 LM386。LM386 是低电压、小功率通用型集成功率放大电路,芯片采用 DIP8 脚封装,管脚图如图 8-39 所示。管脚 1、8 为电压增益调节端;管脚 2、3 为输入端;管脚 5 为输出端;管脚 4 接地;管脚 6 接电源;管脚 7 外接电容,以消除低频自激。输入级是有源负载单端输出的差分放大电路;输出级为典型的 OTL 互补对称放大电路。

图 8-39 LM386 的管脚图

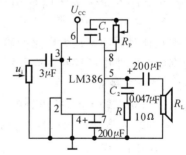

图 8-40 LM386 的典型应用电路

LM386 的典型应用电路如图 8-40 所示,输入信号由同相端输入,反向输入端接地。电位器 $R_P$ 和电容 $C_1$ 串联接入管脚 1、8 之间,以调节放大电路的电压放大倍数,$R$ 和 $C_2$ 组成补偿网络,使电感性负载变成电阻性负载,以提高电路的稳定性。

## 8.6 场效应晶体管及其放大电路

场效应三极管,简称场效应管(或 FET[①]),也是一种半导体器件,它的特性与普通的晶体三极管不同。普通的三极管是电流控制器件,它的放大作用是通过电流来控制三极管的导电能力实现的。而场效应管是电压控制器件,它的放大作用是通过电压来控制场效应管的导电能力实现的。场效应管具有输入电阻很高(高达 $10^7 \sim 10^{12} \Omega$)、噪声低、热稳定性好、抗辐射能力强、耗电少等优点,目前被广泛用于各种电子电路中。

场效应管分为结型和绝缘栅型两种不同的结构,本节将介绍绝缘栅型场效应管以及由场效应管构成的放大电路。

### 8.6.1 绝缘栅型场效应管

**1. 绝缘栅型场效应管的结构**

目前,广泛应用的绝缘栅型场效应管是金属-氧化物-半导体场效应管,简称 MOS 场效应管[②]。它以 $SiO_2$ 为绝缘层。根据导电沟道的不同,绝缘栅型场效应管也可分为 P 沟道和 N 沟道两类,而每一类又可分为增强型和耗尽型两种。这里以 N 沟道增强型 MOS 场效应管为例,介绍其结构、工作原理和特性曲线。

(a) 结构示意图　　　　(b) 符号

**图 8-41 N 沟道增强型 MOS 场效应管**

图 8-41 所示的是 N 沟道增强型 MOS 场效应管的结构示意图和图形符号。它是用一块掺杂浓度较低的 P 型薄硅片为衬底,在硅片上采用扩散工艺制作两个掺杂浓度很高的 N 型区(用 $N^+$ 表示),分别作为源极 S 和漏极 D,再在两个 N 型区的间隙表面上覆盖一层 $SiO_2$ 绝缘层,并在两个 $N^+$ 区之间的绝缘层上引出一个电极,作为栅

---

[①] FET 是场效应管的英文缩写(field effect transistor)。

[②] MOS 场效应管的英文缩写是 MOSFET(metat-oxide-semiconductor field effect transistor)。

极 G。由于这种场效应管的栅极与其他电极之间都是绝缘的,所以称为绝缘栅场效应管。

**2. N 沟道增强型绝缘栅型场效应管的工作原理**

由图 8-41 可知,漏区和源区之间是 P 型衬底,因此漏极和源极之间是两个背靠背的 PN 结。当 $U_{GS}=0$ 时,无论漏源之间加上何种极性电压,其中总有一个 PN 结处于反向偏置,其反向电阻很大,使漏极电流 $I_D \approx 0$,反向电阻可达 $10^{14}$ Ω。如果在栅源之间加正向电压 $U_{GS}$,在 $U_{GS}$ 的作用下,P 型硅中的电子被吸引到表面层,填补其中的空穴,形成带负电的耗尽层。如果继续增大 $U_{GS}$,当 $U_{GS}$ 超过某一临界值之时,吸引到表面层的电子较多,填补空穴以后还有剩余,便在表面层形成了以电子占多数的可移动的表面电荷层,或称 N 型薄层,如图 8-42 所示,这一 N 型层是在 P 型衬底上形成的,故称为反型层。这个反型层提供了 N 型的导电沟道,称为 N 沟道 MOS 管。在导电沟道形成以后,在漏极与源极接一个大小适当的电源 $U_{DS}$。在漏源电压 $U_{DS}$ 的作用下,将产生漏极电流 $I_D$,在一定的漏源电压 $U_{DS}$ 的作用下,使管子由截止变为导通的栅源 $U_{GS}$ 称为开启电压,用 $U_{GS(th)}$ 表示。显然,$U_{GS}$ 越大,导电沟道越宽。改变 $U_{GS}$ 的大小,能有效地控制漏极电流 $I_D$ 的大小,如图 8-43 所示。在场效应管中,导电沟道中参与导电的只有一种极性的载流子,上面所介绍的 N 沟道场效应管其导电沟道中参与导电的是电子,如果是 P 沟道场效应管,它的导电沟道中参与导电的将是空穴,所以场效应管是一种单极型晶体管。

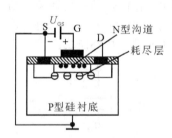

图 8-42 N 沟道增强型场效应管导电沟道的形成

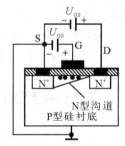

图 8-43 N 沟道增强场效应管导电沟道的导通

**3. N 沟道增强型绝缘栅型场效应管的特性曲线**

(1)转移特性曲线。N 沟道增强型绝缘栅型场效应管转移特性曲线如图 8-44(a)所示,它反映了栅源电压 $U_{GS}$ 对漏极电流 $I_D$ 的控制作用。其函数式为

$$i_D = f(u_{GS})\big|_{u_{DS}=\text{常数}} \tag{8-43}$$

根据转移特性曲线,当 $u_{GS} > u_{GS(th)}$ 时,漏极电流 $I_D$ 可用下式近似表示

$$I_D = I_{DO}\left(\frac{U_{GS}}{U_{GS(th)}} - 1\right)^2 \tag{8-44}$$

式中：$I_{DO}$ 为 $U_{GS}=2U_{GS(th)}$ 时的漏极电流 $I_D$。

(2) 输出特性曲线。输出特性曲线是指在栅极与源极之间的电压 $u_{GS}$ 为常数时，漏极电流 $i_D$ 与漏—源电压 $u_{DS}$ 之间的关系曲线，如图 8-44(b) 所示。其函数式为

$$i_D = f(u_{DS})\big|_{u_{GS}=常数} \tag{8-45}$$

P 沟道增强型 MOS 场效应管的工作原理与 N 沟道的类似，只需调换电源的极性，其电流方向是相反的。它的符号也与 N 沟道 MOS 管相似，但衬底 B 上箭头的方向相反。

根据工艺结构，绝缘栅型场效应管有四种类型，如表 8-2 所示，使用时应注意所加电压的极性。

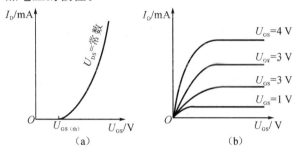

表 8-2 绝缘栅型场效应管分类

| 沟道 | 类型 |
|---|---|
| N 沟道 | 耗尽型 |
|  | 增强型 |
| P 沟道 | 耗尽型 |
|  | 增强型 |

图 8-44 N 沟道增强型绝缘栅型场效应管的特性曲线

### 4. 场效应管的主要参数

(1) 开启电压 $U_{GS(th)}$。$U_{GS(th)}$ 是增强型场效应管的一个重要参数。它的定义是当 $u_{DS}$ 一定时，使漏极电流达到某一数值时所需加的 $u_{GS}$ 值。

(2) 直流输入电阻 $R_{GS}$。$R_{GS}$ 是指在栅源之间所加电压为某一固定值时（通常为 10 V），栅极与源极之间的直流电阻值。

场效应管的直流输入电阻 $R_{GS}$ 都很大，而绝缘栅场效应管的输入电阻比结型场效应管的更高，一般大于 $10^9\ \Omega$。

(3) 跨导 $g_m$。$g_m$ 是指漏极与源极之间的电压 $U_{DS}$ 一定时，漏极电流的增量 $\Delta I_D$ 与引起其变化的栅源之间电压的增量 $\Delta U_{GS}$ 的比值，即

$$g_m = \frac{\Delta I_D}{\Delta U_{GS}}\bigg|_{U_{DS}} \tag{8-46}$$

$g_m$ 的单位为 $\mu A/V$，它是衡量场效应管放大能力的一个重要参数。它的大小就是转移特性曲线在工作点的斜率，因此，可以从转移特性上求得跨导 $g_m$。

(4) 漏极最大允许耗散功率 $P_{DM}$。场效应管的漏极耗散功率等于漏极电流与漏源之间电压的乘积。这个功率将转化为热能，使管子的温度升高。漏极最大允许耗散功率取决于场效应管允许的温升。

场效应管在使用时，要注意不要超过它的额定值，如额定漏源电压 $U_{DS}$，栅源电

压 $U_{GS}$ 和最大耗散功率 $P_{DM}$。在保存时,应把三个电极互相短路,以免损坏。

### 8.6.2 场效应晶体管放大电路

场效应管的应用日益广泛。因其输入电阻很高,场效应管常用来做多级放大器的输入级,以提高放大器的输入阻抗。又因其噪声低,常用来做低耗电的微弱信号放大电路。场效应管与双极型晶体管相比,当把它们接成放大电路时,其结构相似。场效应管的栅极、源极、漏极相当于双极型晶体管的基极、发射极、集电极,同样也要设置静态工作点,只是设置静态工作点时要注意场效应管放大电路的特点。

图 8-45 所示的是 N 沟道增强型 MOS 管构成的共源极放大电路。它采用 $R_{G1}$、$R_{G2}$ 对电源 $U_{DD}$ 分压来设置偏压,所以称为分压式偏置电路。

静态时,由于栅极电流为 0,则电阻 $R_{G3}$ 中的电流为 0,所以栅源电压为

$$U_{GS} = U_G - U_S = \frac{R_{G2}}{R_{G1}+R_{G2}} U_{DD} - R_S I_D \tag{8-47}$$

在电路中,电阻 $R_{G3}$ 的设置是为了提高放大器的输入阻抗,可以取值几兆欧。

动态时,首先作放大电路的交流通路如图 8-46 所示,然后求其放大倍数、输入电阻和输出电阻。

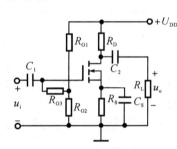
图 8-45 N 沟道增强型 MOS 管构成的共源极放大电路

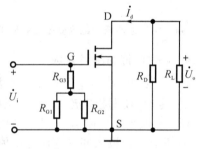
图 8-46 N 沟道增强型 MOS 管的交流通路

由交流通路可得输出电压

$$\dot{U}_o = -R'_L \dot{I}_d = -g_m R'_L \dot{U}_{gs} \tag{8-48}$$

式中:$\dot{I}_d = g_m \dot{U}_{gs}$,在小信号时,$\Delta I_D = i_d$,$\Delta U_{GS} = u_{gs}$;若输入信号为正弦量,则可用相量表示为

$$\dot{I}_d = g_m \dot{U}_{GS} , \quad R'_L = R_D // R_L$$

电压放大倍数为

$$A_u = \frac{\dot{U}_o}{\dot{U}_i} = \frac{\dot{U}_o}{\dot{U}_{gs}} = -g_m R'_L \tag{8-49}$$

式中:负号表示输出电压和输入电压反相;输入电阻为 $r_i = R_{G3} + (R_{G1} // R_{G2})$;输出电

阻为 $r_o \approx R_D$。

**【例 8-7】** 在图 8-45 所示的 MOS 增强型场效应管放大电路中,已知 $R_{G1}=300 \text{ k}\Omega, R_{G2}=200 \text{ k}\Omega$, $R_{G3}=2 \text{ M}\Omega, R_D=3 \text{ k}\Omega, R_S=2 \text{ k}\Omega, U_{DD}=20 \text{ V}, U_{GS(th)}=2 \text{ V}, I_{DO}=2 \text{ mA}$,求该电路的静态工作点。

**【解】** 此电路为分压式偏置电路,先计算 $U_G$ 及 $U_S$。

$$U_G = \frac{R_{G2}}{R_{G1}+R_{G2}} U_{DD} = \frac{200}{300+200} \times 200 = 8 \text{ V}, \quad U_S = R_S I_D$$

$$U_{GS} = U_G - U_S = 8 - 2I_D$$

由式(8-44)可得静态的 $I_D$ 为

$$I_D = I_{DO} \left(\frac{U_{GS}}{U_{GS(th)}} - 1\right)^2 = 2\left(\frac{U_{GS}}{2} - 1\right)^2$$

将 $U_{GS} = U_G - U_S = 8 - 2I_D$ 代入,可得

$$I_D = 2\left(\frac{8-2I_D}{2} + 1\right)^2 = 2(3-I_D)^2$$

从上式中解得:$I_{D1} = 2 \text{ mA}$,$I_{D2} = 4.5 \text{ mA}$。
因为 $U_S = I_{D2} R_S = 9 > U_G = 8$,所以 $I_{D2} = 4.5 \text{ mA}$ 不合理,舍去。因此求得

$$U_{GS} = 8 - 2I_D = (8 - 2\times 2) \text{ V} = 4 \text{ V}$$

$$U_{DS} = U_{DD} - I_D(R_D + R_S) = (20 - 2 \times 5) \text{ V} = 10 \text{ V}$$

## 本章小结

(1) 半导体三极管是非线性器件,它的重要特性之一是电流放大作用。具有放大作用的内部条件是三极管的基区很薄,且掺杂浓度低;外部条件是发射结正向偏置,集电结反向偏置。

半导体三极管的性能用输入输出特性表示,在输出特性曲线上分了三个区域:放大区、截止区和饱和区。在放大区,电流放大倍数 $\beta$ 近似为常数。

(2) 三极管构成放大电路时,一定要设置合适的静态工作点,它关系到放大电路放大倍数的高低和非线性失真的程度。

(3) 放大电路分析的主要内容:一是静态工作点的求解,它是用直流通路完成;二是动态指标的求解,它是用微变等效电路求解计算电压放大倍数、输入电阻和输出电阻。

(4) 放大电路的分析方法有图解法和估算法,两种方法都适用于静态分析和动态分析,但主要要求掌握估算法。

(5) 温度对三极管参数的影响很大,选用三极管和放大电路要特别注意,一般采用分压式偏置电路来稳定静态工作点。

(6) 射极输出器是共集电极电路,它的电压放大倍数小于等于1,输出电压与输入电压同相位。其输入电阻大常用来作多级放大器的输入级;其输出电阻小而作多级放大器的输出级,以提高多级放大器的带负载能力。

(7) 理解零点漂移的概念,了解差分放大电路抑制零点漂移的原理,以及差分放大电路几种输入方式下的工作情况,如抑制共模信号、放大差模信号,任意信号可以分解为共模分量和差模分量。

(8) 功率放大器与电压放大器的原理相同,只是既要求输出较大的电压信号,还要求输出信号

的功率大,能量转换的效率要高。通常采用互补对称式功率放大电路。

(9) 场效应管是电压控制型器件,具有输入电阻高、噪声低、功耗低等优点。常用的有结型场效应管和绝缘型场效应管。场效应管按其导电沟道分为 N 沟道和 P 沟道两种。

场效应管的放大电路与三极管放大电路相似,场效应管的栅极、源极、漏极相当于双极型晶体管的基极、发射极、集电极,同样也要设置静态工作点,只是设置静态工作点时要注意场效应管放大电路的特点。

# 习 题 8

8-1 选择合适的答案填空。
(1) 当三极管工作在放大区时,其发射结的偏置电压和集电结的偏置电压应为_____。
　　A. 发射结反偏,集电结反偏　　B. 发射结正偏,集电结反偏　　C. 发射结正偏,集电结正偏
(2) 晶体三极管是一种_____控制型器件。
　　A. 电压　　　　　　　　B. 电流　　　　　　　　C. 光电转换
(3) 稳定静态工作点的电路是_____。
　　A. 固定偏置电路　　　　B. 分压式偏置电路　　　C. 共集电极电路

8-2 填空。
(1) 放大电路如果要求噪声低、温度稳定性好,应采用_____电路。
(2) 为了提高放大电路的输入阻抗,应选用_____电路作为输入级。
(3) 设某一固定偏置电路原来没有失真现象,现增大偏置电阻 $R_B$,则静态工作点将向_____移动,容易引起_____失真。

8-3 有两个三极管,一个管子的 $\beta=180$,$I_{CEO}=180~\mu A$;另一个管子的 $\beta=60$,$I_{CEO}=10~\mu A$,两管其他的参数相同。如果选一个管子组成放大电路,试分析哪一个合适。

8-4 用万用表测得两只三极管的直流电位如题图 8-4 所示,试判断两个三极管的类型、三个管脚的名称,管子用何种材料制成,并在圆圈中画出管子。

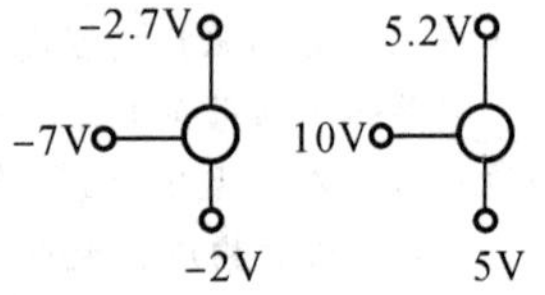

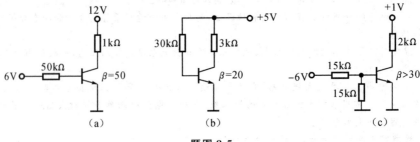

题图 8-4

8-5 试判断题图 8-5 所示电路中各三极管的工作状态。

题图 8-5

8-6 简述题图 8-6 所示各电路对于正弦交流信号有无电压放大作用,如果不能放大电压,能否稍加改动让其具有放大作用。

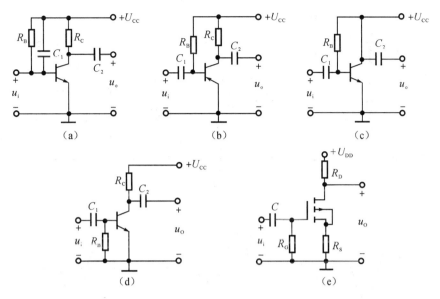

题图 8-6

8-7 基本放大电路和三极管的输出特性曲线如题图 8-7 所示,已知 $\beta=80$,试分别用估算法和图解法求解电路的静态工作点。设 $U_{BE}=0.6$ V。

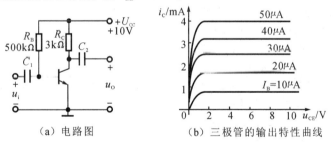

题图 8-7

8-8 放大电路同上题,设 $U_{CC}=10$ V,$R_B=500$ kΩ,$\beta=80$,若要使 $U_{CE}=6$ V,集电极负载电阻 $R_C$ 应取多大值? 若 $U_{CC}=12$ V,$\beta=80$,$R_C=4$ kΩ,$U_{CE}=6$ V,偏流电阻 $R_B$ 应取多大值。

8-9 画出题图 8-9 所示电路的直流通路和交流通路,电路图中的电容对交流信号可视为短路。

8-10 用示波器测量由 NPN 型管构成的放大电路时,测得的输出电压波形如题图 8-10 所示,试说明它们分别属于什么失真,如何消除这些失真。

8-11 电路如题图 8-7(a)所示,$\beta=80$,试求:
(1) 三极管的输入电阻 $r_{be}$;
(2) 电压放大倍数 $\dot{A}_u$;
(3) 若 $U_i=10$ mV,且负载端接上内阻为 6 kΩ 的电压表测输出电压,电压表的读数是多少? 分析用这个电压表测量是否合理。

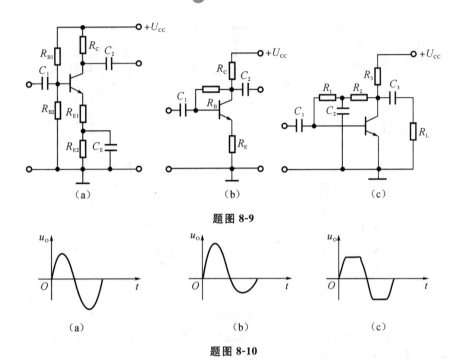

题图 8-9

题图 8-10

8-12 共发射极电路如题图 8-12 所示,设 $\beta=80, U_{BE}=0$ V。
(1) 作出放大电路的微变等效电路;
(2) 试求放大电路的输入电阻 $r_i$,输出电阻 $r_o$;
(3) 试求电压放大倍数 $A_u$。

8-13 固定偏置电路如题图 8-13 所示,已知 $r_{be}=1$ kΩ,$\beta=50$,试求:当输入电压 $u_i=28.8$ mV,输出电压 $u_o=2$ V 时,放大器的负载电阻 $R_L$ 为多少?

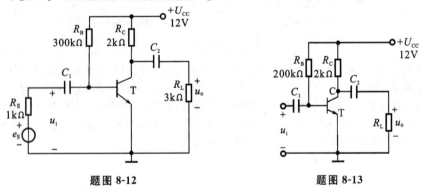

题图 8-12　　　　　　题图 8-13

8-14 分压式偏置电路如题图 8-14 所示,已知 $\beta=165$,试求:
(1) 计算电路的静态工作点;

(2) 画出该电路的微变等效电路；
(3) 计算电路不接负载时的电压放大倍数、输入电阻和输出电阻；
(4) 如果在输出端接 $R_L=1.5\ \text{k}\Omega$ 的负载，电压放大倍数为多少？

8-15 在题图 8-15 所示的射极输出器中，已知 $\beta=60$。试求：
(1) 静态工作点的 $I_B$、$I_C$ 和 $U_{CE}$；
(2) 输入电阻和输出电阻；
(3) 不带负载和带负载时的电压放大倍数。

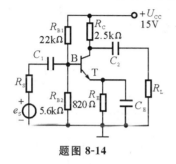
题图 8-14

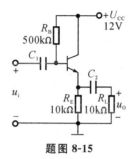
题图 8-15

8-16 简述射极输出器的特点，结合题 8-14 和题 8-15 中不带负载和带负载时的电压放大倍数的求解结果，分析射极输出器的应用场合。

8-17 两级电压放大电路如题图 8-17 所示，已知 $\beta_1=\beta_2=50$，试求：
(1) 各级放大器的输入电阻和输出电阻；
(2) 放大电路总的电压放大倍数。

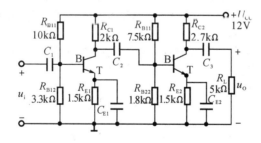
题图 8-17

8-18 标出题图 8-18 所示各复合管的管脚，分析复合管是 NPN 型管还是 PNP 型管。

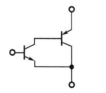  

题图 8-18

8-19 对于理想的甲类功率放大电路,为了获得5W的最大不失真输出功率,应选$P_{CM}$为多大的功率管。

8-20 为了提高多级放大器的带负载能力,用射极输出器作为输出级,如题图8-20所示,已知$\beta_1=\beta_2=60$,试计算:
(1) 输入电阻;
(2) 输出端接负载和不接负载时电压放大倍数。

8-21 电路如题图8-21所示,已知场效应管的低频跨导为$g_m$,试写出电压放大倍数、输入电阻和输出电阻的表达式。设$U_{DD}=30$ V,$R_{G1}=200$ kΩ,$R_{G2}=100$ kΩ,$R_{G3}=5$ MΩ,$R_D=10$ kΩ,$R_S=4$ kΩ,$U_{GS(th)}=2$ V,$I_{DO}=1.5$ mA,试求静态工作点。

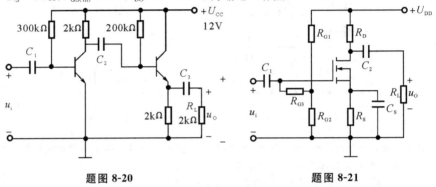

题图 8-20　　　　　　　　题图 8-21

8-22 直接耦合电路在结构上有何特点?什么是零点漂移?产生零点漂移的主要原因是什么?为什么在直接耦合放大电路中零点漂移可能产生严重后果?

8-23 差分电路在结构上有何特点?在典型差动放大电路中,若采用单端输出,零点漂移是否能得到有效抑制?为什么?

8-24 双端输入-双端输出差分放大电路为什么能抑制零点漂移?为什么共模抑制电阻$R_E$能提高抑制零点漂移的效果?是不是$R_E$越大越好?为什么$R_E$不影响差模信号的放大效果?

8-25 一个双端输入-双端输出差分放大电路,已知差模电压增益$A_{ud}=80$ dB,当两边的输入电压为$U_{I1}=1$ mV,$U_{I2}=0.8$ mV时,测得输出电压$U_o=2.09$ V。该电路的共模抑制比$K_{CMR}$为_____。
(A) 60 dB　　(B) 40 dB　　(C) 80 dB　　(D) 100 dB

# 9 集成运算放大器及其应用

本章首先介绍了集成运算放大器的基本结构、主要参数和电压传输特性,在此基础上着重讨论了集成运算放大器在信号运算方面的应用,即比例、加法、减法、积分和微分等运算电路的工作原理,以及运算放大器在信号处理方面的应用,如有源滤波器和电压比较器的工作原理。本章还介绍了放大电路的一个比较重要的内容——放大电路中的反馈,包括反馈的分类与判断,以及负反馈对放大电路性能的改善。

## 9.1 集成运算放大器概述

根据半导体制造技术,将分立的电子元件(如三极管、二极管、电阻和电容等)以及连接导线制作在一小块半导体芯片上,使其成为一种特定功能的电子电路,称为集成电路(integrated circuit,IC),它是 20 世纪 60 年代初期发展起来的一种半导体器件,是电子技术发展的一个重要标志。按照电路处理电信号的特性不同,集成电路可分为数字集成电路和模拟集成电路两大类。数字集成电路处理的是数字信号,模拟集成电路处理的是模拟信号。按模拟集成电路的功能来分,又有集成运算放大器、集成功率放大器、集成高频放大器、集成稳压器、集成比较器、集成数/模和模/数转换器以及锁相环等。

集成运算放大器(以下简称为集成运放或运放)是模拟集成电路的主要组成部分,也是模拟电子技术的主要基础内容。其最初的设计目的是用于模拟信号的数值运算,因而得名。但实际的应用功能已远非于此。本节在简要介绍集成运算电路组成和特性的基础上,重点讨论集成运算电路在线性和非线性两种状态下的基本应用。

### 9.1.1 集成运算放大器的分类

对于种类繁多的集成运算放大器(简称集成运放或运放),根据不同的特性可以有不同的分类:按供电方式,运放可分为双电源和单电源供电型,在双电源供电中又有正负对称供电型,按单片上运放的集成度分有单运放、双运放和四运放型;按制造工艺,运放又可分为双极性(BJT)型、CMOS 型和 BiFET 型,其中,双极性型一般功耗大,但种类多,功能强,CMOS 型运放输入阻抗高,功耗小,工作电源电压高,但速度慢一些,BiFET 型运放采用双极性型管与单极性型管混合搭配,使输入电阻可达 $10^{12}$ MΩ 以上。

除了以上三种分类法外,还可从电路的工作原理、电路的可控特性和电性能指标等三方面来分类。但从运放实用的情况出发,目前一般是以电性能指标来区分类型。下面作一个简单的介绍。

(1) 通用型。通用运型集成运放用于无特殊要求的电路之中,其技术指标的参数范围不是很宽,适合于一般通用条件。

(2) 高阻型。具有很高的差模输入电阻($r_{id}$)或很小的输入电流 $I_{iB}$ 的运放称为高阻型运放。这一类型的运放通常采用场效应管或者超 $β$ 管作输入极,电路输入电阻 $r_{id}$ 可达 $10^{12}$ Ω,主要用于测量放大器、采样-保持电路、滤波器、信号发生器,以及某些信号源内阻很高的电路中,以便减少对被测电路的影响。国产 F3130 输入电阻高达 $10^{12}$ Ω,$I_{iB}$ 仅为 5 pA。

(3) 高速型。输出电压对时间的转换速率和单位增益带宽都高的运放称为高速型运放。这类运放的特点是在大信号工作的状态下,具有优良的频率特性。其转换速率可达每微秒几十伏到几百伏,甚至高达每微秒几千伏。单位增益带宽均在 10 兆赫兹以上,甚至达到几千兆赫兹。主要适应于 A/D 和 D/A 转换器、锁相环电路和视频放大、精密比较器、模拟乘法器、高速采样-保持电路、有源滤波等电路,以获得较短的过渡时间,从而保证电路的精度。国产超高速运放 F3554 的转换速率可达 1000 V/$\mu$s,单位增益带宽为 1.7 GHz。

(4) 高精度型。具有低温漂、低噪音、低失调、高增益和高共模抑制比的运放称为高精度型运放。与通用型相比,失调电压和失调电流要小两个数置级。开环增益和共模抑制比均大于 1000 dB,适用于对微弱电信号的精密测量和运算。因而多用于高精度的仪器设备中。国产超高精度运放有 F5037,其 $A_{od}$ 为 105 dB,温漂为 0.2 $\mu$V/℃,失调电压 $U_{IO}$ 为 10 $\mu$V,失调电流为 7 nA。

(5) 低功耗型。低功耗型运放的静态功耗比通用型低 2 个数量级,一般不超过毫瓦级;所要求的电源电压很低,只有几伏,但其工作能力不差。例如,在低电压下仍能得到较高的开环电压增益和共模抑制比。主要适应于对电源耗损要求低的生物科学、空间技术、遥测遥感等领域。现有微功耗、高性能的运放 TLC2252 功耗约为

180 μW,工作电压为 5 V,开环增益可达 100 dB,差模输入电阻为 $10^{12}$ Ω。

除以上所列类型外,还有高压型运放,能工作在较高电源电压(100 V 左右)下。输出电压动态范围大,功耗也高。大功率型运放在输出高电压的同时,还能输出大电流,在负载上输出大的功率,且有大的驱动能力,如集成功率放大器可以输出几十瓦的平均功率。

目前,除了通用型和特殊型运放以外,还有一类为某个特定功能而专门设计和产生的运放,如仪表用放大器、隔离放大器、缓冲放大器,等等。随着 EDA 技术和可编程逻辑器件的出现,人们可以通过编程的方法,有选择地为自己设计各种专用电路芯片,来实现对模拟信号的处理。

### 9.1.2 集成运算放大器电路组成

集成运算放大器实际的组件有许多不同的型号,每一种型号的内部电路都不同,从使用的角度来看,关注的是它的参数和特性指标及其使用方法。

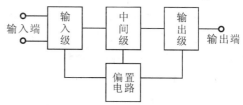

图 9-1 运算放大器的结构框图

#### 1. 集成运算放大器的电路结构

尽管集成运放的类型很多,电路各不相同,但从电路的总体结构上看,基本上都由输入级、中间级、输出级和偏置电路四部分组成,如图 9-1 所示。

输入级是决定整个电路性能的关键部分,大多采用差动放大的形式,以减少零点漂移和提高共模抑制比,并采取措施来提高其输入电阻。

中间级的主要作用是提高电压放大倍数,它一般由二、三级直接耦合放大电路组成。

输出级与负载相接,要求其输出电阻低、负载能力强,能输出足够大的电压和电流,一般由互补对称电路或射极输出器构成。

#### 2. 集成运算放大器的电路符号

在应用集成运放时,需要知道它的外接引线(或管脚、引脚)的作用以及放大器的主要参数,至于它的内部电路结构如何一般无须关注。目前,常用的集成运放是双列直插式,其外形如图 9-2(a)所示。集成运放有许多引线端子,通常包括两个输入端、一个输出端、正负电源端、信号公共地端和调零端等,在电路中的符号如图 9-2(b)所示。其中,$u_+$、$u_-$ 为输入端,$u_o$ 为输出端、$A_{uo}$ 为开环电压放大倍数,电源及调零端常省略不画。

由 $u_+$ 端输入信号时,输出信号与输入信号相位相同(或极性相同),故 $u_+$ 端称为同相输入端,用"+"号表示。

 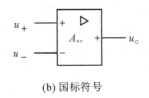

(a) 双列直插式外形　　　　　(b) 国标符号

图 9-2　集成运算放大器的外形和符号图

由 $u_-$ 端输入信号时,输出信号与输入信号相位相反(或极性相反),故 $u_-$ 端称为反相输入端,用"－"号表示。

### 9.1.3　集成运算放大器的主要参数

集成运放的性能可用以下参数来表征。为了合理选择和正确使用集成运放,必须了解这些表征参数的意义。下面简单介绍集成运放的主要表征参数。

(1) 开环电压放大倍数 $A_{uo}$(又称开环电压增益)。开环电压放大倍数是指运放输出端和输入端之间没有外接元件(即无反馈)时,输出端开路,在两输入端 $u_+$、$u_-$ 之间加一个低频小信号电压时所测出的电压放大倍数。$A_{uo}$ 越大,运算精度就越高。实际运放的 $A_{uo}$ 一般为 $10^4 \sim 10^7$。

(2) 最大输出电压 $U_{om}$。运放在不失真的条件下输出的最大电压称为运放的最大输出电压。此时,运放将要进入非线性状态,$U_{om}$ 接近正负电源电压值,近似于饱和值 $\pm U_{o(sat)}$。

(3) 差模输入电阻 $r_{id}$。差模输入电阻是指运放开环时,两输入之间的输入电压变化量与由它引起的输入电流变化量之比。它反映了运放输入端向信号源取用电流的大小,$r_{id}$ 越大越好。

(4) 输出电阻 $r_o$。输出电阻反映了运放在小信号输出时的负载能力,$r_o$ 越小越好。

(5) 输入失调电压 $U_{io}$。理想的运算放大器,当输入信号为零时,输出亦为零。但实际运放达不到这一点。反之,如果要输出电压为零,就必须在输入端加一个很小的补偿电压,这就是输入失调电压。$U_{io}$ 一般为几毫伏,显然,它越小越好。

(6) 输入失调电流 $I_{io}$ 和输入偏置电流 $I_{iB}$。输入失调电流 $I_{io}$ 是指输入信号为零时,两个输入端静态基极电流之差。输入偏置电流 $I_{iB}$ 是指输入信号为零时,两个输入端静态基极电流的平均值。$I_{io}$ 与 $I_{iB}$ 越小越好。

(7) 共模抑制比 $K_{CMRR}$。共模抑制比反映了运放对共模输入信号的抑制能力,其定义与差动放大电路的相同。$K_{CMRR}$ 越大越好。

集成运放的技术指标很多,它们的意义只有结合具体应用才能正确领会。在选用集成运放时,要根据具体要求选择合适的型号。

### 9.1.4 集成运算放大器的电压传输特性

电压传输特性是指表示输出电压与输入电压之间关系的特性曲线。集成运放的电压传输特性如图 9-3 所示,由曲线可知,运算放大器的传输特性可分为线性区和饱和区。

在线性工作区内(即 $|u_i|<\varepsilon$),运放的输出电压 $u_o$ 与输入电压 $u_i$ 之间呈线性关系,即

$$u_o = -A_{uo} u_i \quad (9-1)$$

该段曲线的斜率即为运放的开环放大倍数 $A_{uo}$。当 $u_i$ 大于某一值($\varepsilon$)后,$u_o$ 趋于一定值,该值即为运放的最大输出电压。

设 $u_+$,$u_-$,$u_o$ 分别为两个输入端和输出端对地的电压,则当运算放大器工作在线性区内时,运放的输出电压 $u_o$ 与输入($u_+ - u_-$)之间呈线性关系,即

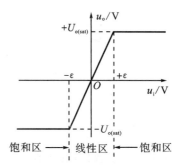

图 9-3 集成运放电压传输特性

$$u_o = A_{uo}(u_+ - u_-) \quad (9-2)$$

当运算放大器工作在饱和区(即 $|u_i|>\varepsilon$)时,输出电压 $u_o$ 只有两种可能,或等于 $+U_{o(sat)}$ 或等于 $-U_{o(sat)}$,也就是 $u_i = u_+ - u_- > \varepsilon$,即 $u_+ > u_- + \varepsilon$ 时,$u_o = +U_{o(sat)}$;$u_i = u_+ - u_- < -\varepsilon$,$u_+ < u_- - \varepsilon$ 时,$u_o = -U_{o(sat)}$。

### 9.1.5 理想运算放大器的分析依据

在分析集成运放的应用电路时,为了抓住主要矛盾,便于简化分析过程,可将集成运放理想化。理想化的主要条件是:开环电压放大倍数 $A_{uo} \to \infty$;差模输入电阻 $r_{id} \to \infty$;开环输出电阻 $r_o \to 0$;共模抑制比 $K_{CMRR} \to \infty$。

集成运放经过理想化处理后,很容易得到以下两个重要结论。

(1) 当理想运放工作在线性区时,有 $u_- \approx u_+$。

由于为线性状态时,输出电压为

$$u_o = -A_{uo}(u_- - u_+), \quad 即 \quad u_- - u_+ = \frac{u_o}{A_{uo}}$$

由于 $A_{uo} \to \infty$,$u_o$ 为有限值,所以有 $u_- - u_+ \approx 0$,即 $u_- \approx u_+$。这一特点通常称为"虚短"。

当同相输入端接地时,$u_+ = 0$,所以 $u_- \approx 0$。这就是通常说的"虚地",即反相输入端的电位接近于"地"电位,它是一个不接"地"的"地"电位端。

(2) 流入运放输入端的电流等于零,即 $i_+ = i_- = 0$。

由于 $r_{id} \to \infty$,因而输入端电流为

$$i_+ = 0, \quad i_- = 0$$

这一特点通常称为"虚断"。

以上两个结论是分析集成运放线性应用的重要依据,有了这两个依据,各种运算电路的分析计算就变得十分简单了。

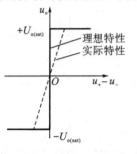

图 9-4 理想运放的电压传输特性

由于实际运放的技术指标与理想运放十分接近,因此,用理想运放代替实际运放所带来的误差很小。

当理想运放工作在非线性状态即饱和区时,由于 $|u_i|=|u_+ - u_-|>\varepsilon \to 0$,则有 $u_+ \neq u_-$,即不存在虚短的条件,但是仍然存在 $i_+ = i_- = 0$ 的虚断的条件。此时,$u_+ > u_-$,$u_o = +U_{o(sat)}$;$u_+ < u_-$,$u_o = -U_{o(sat)}$;$u_+ = u_-$ 为不稳定的临界状态。理想运放的电压传输特性如图 9-4 所示。

运算放大器的应用很广,下面我们主要介绍常用的基本运算电路、线性应用电路及非线性应用电路。

## 9.2 集成运算放大电路的负反馈

如上所述,集成运算放大器的开环电压放大倍数 $A_{uo}$ 高达 $10^5$ 以上。可见只要输入端有一个极其微小的电压,则输出端立刻进入饱和状态,无法进行线性放大。为使运放稳定地工作在线性状态,电路中必须引入很强的负反馈。为此,本节介绍放大电路中反馈的有关概念。

反馈广泛应用于社会生活各个领域,工程技术中利用反馈是为了改进系统性能和产生某种功能。例如,电子技术中采用反馈是为了改善放大电路的工作性能和产生自激振荡。因而,电路中的反馈分为负反馈和正反馈两大类。本节重点讨论前者。

### 9.2.1 反馈的分类与判断

将放大电路(或某个系统)输出端的信号(电压或电流)的一部分或全部通过某种电路(即反馈电路)引回输入端的过程,称为反馈。反馈有正反馈和负反馈之分,若引回的反馈信号削弱(减少)了放大电路的净输入信号,称为负反馈;反之,若增强(加大)了净输入信号,则称为正反馈。若反馈信号中只有直流成分,为直流反馈;反之为交流反馈。

图 9-5(a)、(b)所示分别为无反馈放大电路和有反馈放大电路的框图。带反馈放大电路的一般框图如图 9-5(b)所示,它包含两个部分:一个是无反馈的放大电路 A,用 $A$ 表示放大电路的放大倍数;另一个是反馈电路 F(用 $F$ 表示反馈系数,即反馈量与输出量之间的比例关系),它是联系输出电路和输入电路的反馈环节,图中 $x$ 既

可以表示电压,也可以表示电流。信号的传递方向如箭头所示,$x_i$、$x_o$ 和 $x_f$ 分别为输入、输出和反馈信号量。$x_i$ 和 $x_f$ 在输入端进行比较($\otimes$是比较环节的符号),并根据图中"+"、"-"极性可得净输入量 $x_d$ 信号。

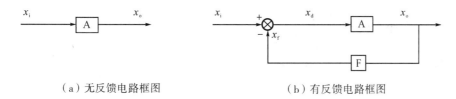

（a）无反馈电路框图　　　　　　（b）有反馈电路框图

**图 9-5　放大电路的框图**

$x_d = x_i - x_f$,若引回的反馈信号与输入信号比较后,使净输入信号减小,因而输出信号也减小,则称这种反馈为负反馈;若反馈信号使净输入信号增大,因而输出信号也增大的,则称这种反馈为正反馈。

由图 9-5(a)所示可知,无反馈放大电路的开环放大倍数为

$$A = \frac{x_o}{x_d}$$

反馈系数为
$$F = \frac{x_f}{x_o} \tag{9-3}$$

引入反馈后净输入信号为
$$x_d = x_i - x_f$$

引入反馈后的放大倍数
$$A_f = \frac{x_o}{x_i} = \frac{x_o}{x_d + x_f} = \frac{1}{1/A + F} = \frac{A}{1+AF} \tag{9-4}$$

由上式可知,$|A_f| < |A|$,这是因为引入负反馈后削弱了净输入信号,故输出信号 $x_o$ 比未引入负反馈时的要小,也就是引入负反馈后放大倍数降低了。$(1+AF)$ 称为负反馈深度,其值越大,负反馈作用越强,$|A_f|$ 也就越小,在改善放大电路工作性能方面作用越明显。

根据反馈电路的连接和反馈信号的性质不同,负反馈有串联电压负反馈、并联电压负反馈、串联电流负反馈和并联电流负反馈等四种。

**1. 串联电压负反馈**

图 9-6(a)所示的是电压跟随器。由图可知:$u_f = u_o$。电路引入负反馈后,净输入电压为

$$u_d = u_i - u_f$$

而反馈电压信号取自输出电压,故为电压反馈。反馈信号与输入信号在输入端是以电压的形式作比较,且两者为串联关系,故为串联负反馈。因此,此电路归纳为

引入串联电压负反馈的电路,图 9-6(b)是其方框图。

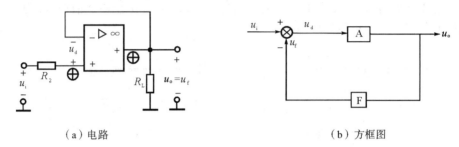

(a) 电路　　　　　　　　　　(b) 方框图

图 9-6　串联电压负反馈电路

### 2. 并联电压负反馈

图 9-7(a)所示的是反相比例运算电路。由图可知,反馈电流 $i_f=(u_- -u_o)/R_f$ $=-U_o/R_f$,反馈电流信号取自输出电压 $u_o$,并与之成正比,故为电压反馈。净输入电流为

$$i_d = i_i - i_f$$

反馈信号与输入信号在输入端以电流的形式作比较,$i_f$ 与 $i_d$ 并联,故为并联反馈。因此,此电路归纳为引入并联电压负反馈的电路,图 9-7(b)是其方框图。

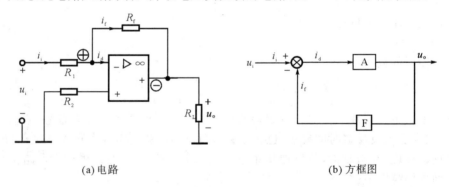

(a) 电路　　　　　　　　　　(b) 方框图

图 9-7　并联电压负反馈电路

### 3. 串联电流负反馈

由图 9-8(a)所示的电路可知:$u_f=Ri_o$,电路中的净输入信号为

$$u_d = u_i - u_f$$

反馈电压 $u_f$ 取自输出电流 $i_o$,并与之成比例,所以为电流反馈。

反馈信号与输入信号在输入端以电压的形式作比较,两者串联,故为串联反馈。因此,此电路为引入串联电流负反馈的电路,图 9-8(b)是其方框图。

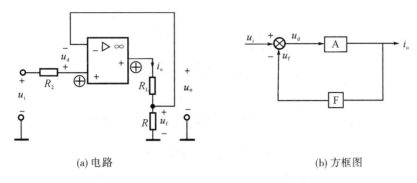

(a) 电路　　　　　　　　　　　　(b) 方框图

图 9-8　串联电流负反馈电路

### 4. 并联电流负反馈

由图 9-9(a)所示的电路图可知：$i_f = -\dfrac{R}{R_f+R}i_o$，电路中的净输入信号为

$$i_d = i_i - i_f$$

反馈电流 $i_f$ 取自输出电流 $i_o$，并与之成正比，故为电流反馈。

反馈信号与输入信号在输入端以电流的形式作比较，$i_f$ 和 $i_d$ 并联，故为并联反馈。因此，此电路为引入并联电流负反馈的电路，图 9-9(b)是其方框图。

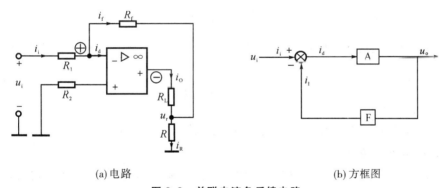

(a) 电路　　　　　　　　　　　　(b) 方框图

图 9-9　并联电流负反馈电路

### 5. 反馈判断方法

从上述四个运算放大器电路可以看出判断反馈类型的方法如下。

(1) 反馈电路直接从输出端引出的，是电压反馈；从负载电阻 $R_L$ 的靠近"地"端引出的，是电流反馈。

(2) 输入信号和反馈信号分别加在两个输入端(同相和反相)上的，是串联反馈；加在同一个输入端(同相或反相)上的，是并联反馈。

(3) 反馈信号使输入信号减小的，是负反馈。

**【例 9-1】** 试判断图 9-10 所示的电路中引入了何种类型的反馈。

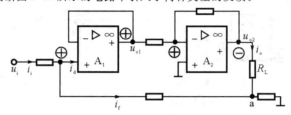

图 9-10 例 9-1 的电路图

**【解】** 在图 9-10 所示的电路中,设 $u_i$ 为正,则 $u_{o1}$ 为正,$u_{o2}$ 为负。反馈电流 $i_f$ 的方向如图中所示,则电路中净输入电流为 $i_d = i_i - i_f$,$i_d$ 减小,所以是负反馈;而反馈电流 $i_f$ 和输入电流 $i_i$ 都加在集成运放 $A_1$ 的同相输入端,所以是并联反馈;又因为反馈信号 $i_f$ 取自于输出电流 $i_o$,并与 $i_o$ 成正比,所以是电流反馈。因此,电路中引入了并联电流负反馈。

### 9.2.2 负反馈对放大电路性能的改善

**1. 降低放大倍数**

由图 9-5(b)所示带有负反馈的放大电路的框图可知,引入负反馈后,放大倍数(即闭环放大倍数)为

$$A_f = \frac{A}{1+AF}$$

所以,引入负反馈后放大电路的放大倍数是无负反馈时的 $\frac{A}{1+AF}$ 倍。若 $AF \gg 1$,有

$$A_f = \frac{A}{1+AF} \approx \frac{1}{F} \tag{9-5}$$

称为深度负反馈。

引入深度负反馈后,闭环放大倍数 $A_f$ 只取决于反馈电路,与放大电路无关。

**2. 提高放大倍数的稳定性**

当外界条件变化时(例如环境温度变化、管子老化、元件参数变化、电源电压波动等),放大电路的放大倍数会发生变化。引入负反馈后,可大大提高电路放大倍数的稳定性。放大倍数的稳定性通常用放大倍数的相对变化率来表示。对式(9-5)求导数,则

$$\frac{dA_f}{A} = \frac{1}{1+AF} - \frac{AF}{(1+AF)^2} = \frac{1}{1+AF} \cdot \frac{A_f}{A}$$

即

$$\frac{dA_f}{A} = \frac{dA}{A} \cdot \frac{1}{1+AF} \tag{9-6}$$

由上式表明,闭环放大倍数的相对变化只是开环放大倍数的相对变化的 $A/(1+AF)$ 倍。

### 3. 改善波形失真

由于工作点选择不合适，或输入信号过大，都将引起信号波形失真。引入负反馈后可将输出端的失真信号反送到输入端，使净输入信号发生某种程度的失真，经放大后，可使输出信号的失真得到一定程度的补偿。从本质上说，负反馈是利用失真了的波形来改善波形的失真，因此只能减小失真，不能完全消除失真，如图 9-11 所示。

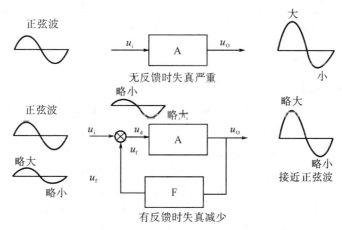

图 9-11 利用负反馈改善波形失真

### 4. 对放大电路输入电阻的影响

引入负反馈后，使输入电阻 $r_{id}$ 增大还是减小，与串联反馈还是并联反馈有关。

在串联负反馈运算的放大电路中，由于 $u_f$ 与 $u_i$ 反相串联，使得输入信号电压的一部分被反馈电压抵消，$u_d < u_i$，结果使 $u_i$ 共给的输入电流 $i_i$ 减小了，这意味着输入电阻 $r_{id}$ 的增高。负反馈越深，输入电阻 $r_{id}$ 就越大。

在并联负反馈运算的放大电路中，信号源除供给 $i_d$ 外，还要增加一个分量 $i_f$，因此，输入电流 $i_i$ 增大了，这意味着输入电阻的减小。负反馈越深，输入电阻 $r_{id}$ 就越小。

### 5. 对放大电路输出电阻的影响

放大电路中引入负反馈后输出电阻 $r_{of}$ 是减小还是变大，与是电压反馈还是电流反馈有关。

电压反馈的放大电路具有稳定输出电压 $u_o$ 的作用，即有恒压源输出的特性（输出电压恒定与输出电阻是密切相关的）。具有恒压源输出特性的放大电路的内阻很低，即其输出电阻很低。显然，这时输出电阻 $r_{of}$ 比无反馈时的输出电阻 $r_o$ 减小了。负反馈越深，输出电阻 $r_{of}$ 减小得就越多。

电流反馈的放大电路具有稳定输出电流 $i_o$ 的作用,即有恒流输出的特性。具有恒流输出特性的放大电路的内阻很高,即其输出电阻较高。所以,在电流负反馈放大电路中 $r_{of} > r_o$,即负反馈越深,输出电阻 $r_{of}$ 增大得就越多。

## 9.3 集成运算放大器构成的信号运算电路

集成运放工作在线性区(或称线性状态)时,能完成比例、加减、积分与微分、对数与反对数以及乘除等运算,本书只介绍前面几种。

### 9.3.1 比例运算电路

**1. 反相比例运算电路**

如果输入信号是从运放的反相输入端引入的运算,便是反相比例运算电路。

图 9-12 所示的为反相比例运算电路,输入信号 $u_i$ 经过电阻 $R_1$ 接到反相输入端,同相输入端经过电阻 $R_2$ 接地。为使运放工作在线性区,输出电压 $u_o$ 经反馈电阻 $R_f$ 反馈到反相输入端,形成一个深度的负反馈,电阻 $R_1$ 和 $R_f$ 构成反馈网络。

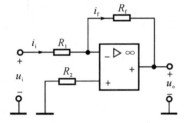

图 9-12 反相比例运算电路

下面从理想运放工作在线性区的两条依据出发,来分析此运算电路的比例关系。

根据理想运放的基本特征,有

$$i_- = 0 \quad 得 \quad i_1 = i_f$$

而 $i_1 = \dfrac{u_i - u_-}{R_1}$, $i_f = \dfrac{u_- - u_o}{R_f}$

根据 $u_+ = u_-$ 和 $i_- = 0$,$u_+ = u_- = 0$,所以,有

$$\left. \begin{array}{l} i_1 = \dfrac{u_i}{R_1}, \quad i_f = -\dfrac{u_o}{R_1} \\[2mm] \dfrac{u_i}{R_1} = -\dfrac{u_o}{R_f}, \quad u_o = -\dfrac{R_f}{R_1} u_i \end{array} \right\} \tag{9-7}$$

可见,输出电压与输入电压为比例关系,负号表明两者极性相反,故称为反相比例运算电路。

由于此时运放已不是工作在开环状态,所以得到的电压放大倍数称为闭环电压放大倍数,用 $A_{uf}$ 表示,即

$$A_{uf} = \dfrac{u_o}{u_i} = -\dfrac{R_f}{R_1} \tag{9-8}$$

为了保证运放的两个输入端处于对称的平衡状态,应使两输入端对地电阻相等,即当输入信号 $u_i = 0$ 时,可以认为 $R_1$ 和 $R_f$ 并联接到反相输入端,因此 $R_2$ 应为

$$R_2 = R_1 /\!/ R_f$$

式中：$R_2$ 为静态平衡电阻。

反相比例运算电路的一个特例是当 $R_f = R_1$ 时，$A_{uf} = -1$。说明输出电压信号 $u_o$ 与输入电压信号 $u_i$ 大小相等，极性相反。此时的反相比例运算电路称为反相器。

【**例 9-2**】 电路如图 9-13 所示，试分析、计算开关 S 断开和闭合时的电压放大倍数 $A_{uf}$。

【**解**】 (1) 当 S 断开时，根据式(9-8)有

$$A_{uf} = -\frac{10}{1+1} = -5$$

(2) 当 S 闭合时，因 $u_+ = u_- = 0$，故在计算时可看成两个 1 kΩ 的电阻是并联的，于是得

$$i_i = \frac{u_i}{1+1/2} = \frac{2}{3}u_i, \quad i'_i = \frac{1}{2}i_i = \frac{1}{3}u_i$$

$$i_f = \frac{u_- - u_o}{10} = -\frac{u_o}{10}$$

因 $i'_i = i_f$，故有

$$\frac{1}{3}u_i = -\frac{u_o}{10}, \quad A_{uf} = \frac{u_o}{u_i} = -\frac{10}{3} = -3.3$$

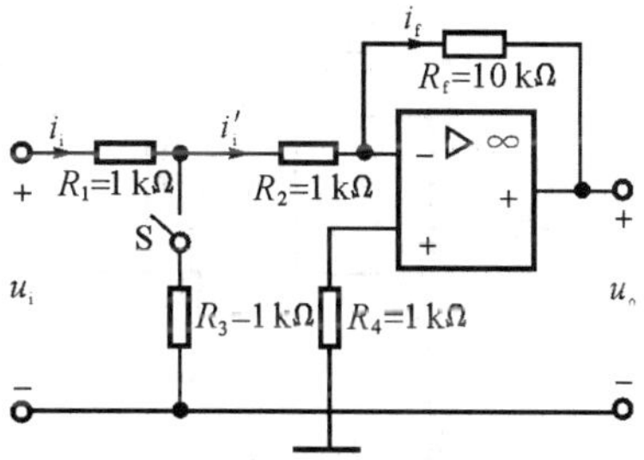

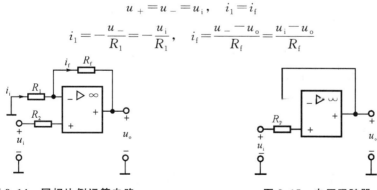

图 9-13 例 9-2 的电路

上面是从电位 $u_- \approx 0$ 考虑，计算 $i_i$ 时将两个 1 kΩ 电阻看成并联；但不能以为 $u_+ \approx u_-$ 而将反相输入端和同相输入端直接连接起来。

**2. 同相比例运算电路**

同相比例运算电路的输入信号从同相输入端引入，但为了保证电路稳定工作在线性区，反馈仍须接到反相输入端，即引入负反馈电路。其电路如图 9-14 所示。根据理想运放工作在线性区的分析依据，由图 9-14 可知：

$$u_+ = u_- = u_i, \quad i_1 = i_f$$

$$i_1 = -\frac{u_-}{R_1} = -\frac{u_i}{R_1}, \quad i_f = \frac{u_- - u_o}{R_f} = \frac{u_i - u_o}{R_f}$$

图 9-14 同相比例运算电路 　　　　图 9-15 电压跟随器

由此可得
$$u_o = \left(1 + \frac{R_f}{R_2}\right)u_i, \quad A_{uf} = 1 + \frac{R_f}{R_1} \quad (9\text{-}9)$$

平衡电阻
$$R_2 = R_1 // R_f$$

同相比例运算电路也有一个特例，即当 $R_f = 0$ 或 $R_1 \to \infty$ 时，$A_{uf} = 1$。说明输出电压信号 $u_o$ 与输入信号大小相等，极性相同。此时的同相比例运算电路称为电压跟随器，其电路如图 9-15 所示。

【例 9-3】 在图 9-16 所示的运算电路中，已知 $u_i = 1\ \text{V}$，$R_1 = R_4 = R_{f1} = 10\ \text{k}\Omega$，$R_{f2} = 100\ \text{k}\Omega$，求输出电压 $u_o$ 及静态平衡电阻 $R_2$、$R_3$。

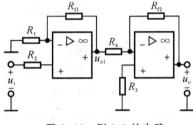

图 9-16 例 9-3 的电路

【解】 这是两级运算电路，第一级为同相比例运算电路，其输出电压为
$$u_{o1} = \left(1 + \frac{R_{f1}}{R_1}\right)u_i = (1+1) \times 1\ \text{V} = 2\ \text{V}$$

第二级为反相比例运算电路，其输出电压为
$$u_o = -\frac{R_{f2}}{R_4} \cdot u_{i2} = -\frac{R_{f2}}{R_4} \cdot u_{o1} = -\frac{100}{10} \times 2\ \text{V} = -20\ \text{V}$$

静态平衡电阻为
$$R_2 = R_{f1} // R_1 = 10 // 10\ \text{k}\Omega = 5\ \text{k}\Omega$$
$$R_3 = R_{f2} // R_4 = 100 // 10\ \text{k}\Omega \approx 10\ \text{k}\Omega$$

### 9.3.2 加法运算电路

如果在反相输入端增加若干个输入电路，则构成反相加法运算电路，如图 9-17 所示。在图 9-17 中，设有三个输入端信号 $u_{i1}$、$u_{i2}$ 和 $u_{i3}$。由于反相输入端为虚地，故有

$$i_{i1} = \frac{u_{i1}}{R_{11}}, \quad i_{i2} = \frac{u_{i2}}{R_{12}}, \quad i_{i3} = \frac{u_{i3}}{R_{13}}$$

$$i_f = i_{i1} + i_{i2} + i_{i3}, \quad i_f = -\frac{u_o}{R_f}$$

则
$$u_o = -\left(\frac{R_f}{R_{11}}u_{i1} + \frac{R_f}{R_{12}}u_{i2} + \frac{R_f}{R_{13}}u_{i3}\right) \quad (9\text{-}10)$$

当 $R_{11} = R_{12} = R_{13} = R_1$ 时，则有
$$u_o = -\frac{R_f}{R_1}(u_{i1} + u_{i2} + u_{i3}) \quad (9\text{-}11)$$

当 $R_1 = R_f$ 时，则有
$$u_o = -(u_{i1} + u_{i2} + u_{i3}) \quad (9\text{-}12)$$

可见，加法运算电路的精度与运算放大器本身的参数无关，其平衡电阻为
$$R_2 = R_{11} // R_{12} // R_{13} // R_f$$

【例 9-4】 在图 9-18 所示的运算电路中，已知 $R_1 = R_f = 10\ \text{k}\Omega$，$R = 5\ \text{k}\Omega$，$u_{i1} = 1\ \text{V}$，$u_{i2} = -1$

V,试求输出电压 $u_o$。

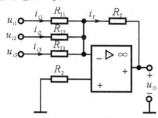

图 9-17 反相加法运算电路

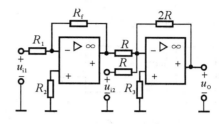

图 9-18 例 9-4 的电路

【解】 这是一个两级运算电路,第一级是反相器,其输出为

$$u_o = -\frac{R_f}{R_1} u_{i1} = -1 \text{ V}$$

第二级是反相输入加法运算电路,其输出电压为

$$u_o = -\frac{2R}{R}(u_{o1} + u_{i2}) = -2(-1-1) \text{ V} = 4 \text{ V}$$

### 9.3.3 减法运算电路

如果运放的两个输入端都有信号输入,则构成差动输入的减法运算电路,如图 9-19 所示。由电路图可知:

$$u_- = u_{i1} - R_1 i_1 = u_{i1} - \frac{R_1}{R_1 + R_f}(u_{i1} - u_o)$$

$$u_+ = \frac{R_3}{R_2 + R_3} u_{i2}$$

因为 $u_- \approx u_+$,故从以上两式可得

$$u_o = (1 + \frac{R_f}{R_1})\frac{R_3}{R_2 + R_3} u_{i2} - \frac{R_f}{R_1} u_{i1} \quad (9\text{-}13)$$

当 $R_1 = R_2$ 和 $R_f = R_3$ 时,则式(9-13)为

$$u_o = \frac{R_f}{R_1}(u_{i2} - u_{i1}) \quad (9\text{-}14)$$

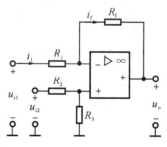

图 9-19 差动减法运算电路

当 $R_f = R_1$ 时,则有

$$u_o = (u_{i2} - u_{i1}) \quad (9\text{-}15)$$

由上式可见,输出电压 $u_o$ 与两个输入电压的差值成正比,所以可以进行减法运算。由式(9-14)可得出电压放大倍数为

$$A_{uf} = \frac{u_o}{u_{i2} - u_{i1}} = \frac{R_f}{R_1} \quad (9\text{-}16)$$

在实际应用中,为了保证运放的两个输入端处于平衡工作状态,通常选 $R_1 = R_2$,$R_f = R_3$。

**【例 9-5】** 图 9-20 所示为运算放大器的串级应用,试求输出电压 $u_o$。

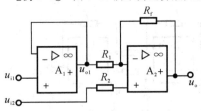

图 9-20 例 9-5 的电路

**【解】** $A_1$ 是电压跟随器,因此有

$$u_{o1} = u_{i1}$$

$$u_o = (1 + \frac{R_f}{R_1})u_{i2} - \frac{R_f}{R_1}u_{o1}$$

$$= (1 + \frac{R_f}{R_1})u_{i2} - \frac{R_f}{R_1}u_{i1}$$

在图 9-20 所示的电路中,$u_{i1}$ 输入 $A_1$ 的同相端,而不是直接输入 $A_2$ 的反相端,这样可以提高输入阻抗。

### 9.3.4 积分运算电路

与反相比例运算电路比较,用电容 $C_f$ 代替 $R_f$ 作为反馈元件,就成为积分运算电路,如图 9-21 所示。

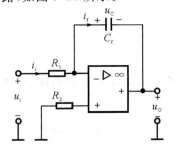

图 9-21 积分运算电路

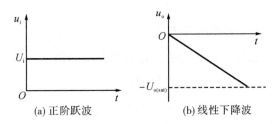

(a) 正阶跃波    (b) 线性下降波

图 9-22 积分运算电路的阶跃响应

由于 $u_- \approx 0$,而

$$\left. \begin{aligned} i_1 &= \frac{u_i}{R_1}, \quad i_f = i_1 = \frac{u_i}{R_1} \\ u_o &= -u_C = -\frac{1}{C_f}\int i_f \mathrm{d}t \\ u_o &= -\frac{1}{R_1 C_f}\int u_i \mathrm{d}t \end{aligned} \right\} \tag{9-17}$$

$u_o = -\frac{1}{R_1 C_f}\int u_i \mathrm{d}t$ 表明,输出电压 $u_o$ 与输入电压 $u_i$ 的积分关系,负号表示 $u_o$ 与 $u_i$ 极性相反。$R_1 C_f$ 称为积分时间常数。当 $u_i = U$ 为常数时,积分电压将是时间的线性函数。

输入为正阶跃波(见图 9-22(a))时的积分输出电压 $u_o$ 与时间 $t$ 成下降的线性关系,其波形如图 9-22(b)所示。另外,由 $u_o$ 的波形还可知,当 $u_o$ 向负值方向增大到运放的饱和电压 $(-U_{o(sat)})$ 时,运放进入非线性工作区,$u_o$ 与 $u_i$ 不再为积分关系,$u_o$ 保持在运放的饱和电压值不变。

【例 9-6】 试求图 9-23 所示电路的 $u_o$ 与 $u_i$ 的关系式。

【解】 由图 9-23 可列出

$$u_o - u_- = -R_f i_f - u_C = -R_f i_f - \frac{1}{C_f}\int i_f dt$$

$$i_i = \frac{u_i - u_-}{R_1}$$

因 $u_- \approx u_+ = 0, i_f = i_i$,故得

$$u_o = -\left(\frac{R_f}{R_1}u_i + \frac{1}{R_1 C_f}\int u_i dt\right)$$

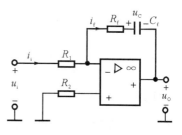

图 9-23 例 9-6 的电路

由上式可知,第一项为比例部分,第二项为积分部分,所以称为比例(P)-积分(I)电路(简称 PI 电路),其应用非常广泛。

## 9.3.5 微分运算电路

微分运算是积分的逆运算,只需将积分电路中反相输入端的电阻和反馈电容调换位置,就构成了微分运算电路,如图 9-24 所示。由图可知

$$i_1 = C_1 \frac{du_C}{dt} = C_1 \frac{du_i}{dt}, \quad u_o = -R_f i_f = -R_f i_1$$

故

$$u_o = -R_f C_1 \frac{du_i}{dt} \tag{9-18}$$

可见,输出电压 $u_o$ 与输入电压 $u_i$ 为微分关系。

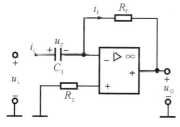

图 9-24 微分运算电路

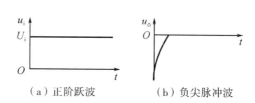

(a) 正阶跃波　　(b) 负尖脉冲波

图 9-25 微分运算电路的阶跃响应

当微分电路输入端加上如图 9-25(a)所示的阶跃信号、运放的输出端发生突变时,将出现尖脉冲电压,如图 9-25(b)所示。

由于此电路工作时的稳定性不高,因此很少应用。

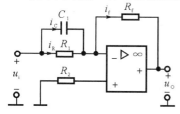

图 9-26 例 9-7 的电路

【例 9-7】 试求图 9-26 所示电路的 $u_o$ 与 $u_i$ 的关系式。

【解】 由图 9-26 可列出

$$u_o = -R_f i_f, \quad i_f = i_R + i_C = \frac{u_i}{R_1} + C_1 \frac{du_1}{dt}$$

故可得

$$u_o = -\left(\frac{R_f}{R_1} \cdot u_i + R_f C_1 \frac{du_i}{dt}\right)$$

由上式可知,第一项为比例部分,第二项为微分部分,所以称为比例(P)-微分(D)电路(简称 PD 电路)。

## 9.4 集成运算放大器构成信号处理电路

除了基本运算电路外,集成运算在其他许多方面还有很广泛的应用。例如,在线性应用方面,有信号的滤波与处理、波形的产生等;在非线性应用方面,有信号幅度的比较和鉴别等。下面将分别介绍几种应用情况。

### 9.4.1 线性状态的信号处理电路

线性状态的典型应用之一是有源滤波器,它是由运放组成的滤波电路。

所谓滤波器,就是一种选频电路。它能选出有用的信号、抑制无用的信号,使一定频率范围内的信号能顺利通过,衰减很小;而在此频率范围以外的信号不易通过,衰减很大。按频率范围的不同,滤波器可分为低通、高通、带通及带阻等。将 RC 滤波电路连接到运算放大器的同相输入端中,利用同相放大高输入电阻的特性,可构成效果较好的滤波电路。现将有源低通和高通滤波器的电路与频率特性分述如下。

**1. 有源低通滤波器**

图 9-27(a)所示为有源低通滤波器的电路。设输入电压 $u_i$ 为某一频率的正弦电压,则信号变量可用相量表示。先由 RC 电路得

$$\dot{U}_+ = \dot{U}_C = \frac{1/(j\omega C)}{R + 1/(j\omega C)} \cdot \dot{U}_i = \frac{\dot{U}_i}{1 + j\omega RC}$$

而后根据同相比例运算电路的公式得

$$\dot{U}_o = \left(1 + \frac{R_f}{R_1}\right)\dot{U}_+$$

故

$$\frac{\dot{U}_o}{\dot{U}_i} = \frac{1 + R_f/R_1}{1 + j\omega RC} = \frac{1 + R_f/R_1}{1 + j\omega/\omega_0}$$

式中:$\omega_0 = 1/(RC)$ 称为截止角频率。若频率 $\omega$ 为变量,则该电路的传递函数为

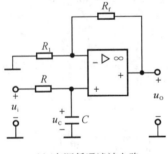 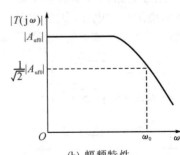

(a) 有源低通滤波电路      (b) 幅频特性

图 9-27 有源低通滤波器

$$T(j\omega) = \frac{U_o(j\omega)}{U_i(j\omega)} = \frac{1+R_f/R_1}{1+j\omega/\omega_0} = \frac{A_{uf0}}{1+j\omega/\omega_0} \qquad (9\text{-}19)$$

其模为
$$|T(j\omega)| = \frac{|A_{uf0}|}{\sqrt{1+(\omega/\omega_0)^2}}$$

辐角为
$$\varphi(\omega) = -\arctan\frac{\omega}{\omega_0}$$

当 $\omega=0$ 时，$|T(j\omega)|=|A_{uf0}|$；当 $\omega=\omega_0$ 时，$|T(j\omega)|=|A_{uf0}|/\sqrt{2}$；当 $\omega\to\infty$ 时，$|T(j\omega)|=0$。

有源低通滤波器的幅频特性如图 9-27(b)所示。

### 2. 有源高通滤波器

如将有源低通滤波器中 RC 电路的 $R$ 和 $C$ 对调，则成为有源高通滤波器，如图 9-28(a)所示。

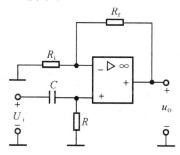
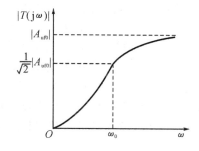

（a）有源高通滤波电路　　　　（b）幅频特性

图 9-28　有源高通滤波器

先由 RC 电路得
$$\dot{U}_+ = \frac{R}{R-j/(\omega C)}\dot{U}_i = \frac{\dot{U}_i}{1+1/(j\omega RC)}$$

而后，可根据同相比例运算电路式得
$$\dot{U}_o = \left(1+\frac{R_f}{R_1}\right)\dot{U}_+$$

故有
$$\frac{\dot{U}_o}{\dot{U}_i} = \frac{1+R_f/R_1}{1+1/(j\omega RC)} = \frac{1+R_f/R_1}{1-j\omega_0/\omega}$$

式中：$\omega_0 = 1/(RC)$。若频率 $\omega$ 为变量，则该电路的传递函数为
$$T(j\omega) = \frac{U_o(j\omega)}{U_i(j\omega)} = \frac{1+R_f/R_1}{1-j\omega_0/\omega} = \frac{A_{uf0}}{1-j\omega_0/\omega} \qquad (9\text{-}20)$$

其模为
$$|T(j\omega)| = \frac{|A_{uf0}|}{\sqrt{1+(\omega_0/\omega)^2}}$$

辐角为
$$\varphi(\omega)=\arctan\frac{\omega}{\omega_0}$$

当 $\omega=0$ 时，$|T(j\omega)|=0$；当 $\omega=\omega_0$ 时，$|T(j\omega)|=|A_{uf0}|/\sqrt{2}$；当 $\omega\to\infty$ 时，$|T(j\omega)|=|A_{uf0}|$。

有源高通滤波器的幅频特性如图 9-28(b)所示。

### 9.4.2 非线性状态的信号处理电路

在非线性应用中，集成运放处于开环工作状态，这是其基本特征。最典型的应用是电压比较器，它的作用是用来比较输入电压和参考电压。在波形变换和非正弦波产生电路中，电压比较器是最基本的单元。根据电路特点不同，电压比较器有单限比较、滞回比较及输出限幅比较等电路类别。

#### 1. 单限比较器

单限比较器电路中的输入电压只有一个比较点的电压，这一比较电压通常称为阈值电压，用 $U_T$ 表示。很显然，当输入电压与阈值电压比较时，比较器将输出相应的比较结果。在单限比较器中，阈值电压只与输入端的参考电压有关，而与输出电压无关。

图 9-29(a)所示为单限电压比较器中的一种，$U_R$ 是参考电压，加在同相输入端，输入电压 $u_i$ 加在反相输入端。运算放大器工作于开环状态，由于开环电压的放大倍数很高，即使输入端有一个非常微小的差值信号，也会使输出电压饱和。因此，用作比较器时，运算放大器工作在饱和区，即非线性区。

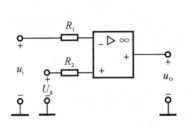
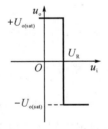

(a) 单限比较器电路　　　　　　(b) 传输特性

图 9-29　电压比较器

当输入电压和参考电压分别接在运放的两个输入端时，比较点的电压(即阈值电压)就是参考电压，即 $U_T=U_R$。因此，有

当 $u_i<U_R$ 时，$u_o=+U_{o(sat)}$；当 $u_i>U_R$ 时，$u_o=-U_{o(sat)}$。

图 9-29(b)所示为电压比较器的传输特性。可见，在比较器的输入端进行模拟信号大小的比较，在输出端则以高电平或低电平(即为数字信号 **1** 或 **0**)来反映比较结果。

当 $u_i$ 与 $U_R$ 都接在运放的同一个输入端时，则比较点的电压(即阈值电压)$U_T$ 将不直接等于参考电压 $U_R$，还与输入端的电阻有关。

当 $U_R=0$ 时,即 $U_T=U_R=0$,输入电压和零电平比较,称为过零比较器。

当 $u_i<0$ 时,$u_o=+U_{o(sat)}$;当 $u_i>0$ 时,$u_o=-U_{o(sat)}$。

其电路和传输特性如图 9-30 所示。当 $u_i$ 为正弦波电压时,则 $u_o$ 为矩形波电压,如图 9-31 所示。

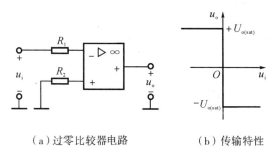

（a）过零比较器电路　　　（b）传输特性

图 9-30　过零比较器电路　　　图 9-31　过零比较器将正弦波电压变换为矩形波电压

【例 9-8】　电路如图 9-32 所示,输入电压 $u_i$ 是一正弦电压,试分析并画出输出电压 $u''_o$、$u'_o$ 和 $u_o$ 的波形。

【解】　(1) 运算放大器构成过零比较器,从同相输入端输入,反相输入端接"地",和图 9-29 相反。图 9-32(b)是其传输特性。

(2) $u_i$ 为正弦波电压,$u''_o$ 为矩形波电压,其幅值为运算放大器输出的正负饱和值。

(3) $R$ 和 $C$ 组成微分电路($RC \ll T/2$,$T$ 是 $u_i$ 的周期),当 $u''_o$ 为矩形波电压时,$u'_o$ 为周期性正负尖脉冲。

(4) 二极管 D 起削波或限幅作用,削去负尖脉冲,使输出限于止尖脉冲。

有时为了将输出电压限制在某一特定值,以与接在输出端的数字电路的电平配合,可在比较器的输出端与"地"之间跨接一个双向稳压二极管 $D_Z$,起双向限幅作用。稳压二极管的电压为 $U_Z$,

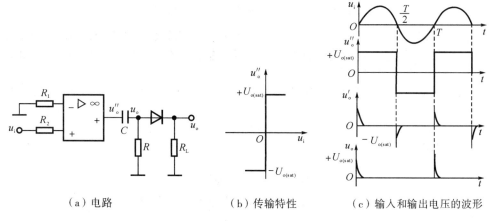

（a）电路　　　（b）传输特性　　　（c）输入和输出电压的波形

图 9-32　例 9-8 的电路图

电路和传输特性如图 9-33 所示。$u_i$ 与零电平比较,输出电压 $u_o$ 被限制在 $+U_Z$ 或 $-U_Z$。这类比较器为输出限幅比较器。

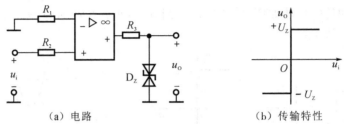

(a) 电路　　　　　　　(b) 传输特性

图 9-33　有限幅的过零比较器

### 2. 滞回比较器

单限比较器具有电路简单、灵敏度高等优点,但存在的主要问题是抗干扰能力差。如果输入电压受到干扰或噪声的影响,在阈值电平上下波动,则输出电压将在高低电平之间反复跳变,如图 9-34 所示。如在控制系统中发生这种情况,将对执行机构产生不利的影响。

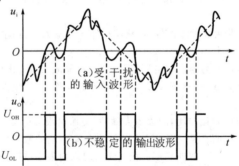

图 9-34　噪声干扰对单限比较器的影响

为解决以上问题,可以采用具有滞回传输特性的比较器。滞回比较器具有滞回特性,因而也就具有一定的抗干扰能力。从反相输入端输入的滞回比较器电路如图 9-35(a)所示,电路中引入了正反馈。

从集成运放输出端的限幅电路可以看出,$u_o = \pm U_Z$。集成运放反相输入端电位为

$$u_- = u_i$$

同相输入端电位为

$$u_+ = \frac{R_1}{R_1+R_2} u_o = \pm \frac{R_1}{R_1+R_2} U_Z \tag{9-21}$$

令 $u_- = u_+$,求出的 $u_i$ 就是阈值电压,因此可得出两个阈值电压为

$$U_T = \pm \frac{R_1}{R_1+R_2} U_Z \tag{9-22}$$

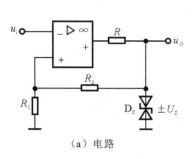 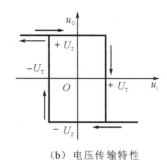

(a) 电路　　　　　　　　　　　　(b) 电压传输特性

**图 9-35　反相端输入的滞回比较器及其电压传输特性**

式(9-22)表示滞回比较器的阈值电压不仅与输入端参考电压有关,还与输出电压有关。

由电路可知,输入电压 $u_i$ 在变化过程中,在正向增加时,若 $u_i < +U_T$,则 $u_o = +U_Z$;当 $u_i = +U_T$ 后再增大,则 $u_o$ 从 $+U_Z$ 跃变为 $-U_Z$。当输入电压 $u_i$ 在反向减小时,若 $u_i > -U_T$,则 $u_o = -U_Z$;当 $u_i = -U_T$ 后再减小,则 $u_o$ 从 $-U_Z$ 跃变为 $+U_Z$。电路的电压传输特性如图 9-35(b)所示。从图可知,输出电压不会在同一输入点发生两个方向的跳变,具有一定的抗干扰能力。

滞回比较器的两个阈值电压之差 $\Delta U_T = +U_T - (-U_T) = 2U_T$ 称为回差,它表示比较器抗干扰能力的大小。

## 9.5　集成运放构成正弦波振荡电路

振荡电路是电子技术中常见的基本电路之一,用集成运放组成的实用振荡电路形式多样,应用广泛。按照振荡产生的波形可分为正弦波振荡电路和非正弦波振荡电路。本节仅介绍正弦波振荡电路。正弦波振荡电路广泛地应用于测量、遥控、自动控制、热处理和超声波电焊等加工设备之中,也可作为模拟电子电路的测试信号。

### 9.5.1　产生正弦波振荡的条件

放大电路通常是在输入端接有信号源时才有信号输出。如果电路的输入端不外接输入信号,其输出端仍有一定频率和幅值的信号输出,则称电路发生了自激振荡。对于放大电路,自激振荡是有害的,应尽量避免,而振荡电路则必须产生稳定的自激振荡。

正弦波振荡电路是在没有外加输入信号的情况下,依靠电路自身自激振荡而产生一定频率、一定幅度的正弦波电压输出的电路。

输出端从无到有产生一定幅值的稳定正弦波,从反馈角度看,应在电路的输入端引入输出端的正反馈信号。这一过程可通过反馈放大电路的方框图来理解。图 9-36(a)所示为引入正相位反馈信号的放大电路框图。当输入量 $\dot{X}_i$ 为零时,设法使

反馈量 $\dot{X}_f$ 等于净输入量 $\dot{X}'_i$，则反馈电压正好作为输入电压使电路的输出电压维持稳定。简化的正反馈自激振荡框图如图 9-36(b)所示。

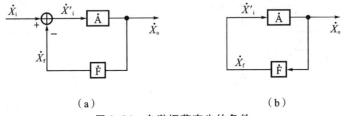

图 9-36　自激振荡产生的条件

因为振荡电路在通电的一瞬间，电路总是产生一个幅值很小的输出量，它含有丰富的频率，如果电路只能对频率为 $f_0$ 的正弦波产生正反馈过程，则输出信号增大，它又被正反馈网络加到放大器的输入端，再进行放大，再次反馈。这样经过正反馈→放大→再反馈→再放大的多次循环过程，使输出量 $\dot{X}_o$ 逐渐增大。由于放大电路的非线性特性，使得 $\dot{X}_o$ 不会无限制地增大。当 $\dot{X}_o$ 的幅值增大到一定程度时，放大倍数的数值将减小，电路达到动态平衡。这时，输出量通过反馈网络产生反馈量作为放大电路的输入量，而输入量又通过放大电路维持着输出量。这就是振荡电路能够持续工作的基本过程。

根据以上分析可以导出自激振荡的条件。由图 9-36 可知

$$\dot{A}_u = \frac{\dot{X}_o}{\dot{X}'_i}, \quad \dot{F} = \frac{\dot{X}_f}{\dot{X}_o}$$

所以，当 $\dot{X}'_i = \dot{X}_f$ 时，有

$$\dot{A}\dot{F} = 1 \tag{9-23}$$

式(9-23)为正弦波振荡电路产生自激振的条件。由复数式可得出以下两个条件。

1) 幅值条件

$$|\dot{A}\dot{F}| = 1 \tag{9-24}$$

幅值条件表示反馈网络要有足够的反馈系数才能使反馈电压等于所需的输入电压。

2) 相位条件

$$\varphi_A + \varphi_F = 2n\pi \quad (n \text{ 为整数}) \tag{9-25}$$

相位条件表示反馈电压在相位上要与输入电压同相，它们的瞬时极性始终相同，也就是说，必须是正反馈。

为了使输出量在电路通电后能够有一个从小到大直至平衡在一定幅值的过程，电路的起振条件为

$$|\dot{A}\dot{F}| > 1 \tag{9-26}$$

由于初始通电时的扰动电信号是随机的，包含多种频率成分，为了获得单一而稳定的正弦波，振荡电路必须有选频电路。选频电路对频率 $f = f_0$ 以外的正弦波产

生负反馈,逐渐衰减至零,电路的输出将只是一个频率为 $f=f_0$ 的正弦波。

因此,可归纳出正弦波振荡电路主要由放大电路、正反馈电路、选频电路三部分组成。正弦波振荡电路常用选频电路的网络所用元件来命名,分为 RC 正弦波振荡电路、LC 正弦波振荡电路和石英晶体正弦波振荡电路三种类型。RC 正弦波振荡电路的振荡频率较低,一般在 1 MHz 以下;LC 正弦波振荡电路的振荡频率多在 1 MHz 以上;石英晶体正弦波振荡电路也可等效为 LC 正弦波振荡电路,其特点是振荡频率非常稳定。本节只介绍 RC 正弦波振荡电路。

### 9.5.2 RC 桥式正弦波振荡电路

实用的 RC 正弦波振荡电路多种多样,这里仅介绍最具典型性的 RC 文氏桥式正弦波振荡电路的电路组成、工作原理和振荡频率。

**1. RC 串并联选频网络的选频特性**

RC 文氏桥式波振荡电路如图 9-37 所示。其中左边的虚线框表示的 RC 串并联选频网络具有选频作用。

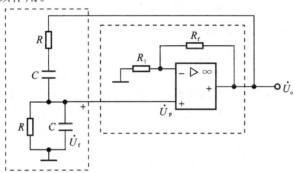

图 9-37 RC 文氏桥式正弦波振荡电路

反馈网络的反馈系数为

$$\dot{F}=\frac{\dot{U}_f}{\dot{U}_o}=\frac{R//[1/(j\omega C)]}{R+1/(j\omega C)+R//[1/(j\omega C)]} \qquad (9\text{-}27)$$

整理,可得

$$\dot{F}=\frac{1}{3+j[\omega RC-(1/\omega RC)]} \qquad (9\text{-}28)$$

令 $\omega_0=1/RC$,则

$$f_0=1/(2\pi RC) \qquad (9\text{-}29)$$

代入式(9-28),得

$$\dot{F}=\frac{1}{3+j(f/f_0-f_0/f)} \qquad (9\text{-}30)$$

幅频特性为

$$|\dot{F}|=\frac{1}{\sqrt{3^2+(f/f_0-f_0/f)^2}} \qquad (9\text{-}31)$$

相频特性为
$$\varphi_F = -\arctan\left[\frac{1}{3}\left(\frac{f}{f_0} - \frac{f_0}{f}\right)\right] \quad (9\text{-}32)$$

根据式(9-31)、式(9-32)画出 $\dot{F}$ 的频率特性,如图9-38所示。当 $f = f_0$ 时,$\dot{F} = 1/3$,即 $|\dot{U}_f| = |\dot{U}_o|/3$,$\varphi_F = 0°$。这就是说,此时输出电压的幅值最大(当输入电压的幅值一定,而频率可调时),并且输出电压是输入电压的1/3,同时输出电压与输入电压同相位。

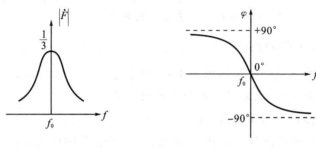

（a）幅频特性　　　　　　　（b）相频特性

图 9-38　RC 串并联选频网络的频率特性

### 2. RC 桥式正弦波振荡电路参数

当 $f = f_0$ 时,$\dot{F} = 1/3$,根据式(9-23)得
$$\dot{A} = \dot{A}_u = 3 \quad (9\text{-}33)$$

上式表明,只要为 RC 串并联选频网络匹配一个电压放大倍数等于3(即输出电压与输入电压同相位,且放大倍数的数值为3)的放大电路就可以构成正弦波振荡电路,考虑到起振条件,所选放大电路的电压放大倍数应略大于3。选用同相比例运算电路如图9-37中右边的虚线框所示。

在图9-37所示的 RC 桥式正弦波振荡电路中,正反馈网络的反馈电压 $\dot{U}_f$ 是同相比例运算电路的输入电压,因而要把同相比例运算电路作为整体看做电压放大电路,它的比例系数就是电压放大倍数,根据起振条件和幅值条件有
$$\dot{A}_u = \frac{\dot{U}_o}{\dot{U}_p} = 1 + \frac{R_f}{R} \geqslant 3$$
$$R_f \geqslant 2R_1 \quad (9\text{-}34)$$

$R_f$ 的取值应略大于 $2R_1$。

### 3. 稳幅措施

为了稳定输出电压的幅值,可以在放大电路的负反馈回路里采用非线性元件来自动调整反馈的强弱以维持输出电压的恒定。例如,可选用 $R_f$ 为负温度系数的热敏电阻。当 $\dot{U}_o$ 因某种原因而增大时,流过 $R_f$ 和 $R_1$ 上的电流增大,$R_f$ 上的功耗随之增大,导致温度升高,因而 $R_f$ 的阻值减小,从而使得 $\dot{A}_u$ 数值减小,$U_o$ 也就随之减小;当 $U_o$ 因某种原因而减小时,各物理量与上述变化相反,从而使输出电压稳定。也可以

选用 $R_1$ 为正温度系数的热敏电阻。

综上所述，RC 文氏桥式正弦波振荡电路以 RC 串并联网络为选频网络和正反馈网络，以电压串联负反馈放大电路为放大环节，具有振荡频率稳定，带负载能力强，输出电压失真小等优点，因此获得相当广泛的应用。

为了提高 RC 桥式正弦波振荡电路的振荡频率，必须减小 $R$ 和 $C$ 的数值。然而，一方面，当 $R$ 减小到一定程度时，同相比例运算电路的输出电阻影响选频特性；另一方面，当 $C$ 减小到一定程度时，晶体管的极间电容和电路的分布电容将影响选频特性，因此振荡频率 $f_0$ 高到一定程度时，其值不仅取决于选频网络，还与一些未知因素有关，而且还将受环境条件的影响。因此，当振荡频率较高时，应选用 LC 正弦波振荡电路。

## 本章小结

本章是电子技术中的重要内容之一，其要点如下。
(1) 理解零点漂移的概念。
(2) 了解差动放大电路抑制零点漂移的原理，以及差动放大电路几种输入方式下的工作情况：
① 抑制共模信号；
② 放大差模信号；
③ 任意信号可以分解为共模分量和差模分量。
(3) 掌握集成运算放大器的结构、主要参数和传输特性，以及理想运算放大器分析的两条依据：
① 理想运算放大器两个输入端的输入电流为零；
② 理想运算放大器同相端和反相端的电位近似相等。
(4) 了解反馈分为正反馈和负反馈，掌握负反馈的四种类型并会进行判断。
(5) 掌握理想运算放大器的基本分析：一是在信号运算方面的应用，包括比例、加法、减法、积分、微分等运算电路的分析；二是在信号处理方面的应用，包括有源滤波器、电压比较器等电路的分析。

## 习 题 9

9-1 什么是理想运算放大器？理想运算放大器工作在线性区和饱和区时各有何特点？分析方法有何不同？

9-2 已知 F007 运算放大器的开环倍数 $A_{uo}=100$ dB，差模输入电阻 $r_{id}=2MΩ$，最大输出电压 $U_{opp}=±13$ V。为了保证工作在线性区，试求：(1) $u_+$ 和 $u_-$ 的最大允许差值；(2) 输入端电流的最大允许值。

9-3 如果需要实现下列要求，在交流放大电路中应引入哪种类型的负反馈？
(1) 要求输出电压 $U_o$ 基本稳定，并能增大输入电阻。
(2) 要求输出电流 $I_o$ 基本稳定，并能减小输入电阻。
(3) 要求输出电流 $I_o$ 基本稳定，并能增大输入电阻。

9-4 试判断题图9-4所示的两个两级放大电路中,引入了何种类型的交流反馈。

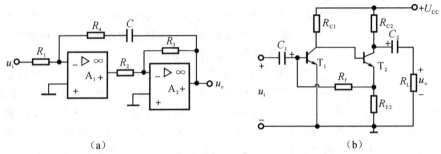

题图 9-4

9-5 为了实现下述要求,在题图9-5所示电路中应引入何种类型的负反馈?反馈电阻 $R_f$ 应从何处引至何处?(1)减小输入电阻,增大输出电阻;(2)稳定输出电压,此时输入电阻增大否?(3)稳定输出电流,并减小输入电阻。

9-6 试画出一种引入并联电压负反馈的单级晶体管放大电路。

9-7 有一负反馈放大电路,已知 $A=300$,$F=0.01$。试问:(1)闭环电压放大倍数 $A_f$ 为多少?(2)如果 $A$ 发生 $\pm 20\%$ 的变化,则 $A_f$ 的相对变化为多少?

9-8 已知一个串联电压负反馈放大电路的电压放大倍数 $A_{uf}=20$,当其基本放大电路的电压放大倍数 $A_{uo}$ 相对变化了 $\pm 10\%$ 时,$A_{uf}$ 的相对变化应小于 $+0.1\%$,试问,$F$ 和 $A_{uo}$ 各为多少?

9-9 在题图9-9所示的同相比例运算电路中,已知 $R_1=R_2=2$ kΩ,$R_3=18$ kΩ,$R_f=10$ kΩ,$u_i=1$ V,求 $u_o$。

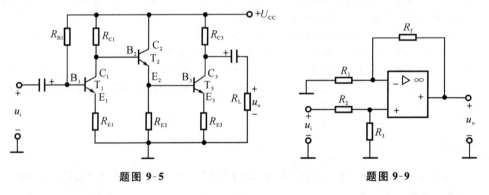

题图 9-5　　　　　　　　　　题图 9-9

9-10 在题图9-10所示电路中,已知 $R_1=50$ kΩ,$R_f=100$ kΩ,$R_2=33$ kΩ,$R_3=3$ kΩ,$R_4=2$ kΩ,$u_i=1$ V。(1)求电压放大倍数 $A_{uf}$;(2)如果 $R_3=0$,要得到同样的电压放大倍数,$R_f$ 的阻值应增大到多少?

9-11 电路如题图9-11所示,已知 $u_{i1}=1$ V,$u_{i2}=2$ V,$u_{i3}=3$ V,$u_{i4}=4$ V,$R_1=R_2=2$ kΩ,$R_3=R_4=R_f=1$ kΩ,试计算输出电压 $u_o$。

9-12 求题图9-12所示电路的 $u_o$ 和 $u_i$ 的运算关系。

9-13 在题图9-13所示的电路中,已知 $R_f=2R_1$,$u_i=-2$ V,试求输出电压 $u_o$。

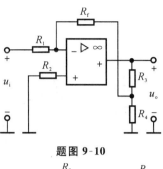

题图 9-10　　　　　　　题图 9-11

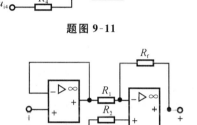

题图 9-12　　　　　　　题图 9-13

9-14　在题图 9-14 所示的电路中,求 $u_o$ 与各输入电压的运算关系式。

9-15　电路如题图 9-15 所示,试证明:$u_o=2u_i$。

9-16　电路如题图 9-16 所示,已知 $u_i=0.5\text{ V},R_1=R_2=10\text{ k}\Omega,R_3=2\text{ k}\Omega$,试求 $u_o$。

9-17　电路如题图 9-17 所示,试证明 $i_L=u_i/R_L$。

9-18　电路如题图 9-18 所示,试求 $u_o$ 与 $u_{i1},u_{i2}$ 的关系式。

9-19　在题图 9-19 中,运算放大器的最大输出电压 $U_{oPP}$,稳压二极管的稳定电压 $U_Z=6\text{ V}$,其正向压降 $U_D=0.7\text{ V},u_i=12\sin\omega t\text{ V}$。当参考电压 $U_R=\pm3\text{ V}$ 两种情况下,试画出传输特性和输出电压 $u_o$ 的波形。

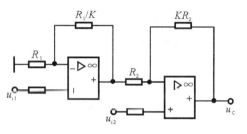

题图 9-14

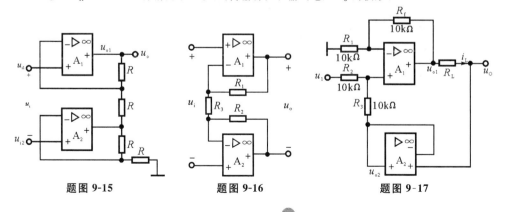

题图 9-15　　　　　　题图 9-16　　　　　　题图 9-17

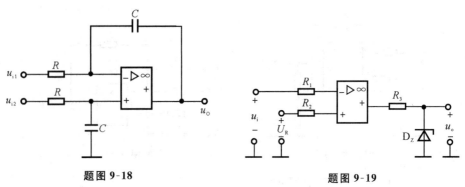

题图 9-18　　　　　　　　题图 9-19

9-20　题图 9-20 所示的是监控报警装置,如需对某一参数(如温度、压力)进行监控时,可由传感器取得监控信号 $u_i$,$U_R$ 是参考电压。当 $u_i$ 超过正常值时,报警灯亮,试说明其工作原理。二极管 D 和电阻 $R_3$ 在此起何作用?

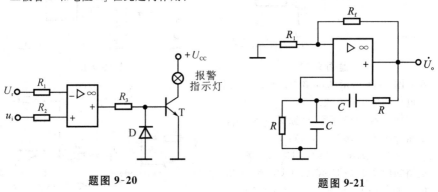

题图 9-20　　　　　　　　题图 9-21

9-21　电路如图 9-21 所示。
(1) 为使电路产生正弦波振荡,标出集成运放的"+"和"-";并说明电路是哪种正弦波振荡电路。
(2) 若 $R_1$ 短路,则电路将产生什么现象?
(3) 若 $R_1$ 断路,则电路将产生什么现象?
(4) 若 $R_f$ 短路,则电路将产生什么现象?
(5) 若 $R_f$ 断路,则电路将产生什么现象?

# 10

# 直流稳压电源

本章将以单相交流供电的小功率直流电源为例,首先介绍整流电路的工作原理、参数计算;然后讨论 RC、RL、LC 滤波电路的性能特点,分析硅二极管稳压电路以及串联型直流稳压电路的原理和集成稳压器;最后简要介绍开关型稳压电源电路。

在直流电源中,除了直流发电机和化学电池外,比较容易获得的直流电源是通过交流电变换而来的。由交流电变为直流电源,一般由变压器、整流、滤波、稳压等四部分电路组成,如图 10-1 所示。其中,变压器将通用的交流电压(如 220 V 或 380 V)变换为所需要的电压值;整流电路通过整流器件将交流电压转换为直流电压;滤波电路通过低通滤波器将交流分量滤除,使输出电压平滑;稳压电路使输出电压不受电网电压的波动、负载和温度变化的影响,提高输出电压的稳定性。同时,根据使用的要求不同,直流电源的指标参数也不一样。

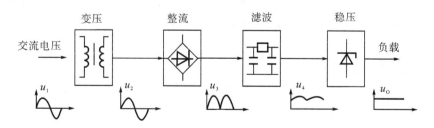

图 10-1 直流电源电路的组成

## 10.1 单相整流电路

单相整流电路是利用二极管的单向导电性,将单相交流电变换为直流电。根据要求的不同,在小功率直流电源中,有单相半波、单相全波、单相桥式和倍压整流等电路形式。单相桥式整流电路应用最为广泛,需要重点掌握。

### 10.1.1 单相半波整流电路

单相半波整流电路如图10-2所示。它是最简单的一种整流电路。图中的Tr为电源变压器,D为整流二极管,$R_L$表示负载等效电阻,$u_1$、$u_2$分别为变压器原边电压和副边电压。

**1. 工作原理**

设变压器副边电压为$u_2 = U_{2m}\sin\omega t$,其波形如图10-3(a)所示。

当电压$u_2$在正半周期时,其极性为上正下负,由于a点电位高于b点电位,二极管正向导通,如果忽略二极管的正向压降,负载电阻$R_L$上的电压$u_o = u_2$,流过负载的电流$i_o = u_o/R_L$。它们的波形如图10-3(b)所示。

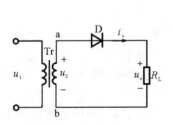

图10-2 单相半波整流电路

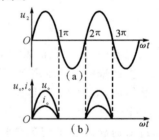

图10-3 单相半波整流电路的电压与电流波形

当电压$u_2$在负半周期时,由于a点的电位低于b点,二极管反向截止,此时$u_o = 0$,$i_o = 0$。因此,负载电阻$R_L$上得到的是一个周期电压的一半,即称为半波整流电压,该电压方向不变(极性不变),但大小随变压器副边电压呈正弦变化,通常称为单向脉动电压。

**2. 参数分析**

对于单向脉动电压的大小,一般是用一周期内的平均值$U_o$来表示。所以单相半波整流电压的平均值为

$$U_o = \frac{1}{2\pi}\int_0^\pi \sqrt{2}U_2\sin\omega t\, d(\omega t) = \frac{\sqrt{2}}{\pi}U_2 \approx 0.45U_2 \qquad (10\text{-}1)$$

式(10-1)说明,在单相半波整流电路中,输出电压的平均值(直流分量)$U_o$略等

于变压器副边正弦电压有效值的 0.45 倍。

负载电阻 $R_L$ 的电流平均值则为

$$I_o = \frac{U_o}{R_L} = 0.45\frac{U_2}{R_L} \tag{10-2}$$

二极管承受的最高反向电压就是变压器副边正弦交流电压的幅值 $U_{2m}$，即

$$U_{DRM} = U_{2m} = \sqrt{2}U_2 \tag{10-3}$$

整流二极管在正半周期导通状态下，正向电流的最大值 $I_{DM}$ 常称为浪涌电流。当不计正向电压 $U_D$ 时，二极管最大电流为

$$I_{DM} = \frac{U_{2m}}{R_L} = \frac{\sqrt{2}U_2}{R_L} \tag{10-4}$$

则正向平均电流为

$$I_D = I_o = \frac{U_o}{R_L} \tag{10-5}$$

变压器副边电流有效值为

$$I_2 = \sqrt{\frac{1}{2\pi}\int_0^\pi (I_{2m}\sin\omega t)^2 \mathrm{d}(\omega t)} = 1.57 I_o \tag{10-6}$$

【例 10-1】 单相半波整流电路如图 10-2 所示，其中变压器副边电压 $U_2=20$ V，$R_L=600$ Ω，试求 $U_o$、$I_o$ 及 $U_{DRM}$。

【解】
$$U_o = 0.45U_2 = 0.45 \times 20 \text{ V} = 9 \text{ V}$$

$$I_o = \frac{U_o}{R_L} = \frac{9}{600} \text{ A} = 15 \text{ mA}$$

$$U_{DRM} = \sqrt{2}\,U_2 = \sqrt{2} \times 20 \text{ V} = 28.2 \text{ V}$$

### 10.1.2 单相全波整流电路

单相半波整流只利用了交流电压的半个周期，输出电压低，交流分量较大，所以转换效率低。为克服上述不足，在实践中多采用单相全波整流电路。实现全波整流有两种基本的电路：一种是桥式整流；另一种是变压器副边绕组有中心抽头的非桥式整流电路，而最常用的是桥式整流电路。下面具体分析单相桥式全波整流电路。

桥式整流电路如图 10-4(a) 所示，是由变压器和 4 个整流二极管构成。因为图中的 4 个二极管接成电桥的形式而得名。图 10-4(b) 为其常用的简化电路图。

设变压器副边电压为 $u_2 = \sqrt{2}U_2\sin\omega t$，其波形如图 10-5(a) 所示。

由图 10-4(a) 可知，$u_2$ 正半周时，a 点的电位高于 b 点电位，二极管 $D_1$、$D_3$ 正向偏置而导通，$D_2$、$D_4$ 反向偏置而截止，电流 $i_1$ 流经的路径是 a→$D_1$→$R_L$→$D_3$→b。此时负载电阻 $R_L$ 得到一个上正下负的半波电压，如图 10-5(b) 中的 0～π 段所示。

在 $u_2$ 负半周时，b 点的电位高于 a 点电位，二极管 $D_2$、$D_4$ 导通，$D_1$、$D_3$ 截止，电流

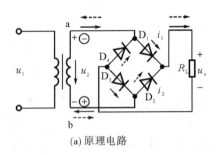
(a) 原理电路

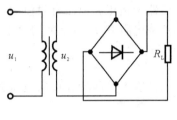
(b) 简化电路

图 10-4 单相全波桥式整流电路

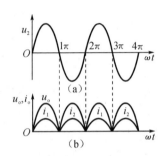

图 10-5 单相桥式整流电路的电压与电流波形

$i_2$ 流经的路径是 b→$D_2$→$R_L$→$D_4$→a。负载电阻 $R_L$ 同样得到一个上正下负的半波电压，如图 10-4(b) 中的 π～2π 段所示。

显然，桥式整流电路中负载电阻 $R_L$ 得到的是全波整流电压，其平均值为半波整流的两倍，即

$$U_o = 2 \times 0.45 U_2 = 0.9 U_2 \tag{10-7}$$

负载电流的平均值为

$$I_o = \frac{U_o}{R_L} = 0.9 \frac{U_2}{R_L} \tag{10-8}$$

由于正半周 $D_1$、$D_3$ 导通，负半周 $D_2$、$D_4$ 导通，所以流过每个二极管的平均电流为负载电流的一半，即

$$I_D = \frac{1}{2} I_o = 0.45 \frac{U_2}{R_L} \tag{10-9}$$

在 $u_2$ 正半周期间，$D_1$、$D_3$ 导通后，若忽略二极管的正向压降，相当于 $D_1$、$D_3$ 短路，此时 $D_2$、$D_4$ 反向并联在 $u_2$ 的两端；同样，$u_2$ 负半周时，$D_1$、$D_3$ 反向并联在 $u_2$ 的两端。由此可以看出，每个二极管所承受的最高反向电压为变压器副边电压 $u_2$ 的最大值，这一点与半波相同，即

$$U_{DRM} = U_{2m} = \sqrt{2} U_2 \tag{10-10}$$

变压器副边电流有效值为

$$I_2 = \sqrt{\frac{1}{2\pi} \int_0^{2\pi} (I_{2m}\sin\omega t)^2 d(\omega t)} = 1.11 I_o \tag{10-11}$$

单相桥式整流电路具有输出电压高、变压器利用率高、转换效率高、交流分量小（纹波小）、二极管反向电压低等诸多优点，因此得到广泛应用。

【例 10-2】 一桥式整流电路如图 10-4(a) 所示，已知 $R_L = 50\ \Omega$，要求输出电压的平均值 $U_o$ 为 24 V，试选择合适的二极管。

【解】 因 $U_o = 24$ V，则

$$I_o = \frac{U_o}{R_L} = \frac{24}{50} \text{ A} = 0.48 \text{ A}$$

流过二极管的平均电流为

$$I_D = \frac{1}{2} I_o = \frac{1}{2} \times 0.48 \text{ A} = 0.24 \text{ A} = 240 \text{ mA}$$

变压器副边电压的有效值为

$$U_2 = \frac{U_o}{0.9} = \frac{24}{0.9} \text{ V} = 26.7 \text{ V}$$

二极管承受的最高反向电压为

$$U_{DRM} = \sqrt{2} U_2 = \sqrt{2} \times 26.7 \text{ V} = 37.6 \text{ V}$$

查晶体管手册可知,应选用2CP31A(500 mA,50 V)。

## 10.2 滤波电路

根据上述分析可知,无论哪种整流电路,它们的输出电压脉动程度均比较大,含有较高的谐波成分,除在少数应用场合可以用作电源外,不能满足大多数电子电路及电控设备的需要,一般情况下都要在整流电路后加接滤波器,尽量减少脉动成分,使输出电压比较平滑,这就是电源滤波的过程。而滤波器中,起主要作用的是储能元件。根据滤波电路中使用的储能元件及其组合的不同,滤波器分为电容滤波器、电感滤波器、LC滤波器、π型滤波器等多种。这里以电容滤波器为主予以介绍。

### 10.2.1 电容滤波电路

**1. 电容滤波电路组成**

带有电容滤波器的单相半波整流电路如图10-6所示,实际上,就是在整流电路输出端接入一个电容器(电容器与负载并联,且采用大容量、有极性的电解电容)。电容滤波器的基本原理是利用电容的储能和充、放电功能使负载得到平滑电压。

当变压器副边电压 $u_2$ 从零开始增至最大值时,二极管 D 导通,电流一路流经负载电阻 $R_L$,另一路给电容器 C 充电。由于二极管正向导通时电阻很小,所以电容器充电时间常数很小,电容器电压 $u_C$($u_C = u_o$)几乎与电源电压 $u_2$ 同时达到最大值(如图10-7中实线所示的a点)。此后,$u_2$ 按正弦规律下降,当 $u_2 < u_C$ 时,二极管 D 受反向电压作用而截止,电容器通过负载电阻 $R_L$ 放电,而 $u_C$ 按指数规律下降,下降的速度由时间常数 $\tau = R_L C$ 决定。在 $u_2$ 的下一个正半周内,当 $u_2$ 大于电容器的剩余电压时(如图10-6中的b点所示)二极管 D 再次导通,变压器副边绕组重新向电容器和负载供电。电容器如此周而复始地被充、放电,负载 $R_L$ 上便得到如图10-7所示的电压波形。

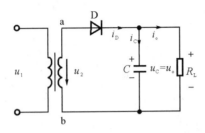

图 10-6 接有电容滤波器的单相半波整流电路

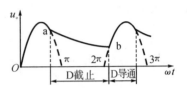

图 10-7 经电容滤波后 $u_o$ 的波形

**2. 参数与特性分析**

由以上分析可知,整流电路加接电容滤波器后有如下变化。

(1) 输出电压的平均值得到提高。

因电容放电时 $u_C$ 下降的速度取决于负载电阻 $R_L$,随着负载 $R_L$ 值的变化,放电时间常数 $R_L C$ 也要变化,$R_L$ 减小,放电加快,$U_o$ 就会相应下降(空载 $R_L \to \infty$ 时,电容器因没有放电回路,$U_o = \sqrt{2} U_2$)。所以,输出电压提高的程度与所带负载有关,在一定时间常数 $\tau = R_L C$ 的要求下,单相半波整流带电容滤波时,可选取

$$U_o = U_2 \tag{10-12}$$

单相桥式整流(全波整流)带电容滤波时可选取

$$U_o = 1.2 U_2 \tag{10-13}$$

(2) 输出电压的脉动程度得到改善。

因电容的储能与放电以及容抗的频率特性使高频脉动成分减少了,则输出电压较平滑。由于输出电压的脉动程度与电容器的放电时间常数 $R_L C$ 有关,$C$ 越大,负载电阻 $R_L$ 越大,脉动就会越小。为了得到比较平滑的输出电压,满足上述输出电压的要求,一般按下式选取电容:

$$R_L C \geqslant (3 \sim 5) \frac{T}{2} \text{(全波整流)} \tag{10-14}$$

$$R_L C \geqslant (3 \sim 5) T \text{(半波整流)} \tag{10-15}$$

式中:$T$ 为正弦交流电源的周期。

(3) 二极管正向电流大。

在二极管导通期间(导通的时间比不带电容滤波的时间短得多),流过二极管的电流 $i_D$ 包括给负载提供的电流 $i_o$ 和电容器的充电电流 $i_C$,二极管将承受较大的冲击电流,容易造成损坏;同时由于电容的作用,在半波和全波时,D 的反向工作电压也不同:半波整流时 $U_{DRM} \geqslant 2 U_{2m}$,全波桥式整流时 $U_{DRM} \geqslant U_{2m}$。因此,在选择二极管时应留有充分的余地。

(4) 输出电压受负载影响大。

因输出电压与放电时间常数 $\tau = R_L C$ 有关,则 $U_o$ 随 $I_o$ 的变化而改变较大,即电容滤

波器的外特性较软,因此,电容滤波仅适合于小电流负载,且要求负载 $R_L$ 变化不大的场合。

**【例 10-3】** 图 10-8 所示为一单相桥式整流带电容滤波的电路,已知交流电源频率 $f = 50$ Hz,负载电阻 $R_L = 200$ Ω,要求输出直流电压 $U_o = 30$ V,选择整流二极管和滤波电容。

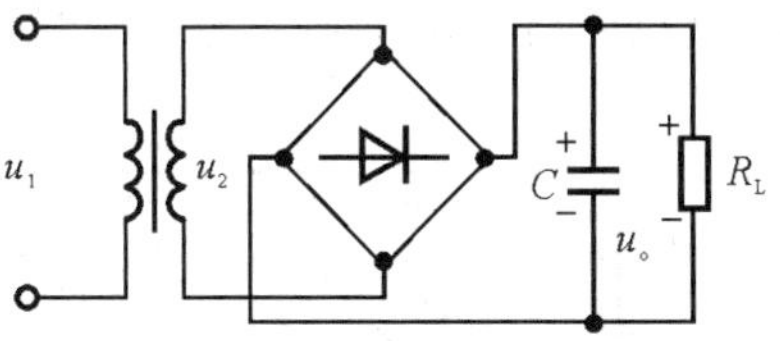

**【解】** 流过负载的平均电流为

$$I_o = \frac{U_o}{R_L} = \frac{30}{200} \text{ A} = 0.15 \text{ A}$$

流过二极管的电流为

$$I_D = \frac{1}{2}I_o = \frac{1}{2} \times 0.15 \text{ A} = 75 \text{ mA}$$

变压器副边电压的有效值按 $U_o = 1.2U_2$ 计算,有

$$U_2 = \frac{U_o}{1.2} = \frac{30}{1.2} \text{ V} = 25 \text{ V}$$

二极管承受的最高反向电压为

$$U_{DRM} = \sqrt{2}U_2 = \sqrt{2} \times 25 \text{ V} = 35 \text{ V}$$

图 10-8 例 10-3 的电路

查晶体管手册可知,应选用 2CP11(100 mA,50 V)。根据式(10-14),取

$$R_L C = 5 \times \frac{T}{2}, \quad T = \frac{1}{f} = \frac{1}{50} \text{ s} = 0.02 \text{ s}$$

则

$$C = \frac{5T}{2R_L} = \frac{5 \times 0.02}{2 \times 200} \text{F} = 250 \times 10^{-6} \text{F} = 250 \text{ μF}$$

应选用 $C = 250$ μF,耐压为 50 V 的电解电容。

### 10.2.2 其他形式的滤波电路

**1. 电感滤波电路**

利用电感的储能及电感电流不能突变的特性,在负载与整流电路之间串联一个铁芯电感线圈 $L$,这就构成了电感滤波器,能进一步实现平滑输出电压的作用,如图 10-9 所示。

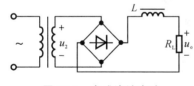

图 10-9 电感滤波电路

根据电感的特性,在 $U_2$ 的正半周期内 $R_L$ 上有电流通过,而在负半周时交流电流方向改变,由于电感储能的惯性作用,线圈中产生的自感电动势将阻碍电流的变化,起到补充电流的作用,因而使 $R_L$ 上的电流和电压脉动减少;另一方面,又因为电感线圈对整流中的交流分量具有较大的阻抗,且谐波频率越高,阻抗越大。这样,电感 $L$ 上分得较大的脉动电压,从而降低了输出电压的交流成分,所以能达到较好的滤波效果。$L$ 越大,$R_L$ 越小,则滤波效果越好,故电感滤波适用于负载电流大的场合。另外,采用电感滤波后有加大整流管导电角 $\theta \geqslant 180°$ 的趋势,避免了过大的冲击电流,因此电流波形较平滑。

但电感体积大,成本高,这是它的不足之处。

**2. 电感电容及混合 π 形滤波电路**

为了进一步提高滤波效果,减少输出的脉动电压,可以采取 LC 滤波电路和 π 形滤波电路。LC 滤波电路是在电感滤波的基础上,再在负载 $R_L$ 上并联一个电容器,如图 10-10 所示。为了保证整流管导电角仍为 180°,参数之间要适当配合,近似条件是 $R_L < 3\omega L$,这类电路适应于电流较大、电压脉动很小的场合,对于高频更适合。

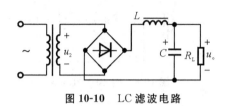

图 10-10　LC 滤波电路

另外一类脉动更小的是 π 形滤波电路,如图 10-11(a)所示。在 LC 滤波电路的前端再并接一个电容 $C_1$,这就构成了 π 形 LC 滤波电路,其滤波效果比 LC 滤波电路更好。由于输入端加电容,因而提高了输出电压,但滤波电路的外特性较软,整流管冲击电流比较大。当受到线圈体积大、成本高的限制,负载电流不大的情况时,可以用电阻 R 代替电感 L,而组成 π 形 RC 滤波电路。如图 10-11(b)所示,利用电流的交流阻抗小的特性,使交流成分的电压较多的降落在 $R_L$ 上,而较少的传输到 $R_L$ 上,从而还起到了滤波的作用,$RC_2$ 越大,效果越好,但 R 不能太大,否则使 R 上的直流压降增加,而效率则低。这种滤波电路主要适用于负载电流小,而脉动电压很小的场合。

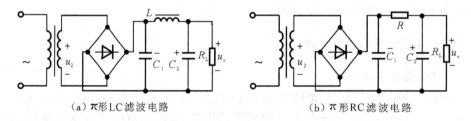

(a) π 形 LC 滤波电路　　　　(b) π 形 RC 滤波电路

图 10-11　π 形滤波电路

## 10.3　直流稳压电源

由交流电源经过整流和滤波后的直流电压在以下两种情况下会发生变化。一是随着交流电压的波动而变化;二是当负载改变时变化。电压的不稳定有时会产生误差,引起控制装置的不稳定,甚至根本无法正常工作,尤其是精密的电子测量仪器、自动控制、计算机装置及晶闸管的触发电路等都要求有很稳定的直流电源。下面将介绍和讨论几种常用的直流稳压电路。

### 10.3.1 稳压二极管稳压电路

图 10-12 所示为一种最简单的稳压二极管稳压电源电路。电路中交流电经过桥式整流电路和电容器滤波后,得到一个直流电压 $U_i$,再经过限流电阻 $R$ 和稳压二极管 $D_Z$ 组成的稳压电路加在负载 $R_L$ 上,使负载上得到一个比较稳定的电压。由图 10-12 所示电路可得如下关系

$$U_i = U_R + U_o, \quad I_R = I_Z + I_o \tag{10-16}$$

下面分析在交流电压波动和负载电流变化两种情况下,电路的稳定作用。

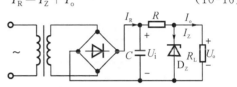

图 10-12 稳压二极管稳压电路

例如,当负载电阻 $R$ 不变,交流电源电压上升时,整流输出电压 $U_i$ 也随之增加,从而负载电压 $U_o$ 也会表现出增加的趋势,由于稳压管与负载并联,$U_o$ 就是加在稳压管两端的反向电压。根据稳压管的稳压特性,$U_o$ 稍微增加一点,就会使 $I_Z$ 增加很多,流过限流电阻 $R$ 的电流 $I_R = I_Z + I_o$ 就会增加,$R$ 上电压增加很多,几乎全部承受了 $U_i$ 增加的电压。因 $U_o = U_i - I_R R$,这样,$U_R$ 的增量就可以抵消 $U_i$ 的增量,从而使 $U_o$ 基本保持不变,负载电流 $I_o$ 也不变。反之,电网电压减小时的稳压过程与上述过程完全相反。

同样,如果电网电压保持不变,即 $U_i$ 不变,当负载 $R_L$ 变小(即电流 $I_o$ 变大)时,$I_R$ 将变大,$R$ 上的压降会增大,因 $U_i$ 不变,则 $U_o$ 将会出现减小的趋势;$U_o$ 稍微减小一点,$I_Z$ 就会减小很多,因 $I_R = I_Z + I_o$,若 $I_Z$ 的减小量与 $I_o$ 的增加量互相抵消,就会使 $I_R$ 不变,$R$ 上的压降也不会变;只要在 $I_Z$ 允许的范围内,能够满足 $I_o$ 增加的需要,从而使 $U_o$ 保持不变。当负载电阻 $R_L$ 增加、电流变小时的稳压过程与上述过程完全相反,仍能保持 $U_o$ 的基本稳定。

从以上分析可知,简单稳压二极管电路的稳压特性,主要取决于稳压二极管的性能。所以选择稳压二极管时,一般取

$$\left.\begin{array}{l} U_Z = U_o \\ I_{Zmax} = (1.5 \sim 3) I_{omax} \\ U_i = (2 \sim 3) U_o \end{array}\right\} \tag{10-17}$$

小功率稳压二极管的电流变化范围很有限,一般为 $10 \sim 50$ mA,当需要提供大电流时,往往采取一些改进措施。一种改进的稳压二极管稳压电路如图 10-13(a)所示,此电路可扩大输出电流,其中的三极管 T 将稳压管的电流调节范围:$\Delta I_Z (= I_{Zmax} - I_{Zmin})$ 扩大了 $\beta$ 倍。从而提高了电源的带负载能力,输出的负载电流为

$$i_o \approx \beta i_B = \beta(i_R - i_Z)$$

另一种改进的稳压管稳压电路如图 10-13(b)所示,该电源不仅提高输出电流,

还可以调整电压,实现可调的稳定电压输出。因其输出电压与输入电压 $u_i$ 和负载 $R_L$ 无关,故也称为恒压源,其输出电压为

$$U_o = \left(1 + \frac{R_E}{R_1}\right) U_Z \tag{10-18}$$

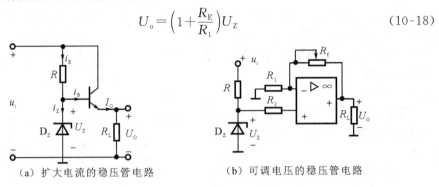

(a) 扩大电流的稳压管电路　　(b) 可调电压的稳压管电路

图 10-13　改进的稳压管稳压电路

**【例 10-4】** 在图 10-12 所示的直流稳压电源中,已知负载要求的直流电压 $U_o = 12\text{ V}$,负载电阻 $R_L$ 在 ∞(开路)至 2 kΩ 之间变化,输入电压 $U_i$ 有 32 V、24 V、15 V 等可供选择。试选择合适的稳压管和输入电压值。

**【解】** 根据式(10-16),应选择稳压值为 12 V 的稳压管。当 $R_L = 2\text{ kΩ}$ 时,有

$$I_{omax} = \frac{U_o}{R_{Lmin}} = \frac{12}{2}\text{ mA} = 6\text{ mA}$$

当 $R_L \to \infty$ 时,有

$$I_{omin} = 0$$

根据式(10-16),取

$$I_{Zmax} = 3 I_{omax} = 3 \times 6\text{ mA} = 18\text{ mA}$$

查晶体管手册可知,应选用 2CW19,其参数为

$$U_Z = 11.5 \sim 14\text{ V}, \quad I_{Zmax} = 18\text{ mA}$$

根据式(10-16)取

$$U_i = 2.5 U_o = 2.5 \times 12\text{ V} = 30\text{ V}$$

因此,可选择输入电压

$$U_i = 32\text{ V}$$

### 10.3.2　串联型稳压电路

所谓串联型稳压电路,就是从电路的主回路看,在负载与整流电源之间串联了一个电压调整元件,即大电流的晶体三极管而得名。其原型是改进的稳压管稳压电路。串联型稳压电路通常由调整元件、基准电压、取样电路、比较放大的四个主要部分组成,如图 10-14 所示。功能更完善的还有过载保护和辅助电源等环节。其特点是电路简单、性能稳定、调整方便,成本较低。

图 10-15 所示为由运算放大器组成比较放大的串联型稳压电路。其中,稳压二极管 $D_Z$ 与 $R_3$、$R_1$、$R_2$ 组成基准电压和取样电路,将稳压二极管的稳定电压 $U_Z$ 转换为

可调整的稳定输出电压,并通过三极管而输出较大的稳定电流。

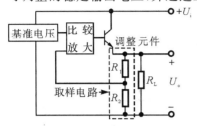

图 10-14  串联型稳压电源电路

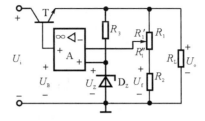

图 10-15  运放作为比较电路的串联稳压电源

其稳压工作原理如下。

在图 10-15 中,运放 A 工作在同相放大的电压串联负反馈状态下,取样电阻 $R_1$ 的一部分 $R'_1$ 与 T 的发射结电阻 $r_{be}$ 组成反馈等效电阻 $R_f$,$R_f = R'_1 + r_{be} \approx R'_1$。稳压管 $U_Z$ 为运算放大器同相端输入电压,也是其基准参考电压,$U_B$ 为运放 A 的输出电压。A 的反相端电压 $U_-$ 为取样电压 $U_f$,由图 10-15 可得

$$U_- = U_f = \frac{R''_1 + R_2}{R_1 + R_2} U_o \tag{10-19}$$

由上式可知,$U_o$ 的变化将引起负反馈电压的变化,使运放输出 $U_B$ 产生反相变化。当由于某种原因使输出电压 $U_o$ 升高时,则有如下稳压过程:

$$U_o \uparrow \to U_f \uparrow \to U_B \downarrow \to I_C \downarrow \to U_{CE} \uparrow \to U_o \downarrow$$

于是使 $U_o$ 保持稳定,当输出电压 $U_o$ 降低时,其稳定过程则相反。

以上分析可知,输出电压 $U_o$ 的变化,经运算放大器放大后,去调整三极管的管压降 $U_{CE}$,从而达到稳定输出电压的目的。因此,三极管 T 称为调整管既由此而得名。这一自动调节过程实质上就是一种负反馈过程。

由于运放 A 的同相输入电压为稳压二极管的基准稳定电压 $U_Z$,则当 $U_o \gg U_{BE}$ 时,由同相比例运算可知,其输出电压为

$$U_o = U_B - U_{BE} \approx U_B = \left(1 + \frac{R'_1}{R''_1 + R_2}\right) U_Z \tag{10-20}$$

改变电位器电阻比值:$R'_1/(R''_1 + R_2)$,即可调整输出的稳定电压。

### 10.3.3 集成三端稳压电源

采用运算放大器的串联型稳压电路,具有电流大、可调整的特点。但仍有不少外接元件,应用比较复杂,还要注意多种保护。目前已经广泛使用单片集成稳压电源,它具有体积小、可靠性高、使用灵活、价格低廉等优点。

单片集成串联稳压电源对外连接只有三个引脚:输入端、输出端和公共端,故称为三端集成稳压器。按功能可分为固定式稳压电源和可调式稳压电源。

三端集成稳压器中,W7800 系列为正电压输出、W7900 系列为负电压输出的固

定式稳压电路。图 10-16(a) 所示为 W7800 系列稳压器的外形和管脚图,图 10-16(b) 所示为其基本应用电路图。

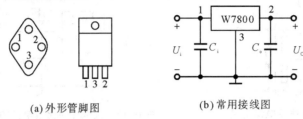

(a) 外形管脚图　　　　　(b) 常用接线图

**图 10-16　W7800 系列稳压器的管脚与接线图**

图 10-16(b) 中 $U_i$ 为整流滤波后的输出直流电压。电容 $C_i$ 的作用是用于抵消因输入端较长引线的电感效应,防止产生自激振荡,$C_i$ 取值一般在 $0.1\sim 1\ \mu F$ 之间(如 $0.33\ \mu F$),若接线不长可不接 $C_i$;电容 $C_o$(即并联在负载两端)的作用是用于消除输出电压的高频噪声,$C_o$ 取值可小于 $1\ \mu F$。

W7800 系列输出固定的正电压有 5 V、6 V、9 V、12 V、15 V、18 V、24 V 等 7 种,例如 W7815 的输出电压为 15 V,最高输入电压为 35 V,最小输入与输出电压之差为 $2\sim 3$ V,最大输出电流为 2.2 A,输出电阻为 $0.03\sim 0.15\ \Omega$,电压变化率为 $0.1\%\sim 0.2\%$。W7900 系列输出固定的负电压,其参数与 W7800 基本相同。下面介绍几种三端集成稳压器的应用电路。

**1. 同时输出正、负电压的电路**

图 10-17 所示为用 W7815 和 W7915 设计的,能同时输出 ±15 V 直流电压的电路原理图。通过分析电路原理,可以对三端集成稳压器的正确连接和由稳压器构成的直流稳压电源的全貌有所了解。

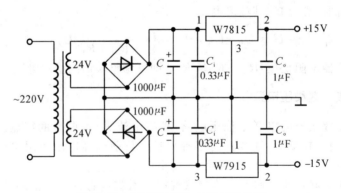

**图 10-17　同时输出正、负电压的电路**

### 2. 提高输出电压的电路

图 10-18 所示的电路能使输出电压高于固定输出电压。图中，$U_{\times\times}$ 为 W78×× 稳压器的固定输出电压，显然

$$U_o = U_{\times\times} + U_Z \tag{10-21}$$

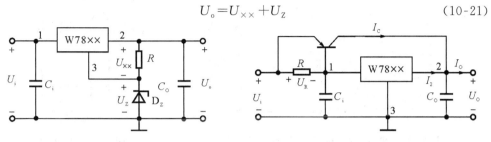

图 10-18 提高输出电压的电路　　图 10-19 扩大输出电流的电路

### 3. 扩大输出电流的电路

当电路所需电流大于 1~2 A 时，可采用外接功率管 T 的方法来扩大输出电流。在图 10-19 所示电路中，$I_2$ 为稳压器的输出电流，$I_C$ 是功率管的集电极电流，$I_R$ 是电阻 R 上的电流。一般 $I_B$ 很小，可忽略不计，则可得出

$$I_2 \approx I_1 = I_R + I_B = -\frac{U_{BE}}{R} + \frac{I_C}{\beta}$$

式中：$\beta$ 是功率管的电流放大系数。设 $\beta=10$，$U_{BE}=-0.3$ V，$R=0.5$ Ω，$I_2=1$ A，则由上式可算出 $I_C=4$ A。可见，输出电流 $I_o=I_2+I_C$，它比 $I_2$ 扩大了。图中的电阻 R 的阻值要使功率管只能在输出电流较大时才能导通。

## 10.3.4 开关型稳压电源

在上述的串联型稳压电路中的调整管是工作在放大状态的，其功耗 $P_C=U_{CE}I_C$ 较大，因而效率较低，为 30%~40%。如能使调整管工作在饱和导通和截止状态（开关状态），因饱和时 $U_{CE}\approx 0$，截止时 $I_C\approx 0$，则功耗很小，效率可达 80% 左右。因此，研制出了开关型稳压电源。由于调整管（在此也称为开关管）与负载的连接方式有串联和并联两种，所以开关型稳压电源也分为串联开关型和并联开关型两种。

### 1. 串联开关型稳压电源

图 10-20 所示为串联开关型稳压电源的原理电路。图中晶体管 T 为调整管，电感和电容组成 LC 滤波电路，D 为续流二极管；还有误差放大器 $A_1$，电压比较器 $A_2$，电阻 $R_1$ 和 $R_2$ 以及三角波发生电路和基准电压 $U_{REF}$ 电路。其工作原理可分为滤波和稳压两部分。

（1）滤波。

$U_i$ 是经整流后的输入电压，调整管 T 基极上所加的电压 $u_B$ 如图 10-21 所示，当

$u_B$ 为高电平时,调整管 T 饱和导通;电感线圈中的电流 $i_L$ 趋近于线性增长,$u_L$ 为正,阻止 $i_L$ 增长;二极管 D 因承受反向电压而截止。$U_i$ 经 LC 滤波电路后使输出电压 $U_o$ 的波形基本平滑。

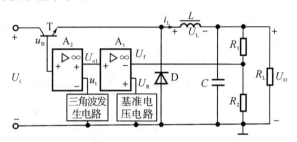

图 10-20　串联开关型稳压电源的原理电路

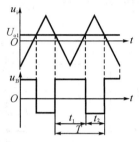

图 10-21　$u_t$ 和 $u_B$ 的波形

当 $u_B$ 为低电平时:T 截止,电路与 $U_i$ 脱开;$i_L$ 趋于线性衰减,但方向不变,这时 $u_L$ 为负,阻止 $i_L$ 衰减;D 因承受正向电压而导通,构成电流通路。

当 L 和 C 值取得足够大时,$i_L$ 是连续的且变化不大,输出电压 $U_o$ 也就基本平滑。

(2) 稳压。

取样电压 $U_f$ 与基准电压 $U_R$ 经误差放大器 $A_1$ 比较放大后,得出输出电压 $U_{o1}$。若 $U_f < U_R$,则 $U_{o1}$ 为正。$U_{o1}$ 与三角波电压 $u_t$ 在与 $A_2$ 比较后,得出 T 的基极电压 $u_B$。当 $U_{o1} > u_t$ 时,$u_B$ 为高电平;反之,$u_B$ 为低电平。$U_{o1}$、$u_t$ 和 $u_B$ 的波形如图 10-21 所示。$U_B$ 加在调整管的基极上,使之饱和或截止,如上所述。图中 $t_1/T$ 称为占空比,用 Q 表示。

在稳态时一个周期内电感电压 $u_L$ 的积分为零,即

$$\frac{1}{L}\int_0^T u_L \mathrm{d}t = \frac{1}{L}\int_0^{t_1} u_L \mathrm{d}t + \frac{1}{L}\int_{t_1}^T u_L \mathrm{d}t = 0 \tag{10-22}$$

如果忽略调整管 T 的饱和压降和二极管 D 正向压降,在 $t_1$ 期间 T 饱和导通,$u_L = U_i - U_o$;在 $t_2$ 期间 T 截止,$u_L = -U_o$。于是,由式(10-22)积分可得出

$$\left.\begin{array}{r}(U_i - U_o)t_1 - U_o(T - t_1) = 0 \\ U_o = \dfrac{t_1}{T} U_i = Q U_i\end{array}\right\} \tag{10-23}$$

由图 10-21 可见:$U_{o1}$ 小,Q 也小;$U_{o1}$ 大,Q 也大。也就是 Q 与取样电压 $U_f$,即与 $R_1$ 和 $R_2$ 的比值有关。改变占空比 Q,即可改变输出电压 $U_o$ 的大小。

当输入电压或负载的变化引起输出电压 $U_o$ 发生波动时,稳压过程可表示如下:

$$U_o \uparrow \rightarrow U_f \downarrow \rightarrow U_{o1} \downarrow \rightarrow Q \downarrow \rightarrow U_o \downarrow$$

使 $U_o$ 基本保持不变,达到稳压的目的;反之亦然。这种稳压的控制方式是改变占空比,$u_B$ 脉冲的宽度 $t_1$,故称为脉冲宽度调制型(PWM)。

### 2. 并联开关型稳压电源

图 10-22 所示为并联开关型稳压电源的原理电路。

当 $u_B$ 为高电平时：T 饱和导通，$i_L$ 近似于线性增长；D 因承受反向电压而截止；电容 $C$ 向负载电阻放电。这时，$u_L = U_i$。

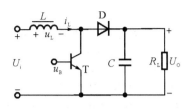

图 10-22 并联开关型稳压电路

当 $u_B$ 为低电平时：T 截止；$i_L$ 近似于线性衰减，但方向不变，这时 $u_L$ 为负，阻止 $i_L$ 衰减；D 因承受正向电压而导通。这时，$u_L = U_i - U_o$。

由式(10-22)的积分得出

$$\left. \begin{array}{l} U_i t_1 + (U_i - U_o)(T - t_1) = 0 \\ U_o = \dfrac{1}{1 - t_1/T} U_i = \dfrac{1}{1-Q} U_i \end{array} \right\} \qquad (10\text{-}24)$$

可见，当 $u_B$ 的周期不变时，改变占空比，可以改变 $U_o$ 的大小，并可稳压。

由式(10-23)和式(10-24)可知：串联开关型稳压电源是降压型，$U_o < U_i$；并联开关型稳压电源是升压型，$U_o > U_i$。

开关型稳压电源的功耗低、体积小、重量轻、其功率从几十瓦到几千瓦，目前得到了广泛的应用。

## 本章小结

在电气控制和电子设备的应用中，通常都需要直流电源，比较容易获得直流电源是利用电力网络提供的交流电经过整流、滤波和稳压后得到的。

本章介绍了直流稳压电源各部分的基本电路、工作原理和参数。

(1) 利用半导体二极管的单向导电性，可以组成整流电路，实现对交流电变成直流电的整流作用。在单相整流电路中，单相桥式整流电路的输出电压比较高，输出波形的脉动成分相对较少，整流管的反向峰值电压不高，变压器的利用率也比较高，因而应用广泛。应重点掌握桥式整流电路的参数计算、整流二极管选择和性能分析。

(2) 滤波电路主要是利用电容和电感元件的储能特性来平滑整流后输出电压中的脉动成分，尽量保留直流成分。电容滤波适用于小电流的负载，而电感滤波适用于大电流的负载。重点是电容滤波电路的参数计算和电容元件的选用。

(3) 稳压电路的主要作用是在电网电压波动或者负载电流变化时，使输出电压保持基本的稳定。常用的稳压电路有硅稳压二极管稳压电路、串联型稳压电路、集成稳压器电路和开关型稳压电路。

① 硅稳压二极管稳压电路结构简单，使用方便，但输出电流小，输出电压不可调，适应的输入电压范围小。

② 串联型稳压电路主要由调整管、比较放大、输出采样和基准电压等四部分电路组成，基本原理是调整管工作在线性状态，同时引入电压负反馈；其特点是输出电压可调，输出电流大，适应条

③ 集成稳压器体积小,可靠性高,应用更方便,稳压性能好。

④ 开关型稳压电路与线性稳压器相比具有更多的优越性。突出特点是调整管工作在开关状态,因而效率高、体积小、重量轻、以及适应电网电压范围宽,在通迅、计算机、电视机及空间技术领域得到了广泛的应用。但其控制电路复杂,技术要求高,还有纹波、噪声干扰大等缺点。应重点掌握稳压二极管稳压电路和集成稳压器的分析和应用。

## 习 题 10

10-1 在题图 10-1 所示的单相半波整流电路中,已知变压器次级电压有效值 $U_2 = 20$ V,负载电阻 $R_L = 100$ Ω,试求:(1) $U_o$ 和 $I_o$;(2) 当 $U_1$ 上升 10% 时,二极管平均电流 $I_D$ 和最高反向电压 $U_{DRM}$。

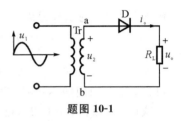

题图 10-1

10-2 有一单相桥式全波整流电路如题图 10-2 所示,$U_o = 36$ V,$R_L = 200$ Ω,试求:(1) 变压器次级电压和电流的有效值;(2) 整流二极管电流 $I_D$ 和反向电压 $U_{DRM}$。

10-3 题图 10-3 所示为单相全波整流电路,$R_L = 50$ Ω,当 $u_2 = 10\sqrt{2}\sin\omega t$ 时,试求:负载 $R_L$ 上的平均电压 $U_o$、平均电流 $I_o$ 和二极管反向电压 $U_{DRM}$。

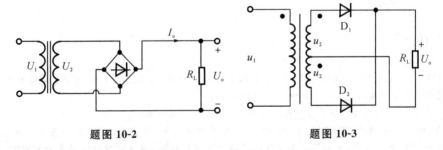

题图 10-2                题图 10-3

10-4 在题图 10-4 所示电路中,二极管为理想元件,$u_i$ 为正弦交流电压,已知交流电压表 $V_1$ 的读数为 100 V,负载电阻 $R_L = 1$ kΩ,求开关 S 断开和闭合时直流电压表 $V_2$ 和电流表 A 的读数。

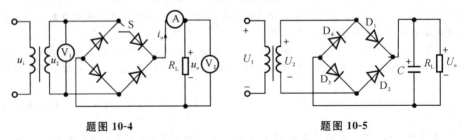

题图 10-4                题图 10-5

10-5 单相桥式整流、电容滤波电路,如题图 10-5 所示,其中交流电源频率为 $f = 50$ Hz,$U_2 = 15$ V,

$R_L = 300\ \Omega$,试求:(1) 负载 $R_L$ 的直流电压和直流电流;(2) 选择二极管和电容器;(3)电容开路或者 $R_L$ 开路两种情况下的 $U_o$。

10-6 在题图 10-5 所示电路中,$U_2 = 20$ V,现在用直流电压表测量 $R_L$ 端电压 $U_o$,出现下列几种情况,试分析哪些数据是合理的? 哪些发生了故障,并指明原因。
(1) $U_o = 28$ V;(2) $U_o = 18$ V;(3) $U_o = 24$ V;(4) $U_o = 9$ V。

10-7 在题图 10-7 所示的简单二极管稳压电路中,$U_i = 20$ V,$R = 300\ \Omega$,稳压管的 $U_Z = 10$ V,$I_{Zmax} = 23$ mA,$R_L = 1.5$ k$\Omega$。(1) 试计算稳压电流 $I_Z$;(2) 判断是否超过 $I_{Zmax}$? 若超过了,该怎么解决?

10-8 在题图 10-7 所示电路中,当稳压管的电流 $I_Z$ 变化范围为 5~23 mA 时,问 $R_L$ 的变化范围应为多少?

10-9 设计一个桥式整流、电容滤波电路,要求输出电压 $U_o = 20$ V,输出电流 $I_o = 600$ mA。变压器初级交流电源电压为 220 V,频率为 50 Hz。(包含变压器变比、二极管、电容等参数)。

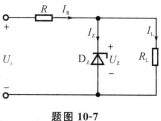

题图 10-7

10-10 二倍压整流电路如题图 10-10 所示,$U_o = 2\sqrt{2}U$,简述其工作原理,并标出 $U_o$ 的极性。

10-11 有一整流电路如题图 10-11 所示。(1)试求负载电阻 $R_{L1}$ 和 $R_{L2}$ 上整流电压的平均值 $U_{o1}$ 和 $U_{o2}$;(2)试求二极管 $D_1$、$D_2$、$D_3$ 中的平均电流 $I_{D1}$、$I_{D2}$、$I_{D3}$ 以及各管所承受的最高反向电压。

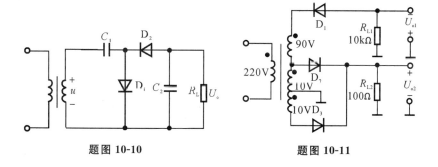

题图 10-10      题图 10-11

10-12 可调输出的稳压电路如题图 10-12 所示,已知 $U_Z = 6$ V,$R_1 = 5$ k$\Omega$,$R_f = 10$ k$\Omega$,试求:(1)输出电压 $U_o$;(2)当输出 $U_o = -6$ V 时,$R_f$ 为多少?

10-13 在题图 10-13 所示的电路中,已知 $R_1 = 15$ k$\Omega$,$R_2 = 10$ k$\Omega$,W7815 的最小跨片压降 $U_{1-2min} = 3$ V。求:(1)输出电压 $U_o$ 的可调范围;(2)稳压电路输入电压 $U_i$ 的最小值 $U_{imin}$ 为多少?

10-14 在题图 10-14 所示的电路中,已知 $U_Z = 6$ V,$R_1 = 2$ k$\Omega$,$R_2 = 1$ k$\Omega$,$U_i = 30$ V,T 的 $\beta = 50$,试求:(1)输出电压 $U_o$ 的范围;(2)若 $U_o = 20$ V,$R_L = 200\ \Omega$ 时,调整管 T 的管耗和运放的输出电流。

10-15 题图 10-15 所示的为扩大集成稳压器输出电压的电路,若稳压管的电压为 3 V,试问电路的输出为多少?

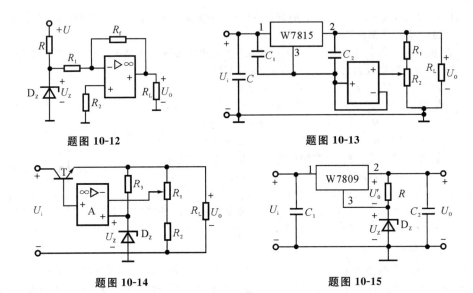

题图 10-12　　　　题图 10-13

题图 10-14　　　　题图 10-15

# 11 逻辑门与组合逻辑电路

本章在简述数字电路概念的基础上,首先介绍基本逻辑关系及组合逻辑电路的基本部件——集成逻辑门的基本原理和使用特性,然后重点讨论基于逻辑门器件的组合逻辑电路的分析和综合方法。

## 11.1 数字电路基本概念

用于信息传输和处理的电子电路,根据其信号的特点可分为两大类:一类是模拟电路,所处理的信号波形在时间或者数值上都是连续变化的,如模拟语音的音频信号,模拟图像信号、生物电信号以及传感器测量的温度、压力信号等;另一类是数字电路,所处理的信号波形在时间和数值上都是不连续的数字信号,也称脉冲信号。在数字电路中,电压或电流一般只有两种状态:高电平或者低电平。这两种状态可以用逻辑"1"和逻辑"0"来表示。所以,数字信号就是在时间上或者空间上用"0"和"1"的符号序列来表示的信号。数字电路不仅可进行数值计算,还具有逻辑判断功能,因此,也称为数字逻辑电路,按照电路的工作原理和状态,又可分为组合逻辑和时序逻辑电路。

### 11.1.1 数字电路的基本特点

数字电路与前几章分析的模拟电路相比,具有以下特点。

(1) 数字信号的基本特征只有两种可能情况,即有信号或者无信号。因此,数字电路只需要能够正确反映信号的有或者无,而允许数值上存在一定范围的误差。组成数字电路的基本单元电路的结构比较简单,元件数值允许有较大的偏差,特别适于集成化。这种数字集成电路具有很高的稳定性和可靠性,且体积小、重量轻、集成度高。

(2) 数字电路中,晶体管多工作于开关状态,交替地工作于饱和与截止两种状态;而模拟电路通常工作于放大状态。

(3) 模拟电子电路主要研究微弱的模拟信号的放大和处理,而数字电路主要研究输入和输出之间的逻辑关系。它所采取的分析方法也与模拟电路截然不同,采用的是逻辑代数、真值表、逻辑函授表达式、波形图和卡诺图等方法。

数字电路主要包括信号的产生、放大、整形、传送、存储、译码、显示、控制等功能环节。数字信号的来源主要有系统本身固有和由模拟信号转换而来两种方式。

数字电路是计算机技术和各种测量、数显、数控技术的基础。随着集成技术的进一步发展,数字技术、计算机技术已在各个领域得到了广泛应用,通信、控制和各种电器产品的数字化已是大势所趋,数字电视、数字照相机、DVD 等数字电子产品已进入普通人的日常生活中。

### 11.1.2 数制和码制

数字信号是按照一定规则编排的脉冲信号,这种有规则的脉冲信号就是二进制编码信号,或称为脉冲编码信号。数字信号的有效性取决于它遵循一定的数值和码制。因此,在分析数字电路前应先简单介绍一下承载或携带数字信息的计数数制和编码的码制。

通常,人们习惯于用十进制来计数,其基本特点是具有 0~9 这 10 个不同代码,但在电路中要获得直接表示或者有效区别这 10 个代码的状态是非常困难的,也是不经济的,而电路中电流的有或无、电压的高或低这两种状态是可以明显区分的,所以,在数字电路中,利用三极管的导通与截止、电极电位的高与低来表示数字信号的两个基本状态。通常用两个最简单的数字符号来对应,即"1"和"0"。需要强调的是,这里的"1"和"0"不是表示数值的大小,而是表示两种对立的逻辑状态。因此,在数字电路中采用二进制极为方便。为了书写和口读的简便,计算机的汇编语言也常常采用由二进制代码组合的十六进制来描述数据。

下面简单介绍几种常用的进制及其之间的转换。

**1. 十进制数**

十进制数有 0~9 共 10 个数码,计数规律是逢十进一。为了区别于其他进制的数,在其右下角加一个下标 D 或 10,也可以省略不写,如 $(989)_D$ 或 989 就是一个十进制数。设 $n$ 表示一个数的整数位数,$m$ 表示小数位数,则 $n=3, m=2$ 的五位十进制数可表示为

$$\begin{aligned}
N_D &= \sum_{i=-m}^{n-1} a_i \times 10^i \\
&= a_{n-1} \times 10^{n-1} + a_{n-2} \times 10^{n-2} + \cdots + a_{n-n} \times 10^{n-3} + a_{-1} \times 10^{-1} + \cdots + a_{-m} \times 10^{-m} \\
&= a_{3-1} \times 10^{3-1} + a_{3-2} \times 10^{3-2} + a_0 \times 10^{3-3} + a_{-1} \times 10^{-1} + a_{-2} \times 10^{-2} \\
&= a_2 \times 10^2 + a_1 \times 10^1 + a_0 \times 10^0 + a_{-1} \times 10^{-1} + a_{-2} \times 10^{-2}
\end{aligned} \tag{11-1}$$

这一方式被称为多项式表示法,也称按位加权(或按权)展开式表示法。式(11-1)中 $a_i$ 表示第 $i$ 位上的十进制数码(或数符),$10^i$ 表示第 $i$ 位上的权值。三位十进制整数从低位到高位的权分别为 $10^0$、$10^1$、$10^2$,例如十进制整数 989 可表示为

$$989 = 9 \times 10^2 + 8 \times 10^1 + 9 \times 10^0$$

### 2. 二进制数

二进制数只有 0 和 1 两个数码,计数规律是逢二进一。二进制数应在其右下角加下标 B 或 2,如 $(1001)_B$。一个四位二进制数的按权展开式为

$$N_B = \sum_{i=-m}^{n-1} d_i \times 2^i = d_3 \times 2^3 + d_2 \times 2^2 + d_1 \times 2^1 + d_0 \times 2^0 \quad (11-2)$$

式(11-2)中 $d_i$ 表示第 $i$ 位上的二进制数码(或数符),$2^i$ 表示第 $i$ 位上的权值,从低位到高位的权分别为 $2^0$、$2^1$、$2^2$、$2^3$,如

$$(1001)_B = 1 \times 2^3 + 0 \times 2^2 + 0 \times 2^1 + 1 \times 2^0$$

### 3. 十六进制数

十六进制数有 16 个数码 0~9、A~F,计数规律为逢十六进一。十六进制数的右下角应加下标 H 或 16,如 $(615F)_H$。四位十六进制数的按权展开式为

$$N_H = \sum_{i=-m}^{n-1} r_i \times 2^i = m_3 \times 16^3 + m_2 \times 16^2 + m_1 \times 16^1 + m_0 \times 16^0 \quad (11-3)$$

式(11-3)中 $r_i$ 表示第 $i$ 位上的十六进制数码(或数符),$16^i$ 表示第 $i$ 位上的权值,从低位到高位的权分别为 $16^0$、$16^1$、$16^2$、$16^3$,如

$$(615F)_H = 6 \times 16^3 + 1 \times 16^2 + 5 \times 16^1 + 15 \times 16^0$$

### 4. 不同计数制之间的转换

(1) 二进制与十进制之间的转换。

对二进制数,采用被称为按权展开式的方法就可以得到等值的十进制数。

【例 11-1】 将二进制数 $(1011)_B$ 转换成十进制数。

【解】 $(1011)_B = 1 \times 2^3 + 0 \times 2^2 + 1 \times 2^1 + 1 \times 2^0 = (11)_D$

将十进制数转换为二进制数时,对于整数部分,可采用除 2 取余的方法,将十进制数反复用 2 除,逐次取余。直到商为 0,各次相除所得余数就是二进制数由低位到高位的各位数码。小数部分则可采用乘 2 取整法。

【例 11-2】 将十进制数 $(25)_D$ 转换成二进制数。

【解】 $2\underline{|25}$ ················余 1 ······$b_0$(最低位)
$\quad\ 2\underline{|12}$······(商)······余 0 ······$b_1$
$\quad\ 2\underline{|6}$······(商)······余 0 ······$b_2$
$\quad\ 2\underline{|3}$······(商)······余 1 ······$b_3$
$\quad\ 2\underline{|1}$······(商)······余 1 ······$b_4$(最高位)

$0$ ……（商）

所以，$(25)_D = (11001)_B$。

(2) 二进制数与十六进制数之间的转换。

二进制数与十六进制之间的转换很简单，其方法是将二进制数从右到左，每 4 位为一组（不足 4 位则用 0 补足 4 位），每组对应一个十六进制数。

【例 11-3】 将二进制数 $(1101011)_B$ 转换成十六进制数。

【解】 $(1101011)_B$ 从右到左分为两组，左边一组不足 4 位，前面用 0 补足，即 $110'1011=0110'1011$，其中 0110 对应十六进制数码 6，1011 对应十六进制数码 B。所以 $(1101011)_B = (6B)_H$。

【例 11-4】 将十六进制数 $(C5)_H$ 转换成二进制数。

【解】 因为十六进制数码 C 对应二进制数码 1100，十六进制数码 5 对应二进制数码 0101。所以，$(C5)_H = (11000101)_B$。

将二、十、十六进制数作一个对照，其对应关系如表 11-1 所示。

表 11-1  部分十、十六、二进制数对照表

| 十进制 | 十六进制 | 二进制 | 十进制 | 十六进制 | 二进制 |
|---|---|---|---|---|---|
| 0 | 0 | 0000 | 8 | 8 | 1000 |
| 1 | 1 | 0001 | 9 | 9 | 1001 |
| 2 | 2 | 0010 | 10 | A | 1010 |
| 3 | 3 | 0011 | 11 | B | 1011 |
| 4 | 4 | 0100 | 12 | C | 1100 |
| 5 | 5 | 0101 | 13 | D | 1101 |
| 6 | 6 | 0110 | 14 | E | 1110 |
| 7 | 7 | 0111 | 15 | F | 1111 |

**5. 码制**

1) 8421BCD 码

利用数字电路进行数据处理时，数据传送都采用二进制数进行，但二进制数的位数很多时不易辨认，人们习惯的还是十进制数。因此，在计算机输入输出时，通常采用十进制数。不过，它是利用二进制编码来表示的十进制数，这种编码称为 BCD 码（binary coded decimal）。BCD 码是用 4 位二进制数来表示一个十进制数。4 位二进制数可以有 16 种不同的组合方式，我们只需要选取 10 种组合方式。8421BCD 码是最常用的 BCD 码，它的 4 位二进制数各位的权从左至右分别为 8、4、2、1，即按自然二进制数的规律排列。如编码 $(1001)_{BCD}=9$。

8421BCD 码与十进制数之间的对应关系如表 11-2 所示。

表 11-2  8421BCD 码与十进制数之间的对应关系

| 十进制数 | 8421BCD 码 | 十进制数 | 8421BCD 码 |
| --- | --- | --- | --- |
| 0 | 0000 | 8 | 1000 |
| 1 | 0001 | 9 | 1001 |
| 2 | 0010 | 10 | 00010000 |
| 3 | 0011 | 11 | 00010001 |
| 4 | 0100 | 12 | 00010010 |
| 5 | 0101 | 13 | 00010011 |
| 6 | 0110 | 14 | 00010100 |
| 7 | 0111 | 15 | 00010101 |

2) ASCII 码

在数字电路设备特别是计算机中,常常需要传送数字以外的其他信息,如字母、字符、控制信号等,这时需要采用一种符号——数字编码来表示这些信息。目前,采用最普遍的是美国信息交换标准码——ASCII 码。

ASCII 码用 7 位二进制数编码来表示十进制数、字母、字符等信号。如字母 X 的 ASCII 码为 1011000,字母 F 的 ASCII 码 1000110,数字 5 的 ASCII 码为 0110101。

## 11.2  数字逻辑代数基础

逻辑是指事物的因果关系所遵循的一般规律。客观事物中大多存在着对立统一的正反两种逻辑状态,如事件的真或假、电位(也称电平)的高或低、开关的通或断等。若将其中一种状态定义为逻辑"真",则另一种状态为逻辑"假"。为了分析方便,通常将逻辑状态在形式上数字化,即用"1"表示逻辑"真",用"0"表示逻辑"假"。这时的"0"和"1"不再有数值的意义,而是两个符号,代表着两种对立的逻辑状态。而表示逻辑关系的方法有逻辑表达式(或逻辑函数式)、逻辑真值表、卡诺图、波形图和逻辑电路(电路符号)图等。

逻辑代数是英国数学家乔治·布尔于 1849 年首先提出的,因而又名布尔代数。它是分析逻辑关系的数学依据,也是分析和设计数字逻辑电路的有效工具。所谓逻辑关系,就是逻辑变量之间的对应关系,或者称为因果逻辑关系,这种因果关系可以用逻辑代数或逻辑函数来描述。逻辑代数中,函数和变量的取值只能有逻辑"0"和逻辑"1"两种状态。数字电路的工作原理,实质上就是体现在一定条件下输入与输出的因果关系。根据数字电路的特点,本节讨论逻辑代数的基本逻辑关系和逻辑运算,内容包含逻辑代数的基本定律和规则及逻辑代数的化简。

### 11.2.1 基本逻辑关系及其运算

和普通代数一样,逻辑代数也可以用字母表示逻辑变量,但逻辑变量只能取 **0** 和 **1** 两个值,这里的 **0** 和 **1**,不是具体的数值,也不比较它们的大小,而是表示两种逻辑状态。普通函数表示的是变量之间的数值运算关系,逻辑函数表示的是逻辑运算关系,而不是数量关系。在数字电路中,尽管可以用二进制代码进行数值大小的运算,但不是直接的算术运算,而是通过用逻辑运算的方法来实现算术运算的功能。对应于基本的逻辑关系,逻辑代数中有三种最基本的逻辑运算——与、或、非运算。也称为与、或、非逻辑函数。

**1. 与逻辑关系及运算**

如果决定某一事件的所有条件中,每个条件都满足,这个事件才会发生,这种逻辑关系称为与逻辑关系。可以用图 11-1 所示电路来说明与逻辑关系。

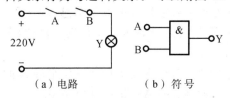

(a) 电路　　　　(b) 符号

图 11-1　与逻辑关系示意图

图 11-1(a)中的开关 A 和开关 B 串联控制电灯 Y,很显然只有两个开关全都闭合时,电灯才亮。Y 与 A、B 的关系用逻辑表达式表示为

$$Y = A \cdot B \quad (11\text{-}4)$$

式(11-4)表示输出 Y 和两个输入 A、B 之间为与的逻辑关系。A·B 称为 A 和 B 的与运算,也称 A 和 B 的逻辑乘,"·"可省略不写。表示与逻辑关系的符号如图 11-1(b)所示。在逻辑中将开关 A、B 和灯泡 Y 都定义为逻辑变量。若设开关闭合、电灯亮的状态用"**1**"表示;开关断开、电灯灭的状态用"**0**"表示;且开关的状态作为输入变量,电灯的状态作为输出变量,则输入变量的所有取值组合和输出变量的对应逻辑关系如表 11-3 所示。

这种用列表形式表示逻辑关系的表格,称为逻辑真值表(或逻辑状态表)。由表可知与逻辑关系为:当输入变量有一个或几个为 **0** 时,则输出 Y 为 **0** 状态;当输入变量全为 **1** 时,则输出 Y 为 **0** 状态。归纳出简单口诀是:"有 **0** 出 **0**,全 **1** 才出 **1**"。与逻辑关系的波形图如图 11-2 所示。

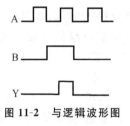

图 11-2　与逻辑波形图

表 11-3　与逻辑真值表

| A | B | Y |
|---|---|---|
| 0 | 0 | 0 |
| 0 | 1 | 0 |
| 1 | 0 | 0 |
| 1 | 1 | 1 |

### 2. 或逻辑关系及运算

如果在决定某一事件的所有条件中,只要有一个满足,这个事件就发生;这种逻辑关系称为**或**逻辑关系。表示**或**逻辑关系的电路和符号如图 11-3 所示。

图 11-3 中两个开关 A、B 并联控制电灯 Y。显然,只要开关 A、B 中有一个闭合,均使电灯亮的事件发生,则电灯亮与开关的状态可用逻辑表达式表示为

$$Y = A + B \tag{11-5}$$

式(11-5)表示输出 Y 和两个输入 A、B 之间为**或**逻辑关系。A+B 称为 A 和 B 的**或**运算,也称 A 和 B 的逻辑加。同样,设开关闭合、电灯亮的状态用"**1**"表示;开关断开、电灯灭的状态用"**0**"表示;则或逻辑的真值表如表 11-4 所示。

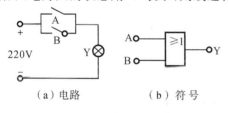

（a）电路　　（b）符号

图 11-3 或逻辑关系示意图

表 11-4 或逻辑真值表

| A | B | Y |
|---|---|---|
| 0 | 0 | 0 |
| 0 | 1 | 1 |
| 1 | 0 | 1 |
| 1 | 1 | 1 |

由表可知,**或**逻辑关系为:当输入变量有一个或几个为 **1** 时,则输出 Y 为 **1** 状态;当输入变量全为 **0** 时,则输出 Y 为 **0** 状态。其口诀是:"有 **1** 出 **1**,全 **0** 才出 **0**"。或逻辑关系的波形图如图 11-4 所示。

### 3. 非逻辑关系及运算

如果某事件的发生取决于条件的否定(或相反),即条件满足时事件不发生,而条件不满足时事件却发生,这种逻辑关系称为逻辑非,也称逻辑反。非逻辑关系及逻辑符号如图 11-5 所示,符号图中右侧的圆圈"○"表示取反。

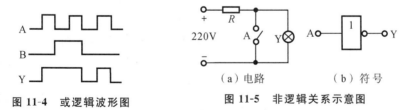

图 11-4 或逻辑波形图　　（a）电路　　（b）符号

图 11-5 非逻辑关系示意图

图中说明开关 A 与电灯 Y 并联时:当 A 闭合时灯灭,而开关 A 断开时灯才亮,其逻辑表达式为

$$Y = \overline{A} \tag{11-6}$$

式(11-6)表示输出 Y 和一个输入 A 之间为非逻辑关系。$\overline{A}$ 称为 A 的非运算,变量 A 上方的符号"—"表示对 A 取非,读作"A 非"或称"A 反"。逻辑函数中又将逻辑

变量 A 称为"原变量",$\overline{A}$ 为反变量。非逻辑真值表如表 11-5 所示,其口诀是:"有 0 出 1,有 1 出 0"。波形如图 11-6 所示。

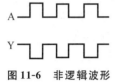

图 11-6 非逻辑波形

表 11-5 非逻辑真值表

| A | Y |
|---|---|
| 0 | 1 |
| 1 | 0 |

**4. 复合逻辑关系及运算**

由三种基本逻辑可以组成各类复合的逻辑关系。常见的复合逻辑关系有**与非、或非、与或非、异或、同或**等逻辑关系。

(1) 两输入端的"**与非**"逻辑运算。两输入变量的**与非**逻辑关系由**与**逻辑和**非**逻辑组成,逻辑表达式为

$$Y = \overline{A \cdot B} = \overline{AB} \qquad (11\text{-}7)$$

其逻辑符号和波形如图 11-7 所示。逻辑真值表如表 11-6 所示。由表 11-6 可知,其逻辑关系为:当输入变量有一个或几个为 **0** 时,则输出为 **1** 状态;当输入变量全为 **1** 时,则输出为 **0** 状态;其口诀是:"有 **0** 出 **1**,全 **1** 才出 **0**"。

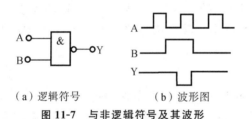

(a) 逻辑符号     (b) 波形图

图 11-7 与非逻辑符号及其波形

表 11-6 与非逻辑真值表

| A | B | Y |
|---|---|---|
| 0 | 0 | 1 |
| 0 | 1 | 1 |
| 1 | 0 | 1 |
| 1 | 1 | 0 |

(2) 两输入端的"**或非**"逻辑运算。两输入变量的**或非**逻辑关系由**与**逻辑和**非**逻辑组成,其逻辑表达式为

$$Y = \overline{A + B} \qquad (11\text{-}8)$$

其逻辑符号和波形如图 11-8 所示。逻辑真值表如表 11-7 所示。由表 (11-7) 可知,其逻辑关系为:当输入变量有一个或几个为 **0** 时,则输出为 **1** 状态;当输入变量全为 **1** 时,则输出为 **0** 状态;其口诀是:"有 **0** 出 **1**,全 **1** 才出 **0**"。

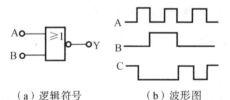

(a) 逻辑符号     (b) 波形图

图 11-8 或非逻辑符号及其波形

表 11-7 或非逻辑真值表

| A | B | Y |
|---|---|---|
| 0 | 0 | 1 |
| 0 | 1 | 0 |
| 1 | 0 | 0 |
| 1 | 1 | 0 |

## 11.2.2 逻辑代数的基本定理

### 1. 基本公式

根据三种基本运算可以导出逻辑代数运算的基本定律,如表 11-8 所示。

表中的基本定律均可用真值表加以证明,对输入变量取值的所有组合状态,假若等式两边的各项都相同,则等式成立。例如表 11-9 所示的二输入变量的反演定律(也称摩根定理)的证明。当输入变量 A、B 分别取 **0** 或者 **1** 的四种组合时,对应的 $\overline{AB}$ 和 $\overline{A}+\overline{B}$ 的值相同,$\overline{A+B}$ 和 $\overline{A} \cdot \overline{B}$ 的取值也相同,反演律是一个非常重要且需经常用到的定律。

表 11-8 逻辑代数运算基本公式

| 序号 | 名称 | 公式 1 | 公式 2 |
|---|---|---|---|
| 1 | 交换律 | $A+B=B+A$ | $AB=BA$ |
| 2 | 结合律 | $A+(B+C)=(A+B)+C$ | $A(BC)=(AB)C$ |
| 3 | 分配律 | $A+BC=(A+B)(A+C)$ | $A(B+C)=AB+AC$ |
| 4 | 互补律 | $A+\overline{A}=1$ | $A\overline{A}=0$ |
| 5 | 0-1 律 | $A+\mathbf{0}=A$ <br> $A+\mathbf{1}=\mathbf{1}$ | $A \cdot \mathbf{1}=A$ <br> $A \cdot \mathbf{0}=\mathbf{0}$ |
| 6 | 对合律 | $\overline{\overline{A}}=A$ | $\overline{\overline{A}}=A$ |
| 7 | 重叠律 | $A+A=A$ | $A \cdot A=A$ |
| 8 | 吸收律 | $A+AB=A$ <br> $A+\overline{A}B=A+B$ <br> $AB+A\overline{B}=A$ <br> $AB+\overline{A}C+BC=AB+\overline{A}C$ | $A(A+B)=A$ <br> $A(\overline{A}+B)=AB$ <br> $(A+B)(A+\overline{B})=A$ <br> $(A+B)(\overline{A}+C)(B+C)=(A+B)(\overline{A}+C)$ |
| 9 | 反演律 | $\overline{A+B}=\overline{A} \cdot \overline{B}$ | $\overline{A \cdot B}=\overline{A}+\overline{B}$ |

应该指出,使用基本定律进行逻辑运算时,绝不能套用普通代数的运算规则,例如,不能进行移项和约分的运算,因为逻辑代数中没有减法和除法运算。否则将产生错误结果。例如,在吸收律中 $A+AB=A$,若按照移项则有 $AB=\mathbf{0}$,显然不正确;对 $A \cdot (A+B)=A$,若使用约分,则有 $A+B=\mathbf{1}$ 显然也不正确。

【例 11-5】 表 11-8 公式 1 中分配律和吸收律的证明。

【解】 $(A+B)(A+C)=AA+AC+BA+BC=A+AC+AB+BC$
$\qquad\qquad\qquad =A(1+C+B)+BC=A \cdot \mathbf{1}+BC=A+BC$

$A+\overline{A}B=A(B+\overline{B})+\overline{A}B=AB+A\overline{B}+\overline{A}B$
$\qquad =AB+AB+A\overline{B}+AB=A(B+\overline{B})+B(A+\overline{A})$
$\qquad =A+B$

$AB+\overline{A}C+BC=AB+\overline{A}C+(A+\overline{A})BC=AB+\overline{A}C+ABC+\overline{A}BC$
$\qquad\qquad\qquad =AB(1+C)+\overline{A}C(1+B)=AB+\overline{A}C$

【例 11-6】 反演定律(也称摩根定理)的证明。

【解】 用真值表证明 $\overline{A+B}=\overline{A}\,\overline{B}$ 和 $\overline{AB}=\overline{A}+\overline{B}$，如表 11-9 所示。

表 11-9　例 11-6 反演定律证明

| A B | $\overline{A+B}$ | $\overline{A}\cdot\overline{B}$ | $\overline{A}\cdot B$ | $\overline{A}+\overline{B}$ |
| --- | --- | --- | --- | --- |
| 0 0 | $\overline{0+0}=1$ | $\overline{0}\cdot\overline{0}=1$ | $\overline{0}\cdot\overline{0}=1$ | $\overline{0}+\overline{0}=1$ |
| 0 1 | $\overline{0+1}=0$ | $\overline{0}\cdot\overline{1}=0$ | $\overline{0}\cdot\overline{1}=1$ | $\overline{0}+\overline{1}=1$ |
| 1 0 | $\overline{1+0}=0$ | $\overline{1}\cdot\overline{0}=0$ | $\overline{1}\cdot\overline{0}=1$ | $\overline{1}+\overline{0}=1$ |
| 1 1 | $\overline{1+1}=0$ | $\overline{1}\cdot\overline{1}=0$ | $\overline{1}\cdot\overline{1}=0$ | $\overline{1}+\overline{1}=0$ |

**2．代入规则**

代入规则指出：对于任意一个含有变量的等式，若将所有出现 A 的位置都用一个逻辑函数 F 代替，则等式仍然成立，这个规则称为代入规则。例如：

$$A+AB=A$$

设

$$A=C+D$$

则　(左边)$A+AB=(C+D)+(C+D)B=(C+D)(1+B)=C+D=A$(右边)

可见左右相等。

利用代入规则和基本定律可导出更多的运算公式。逻辑代数运算公式是分析逻辑函数的数学基础。

### 11.2.3　逻辑函数的表示方法

根据以上分析，描述逻辑变量之间逻辑关系的数学模型被称为逻辑函数。与普通函数类似，逻辑变量也有输入变量和输出变量之分。根据逻辑函数取值只有两种可能状态的特点，逻辑变量又可分为原变量和反变量。例如：逻辑表达式 $Y=A\overline{B}+\overline{A}B$ 中，A 和 B 为输入变量，Y 为输出变量，Y 是 A 和 B 的函数，A、B 被称为原变量，$\overline{A}$、$\overline{B}$ 分别是 A、B 的反变量。同一个逻辑函数关系，可以有多种表示方法：常用的是状态真值表、逻辑表达式、卡诺图以及逻辑符号图，它们之间还可以相互转换。下面以三人表决逻辑问题为例来讨论以上四种表示方法。

**1．状态真值表表示方法**

在三人表决的逻辑问题中，设 A、B、C 为参加表决的三人，即逻辑函数中的输入变量，Y 为表决的结果，也就是逻辑函数的输出变量。并设定：如果同意则其变量取 **1**，不同意则其变量取 **0**，表决结果若是多数同意时则输出变量 Y 取 **1**，否则取 **0**。三人必须同时参加，不能缺席，也不能弃权，于是三个人可能出现的全部组合情况共有 8 种(仅有 8 种)。其逻辑状态真值表如表 11-10 所示。这种状态真值表最直观地表示了逻辑函数的输入变量与输出变量的全部对应关系，是使用最普遍的一种方法。

从表中可知，输出 Y 为 **1** 时所对应输入变量 ABC 的组合为 **011**、**101**、**110**、**111** 等四组，且各变量之间是**与**的逻辑关系，即三人必须同时出现。

表 11-10　三人表决的状态真值表

| A | B | C | Y |
|---|---|---|---|
| **0** | **0** | **0** | **0** |
| **0** | **0** | **1** | **0** |
| **0** | **1** | **0** | **0** |
| **0** | **1** | **1** | **1** |
| **1** | **0** | **0** | **0** |
| **1** | **0** | **1** | **1** |
| **1** | **1** | **0** | **1** |
| **1** | **1** | **1** | **1** |

**2. 逻辑函数表达式法**

用**与**、**或**、**非**等逻辑运算符与逻辑变量一起来表述逻辑函数的式子称为逻辑表达式。根据不同的结构，其表达式有多种形式。

1) **与或**表达式

根据上面分析得出的真值表，设变量取 **1** 时用原变量表示（即同意时为原变量），变量取 **0** 时用反变量表示（即不同意为反变量），则能使输出变量为 **1** 的组合状态有四种：**011**＝$\overline{A}BC$、**101**＝$A\overline{B}C$、**110**＝$AB\overline{C}$、**111**＝$ABC$。

对于一个事件的表决，每一次只能出现一种组合的结果，但每一次表决可以有多种可能的选择，也就是说每一个组合之间是一种**或**的逻辑关系。由逻辑运算的 0-1 律知 0 的**或**运算，不影响逻辑结果。因此，只需要输出为 **1** 的几种组合，就可以表示这一逻辑关系。因而，表示三人表决的逻辑表达式为

$$Y=\overline{A}BC+A\overline{B}C+AB\overline{C}+ABC$$

式中的每一个组合称为一个**与**项，每个**与**项之间是**或**运算关系，所以此式称为**与或**式。它也是使用较多的一种表达式，而

$$Y=(A+\overline{B}+\overline{C})(\overline{A}+B+\overline{C})(\overline{A}+\overline{B}+C)(\overline{A}+\overline{B}+\overline{C})$$

则称为**或与**表达式。一般较少使用。

由以上分析可得：逻辑函数**与或**表达式可以直接由真值表写出。另外，对于同一逻辑问题，其表达式可能有多种，例如，三人表决的另一种**与或**表达式为

$$Y=AB+AC+BC$$

其正确性可用真值表证明。

2) 最小项

在三人表决的**与或**表达式中，使输出为 **1** 的**与**项有 4 个，每个**与**项中均有 3 个变量，且在一个**与**项中每个变量或以原变量（如 A、B、C）或以反变量（如 $\overline{A}$、$\overline{B}$、$\overline{C}$）的形式仅出现一次。这种包括了函数的全部变量、且每个变量以原变量或反变量仅出现一次的**与**项被称为最小项。如果两个最小项中，只有一个变量互为反变量，则称它们为相邻最小项。

依此定义：三人表决的真值表中的每一个组合就是一个最小项。因此，3 个变量共有 8 个最小项。依此类推，4 个变量的最小项有 $2^4=16$ 个，$n$ 个变量有 $2^n$ 个最小项。设用 $m_i$ 表示某个最小项，其中下标 $i$ 按照 8421 码的十进制数顺序排列，则二输

入变量逻辑函数的 4 个最小项为 $m_0 = \overline{A}\overline{B} = 00$，$m_1 = \overline{A}B = 01$，$m_2 = A\overline{B} = 10$，$m_3 = AB = 11$。用最小项表示三人表决逻辑真值表如表 11-11 所示。

3) 标准表达式

由最小项表示的表达式，称为标准**与或**式。例如，三人表决逻辑式可表示为

$$Y = \overline{A}BC + A\overline{B}C + AB\overline{C} + ABC$$
$$= m_3 + m_5 + m_6 + m_7 = \sum m(3,5,6,7)$$

上式括号中的数字表示最小项的编号。

表 11-11 用最小项表示的真值表

| A B C | Y |
|---|---|
| $m_0$ | 0 |
| $m_1$ | 0 |
| $m_2$ | 0 |
| $m_3$ | 1 |
| $m_4$ | 0 |
| $m_5$ | 1 |
| $m_6$ | 1 |
| $m_7$ | 1 |

虽然一个逻辑问题有多个表达式，但根据真值表和最小项的唯一性可知，逻辑函数的标准**与或**式是唯一的。

**3. 卡诺图表示法**

除了用真值表和代数式描述逻辑函数外，还可以用一种方格图来表示，它是一位名叫卡诺（Karnaugh）的数学家发明的，故通常称为卡诺图。卡诺图不仅可以表示逻辑函数，还可以化简逻辑函数。

例如，三人表决（即三变量）的卡诺图就有 $2^3 = 8$ 个小方格，如图 11-9(a)所示。大方格的上方和左方标明输入变量的取值（**0** 或 **1**）组合，小方格内填入最小项对应的输出函数的取值（**0** 或 **1**），如图 11-9(b)所示。

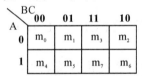       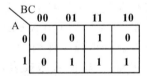

（a）与最小项对应的方格　　（b）与最小项对应的输出

图 11-9　三人表决逻辑的卡诺图

卡诺图实际上是由真值表变换而来的，卡诺图中的每一个小方格代表着真值表的一行，因而也就对应一个最小项。

(1) 卡诺图的规则。根据图 11-9 可总结出卡诺图的如下规则。

① $n$ 个变量有 $2^n$ 个小方格，每一个小方格对应一个输入变量的最小项。

② 任意两个相邻小方格的最小项为相邻最小项，其输入变量的取值（**0** 或 **1**）只能有一位不同，即这一位的取值互补。因此，要求最小项序号与位置的编排，具有逻辑相邻性。如在图 11-9 中，大方格上方取值为 **00、01、11、10** 就是按逻辑相邻性规则排列的。这样，卡诺图可以看成是一个展开的柱面图。图 11-9(a)所示三变量的卡诺图中，最小项 $m_0$ 和 $m_1$、$m_0$ 和 $m_4$，分别为上下、左右关联，称为几何相邻；$m_0$ 和 $m_2$、$m_4$ 和 $m_6$ 分别位于同一行的两端；而图 11-10 所示的四变量的卡诺图中，最小项 $m_0$ 和

$m_8$、$m_2$ 和 $m_{10}$ 分别位于同一列的两端,均称为对称相邻。几何相邻和对称相邻的最小项具有逻辑相邻性。

(2) 用卡诺图表示函数。

当已知函数表达式时,可先将逻辑函数 Y 表示成最小项之和,再根据最小项编号找到相应的小方格,填入最小项对应的函数输出值。另一种方法是先列出逻辑函数的真值表,然后将真值表的最小项对应的输出用同样的方法填入卡诺图,如图 11-9(b)所示。对于某一逻辑函数来说,由于最小项表示的标准**与或**式是唯一的,所以卡诺图也是唯一的。

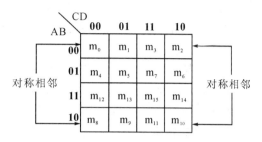

图 11-10 逻辑相邻图

**4. 逻辑电路图法**

由逻辑运算表达式可以用对应的逻辑运算符号画出逻辑电路图。其中的**与、或、非**等逻辑关系,可以用**与门、或门、非门**及复合门符号来实现。逻辑符号对应着实际的逻辑电路图,因此,符号图也称电路图。例如,根据三人表决**与或**的逻辑表达式

$$Y = \overline{A}BC + A\overline{B}C + AB\overline{C} + ABC$$

可以用图 11-11 所示的逻辑电路图来实现三人表决的逻辑关系,其中 3 个**非门**、4 个**与门**、1 个**或门**;反之,也可由逻辑电路图写出相对应的表达式。

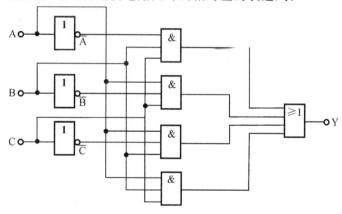

图 11-11 三人表决的逻辑电路图

必须注意的是:因为表达式不是唯一的,所以逻辑图也不是唯一的。

**11.2.4 逻辑函数的化简**

一个逻辑函数可以有多种表达式,如**与或**式、**或与**式、**与非**式、**或非**式及**与或非**

式,反映不同的复杂程度,复杂的逻辑表达式对应着复杂的逻辑电路图,复杂的逻辑图利用逻辑电路(器件)来实现时,不仅成本高,而且可靠性也比较差。因此,有必要对逻辑函数表达式进行适当的化简。

由于**与或**式比较容易同其他形式的表达式相互转换,所以化简逻辑函数通常化简为最简**与或**表达式。由于表达式多样化,最简化的标准也有所不同。常用的**与或**式最简化的标准式为:表达式中与项的项数最少;各与项中变量个数也最小。

**1. 公式化简法**

公式化简的具体方法是利用逻辑代数的基本公式和规则进行化简,其中有合并项法、配项法、吸收法和添加项法等。

1) 合并项法

利用逻辑代数的基本运算规则 **0-1** 律、互补律等,合并两项可消除一个变量。

【例 11-7】 化简(1) $Y = AB + \overline{A}BC + \overline{A}B\overline{C}$;(2) $Y = \overline{\overline{A \cdot \overline{AB}} \cdot \overline{B \cdot \overline{AB}}}$。

【解】 (1) $Y = AB + \overline{A}BC + \overline{A}B\overline{C} = AB + \overline{A}B(C + \overline{C}) = AB + \overline{A}B = (A + \overline{A})B = B$

(2) $Y = \overline{\overline{A \cdot \overline{AB}} \cdot \overline{B \cdot \overline{AB}}} = \overline{A \cdot (\overline{A} + \overline{B})} \cdot \overline{B \cdot (\overline{A} + \overline{B})}$

$= \overline{A\overline{B}} \cdot \overline{B\overline{A}} = \overline{\overline{A\overline{B}}} + \overline{\overline{B\overline{A}}} = A\overline{B} + \overline{A}B = A \oplus B$

表达式 $Y = A\overline{B} + \overline{A}B = A \oplus B$ 称为 A、B 二变量的异或逻辑运算,⊕ 为异或运算符。

在对上面表达式的化简过程中,两次应用了互补律 $A + \overline{A} = 1$,消去了两个变量 A 和 C。

【例 11-8】 证明混合变量吸收律:$A + BC = (A + B)(A + C)$。

【解】 等式右边 $= (A + B)(A + C) = A + AB + AC + BC$

$= A(1 + B + C) + BC = A + BC =$ 等式左边

证毕。

2) 配项法

将某一项乘以 $(A + \overline{A})$ 展开成为两项,再与其他项合并,达到化简目的。

【例 11-9】 证明混合变量吸收律:$AB + \overline{A}C + BC = AB + \overline{A}C$。

【解】 $AB + \overline{A}C + BC = AB + \overline{A}C + (A + \overline{A})BC = AB + \overline{A}C + ABC + \overline{A}BC$

$= AB(1 + C) + \overline{A}C(1 + B) = AB + \overline{A}C$

证毕。

3) 吸收法

利用表 11-8 中原变量吸收律 $A + AB = A$,反变量吸收律 $A + \overline{A}B = A + B$,混合变量吸收律 $AB + \overline{A}C + BC = AB + \overline{A}C$,消去多余项。

【例 11-10】 化简 $Y = (A + B + \overline{C}) \cdot B + (A + \overline{B} + \overline{C}) \cdot C$。

【解】 Y = (A+B+$\overline{C}$)·B+(A+$\overline{B}$+$\overline{C}$)·C
  = AB+B+B$\overline{C}$+AC+$\overline{B}$C+$\overline{C}$C = B(A+1+$\overline{C}$)+AC+$\overline{B}$C   (1)
  = B+$\overline{B}$C+AC = B+C+AC   （反变量吸收）
  = B+C   （原变量吸收）

也可以对式(1)应用混变量吸收律 AB+$\overline{B}$C+AC=AB+$\overline{B}$C 将 AC 项吸收,再进行化简,可得到同样的结果。

4) 添加项法

利用重叠律 A+A=A,在表达式中加入相同的项,然后分别合并化简。

【例 11-11】 化简 Y=$\overline{A}$BC+A$\overline{B}$C+$\overline{A}$$\overline{B}$C。

【解】 Y = $\overline{A}$BC+A$\overline{B}$C+$\overline{A}$$\overline{B}$C = $\overline{A}$BC+A$\overline{B}$C+$\overline{A}$$\overline{B}$C+$\overline{A}$$\overline{B}$C   （增加$\overline{A}$$\overline{B}$C）
  = $\overline{A}$C(B+$\overline{B}$)+$\overline{B}$C(A+$\overline{A}$) = $\overline{A}$C+$\overline{B}$C

在逻辑函数进行简化时,往往会同时利用以上几种方法。

利用公式法化简,不仅需要熟练运用逻辑代数的基本规则和公式,还要具备一定的技巧和经验,常有一定的试探性,而且有时不能判断化简的结果是否为最简、最合理。因此,下面介绍逻辑函数化简的另一种方法——卡诺图化简法。

**2. 卡诺图化简法**

利用卡诺图化简逻辑函数的方法称为卡诺图化简法。根据卡诺图的构造规则,可以方便、直接地化简逻辑函数,并得到最简逻辑表达式。其基本依据是利用逻辑代数中的互补律 A+$\overline{A}$=1 和吸收律 AB+$\overline{A}$B=B,将卡诺图中逻辑相邻的两个输出为 1 的方格合并,即可消去一个变量。如图 11-12 所示,$m_0$ 和 $m_2$ 相邻,所以 $\overline{A}$ $\overline{B}$ $\overline{C}$ + $\overline{A}$B$\overline{C}$ = $\overline{A}$$\overline{C}$,消去互补因子,保留公共因子,即可得相邻最小项合并(逻辑加)的结果。另外,图中 $m_2$ 和 $m_6$ 也相邻,$m_2$+$m_6$ = $\overline{A}$B$\overline{C}$+AB$\overline{C}$ = B$\overline{C}$。

卡诺图化简的一般步骤如下。

(1) 画出该逻辑函数的卡诺图。

(2) 画合并圈:将卡诺图中逻辑相邻的,且输出为 1 的小方格按 $2^n$ 数($n$ 为整数,如 $2^2$=4 个格,$2^3$=8 个格等)圈为一组,直到所有为 1 的小方格全部被覆盖为止。

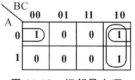

图 11-12 相邻最小项的合并

(3) 根据相邻和互补的原则确定每一个合并圈中被消除的变量,合并圈中取值发生改变的变量被消除,没有发生改变的变量保留。

(4) 将合并圈中保留下来的变量的乘积项逐个相**或**(即加),当然,包含没有被任何合并圈使用的独立(即不相邻)小方格,得到化简后的**与或**表达式。如图 11-13 中,化简后 $Y_1$=$\overline{A}$C+$\overline{B}$C+A$\overline{B}$C,$Y_2$=BD+$\overline{B}$$\overline{D}$,$Y_3$=$\overline{D}$。

由以上分析可知,只有以 $2^n$ 个相邻的小方格(即最小项)为基本单位的合并圈,才能消去 $n$ 个整数变量,否则不能消去 $n$ 个整数变量,如 2 个格消去 1 个变量,4 个格消去 2 个变量,8 个格消去 3 个变量。图 11-13(a)消去 1 个变量;图 11-13(b)消去

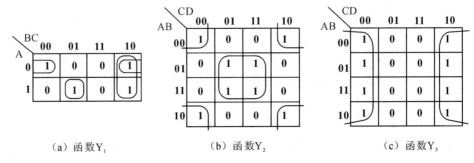

(a) 函数$Y_1$　　　　(b) 函数$Y_2$　　　　(c) 函数$Y_3$

图 11-13　画合并圈

2 个变量；图 11-13(c)消去 3 个变量。

为得到逻辑函数的最简式，在画合并圈时应遵循下列原则。

(1) 合并圈越大越好(乘积项中的变量越少)；

(2) 合并圈的数目越少越好(乘积项数越少)；

(3) 由于 A+A=A，所以同一个 **1** 格可以被多个圈使用；

(4) 每个合并圈中至少要有一个未被使用过的 **1** 的小方格，如果某一个合并圈中所有 **1** 格均被别的圈所包围，由此圈所表示的乘积项是多余的，称为冗余项。

下面通过例题来说明利用卡诺图化简逻辑函数的方法。

**【例 11-12】**　用卡诺图化简逻辑 $Y(A,B,C,D)=\sum m(0,2,4,5,6,8,10)$。

**【解】**　① 由逻辑式 Y 画出卡诺图，如图 11-14 所示。

② 画卡诺圈，写出每个卡诺圈对应的**与**项：$m_0$、$m_2$、$m_8$、$m_{10}$ 合并为 $\overline{B}\,\overline{D}$，$m_0$、$m_2$、$m_4$、$m_6$ 合并为 $\overline{A}\,\overline{D}$，$m_4$、$m_5$ 合并为 $\overline{A}B\overline{C}$。

③ 写出逻辑函数的最简**与或**式

$$Y=\overline{B}\,\overline{D}+\overline{A}\,\overline{D}+\overline{A}B\overline{C}$$

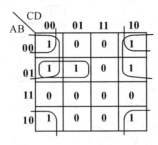

图 11-14　例 11-12 卡诺图　　　　图 11-15　例 11-13 卡诺图

**【例 11-13】**　用卡诺图化简 $\overline{Y}=\overline{A}B\,\overline{C}\overline{D}+\overline{A}\,\overline{B}D+B\,\overline{D}+\overline{B}\overline{D}$。

**【解】**　逻辑函数 Y 的表达式不是最小项表达式，为简化步骤，可将函数式中不是最小项的乘积项视为化简的结果，在已很熟悉卡诺图法化简的基础上可直接画出该函数的卡诺图。如 $\overline{A}BD$

应是 $m_1$、$m_3$ 合并的结果,于是,可在这两个最小项方格中填 $1$,$B\overline{D}$、$\overline{BD}$ 分别是 $m_0$、$m_2$、$m_4$、$m_6$、$m_8$、$m_{10}$、$m_{12}$、$m_{14}$ 合并的结果,于是可画出逻辑函数 Y 的卡诺图,如图 11-15 所示。

按图 11-15 所示的方式画卡诺图,可得函数的最简与或式为
$$Y=\overline{D}+\overline{A}B$$

## 11.3 基本逻辑门电路

如前所述,数字电路的输出状态与输入状态之间具有对应的逻辑运算关系,因此,数字电路又称为逻辑电路。描述数字电路这种逻辑运算关系的数学表达式是逻辑函数表达式,而实现逻辑关系最基本的单元电路是逻辑门电路。下面介绍在电路中能够表示**与**、**或**、**非**及其复合逻辑运算关系的基本逻辑门电路。

### 11.3.1 简单逻辑门电路

基本逻辑关系及复合逻辑都有相应的电路器件或产品。由于表示逻辑关系的电路只需要高、低电平两种状态,且输入与输出间具有对应的因果关系,类似于房门一样。所谓门就是一种开关,它能按照一定的条件去控制信号的通过或不通过。因此,表示基本逻辑关系的电路也称为逻辑门电路,简称门电路。它是构成组合逻辑电路的基本单元电路,也是各种数字系统的基础。

在数字逻辑电路中,两种逻辑状态的 **0** 和 **1**,是用门电路的高低电平来区别表示的。若设定高电平表示 **1**,低电平表示 **0**,则称为正逻辑系统;若设定高电平表示 **0**,低电平表示 **1**,则称为负逻辑系统。本书中除特殊说明外,一般采用正逻辑系统。

下面讨论表示基本逻辑关系的简单逻辑门电路,即分立元件门电路。

**1. 与逻辑门电路**

与逻辑门电路简称与门,由二极管(硅管)构成,如图 11-16 所示,电源电压 $+U_{CC} \geqslant 3$ V,设 $U_A$、$U_B$ 为 $D_A$、$D_B$ 管的负端输入电位,正端并联后通过电阻与电源连接。电压 $U_Y$ 为输出电位。$U_A$、$U_B$ 只有两种可能的取值,即高电平和低电平,一般高电平的取值为 $U_H \geqslant 3$ V,低电平的取值为 $U_L \leqslant 0.7$ V。采用正逻辑系统。则当 $U_A=0$ V,$U_B=3$ V 时二极管 $D_A$ 为正向偏置,且优先导通,管压降为 $0.7$ V,所以 $U_Y=0.7$ V,输出低电平,表示逻辑状态 **0**;而此时 $D_B$ 因反偏而截止。

同样,当 $U_A=3$ V,$U_B=0$ V 时,或 $U_A=U_B=0$ V 时,都有 $U_Y=0.7$ V 的低电平,输出逻辑状态 **0**;而只有当 $U_A=U_B=3$ V(高电平)时,才有 $U_Y=3.7$ V,输出为高电平,表示逻辑状态 **1**。此时 $D_A$、$D_B$ 均导通。

综上所述,图 11-16 所示的二极管逻辑门电路的两个输入端 A、B 与输出端 Y 实现了"有 **0** 出 **0**"、"全 **1** 出 **1**"的**与**逻辑关系,其电压值对应的逻辑状态真值表如表

11-12 所示。

#### 2. 或逻辑门电路

或逻辑门电路简称**或门**，由两个硅二极管组成的**或门**电路如图 11-17 所示。

设 $U_A$、$U_B$ 为两个二极管的正端输入电位，$U_Y$ 为输出电位。当 $U_A = U_B = 0$ V 时，$D_A$、$D_B$ 均不导通，$U_Y = 0$ V（低电平）。当 $U_A = 0$ V，$U_B = 3.7$ V 时，$D_B$ 导通，$U_Y = 3$ V，$D_A$ 反偏截止。当 $U_A = 3.7$ V，$U_B = 0$ V 时，或 $U_A = U_B = 3.7$ V 时，均有 $U_Y = 3$ V（高电平）。

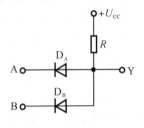

图 11-16 二极管与门电路

表 11-12 与门电路逻辑真值表

| A | B | Y |
|---|---|---|
| (0 V) 0 | (0 V) 0 | (0.7 V) 0 |
| (0 V) 0 | (3 V) 1 | (0.7 V) 0 |
| (3 V) 1 | (0 V) 0 | (0.7 V) 0 |
| (3 V) 1 | (3 V) 1 | (3.7 V) 1 |

归纳以上分析可知，当图 11-17 的门电路两个输入端中至少有一个为高电平时，输出 Y 为高电平；而两个输入端均为低电平时 Y 才为低电平，实现了"有 **1** 出 **1**，全 **0** 出 **0**"的或逻辑关系。其电压值对应的逻辑状态真值表如表 11-13 所示。

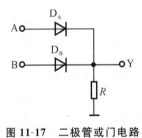

图 11-17 二极管或门电路

表 11-13 或门电路逻辑真值表

| A | B | Y |
|---|---|---|
| (0 V) 0 | (0 V) 0 | (0 V) 0 |
| (0 V) 0 | (3.7 V) 1 | (3 V) 1 |
| (3.7 V) 1 | (0 V) 0 | (3 V) 1 |
| (3.7 V) 1 | (3.7 V) 1 | (3 V) 1 |

#### 3. 非逻辑门电路

非逻辑门电路简称**非门**，由一个三极管组成的非门电路如图 11-18 所示。图中所示为共发射极三极管电路，即反相器。$+U_{CC} > 3$ V，$-U_{BB}$ 的作用是：当输入 A 为低电平时，使发射结反向偏置，以保证 T 可靠截止。选择合适的电路参数，使得当 $U_A > 3$ V，输入高电平时，A=**1**，T 饱和导通，$U_Y = U_{CES} = 0.3$ V，输出低电平，即 Y=**0**；当 $U_A = 0$ V，即输入低电平时，A=**0**，T 为截止状态，$U_Y = +U_{CC}$，输出高电平，即 Y=**1**。输入与输出实现"有 **1** 出 **0**，有 **0** 出 **1**"的 $Y = \overline{A}$ 非逻辑关系，其逻辑状态真值表如表 11-14 所示。

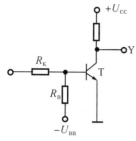

图 11-18 三极管非门电路

表 11-14 非门电路逻辑真值表

| A | Y |
|---|---|
| (0 V) 0 | (3 V) 1 |
| (3 V) 1 | (0.3 V) 0 |

### 11.3.2 TTL 集成逻辑门电路

根据不同的组成结构,集成门电路有很多种类:二极管和三极管结构的逻辑门(DTL)电路、普通三极管结构的逻辑门(TTL)电路,以及由互补型绝缘栅场效应管结构的逻辑门(CMOS)电路等。按逻辑关系可分为**与逻辑门、或逻辑门、非逻辑门、与非逻辑门、或非逻辑门、异或逻辑门**等;按其制造的方法可分为立元件和集成门电路。实际使用的大多数为集成门电路。本节将先介绍 TTL 集成逻辑门电路,而后再介绍 CMOS 门电路,重点讨论它们的逻辑关系和功能特性。

通常所说 TTL 集成逻辑门电路,是 transistor-transistor logic 的缩写,其含义是晶体管-晶体管逻辑电路,简称 TTL 门电路。

**1. TTL 集成门电路类别**

目前,国内和国际产品有很多系列,其性能指标各有差异。表 11-15 所示是部分国产 TTL 电路系列分类,及与国际产品的对照,以便读者查阅。

表 11-15 国产 TTL 电路系列分类表

| 参 数 | CT1000 系列 | CT2000 系列 | CT3000 系列 | CT4000 系列 | CT000 系列 | |
|---|---|---|---|---|---|---|
| | | | | | 中速 | 高 |
| 平均延迟时间/每门 $t_{pd}$/ns | 10 | 6 | 3 | 9.5 | 15 | 8 |
| 平均功耗/每门 $\overline{P}$/mW | 10 | 22 | 19 | 2 | 20 | 35 |
| 最高工作频率 $f_{max}$/MHz | 35 | 50 | 125 | 45 | 20 | 40 |
| 与国际 TTL 电路产品系列的对照 | SN54/74 标准系列 | SN54H/74H 高速系列 | SN54S/74S 肖特基系列 | SN54JS/74LS 低功耗肖特基系列 | | |

CT1000 系列是标准 TTL 系列,相当于国际 SN54S/74 系列。CT2000 系列是高速 TTL 系列,相当于国际 SN54H/74H 系列。这两个系列都是采用晶体管过驱

动基极电流,以使晶体管工作于深度饱和区,从而增加了电路从饱和到截止的时间,延长了平均延迟时间 $t_{pd}$。

CT3000 系列是肖特基 TTL 系列,相当于国际 SN54S/74S 系列。CT4000 系列是低功耗肖特基 TTL 系列,相当于国际 SN54LS/74LS 系列。这两个系列都是采用肖特基钳位晶体管,由于肖特基晶体管不存在电荷存储效应,使晶体管在饱和时不至于进入深度饱和状态,从而缩短了从饱和到截止的时间,提高了工作速度。在基本相同的功耗条件下,CT3000 系列比 CT2000 系列工作速度快一倍;而 CT4000 系列的速度与 CT1000 系列基本相同,但功耗仅为 CT1000 系列的五分之一。74LS (CT4000) 系列较好地解决了工作速度和功耗之间的矛盾,所以成为 TTL 系列的主流产品。目前,74 系列和 74LS 系列是应用最广泛的 TTL 系列产品。

2. TTL 与非门

根据输入端数量的不同,TTL 与非门电路有很多种类,以二输入端的与非门为例,来说明的电路组成、工作原理和主要特性参数。

图 11-19 所示为 TTL 与非门的原理电路、外部形状和逻辑符号。电路由 4 个晶体管和 4 个电阻组成。$T_1$ 是输入级,为多发射极晶体管,在电路中起着与门的作用。两个发射极与集电极可等效为"背靠背"连接的二极管;$T_2$ 为倒相放大级,$T_3$、$T_4$ 为输出级,等效为非门逻辑。

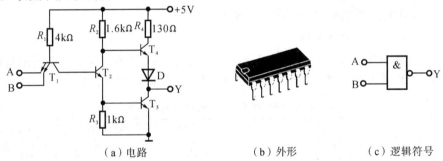

(a) 电路　　　　　(b) 外形　　　　　(c) 逻辑符号

图 11-19　TTL 与非门电路、外形和逻辑符号

1) 工作原理

根据与非门"有 **0** 出 **1**、全 **1** 出 **0**"的逻辑功能,简单分析 TTL 与非门工作原理。

当输入端至少有一个为 **0** 时,设 $U_A=0.3$ V(相当于前级 $T_2$、$T_3$ 饱和时门电路输出电压);PN 结导通电压为 0.7 V,则 $T_1$ 的基极电位为

$$U_{B1}=U_A+U_{BEA}=(0.3+0.7)\text{V}=1\text{ V}$$

而 $T_2$ 和 $T_3$ 通过射极连接,若要同时导通,则要求 $T_1$ 的基极电位为

$$U_{B1}=U_{BC1}+U_{BE2}+U_{BE3}=3\times 0.7\text{ V}=2.1\text{ V}$$

所以 $T_2$ 和 $T_3$ 均截止,$T_4$ 导通。不计电阻 $R_2$ 上的压降,则

$$U_Y = U_{CC} - I_{B4}R_2 - U_{BE4} - U_D = U_{CC} - 0.7 \text{ V} - 0.7 \text{ V} = U_{CC} - 1.4 \text{ V}$$

设 $U_{CC}$ 取 5 V，则 $U_Y = (5-1.4)\text{V} = 3.6$ V 为高电平，即输出为 Y=**1** 状态。如果门电路的负载是其他电路，将有电流从电源 $U_{CC}$ 经电阻 $R_4$ 流向负载电路，这种电流称为上拉电流。

当输入端全接高电平 **1** 时，设 $U_A = U_B = 3.6$ V（前级 $T_2$、$T_3$ 截止时门电路输出电压）。由于只要 $U_{B1} = 2.1$ V，即 $T_1$ 的发射极电位 $U_A$、$U_B$ 均为 1.4 V 时，可满足 $T_2$ 和 $T_3$ 导通的条件，故 $T_2$、$T_3$ 饱和导通。因此，输出 $U_Y = U_{CES} = 0.3$ V 为低电平，即输出为 Y=**0** 状态。

因为 $T_1$ 管基极此时被钳位在 2.1 V，故其两个发射结反偏而截止。$T_2$ 饱和导通，其集电极电位为

$$U_{C2} = U_{CE2} + U_{BE3} = (0.3+0.7) \text{ V} = 1 \text{ V}$$

使 $T_4$ 截止，与电源 $U_{CC}$ 断开。若负载是其他门电路，此时，负载的电流全部流入 $T_3$ 的集电极，这种电流称为灌电流。门电路的负载能力取决于灌电流的大小。

通过以上分析，图 11-19 所示 TTL 电路具有**与非门**的逻辑功能。

2) 主要特性参数

特性参数是了解 TTL 电路性能并正确使用的依据，下面简单介绍反映 TTL **与非门**电路主要性能的几个参数。

(1) 输出高电平 $U_{oH}$ 和低电平 $U_{oL}$。当输出端接额定负载，**与非门**输入端中至少有一个接低电平时，对应的输出电平称为输出高电平 $U_{oH}$。输入端全接高电平时对应的输出电平称为输出低电平 $U_{oL}$。TTL 门路的一般出厂要求为：$U_{oH} \geqslant 2.4$ V，$U_{oL} \leqslant 0.4$ V。

(2) 开门电平 $U_{ON}$ 关门电平 $U_{OFF}$。当输出接额定负载时，使输出电平达到额定低电压 $U_{oL}$ 时，所要求的最小输入电压 $U_i$ 称为开门电平 $U_{ON}$。显然当 $U_i \geqslant U_{ON}$ 时，能保持 $U_o$ 为低电平 **0**，即称开门状态。同样在额定负载的条件下，使输出 $U_o = 0.9 U_{oH}$ 时，所需的最大输入电压 $U_i$ 称为关门电平 $U_{OFF}$，显然当 $U_i \leqslant U_{OFF}$ 时，就能保持为高电平 **1**，也称关门状态。一般产品要求：$U_{ON} \leqslant 1.8$ V，$U_{OFF} \geqslant 0.8$ V。

(3) 阈值电压 $U_R$。使输出端状态可靠转换所对应的输入电压值称为阈值电压 $U_R$，或称门槛电压。当 $U_i < U_R$ 时，输出 Y=**1**，当 $U_i > U_R$ 时，输出 Y=**0**。一般 TTL **与非门**的阈值电压为 $U_R = 1.4$ V 左右。

(4) 扇出系数 $N_o$。一个**与非门**输出端能够带同类门电路的最大个数，称为扇出系数。它表示门电路带负载能力，其典型值 $N_o \geqslant 8$。

(5) 平均传输延迟时间 $t_{pd}$。平均传输延迟时间是表示门电路开关速度的参数。当在**与非门**输入端加一个脉冲电压时，输出将有一定的时间延迟。从输入脉冲上升沿的 50% 处起到输出脉冲下降沿的 50% 处的时间称为上升延迟时间 $t_{pd1}$；从输入脉冲下降沿的 50% 处到输出脉冲上升沿的 50% 处的时间称为下降延迟时间 $t_{pd2}$。平均

延迟时间 $t_{pd}$ 定义为

$$t_{pd} = \frac{1}{2}(t_{pd1} + t_{pd2})$$

平均延迟时间 $t_{pd}$ 的数值越小,其工作速度越高,典型产品规定 $t_{pd} \leqslant 40$ ns。

除了与非门外,TTL 门电路还有**与门**、**或门**、**非门**、**或非门**、**异或门**等不同逻辑功能的产品。

### 3. TTL 三态输出门电路

三态输出门电路简称三态门,用 TSL(tristate logic)表示。它具有三种输出状态,即高电平 **1**、低电平 **0** 及高电阻状态。门电路处于高电阻状态时,输出端相当于悬空。因此,高电阻状态不是第三种逻辑值而是表示禁止状态。三态门可用于在一根总线上分时传输多种信号,是数字系统中常用的逻辑器件。

1) 三态与非门的结构和工作原理

一个简单的三态与非门原理电路如图 11-20(a)所示,是在一般的与非门基础上,增加一个控制端 E(enable)和控制二极管 $D_1$ 而构成的。图中的 A、B 为数据输入端,E 为使能控制端,高电平允许逻辑信号传输。

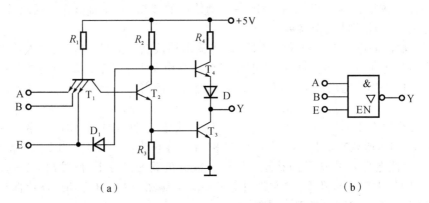

图 11-20　TTL 三态输出与非门电路及其逻辑符号

当 **E=1** 时,二极管 $D_1$ 截止,三态门电路功能与一般与非门完全一样,其输出状态取决于输入端 A、B 的组合,即 $Y = \overline{A \cdot B}$。这种状态称为三态门的正常逻辑状态,或有效状态,也称允许状态。当 **E=0** 时,二极管 D 导通,$T_4$ 基极电位 $U_{B4}$ 被限制在 1 V 左右,三极管 $T_3$、$T_4$ 截止,处于高阻状态,输出端 Y 相当于开路,故门电路被封闭,禁止传输。高电平有效的三态门的逻辑符号如图 11-20(b)所示。

2) 三态门的应用

三态门的一个重要用途是向总线分时传输数据。为使总线上数据有效,任何时刻只能有一组数据传输,而不允许有两个或两个以上的数据有效。总线分时传输就是指多个三态门直接并联在同一条总线上,通过对使能端的控制,使每一个三态门按照时间的顺序分别向总线传输数据。单向分时数据传输电路如图11-21(a)所示,图中各三态与非门均为高电平有效,当使能端 $E_1=1$,同时 $E_2$、$E_3$ 均为 $0$ 时,总线 Y 上收到 $G_1$ 门传输的数据,即 $Y=\overline{A \cdot B}$。而此时 $G_2$、$G_3$ 门均为高阻状态(第三态)。在不同时刻,若依次控制使能端,$E_2$、$E_3$ 分别为 $1$,则门 $G_2$、$G_3$ 可依次按与非门关系向总线 Y 输送数据。图11-21(b)为三态传输门组成的双向数据传输电路。当 $E=1$ 时,$G'_1$ 有效,$G'_2$ 为高阻状态;数据从 A 经 $G'_1$ 送到总线上;当 $E=0$ 时,$G'_1$ 为高阻状态,$G'_2$ 有效,数据从总线经 $G'_2$ 送到 A 输出。

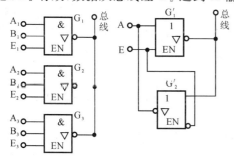

(a) 总线单向传输　　(b) 总线双向传输

图 11-21　TTL 三态门组成总线结构

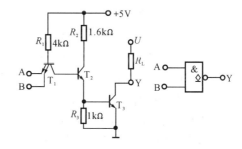

图 11-22　集电极开路与非门电路
(简称 OC 门电路)

**4. 集电极开路的门电路**

集电极开路的门电路简称 OC(open collector)门。图 11-22 所示为 OC 与非门原理电路和逻辑符号。它与一般与非门电路(图 11-19)相比去掉了 $T_4$、D 剩下的电路,使 $T_3$ 的集电极处于开路状态,因此而得名。在使用时必须外接电阻 R 到电源的正极,此电阻 R 称为上拉电阻。根据需要,选择合适的电阻和电源值,以保证 OC 门输出具有可靠的高、低电平和负载电流。

集电极开路的门电路有以下两个特点。

一是实现"线与"功能。所谓线与,是几个门电路的输出端直接连在一起,外接一个上接电阻,输出端实现逻辑与的功能,即 $Y=Y_0 \cdot Y_1 \cdot \cdots \cdot Y_n$。图 11-23 所示为两个 OC 与非门线与的情况。其输出为 $Y=Y_1 \cdot Y_2 = \overline{A_1 B_1} \cdot \overline{A_2 B_2} = \overline{A_1 B_1 + A_2 B_2}$。

二是可以直接驱动电源高于 5 V 的小功率负载。利用外接上接电阻和电源的特性,可直接驱动小型继电器或发光二极管 LED 指示灯等,负载电源可在 5~20 V,如图 11-24 所示。

需要指出的是:普通的 TTL 门电路的输出端不允许直接相连,因为 TTL 与非门的输出高电平电阻很小(几十欧姆以内),而低电平灌入电流也有限。当一个门电

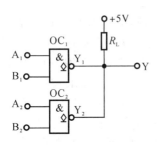
图 11-23 线与逻辑电路图

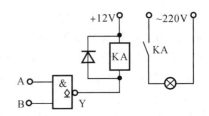
图 11-24 OC 门的输出端直接接继电器

路 $G_1$ 输出为 **1**,而另一个门电路 $G_2$ 为 **0** 时就会产生很大的电流,从 $G_1$ 门灌入 $G_2$ 门,不仅使低电平抬高,还可能烧毁门电路。若普通 TTL 驱动电源高于 5 V 的负载,也会由于相同的原因而毁坏门电路。此时,应选用 OC 门电路。

**5. TTL 集成门组件结构和外引线**

TTL 集成门电路组件,是在同一芯片上由若干个门电路制作而成的。常用 TTL 集成与非门种类很多,按其内部电路结构,分为普通门、三态门、OC 门等不同形式;按输入端数量,分为二输入、三输入、四输入、八输入,甚至达 13 个输入端的门电路;按组件内部集成的门电路数量,分为 1 个门、2 个门、4 个门,甚至多达 6 个门(如 7404 非门)的门电路。此外,在平均延迟时间和功能等参数上也有些差别。如 7400 为四二输入与非门,在一片组件内集成了 4 个二输入端与非门。7410 为三三输入与非门,7420 为双-四输入与非门等。图 11-25 给出了集成与非门 7400 和或非门 7402 的外引线排列图。其他的门电路功能、参数及外引线排列可参阅 TTL 手册。

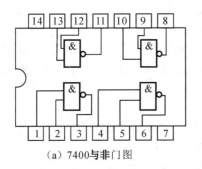
(a) 7400 与非门图

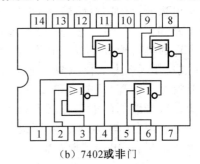
(b) 7402 或非门

图 11-25 二输入 TTL 与非门和或非门组件

### 11.3.3 CMOS 集成逻辑门电路

随着科学技术的发展,对集成门电路的速度、功能、负载能力、功率耗损等技术指标提出了越来越高的要求。在大规模和超大规模集成电路中,CMOS 型电路具有制造工艺简单、成品合格率高、集成度高等特点,同时具有功耗低、抗干扰能力强等优点。它的主要缺点是工作速度较慢,但现在的产品性能已经不断改善。

以低功耗著称的绝缘栅型场效应管(MOS)器件的基本结构有 N 沟道和 NMOS、PMOS 集成逻辑门电路及 CMOS 集成逻辑门电路,均简称 MOS 门电路。CMOS 门即互补型 MOS 门电路,使用最为常见。它由两种不同极性的场效应管组合而成。PMOS 管作为负载管,NMOS 管作为驱动管。本节只介绍 CMOS 非门、与非门和三态门电路结构。

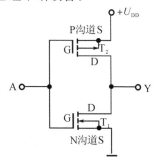

图 11-26  CMOS 非门

### 1. CMOS 非门电路

CMOS 非门是 CMOS 集成电路的基本单元电路,如图 11-26 所示,它由一个 N 沟道增强型 MOS 管 $T_1$ 和一个 P 沟道增强型 MOS 管 $T_2$ 串联组成。PMOS 管的衬底同源极连在一起接电源 $+U_{DD}$,NMOS 管的衬底和源极连在一起接地,两个栅极相连作为非门的输入端 A,两个漏极相连引出输出端 Y。

1) 工作原理

当 A=**1**(高电平约为 $U_{DD}$)时,驱动管 $T_1$ 的栅源电压大于其开启电压 $U_{GS} \approx U_{DD} > U_{GS(th)}$,$T_N$ 导通,其漏源电压 $U_{DS} \approx 0$,而负载管 $T_2$ 的栅源电压 $U_{GS} \approx 0 < |U_{GS(th)}|$,$T_2$ 截止,故输出为低电平,即 Y=**0**(低电平约为 0 V)。

当 A=**0**,$T_1$ 管的 $U_{GS} \approx 0 < U_{GS(th)}$,$T_1$ 截止,而 $T_2$ 管的 $U_{GS} \approx -U_{DD}$,$|U_{GS}| > |U_{GS(th)}|$,$T_2$ 导通,故输出为高电平,即 Y=**1**。

由以上分析可知,电路具有非门的功能,它将输入电平反相后送出,实现了 $Y=\overline{A}$。

2) CMOS 非门的特点

(1) CMOS 非门静态功耗极低。由于在工作过程中一个管子导通,而另一个管子截止,静态电流极其微小,为 nA 量级。与 TTL 门电路相比,静态功耗低 2~3 个数量级。

(2) 抗干扰能力强。阈值电压 $U_R \approx U_{DD} = \frac{1}{2} V$,$U_{NL}$ 和 $U_{NH}$ 均较大,且近似相等,当 $U_{DD}$ 增大时,抗干扰能力增强。

(3) 电源利用率高。$U_{OH} \approx U_{DD}$,允许电源有一个较宽的选择范围(+3~+18 V)。

(4) 输入阻抗高,带负载能力强。扇出系数 $N_o$ 约 50,比 TTL 门的负载能力强很多。以上特点可推广到其他 CMOS 电路。

### 2. CMOS 与非门电路

两输入与非门电路如图 11-27 所示。在 CMOS 非门的基础上再加入一个 $T_3$ 和 $T_4$。两个 P 沟道 MOS 管并联,两个 N 沟道 MOS 管串联。当输入信号 A、B 中至少

有一个为 **0** 时，如 A＝0，B＝1，则 $T_1$、$T_4$ 截止，$T_2$、$T_3$ 导通，输出为高电平，即 Y＝1。

当两个输入信号均为高电平时，A＝B＝1，则 $T_1$、$T_2$ 导通，$T_3$、$T_4$ 截止，输出为低电平，即 Y＝0。由以上分析，该电路实现了**与非门**的功能 $Y=\overline{AB}$。

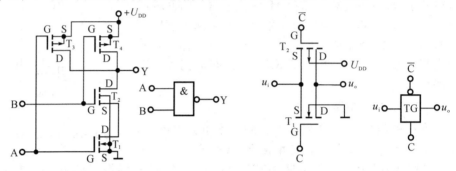

图 11-27　CMOS 与非门　　　　　图 11-28　CMOS 传输门电路

**3. CMOS 传输门电路**

图 11-28 所示是一个 CMOS 传输门的电路及其逻辑符号图，它由一个 NMOS 管 $T_1$ 和一个 PMOS 管 $T_2$ 并联构成。图中，$T_1$ 和 $T_2$ 的结构和参数对称，两管的源极连在一起作为传输门的输入端，漏极连在一起作为输出端。$T_1$ 的衬底接地，$T_2$ 的衬底接电源，两管的栅极分别与一对互补的控制信号 C 和 $\overline{C}$ 相接。

当控制端 C 为 **1**，$\overline{C}$ 为 **0** 时，$T_1$、$T_2$ 都具备了导通条件。若输入电压 $u_i$ 在 $0 \sim U_{DD}$ 范围内变化，则两管中至少有一个导通，输入和输出之间呈低阻状态，相当于开关接通，$u_i$ 通过传输门 TG 传输到 $u_o$。

当控制端 C 为 **0**，$\overline{C}$ 为 **1** 时，$T_1$、$T_2$ 都不具备开启条件。此时不论 $u_i$ 为何值，都无法通过传输门 TG 传输到 $u_o$，这就相当于开关断开。

由此可见，变换两个控制端的互补信号，可以使传输门接通或断开，从而决定输入端的模拟信号（$0 \sim U_{DD}$ 之间的任意电平）是否能传送到输出端。所以，传输门实质上是一种传输模拟信号的压控开关。

由于 CMOS 管的结构是对称的，即源极和漏极可以互换使用，因此，传输的输入端和输出端可以互换使用，即 CMOS 传输门具有双向性，故又称为可控双向开关。

### 11.3.4　门电路使用中的问题

**1. TTL 和 CMOS 电路的性能比较**

为了比较 TTL 电路和 CMOS 电路的基本性能，其主要参数的典型数据如表 11-16 所示。

表 11-16　TTL 与 CMOS 集成电路的性能比较

| 系列 | 平均延迟时间/ns | 每门功耗 | 最高工作频率/MHz | 电源电压/V | 抗干扰能力 | 扇出系数 $N_O$ | 门电路基本形式 |
|---|---|---|---|---|---|---|---|
| TTL | 3～10 | 2～22 mW | 35～125 | 5 | 中 | 5～12 | 与非 |
| CMOS | 40 | 50 nW | 10 | 3～18 | 强 | >50 | 与非/或非 |

#### 2. CMOS 门电路使用时应注意的问题

(1) 使用时,CMOS 门电路的输出端不允许并联。

(2) 多余输入端的处理。对 CMOS 电路,多余输入端不允许悬空,以防止静电感应造成的强电场击穿。对**与非门**,可将闲置端接电源 $+U_{DD}$;对**或非门**,可将闲置端接地。

(3) 输入端加过流保护。在输入端接有大电容、低内阻信号源,或输出端接长线时均应接入保护电阻。

(4) 不同系统的逻辑电路的配合。若一个数字系统中同时采用 CMOS 电路和 TTL 电路,在两者相互连接时,应注意逻辑电平的配合及驱动能力的配合问题。

① TTL 电路驱动 CMOS 电路时,应考虑逻辑电平的配合。由于 TTL 电路与 CMOS 电路的电源不同、高低电平不相等,可采用以下方法进行电平配合。

可在 TTL 门输出端接一上拉电阻,将输出高电平提高到 $U_{DD}$;采用 TTL OC 门,仍需接一上拉电阻,与较高电源电压及相应高电平相配合;换用 HCT(高速 CMOS)系列产品,此类门电路的电源电压范围为 4.5～5.5 V,器件引脚定义与 TTL 器件相同,因此,两者之间的连接非常简便。

② CMOS 电路驱动 TTL 电路时,应考虑驱动能力的配合。

从逻辑电平的配合上,CMOS 电路可直接驱动 TTL 电路,但 CMOS 电路输出功率较小,能带动 TTL 门的个数有限,可在 CMOS 电路输出端接一级 CMOS 缓冲器,其输出与输入之间没有逻辑运算关系,CMOS 缓冲器只是起到增强驱动能力的作用。另外,还可以使用三极管电流放大器来增强 CMOS 电路输出低电平时的灌电流能力。

## 11.4　组合逻辑电路的分析和设计

根据电路的工作特点,数字逻辑电路又可分为组合逻辑电路(简称组合电路)和时序逻辑电路(简称时序电路)两大类。组合逻辑电路相对比较简单,其基本特点是电路在任何时刻的输出状态仅取决于该时刻各个输入变量状态的组合,而与先前的状态无关,亦即组合电路中不含记忆元件,没有存储功能。讨论组合逻辑电路的内容有两个基本要求,即电路的分析与设计(或综合)。

### 11.4.1 组合逻辑电路的分析

组合逻辑电路的分析,是在已知逻辑电路图的情况下,通过分析逻辑表达式和真值表,来确定其逻辑功能。分析组合电路的一般步骤如下。

(1) 根据逻辑电路图写出函数表达式;
(2) 对逻辑函数表达式进行化简;
(3) 根据最简逻辑表达式列出真值表;
(4) 由真值表判定逻辑电路的功能。

【例 11-14】 分析图 11-29 所示的逻辑电路的功能。

【解】 根据图 11-29 所示的电路,分别写出与非门和或非门的逻辑表达式,并化简得

$$Y_1 = \overline{A}C, \quad Y_2 = A\overline{B}, \quad Y_3 = B\overline{C}$$

$$Y = \overline{Y_1 + Y_2 + Y_3} = \overline{\overline{A}C + A\overline{B} + B\overline{C}} = \overline{\overline{A}C} \cdot \overline{A\overline{B}} \cdot \overline{B\overline{C}}$$

$$= (A + \overline{C})(\overline{A} + B)(\overline{B} + C) = \overline{A}\,\overline{B}\,\overline{C} + ABC$$

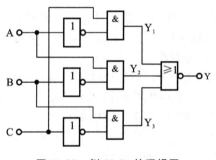

图 11-29 例 11-14 的逻辑图

表 11-17 例 11-14 真值表

| A | B | C | Y |
|---|---|---|---|
| 0 | 0 | 0 | 1 |
| 0 | 0 | 1 | 0 |
| 0 | 1 | 0 | 0 |
| 0 | 1 | 1 | 0 |
| 1 | 0 | 0 | 0 |
| 1 | 0 | 1 | 0 |
| 1 | 1 | 0 | 0 |
| 1 | 1 | 1 | 1 |

列出 Y 的真值表,如表 11-17 所示。由真值表可看出,该电路实现判一致的逻辑功能。

【例 11-15】 分析图 11-30 所示逻辑电路的功能。

【解】 此组合电路有 3 个输出端,由图写出各个输出与输入的逻辑关系式:

$$Y_1 = \overline{\overline{A} + B} = A\overline{B}$$

$$Y_2 = \overline{\overline{\overline{A} + B} + \overline{A + \overline{B}}} = (\overline{A} + B)(A + \overline{B}) = \overline{A}\,\overline{B} + AB$$

$$Y_3 = \overline{A + \overline{B}} = \overline{A}B$$

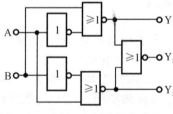

图 11-30 例 11-15 逻辑电路图

表 11-18 例 11-15 真值表

| A | B | $Y_1$ | $Y_2$ | $Y_3$ |
|---|---|---|---|---|
| 0 | 0 | 0 | 1 | 0 |
| 0 | 1 | 0 | 0 | 1 |
| 1 | 0 | 1 | 0 | 0 |
| 1 | 1 | 0 | 1 | 0 |

由逻辑表达式列出真值表如表 11-18 所示,可归纳出其逻辑功能为:当 A>B 时,$Y_1=1$;A=B 时,$Y_2=1$;A<B 时,$Y_3=1$。

因此,该组合逻辑电路是一位数值比较器,可对两个一位二进制数进行比较。

### 11.4.2 组合逻辑电路的设计

组合逻辑电路的设计(或综合)是分析的逆过程。它根据给定的逻辑功能和要求,设计出实现该功能的最简电路。所谓最简,就是指在满足功能的基础上,所使用的门电路种类最少,门电路的个数也最少。并有条件地检验其可靠性。组合逻辑电路的综合也称为组合电路的设计。

组合电路设计的一般步骤如下。

(1)根据逻辑要求,定义变量,列出真值表。
(2)由真值表写出逻辑函数表达式。
(3)化简逻辑函数表达式,并按门电路的要求进行转换。
(4)画出逻辑电路图。

【例 11-16】 设计一个用于三人表决的逻辑电路。

【解】 (1)以 A、B、C 表示参加表决的三个人,并设同意为 **1**,不同意为 **0**,Y 表示表决结果,通过为 **1**,否决为 **0**。根据多数通过的表决原则,列出真值表,如表 11-19 所示。

(2)写出用最小项表示的函数式:

$$Y = \overline{A}BC + A\overline{B}C + AB\overline{C} + ABC$$

(3)利用卡诺图化简,得**与**或表达式:

$$Y = AB + AC + BC$$

利用反演律可将**与**或表达式转换成**与非**表达式形式:

$$Y = \overline{\overline{AB + AC + BC}} = \overline{\overline{AB} \cdot \overline{AC} \cdot \overline{BC}}$$

(4)画出由**与非**门构成的三人表决逻辑图,如图 11-31(b)所示。

表 11-19 例 11-16 真值表

| A | B | C | Y |
|---|---|---|---|
| 0 | 0 | 0 | 0 |
| 0 | 0 | 1 | 0 |
| 0 | 1 | 0 | 0 |
| 0 | 1 | 1 | 1 |
| 1 | 0 | 0 | 0 |
| 1 | 0 | 1 | 1 |
| 1 | 1 | 0 | 1 |
| 1 | 1 | 1 | 1 |

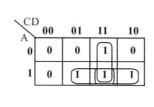

(a) 卡诺图

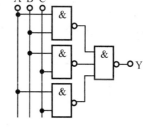

(b) 逻辑电路图

图 11-31 例 11-16 卡诺图和逻辑电路图

【例 11-17】 设计一个三地控制一盏灯的电路。有一 T 形走廊,在相会处有一路灯,在进入走廊的 A、B、C 三地各有控制开关,都能独立进行控制。任意闭合一个开关,则灯亮;任意闭合两个开关则灯灭;三个开关同时闭合则灯亮。

**【解】** (1) 设 A、B、C 代表三个开关(输入变量),开关闭合其状态为 **1**,断开为 **0**;灯亮 Y(输出变量)为 **1**,灯灭为 **0**。列出逻辑真值表,如表 11-20 所示。

(2) 由表 11-20 写出相应的函数式:

$$Y = \overline{A}\,\overline{B}C + \overline{A}B\,\overline{C} + A\,\overline{B}\,\overline{C} + ABC$$

(3) 化简并转换为与非表达式:

$$Y = \overline{\overline{\overline{A}\,\overline{B}C} \cdot \overline{\overline{A}B\,\overline{C}} \cdot \overline{A\,\overline{B}\,\overline{C}} \cdot \overline{ABC}}$$

(4) 画出由与非门构成的逻辑图,如图 11-32 所示。

表 11-20 例 11-17 逻辑真值表

| A | B | C | Y |
|---|---|---|---|
| 0 | 0 | 0 | 0 |
| 0 | 0 | 1 | 1 |
| 0 | 1 | 0 | 1 |
| 0 | 1 | 1 | 0 |
| 1 | 0 | 0 | 1 |
| 1 | 0 | 1 | 0 |
| 1 | 1 | 0 | 0 |
| 1 | 1 | 1 | 1 |

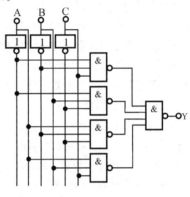

图 11-32 例 11-17 逻辑电路图

## 11.5 常用组合逻辑集成器件

组合逻辑集成器件是将门电路按一定要求连接,构成具有特定功能的逻辑电路。常用的有加法器、编码器、译码器、数值比较器、数据选择器、分配器和奇偶校检电路等。由于这些组合逻辑电路应用广泛,形成了多种规格的中规模集成电路器件。本节将介绍几种常用的集成逻辑器件的电路结构、功能原理和典型应用。

### 11.5.1 加法器

算术运算是数字系统的基本功能,加、减、乘、除等运算都可以分解为加法运算来进行。所以,实现加法运算的电路,也称加法器,就成为数字系统中最基本的运算单元,其基本作用是实现二进制数的加法运算。通过分析,进一步说明了数字电路的算术运算功能是由逻辑运算来实现的事实。根据电路的逻辑特点,加法器属于组合逻辑,按电路结构加法器又可分为半加器和全加器。

**1. 半加器**

两个二进制数相加时,仅考虑本位的两个一位二进制数而不考虑相邻低位进位的加运算,称为半加。实现半加的电路,称为半加器。一位半加有四种情况:$0+0=0, 0+1=1, 1+0=1, 1+1=10$。若用 A、B 表示两个加数,S 表示本位的和,C 表示本位向高位的进位,则可得到如表 11-21 所示的半加器逻辑真值表,由真值表可直接写出 S 和 C 的逻辑表达式:

$$S = \overline{A}B + A\overline{B} = A \oplus B$$
$$C = AB$$

由真值表可知,半加器可以用**异或**门和**与**门实现,其逻辑图和逻辑符号如图 11-33 所示。

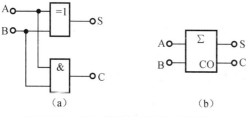

图 11-33 半加器的逻辑图和逻辑符号

表 11-21 半加器真值表

| A | B | C | S |
|---|---|---|---|
| 0 | 0 | 0 | 0 |
| 0 | 1 | 0 | 1 |
| 1 | 0 | 0 | 1 |
| 1 | 1 | 1 | 0 |

### 2. 全加器

两个二进制数相加,不仅要考虑本位的加数,而且还要考虑低位来的进位,即三者相加时,称为全加。实现全加功能的电路称为全加器。

根据二进制数加法规则,可列出全加器的真值表,如表 11-22 所示,其中 $A_i$、$B_i$ 表示两个加数,$C_{i-1}$ 表示低位来的进位,$S_i$ 表示本位的和,$C_i$ 表示本位向高位的进位。由真值表可直接写出 $S_i$ 和 $C_i$ 的表达式:

$$S_i = \overline{A}_i \overline{B}_i C_{i-1} + \overline{A}_i B_i \overline{C}_{i-1} + A_i \overline{B}_i \overline{C}_{i-1} + A_i B_i C_{i-1}$$
$$= (\overline{A}_i B_i + A_i \overline{B}_i)\overline{C}_{i-1} + (\overline{A_i B_i} + A_i B_i)C_{i-1} = A_i \oplus B_i \oplus C_{i-1}$$
$$C_i = \overline{A}_i B_i C_{i-1} + A_i \overline{B}_i C_{i-1} + A_i B_i \overline{C}_{i-1} + A_i B_i C_{i-1}$$
$$= (A_i \oplus B_i)C_{i-1} + A_i B_i = \overline{\overline{(A_i \oplus B_i)C_{i-1}} \cdot \overline{A_i B_i}}$$

根据表达式的不同,全加器的电路有多种结构,但都应符合真值表的逻辑要求。考虑到半加的和是 A、B 的**异或**运算,所以全加器可以用两个半加器和一个**或**门实现。全加器逻辑电路及其符号如图 11-34 所示。

### 3. 全加器应用

利用全加器可以实现两个二进制的加法,图 11-35 所示为全加器实现的逐位进位(可串行进位)四位二进制数的加法运算电路。一般都有专用的集成电路。

集成全加器的种类很多,TTL 系列有 74183、74283 等型号。利用全加器和移位操作,还可以实现两个二进制数的乘法。因篇幅所限,在此不赘述。

表 11-22 全加器真值表

| $A_i$ | $B_i$ | $C_{i-1}$ | $C_i$ | $S_i$ |
|---|---|---|---|---|
| 0 | 0 | 0 | 0 | 0 |
| 0 | 0 | 1 | 0 | 1 |
| 0 | 1 | 0 | 0 | 1 |
| 0 | 1 | 1 | 1 | 0 |
| 1 | 0 | 0 | 0 | 1 |
| 1 | 0 | 1 | 1 | 0 |
| 1 | 1 | 0 | 1 | 0 |
| 1 | 1 | 1 | 1 | 1 |

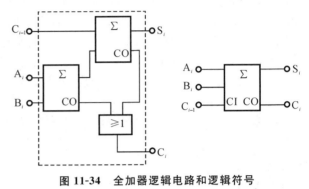

图 11-34 全加器逻辑电路和逻辑符号

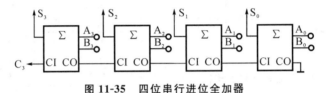

图 11-35 四位串行进位全加器

### 11.5.2 编码器

将二进制数码 **0** 和 **1** 按一定规律编排起来,用来表示某种信息含义的一串符号称为编码,具有编码功能的逻辑电路称为编码器。例如,计算机和手机的键盘就是由编码器组成的,每按下一个键,编码器就将该键的含义转换为能被逻辑电路识别的二进制代码。按电路特点,编码器也属于组合逻辑电路。

**1. 二进制编码器**

二进制编码器是最基础的编码器,其功能是用二进制代码(即 **0** 和 **1**)对输入的对象(或信号)进行编码。一位二进制有两个代码,显然,$n$ 位二进制数可对 $2^n$ 个输入对象进行编码。但是,为避免相互冲突,对于编码器而言,应有一个约束条件:$2^n$ 个输入中,任何时候(或者每一次输入)仅允许一个有效。

例如,4-2 线编码器,表示是 4 个输入端 2 个输出端的组合逻辑电路。其输出为 2 位二进制数,可以对 4 个输入对象编码。设 $I_0 \sim I_3$ 为 4 个输入端,任何时刻只允许一个输入为高电平,即 **1** 表示有输入,**0** 表示无输入,$Y_1$、$Y_0$ 为逻辑电路的输出,即对应于输入信号的编码,其简化的真值表如表 11-23 所示。由真值表得到逻辑表达式为

$$Y_1 = \overline{I_0}\,\overline{I_1}I_2\,\overline{I_3} + \overline{I_0}\,\overline{I_1}\,\overline{I_2}I_3$$
$$Y_0 = \overline{I_0}I_1\,\overline{I_2}\,\overline{I_3} + \overline{I_0}\,\overline{I_1}\,\overline{I_2}I_3$$

根据上式可以画出如图 11-36 所示的4-2线编码器逻辑电路图。

表 11-23  4-2 线编码器真值表

| $I_0$ | $I_1$ | $I_2$ | $I_3$ | $Y_1$ | $Y_0$ |
|---|---|---|---|---|---|
| **1** | 0 | 0 | 0 | 0 | 0 |
| 0 | **1** | 0 | 0 | 0 | 1 |
| 0 | 0 | **1** | 0 | 1 | 0 |
| 0 | 0 | 0 | **1** | 1 | 1 |

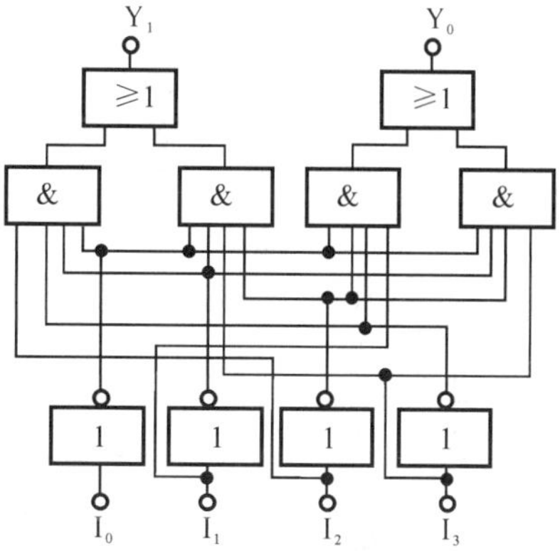

图 11-36  4-2 线编码器逻辑电路图

### 2. 二-十进制编码器

二-十进制编码器是将十进制数的 10 个数码 0~9 编成二进制代码的电路。输入的是 0~9 等 10 个数码,输出的是对应的 4 位二进制代码。这些二进制代码又称二-十进制代码,简称 BCD(binary-coded-decimal)码。

4 位二进制代码的全部组合有 **0000~1111** 共 16 种状态,其中任何 10 种状态都可表示 0~9 等 10 个数码,方案很多,为 16 选 10 的组合。最常用的是 8421 编码方式,就是在 4 位二进制代码的 16 种状态中取出前面 10 种状态(**0000~1001**)表示 0~9 等 10 个数码,后面 6 种状态(**1010~1111**)去掉。二进制代码各位的 **1** 所代表的十进制数的"权",从高位到低位依次为 8、4、2、1,而后把每个数码乘以各位的"权"相加,即得该二进制代码所表示的 1 位十进制数。

根据组合逻辑状态表的规则,10 个输入变量将有 $2^{10}$ 个最小项组合。但考虑到编码器的约束条件:任何时刻仅允许一个有效(为 **1** 或为 **0**),简化后的 8421BCD 编码器真值表如表 11-24 所示。$I_0 \sim I_9$ 是 10 个输入变量,分别代表十进制数码 0~9,当输入某一个十进制数码时,只要使相应的输入端为高(或低)电平,其余各输入端均为低(或高)电平,编码器的 4 个输出端 $Y_3 Y_2 Y_1 Y_0$ 就将出现一组相应的二进制代码。

根据真值表可得化简、变换后的逻辑表达式为

$$Y_3 = I_8 + I_9 = \overline{\overline{I_8 + I_9}}$$

$$Y_2 = I_4 + I_5 + I_6 + I_7 = \overline{\overline{I_4 + I_6} \cdot \overline{I_5 + I_7}}$$

$$Y_1 = I_2 + I_3 + I_6 + I_7 = \overline{\overline{I_2 + I_6} \cdot \overline{I_3 + I_7}}$$

$$Y_0 = I_1 + I_3 + I_5 + I_7 + I_9 = \overline{\overline{I_1 + I_9} \cdot \overline{I_3 + I_7} \cdot \overline{I_5 + I_7}}$$

根据上式可以画出如图 11-37 所示的二-十进制编码器逻辑图。

### 3. 优先编码器

上述编码器虽然比较简单,但输入端的信号有约束条件:即每次只允许一个有效。

表 11-24　8421BCD 编码器的真值表

| $I_0$ | $I_1$ | $I_2$ | $I_3$ | $I_4$ | $I_5$ | $I_6$ | $I_7$ | $I_8$ | $I_9$ | $Y_3$ | $Y_2$ | $Y_1$ | $Y_0$ |
|---|---|---|---|---|---|---|---|---|---|---|---|---|---|
| 1 | 0 | 0 | 0 | 0 | 0 | 0 | 0 | 0 | 0 | 0 | 0 | 0 | 0 |
| 0 | 1 | 0 | 0 | 0 | 0 | 0 | 0 | 0 | 0 | 0 | 0 | 0 | 1 |
| 0 | 0 | 1 | 0 | 0 | 0 | 0 | 0 | 0 | 0 | 0 | 0 | 1 | 0 |
| 0 | 0 | 0 | 1 | 0 | 0 | 0 | 0 | 0 | 0 | 0 | 0 | 1 | 1 |
| 0 | 0 | 0 | 0 | 1 | 0 | 0 | 0 | 0 | 0 | 0 | 1 | 0 | 0 |
| 0 | 0 | 0 | 0 | 0 | 1 | 0 | 0 | 0 | 0 | 0 | 1 | 0 | 1 |
| 0 | 0 | 0 | 0 | 0 | 0 | 1 | 0 | 0 | 0 | 0 | 1 | 1 | 0 |
| 0 | 0 | 0 | 0 | 0 | 0 | 0 | 1 | 0 | 0 | 0 | 1 | 1 | 1 |
| 0 | 0 | 0 | 0 | 0 | 0 | 0 | 0 | 1 | 0 | 1 | 0 | 0 | 0 |
| 0 | 0 | 0 | 0 | 0 | 0 | 0 | 0 | 0 | 1 | 1 | 0 | 0 | 1 |

图 11-37　8421BCD 码编码器逻辑电路图

而实际上输入端常常会出现多个信号。在数字系统中，特别是在计算机系统中，要控制几个工作对象，例如微型计算机主机要控制打印机、磁盘驱动器、输入键盘等。当某个部件需要进行操作时，必须先送一个信号给主机（称为服务请求），经主机识别后再发出允许操作信号（服务响应），并按事先编好的程序工作。这里会有几个部件同时发出服务请求的可能，而在同一时刻只能给其中 1 个部件发出允许操作信号。因此，必须根据轻重缓急，规定这些控制对象允许操作的先后次序，即优先级别。识别这类请求信号的优先级别并进行编码的逻辑部件称为优先编码器。4-2 线优先编码器的真值表如表 11-25 所示。

该电路输入高电平有效，1 表示有

表 11-25　4-2 线优先编码器的真值表

| 输入 | | | | 输出 | |
|---|---|---|---|---|---|
| $I_0$ | $I_1$ | $I_2$ | $I_3$ | $Y_1$ | $Y_0$ |
| 1 | 0 | 0 | 0 | 0 | 0 |
| × | 1 | 0 | 0 | 0 | 1 |
| × | × | 1 | 0 | 1 | 0 |
| × | × | × | 1 | 1 | 1 |

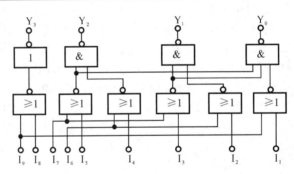

输入，**0** 表示无输入。×表示任意状态，取 **0** 或 **1** 均可。从真值表可以看出，输入端优先级的次序依次为 $I_3、I_2、I_1、I_0$。$I_3$ 优先级最高，$I_0$ 最低。例如，对于 $I_0$，只有当 $I_1$、$I_2$、$I_3$ 均为 **0**，且 $I_0$ 为 **1** 时，输出为 **00**；对于 $I_3$，无论其他三个输入是否为有效电平输入，输出均为 **11**。

优先编码器允许几个信号同时输入，但电路仅对优先级别最高的进行编码，不理睬低级别的其他输入。优先级的高低由设计人员根据具体情况事先设定。

由表 11-25 可以得出，该优先编码器的逻辑表达式为

$$Y_1 = \bar{I}_3 I_2 + I_3$$
$$Y_0 = \bar{I}_3 \bar{I}_2 I_1 + I_3$$

集成优先编码器的种类较多，如 TTL 系列 10-4 线优先编码器 74147，8-3 线二进制优先编码器 74LS148。图 11-38 所示为二-十进制 BCD 码优先编码器 74LS147 的外引线排列图。表 11-26 给出其逻辑功能表。从功能表可知，它将一位十进制数 0～9 的输入按 8421BCD 的反码输出，用 $\bar{Y}_3$ $\bar{Y}_2$ $\bar{Y}_1$ $\bar{Y}_0$ 表示，输入为低电平有效，用 $\bar{I}_i$ 表示。但所有输入均为高电平时，输出编码为 $\bar{Y}_3$ $\bar{Y}_2$ $\bar{Y}_1$ $\bar{Y}_0$ = **1111**，正好是 **0** 的反码，所以 74LS147 的管脚中没有 $\bar{I}_0$ 的输入端。

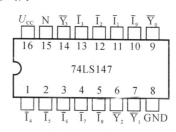

**图 11-38** 74LS147 **外引线排列图**

**表 11-26** 74LS147 **优先编码器功能表**

| 输 入（低电平有效） | | | | | | | | | 输 出（8421 反码） | | | |
|---|---|---|---|---|---|---|---|---|---|---|---|---|
| $\bar{I}_9$ | $\bar{I}_8$ | $\bar{I}_7$ | $\bar{I}_6$ | $\bar{I}_5$ | $\bar{I}_4$ | $\bar{I}_3$ | $\bar{I}_2$ | $\bar{I}_1$ | $\bar{Y}_3$ | $\bar{Y}_2$ | $\bar{Y}_1$ | $\bar{Y}_0$ |
| 1 | 1 | 1 | 1 | 1 | 1 | 1 | 1 | 1 | 1 | 1 | 1 | 1 |
| 0 | × | × | × | × | × | × | × | × | 0 | 1 | 1 | 0 |
| 1 | 0 | × | × | × | × | × | × | × | 0 | 1 | 1 | 1 |
| 1 | 1 | 0 | × | × | × | × | × | × | 1 | 0 | 0 | 0 |
| 1 | 1 | 1 | 0 | × | × | × | × | × | 1 | 0 | 0 | 1 |
| 1 | 1 | 1 | 1 | 0 | × | × | × | × | 1 | 0 | 1 | 0 |
| 1 | 1 | 1 | 1 | 1 | 0 | × | × | × | 1 | 0 | 1 | 1 |
| 1 | 1 | 1 | 1 | 1 | 1 | 0 | × | × | 1 | 1 | 0 | 0 |
| 1 | 1 | 1 | 1 | 1 | 1 | 1 | 0 | × | 1 | 1 | 0 | 1 |
| 1 | 1 | 1 | 1 | 1 | 1 | 1 | 1 | 0 | 1 | 1 | 1 | 0 |

### 11.5.3 译码器和数字显示电路

译码是编码的逆过程，则译码器的功能与编码器相反，它将二进制代码（输入变量）转换成十进制数、字符和其他输出信号，如地址选通信号等。其电路特点为组合逻辑电路。常用的译码电路有二进制译码器、二-十译码器和显示译码器等。

## 1. 二进制译码器

二进制译码器可将 $n$ 位二进制代码译成电路的 $2^n$ 种输出状态,如 2-4 线译码器、3-8 线译码器和 4-16 线译码器等。二进制译码器多用于地址选通译码。

图 11-39(a)所示为常用的 TTL 集成 3-8 线译码器 74LS138 的逻辑电路图。图中 $A_2$、$A_1$、$A_0$ 为 3 个输入端,输入 3 位二进制代码。$\overline{Y}_0, \overline{Y}_1, \cdots, \overline{Y}_7$ 为 8 个输出端,$\overline{Y}_i$ 表示低电平有效。$S_1、\overline{S}_2、\overline{S}_3$ 为控制端,同样 $\overline{S}_2、\overline{S}_3$ 也表示输入低电平有效。用 $S_1、\overline{S}_2、\overline{S}_3$ 的组合控制译码器的选通和禁止。

图 11-39(b)是 74LS138 译码器逻辑符号,图中小圆圈表示低电平有效。

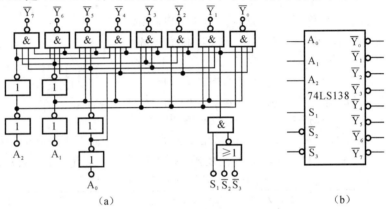

**图 11-39** 74LS138 集成译码器逻辑图和逻辑符号

74LS138 译码器的真值表如表 11-27 所示。

**表 11-27** 74LS138 译码器的真值表

| 输入 | | | | | 输出 | | | | | | | |
|---|---|---|---|---|---|---|---|---|---|---|---|---|
| 控制码 | | 数码 | | | | | | | | | | |
| $S_1$ | $\overline{S}_2+\overline{S}_3$ | $A_2$ | $A_1$ | $A_0$ | $\overline{Y}_0$ | $\overline{Y}_1$ | $\overline{Y}_2$ | $\overline{Y}_3$ | $\overline{Y}_4$ | $\overline{Y}_5$ | $\overline{Y}_6$ | $\overline{Y}_7$ |
| × | 1 | × | × | × | 1 | 1 | 1 | 1 | 1 | 1 | 1 | 1 |
| 0 | × | × | × | × | 1 | 1 | 1 | 1 | 1 | 1 | 1 | 1 |
| 1 | 0 | 0 | 0 | 0 | 0 | 1 | 1 | 1 | 1 | 1 | 1 | 1 |
| 1 | 0 | 0 | 0 | 1 | 1 | 0 | 1 | 1 | 1 | 1 | 1 | 1 |
| 1 | 0 | 0 | 1 | 0 | 1 | 1 | 0 | 1 | 1 | 1 | 1 | 1 |
| 1 | 0 | 0 | 1 | 1 | 1 | 1 | 1 | 0 | 1 | 1 | 1 | 1 |
| 1 | 0 | 1 | 0 | 0 | 1 | 1 | 1 | 1 | 0 | 1 | 1 | 1 |
| 1 | 0 | 1 | 0 | 1 | 1 | 1 | 1 | 1 | 1 | 0 | 1 | 1 |
| 1 | 0 | 1 | 1 | 0 | 1 | 1 | 1 | 1 | 1 | 1 | 0 | 1 |
| 1 | 0 | 1 | 1 | 1 | 1 | 1 | 1 | 1 | 1 | 1 | 1 | 0 |

由真值表知,当 $S_1=0$ 或 $\overline{S_2}+\overline{S_3}=1$ 时,译码器处于禁止状态,输出 $\overline{Y}_0$, $\overline{Y}_1$, …, $\overline{Y}_7$ 全为 1;当 $S_1=1$, $\overline{S_2}+\overline{S_3}=0$ 时,译码器被选通,处于工作状态,译码器输出与输入之间的逻辑关系为

$$\overline{Y}_0 = \overline{\overline{A}_2\, \overline{A}_1\, \overline{A}_0} = \overline{m_0}$$

$$\overline{Y}_1 = \overline{\overline{A}_2\, \overline{A}_1\, A_0} = \overline{m_1}$$

$$\overline{Y}_2 = \overline{\overline{A}_2\, A_1\, \overline{A}_0} = \overline{m_2}$$

$$\overline{Y}_3 = \overline{\overline{A}_2\, A_1\, A_0} = \overline{m_3}$$

$$\overline{Y}_4 = \overline{A_2\, \overline{A}_1\, \overline{A}_0} = \overline{m_4}$$

$$\overline{Y}_5 = \overline{A_2\, \overline{A}_1\, A_0} = \overline{m_5}$$

$$\overline{Y}_6 = \overline{A_2\, A_1\, \overline{A}_0} = \overline{m_6}$$

$$\overline{Y}_7 = \overline{A_2\, A_1\, A_0} = \overline{m_7}$$

二进制译码器除用于地址选通外,还用于实现各种组合逻辑电路的功能。

【例 11-18】 试用 3-8 线译码器 74LS138 和与非门实现如下逻辑函数。
$$Y = \overline{A}B + \overline{A}C + BC$$

【解】 将逻辑函数用最小项表示,然后两次求反。
$$Y = \overline{A}B + \overline{A}C + BC = \overline{A}B(\overline{C}+C) + \overline{A}C(\overline{B}+B) + BC(\overline{A}+A)$$
$$= \overline{A}B\overline{C} + \overline{A}BC + \overline{A}\overline{B}C + ABC = m_2 + m_3 + m_1 + m_7$$
$$= \overline{\overline{m_1} \cdot \overline{m_2} \cdot \overline{m_3} \cdot \overline{m_7}} = \overline{\overline{Y}_1 \cdot \overline{Y}_2 \cdot \overline{Y}_3 \cdot \overline{Y}_7}$$

输入变量 A、B、C 分别接到 3-8 线译码器 74LS138 的输入端 $A_2$、$A_1$、$A_0$,输出端 $\overline{Y}_1$、$\overline{Y}_2$、$\overline{Y}_3$、$\overline{Y}_7$ 接到与非门的输入端,并令 $S_1=1$, $\overline{S_2}=0$, $\overline{S_3}=0$,实现逻辑函数 Y 的电路如图 11-40 所示。

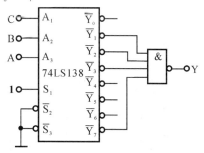

图 11-40 例 11-18 的逻辑电路图

**2. 数字显示译码器**

在数字系统中,常常需要将测量或运算结果等数字量用十进制数码直观地显示出来,供人们直接读取或监视系统工作的情况。因此,数字显示电路是许多数字设备不可或缺的部分。目前广泛采用的是七段数码显示器。

这种数码显示器由分布在同一平面的七段发光体组成,且排列成"日"字形。可显示 0~9 等 10 个数字,以及少数文字或符号。图 11-41 所示为七段数字显示器利用七段发光体 a~g 的不同发光组合,显示 0~9 等 10 个数字的状况。

常用的七段数码显示器有半导体发光二极管(LED)显示器和液晶显示器两种,图 11-42 所示为 LED 显示器电路。根据发光二极管连接的形式不同,分为共阴极显

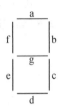
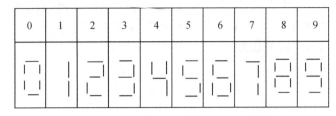

(a) 七段发光管布置图   (b) 数字发光组合图

图 11-41  七段数码显示器发光组合图

示器和共阳极显示器。共阴极显示器将七个发光二极管的阴极连在一起，作为公共端。在电路中，将公共端接于低电平，分别控制 LED 的阳极，当某段 LED 的阳极为高电平时，则该线段发光，反之不发光。共阳极显示器的控制方式与共阴极显示器正好相反。

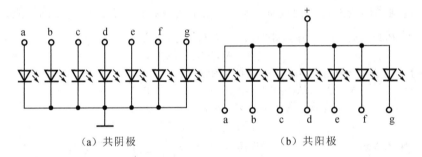

(a) 共阴极   (b) 共阳极

图 11-42  半导体数码管两种接法

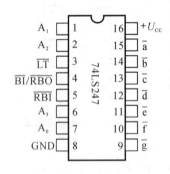

图 11-43  74LS247 引脚图

七段数字显示器的控制电路是显示译码驱动器，它可以将输入二进制代码转换成相应的数字显示代码，并在数码管上显示出来。图 11-43 所示为七段显示译码驱动器 47LS247 的引脚图，输入 $A_3$、$A_2$、$A_1$ 和 $A_0$ 接收 4 位二进制码，输出 $\overline{a} \sim \overline{g}$ 为低电平有效，可直接驱动共阴极显示器，3 个辅助控制端 $\overline{LT}$、$\overline{RBI}$、$\overline{BI/RBO}$，以增强器件的功能，扩大器件应用。74LS247 的功能表如表 11-28 所示。

从功能表可以看出，对输入代码 **0000**，译码条件是：灯测试输入 $\overline{LT}$ 和动态灭零输入 $\overline{RBI}$ 同时等于 **1**，而对其他输入代码则仅要求 $\overline{LT}=1$，这时候，译码器各段 $\overline{a}\sim\overline{g}$ 输出的电平是由输入代码决定的，并且满足显示字形的要求。

表 11-28  74LS247 功能表

| 十进制数或功能 | 输入 | | | | | | $\overline{BI}/\overline{RBO}$ | 输出 | | | | | | |
|---|---|---|---|---|---|---|---|---|---|---|---|---|---|---|
| | $\overline{LT}$ | $\overline{RBI}$ | $A_3$ | $A_2$ | $A_1$ | $A_0$ | | $\overline{a}$ | $\overline{b}$ | $\overline{c}$ | $\overline{d}$ | $\overline{e}$ | $\overline{f}$ | $\overline{g}$ |
| 0 | 1 | 1 | 0 | 0 | 0 | 0 | 1 | 0 | 0 | 0 | 0 | 0 | 0 | 1 |
| 1 | 1 | × | 0 | 0 | 0 | 1 | 1 | 1 | 0 | 0 | 1 | 1 | 1 | 1 |
| 2 | 1 | × | 0 | 0 | 1 | 0 | 1 | 0 | 0 | 1 | 0 | 0 | 1 | 0 |
| 3 | 1 | × | 0 | 0 | 1 | 1 | 1 | 0 | 0 | 0 | 0 | 1 | 1 | 0 |
| 4 | 1 | × | 0 | 1 | 0 | 0 | 1 | 1 | 0 | 0 | 1 | 1 | 0 | 0 |
| 5 | 1 | × | 0 | 1 | 0 | 1 | 1 | 0 | 1 | 0 | 0 | 1 | 0 | 0 |
| 6 | 1 | × | 0 | 1 | 1 | 0 | 1 | 1 | 1 | 0 | 0 | 0 | 0 | 0 |
| 7 | 1 | × | 0 | 1 | 1 | 1 | 1 | 0 | 0 | 0 | 1 | 1 | 1 | 1 |
| 8 | 1 | × | 1 | 0 | 0 | 0 | 1 | 0 | 0 | 0 | 0 | 0 | 0 | 0 |
| 9 | 1 | × | 1 | 0 | 0 | 1 | 1 | 0 | 0 | 0 | 0 | 1 | 0 | 0 |
| 消隐 | × | × | × | × | × | × | 0 | 1 | 1 | 1 | 1 | 1 | 1 | 1 |
| 灭零 | 1 | 0 | 0 | 0 | 0 | 0 | 0 | 1 | 1 | 1 | 1 | 1 | 1 | 1 |
| 灯测试 | 0 | × | × | × | × | × | 1 | 0 | 0 | 0 | 0 | 0 | 0 | 0 |

灯测试输入 $\overline{LT}$ 低电平有效。当 $\overline{LT}=0$ 时，无论其他输入端是什么状态，所有输出 $\overline{a}\sim\overline{g}$ 均为 **0**，显示字形 **8**。该输入端常用于检查 74LS247 本身及显示器的好坏。

动态灭零输入 $\overline{RBI}$ 低电平有效。当 $\overline{LT}=1$，$\overline{BRI}=0$，且输入代码 $A_3A_2A_1A_0=$ **0000** 时，输出 $\overline{a}\sim\overline{g}$ 均为高电平，即与 **0000** 码相应的字形 **0** 不显示，故称"灭零"。利用 $\overline{LT}=1$ 与 $\overline{RBI}=0$，可以实现某一位数码的"消隐"。

灭灯输入/动态灭零输出 $\overline{BI}/\overline{RBO}$ 是特殊控制端，既可作输入，又可作输出。当 $\overline{BI}/\overline{RBO}$ 作入使用，且 $\overline{BI}/\overline{RBO}=$ **0** 时，无论其他输入端是什么电平，所有输出 $\overline{a}\sim\overline{g}$ 均为 **1**，字形熄灭。$\overline{BI}/\overline{RBO}$ 作为输出使用时，受 $\overline{LT}$ 和 $\overline{RBI}$ 控制，只有当 $\overline{LT}=1$，$\overline{RBI}=0$，且输入代码 $A_3A_2A_1A_0=$ **0000** 时，$\overline{BI}/\overline{RBO}=0$，其他情况下 $\overline{BI}/\overline{RBO}=1$。该端主要用于显示多位数字时多个译码器之间的连接。其基本连接如图 11-44 所示。

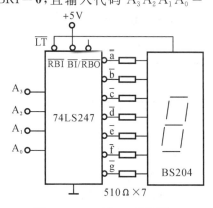

图 11-44  74LS247 连接图

### 11.5.4 数据分配器和数据选择器

数据分配器和数据选择器是数字系统的多路转换开关，具有组合逻辑的特点。数据分配器是将一路输入数据分配到多路输出；数据选择器是从多路输入数据中选择一路输出。

### 1. 数据分配器

数据分配器具有能根据通道地址信号,将一个公共通道上的数据分时传送到多个不同的通道上去的功能。它的作用相当于多输出的单刀多掷开关,其示意图如图 11-45 所示。

数据分配器可以采用二进制译码器实现。用 74LS138 作为数据分配器的逻辑原理图,如图 11-46 所示。图中 $A_2$、$A_1$ 和 $A_0$ 作为通道地址输入信号,$\overline{S}_2$ 作为数据输入端,$\overline{S}_3$ 为低电平,$S_1$ 为使能信号。

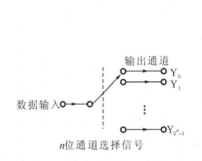

图 11-45 数据分配器示意图　　图 11-46 用 74LS138 作为数据分配器

在 $\overline{S}_3=0$,$S_1=1$ 的情况下,74LS138 译码器作为数据分配器的功能表如表 11-29 所示。根据功能表可知,当 EN=1,$\overline{S}_3=0$,$A_2A_1A_0=000\sim111$ 时,$\overline{S}_2$ 端输入的数据 D 被分配到 $\overline{Y}_0\sim\overline{Y}_7$ 不同的输出端。

表 11-29 74LS138 译码器作为数据分配器的功能表

| 输入 | | | | | | 输出 | | | | | | | |
|---|---|---|---|---|---|---|---|---|---|---|---|---|---|
| $S_1$ | $\overline{S}_2$ | $\overline{S}_3$ | $A_2$ | $A_1$ | $A_0$ | $\overline{Y}_0$ | $\overline{Y}_1$ | $\overline{Y}_2$ | $\overline{Y}_3$ | $\overline{Y}_4$ | $\overline{Y}_5$ | $\overline{Y}_6$ | $\overline{Y}_7$ |
| 0 | × | 0 | × | × | × | 1 | 1 | 1 | 1 | 1 | 1 | 1 | 1 |
| 1 | D | 0 | 0 | 0 | 0 | D | 1 | 1 | 1 | 1 | 1 | 1 | 1 |
| 1 | D | 0 | 0 | 0 | 1 | 1 | D | 1 | 1 | 1 | 1 | 1 | 1 |
| 1 | D | 0 | 0 | 1 | 0 | 1 | 1 | D | 1 | 1 | 1 | 1 | 1 |
| 1 | D | 0 | 0 | 1 | 1 | 1 | 1 | 1 | D | 1 | 1 | 1 | 1 |
| 1 | D | 0 | 1 | 0 | 0 | 1 | 1 | 1 | 1 | D | 1 | 1 | 1 |
| 1 | D | 0 | 1 | 0 | 1 | 1 | 1 | 1 | 1 | 1 | D | 1 | 1 |
| 1 | D | 0 | 1 | 1 | 0 | 1 | 1 | 1 | 1 | 1 | 1 | D | 1 |
| 1 | D | 0 | 1 | 1 | 1 | 1 | 1 | 1 | 1 | 1 | 1 | 1 | D |

### 2. 多路数据选择器

数据选择器又称为多路数据选择器,它类似于多个输入的单刀多掷开关,其示意图如图 11-47 所示。它在选择控制信号的作用下，选择多路数据输入中的某一路与输出端接通。集成数据选择器的种类很多，有 2 选 1、4 选 1、8 选 1 和 16 选 1 等。图11-48 所示为 74LS151 型 8 选 1 数据选择器的引脚分布和逻辑符号。

74LS151 集成数据选择器，它有 3 个地址输入端 $A_2$、$A_1$ 和 $A_0$，可选择 $D_0$ ～$D_7$ 等 8 个数据源，具有两个互补输出端、同相输出端 Y 和反相输出端$\overline{W}$。该逻辑电路输入使能$\overline{S}$为低电平有效。

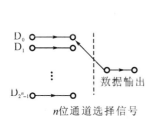

*n*位通道选择信号

图 11-47 数据选择器示意图

（a）引脚图 （b）逻辑符号

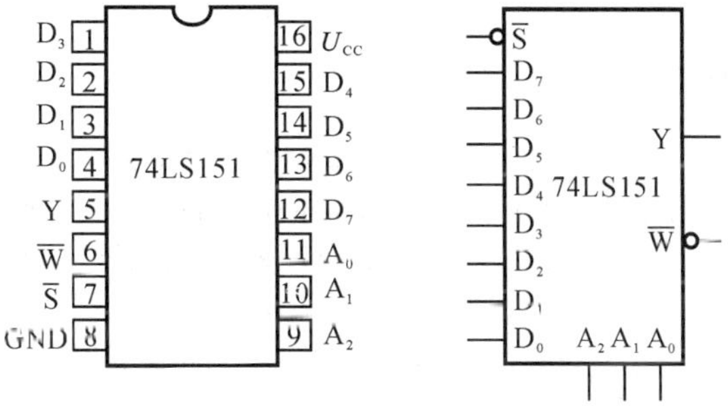

图 11-48 多选 1 数据选择器 74LS151

输出 Y 的表达式为

$$Y = \sum_{i=0}^{7} m_i D_i$$

式中：$m_i$ 为 $A_2$、$A_1$、$A_0$ 的最小项。例如，当 $A_2A_1A_0$ =**011** 时，根据最小项性质，只有 $m_3$ =**1**，其余各项为 **0**，故得 $Y=D_3$，即只有 $D_3$ 传送到输出端。

74LS151 的功能表如表 11-30 所示。

**表 11-30** 74LS151 **的功能表**

| 输入 | | | | 输出 | |
|---|---|---|---|---|---|
| 使能 | 地址 | | | | |
| $\overline{S}$ | $A_2$ | $A_1$ | $A_0$ | W | $\overline{W}$ |
| **1** | × | × | × | **0** | **1** |
| **0** | **0** | **0** | **0** | $D_0$ | $\overline{D_0}$ |
| **0** | **0** | **0** | **1** | $D_1$ | $\overline{D_1}$ |
| **0** | **0** | **1** | **0** | $D_2$ | $\overline{D_2}$ |
| **0** | **0** | **1** | **1** | $D_3$ | $\overline{D_3}$ |
| **0** | **1** | **0** | **0** | $D_4$ | $\overline{D_4}$ |
| **0** | **1** | **0** | **1** | $D_5$ | $\overline{D_5}$ |
| **0** | **1** | **1** | **0** | $D_6$ | $\overline{D_6}$ |
| **0** | **1** | **1** | **1** | $D_7$ | $\overline{D_7}$ |

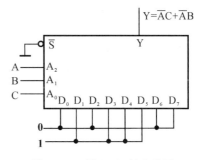

图 11-49 例 11-19 的电路图

**【例 11-19】** 试用 74LS151 实现逻辑函数 $Y=\overline{A}C+A\overline{B}$。

**【解】** 将式 $Y=\overline{A}C+A\overline{B}$ 转换成最小项表达式,有

$$Y = \overline{A}C + A\overline{B} = \overline{A}C(\overline{B}+B) + A\overline{B}(\overline{C}+C) = \overline{A}\overline{B}C + \overline{A}BC + A\overline{B}\overline{C} + A\overline{B}C$$
$$= m_1 + m_3 + m_4 + m_5$$

令 $A_2=A, A_1=B, A_0=C$;$\overline{S}$ 端接地,使数据选择器 74LS151 处于使能状态。只要输入 $D_0=D_2=D_6=D_7=\mathbf{0}, D_1=D_3=D_4=D_5=\mathbf{1}$,即可实现函数 $Y=\overline{A}C+A\overline{B}$。其电路如图 11-49 所示。

## 本章小结

根据组合逻辑电路的基本要求,本章分别介绍了数字电路的基本概念、逻辑关系与数字逻辑门电路、逻辑代数、组合逻辑的分析与综合,以及常用的集成组合逻辑器件。

(1) 与模拟信号相比,数字信号具有很多不同特点,如离散性、抗干扰性、可编辑性,根据具体要求有不同的数制和码制。应重点理解数制和码制的意义。

(2) 实现数字信号处理的基本电路单元是逻辑门电路。门电路中三极管工作在开关状态,因而,各种门电路的输入和输出之间并不是线性关系而是逻辑关系。重点是正确理解和掌握不同逻辑门电路的基本参数、表达方式、工作波形和应用要求。

(3) 逻辑代数是分析逻辑电路、表示逻辑关系的数学工具。同一个逻辑可以有多个逻辑代数表达式,最简的表达式意味着最简的电路,因而函数化简尤为重要。重点掌握和理解逻辑状态表的建立、逻辑表达式的基本格式和化简方法,以及逻辑电路图的物理意义。

(4) 组合逻辑电路是数字电路中应用非常广泛的一类电路,其特点是电路结构上无反馈、功能上无记忆,电路在任何时刻的输出只取决于该时刻的输入信号。重点是掌握组合逻辑电路分析方法和功能判断,掌握组合逻辑电路的设计步骤和过程。

(5) 集成组合逻辑器件,种类多样、功能齐全、性能可靠、应用灵活。重点是编码、译码和显示驱动器的原理和应用特点。

## 习 题 11

**11-1** 将下列不同进制数写成按权展开形式。
(1) $(4517)_{10}$ (2) $(10110)_2$ (3) $(7A8F)_{16}$

**11-2** 将下列数转换成十进制数。
(1) $(10110011)_2$ (2) $(85D)_{16}$

**11-3** 将下列十进制数转换成二进制和十六进制数。
(1) $(85)_D$ (2) $(124)_D$

**11-4** 分立元件门电路如题图 11-4 所示:A、B、C 为输入,Y 为输出,设输入低电平为 0.7 V,输入高电平为 3 V,试列出真值表,写出输出表达式,指出各属于哪种功能的门电路。

**11-5** 由门电路组成的逻辑图如题图 11-5 所示,分别写出输出端的逻辑表达式。

**11-6** 已知逻辑门电路及输入波形如题图 11-6 所示,试画出各输出 $Y_1$、$Y_2$、$Y_3$ 的波形。

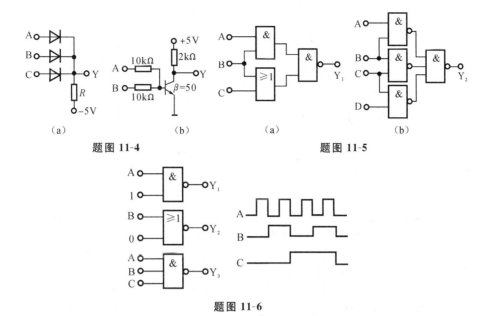

题图 11-4　　　　　　　题图 11-5

题图 11-6

11-7 已知门电路及其输入端 A 和 B 的波形如题图 11-7 所示,当控制端 C＝1 和 C＝0 两种情况时,试求输出端 Y 的表达式,列出真值表,并画出对应的波形图。

11-8 已知逻辑图和输入 A、B、C 的波形如题图 11-8 所示,试画出输出 Y 的波形。

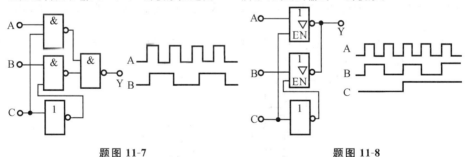

题图 11-7　　　　　　　题图 11-8

11-9 题图 11-9 所示的是两个 CMOS 三态门电路,其中由 $T_1$ 和 $T_2$ 组成的为图 11-19 所示的非门电路。试分析其工作情况,并画出各个逻辑符号。

11-10 根据下列逻辑式,画出逻辑图。
(1) $Y=\overline{AB+CD}$
(2) $Y=(A+B)C$
(3) $Y=\overline{\overline{AB}+\overline{BC}+\overline{AC}}$
(4) $Y=AB+BC$

11-11 用与非门及非门实现以下逻辑关系,画出逻辑图。
(1) $A=AB+A\overline{C}$
(2) $Y=A\overline{B}+A\overline{C}+\overline{A}BC$

11-12 用逻辑代数的基本定律证明下列等式。
(1) $\overline{A}B+A\overline{B}+\overline{A}\overline{B}=\overline{A}+\overline{B}$
(2) $A\overline{B}+BD+\overline{A}D+DC=A\overline{B}+D$

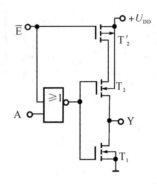
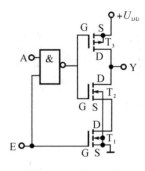

题图 11-9

(3) $ABC+\overline{A}\,\overline{B}\,\overline{C}=\overline{A\overline{B}+B\overline{C}+\overline{A}C}$      (4) $\overline{A}\overline{C}+\overline{A}\overline{B}+BC+\overline{A}\overline{C}D=\overline{A}+BC$

**11-13** 将下列函数转换为标准的**与或**表达式。

(1) $Y=\overline{A}BC+AC+\overline{B}C$      (2) $Y=A\overline{B}CD+BCD+\overline{A}D$

**11-14** 用代数法将下列函数化简为最简**与或**表达式。

(1) $Y=A(\overline{A}+B)+B(B+C)+B$      (2) $Y=B(C+\overline{A}D)+\overline{B}(C+\overline{A}D)$

(3) $Y=\overline{A+B}\cdot\overline{AB}\cdot\overline{AC}$      (4) $Y=A(B\oplus C)+ABC+A\overline{B}\overline{C}$

**11-15** 用卡诺图法将下列函数化简为最简**与或**表达式。

(1) $Y(A,B,C)=\sum m(0,1,2,3,5,7)$      (2) $Y=\overline{A}B+\overline{A}C+\overline{B}C+AD$

(3) $Y=A\overline{B}+\overline{A}CD+B+\overline{C}+\overline{D}$      (4) $Y=A\overline{B}+B\overline{C}\overline{D}+ABD+\overline{A}B\overline{C}D$

**11-16** 利用两输入与非门组成非门、与门、或门、或非门和异或门,要求列出表达式并画出最简逻辑图。

**11-17** 电路如题图 11-17 所示,A、B 是数据输入端,C 是控制输入端,试分析在控制端 C=**0** 和 C=**1** 的情况下,数据输入 A、B 和输出 Y 之间的关系。

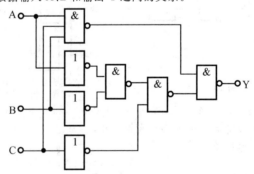

题图 11-17

**11-18** 逻辑电路如题图 11-18 所示,试证明两电路的逻辑功能相同。

**11-19** 逻辑电路如题图 11-19 所示。写出 Y 的逻辑式,画出用与非门实现的逻辑图。

**11-20** 电路如题图 11-20 所示,分析电路的逻辑功能。

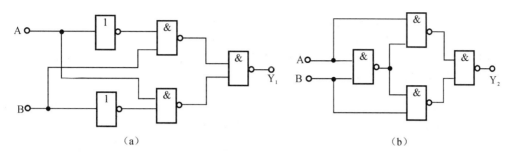

题图 11-18

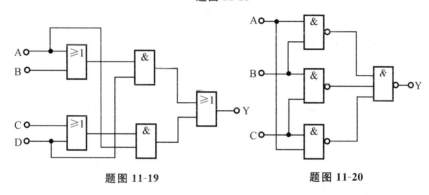

题图 11-19　　　　　　　　　　　题图 11-20

11-21　某十字路口设置一个交通信号灯报警电路:当红、黄、绿三种信号灯单独亮,或者黄、绿灯同时亮时,为正常情况,其他情况均属不正常,设不正常情况时电路输出高电平($Y=1$),以示报警,试用与非门实现这一逻辑功能。

11-22　题图 11-22 所示的是两地控制照明灯的电路,单刀双掷开关 A 和 B 安装在不同的地方,且两地都可以开启和关闭同一个电灯。设灯亮为 $Y=1$,灯灭为 $Y=0$,开灯 A,B 在上的位置为 **1**,在下的位置为 **0**,试写出 Y 的逻辑表达式,并用与非门实现此功能。

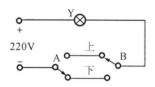

题图 11-22

11-23　设 A、B、C、D 为一个 8421 代码的四位,若此 4 位码表示的十进制数值 $x$ 能被 4 整除(其中 **0** 可认为能被任何非 0 数整除)时,则输出为 **1**,否则为 **0**。试用与非门实现这一逻辑电路。

11-24　设 A、B、C 为一个 8421 代码的 3 位,当此 3 位码的十进制数值 $x$ 满足 $2<x<6$ 时,则输出为 **1**,否则输出为 **0**,试用与非门实现这一逻辑电路。

11-25　设 A、B 为一位二进制码的加数和被加数,C 为相邻低位向本位的进位数,试用与非门实现一位二进制数的全加器逻辑电路。

11-26　试画出用 3-8 线译码器 74LS138 和与非门实现如下逻辑函数的逻辑电路图。
　　　(1) $Y_1 = AC$　　　　　　　　　　　(2) $Y_2 = \overline{B}\overline{C} + AB\overline{C}$

11-27　用 74LS138 译码器实现三人表决的逻辑功能。

11-28　某实验室有红、黄两个故障灯,用来表示三台设备的工作情况。当只有一台设备有故障时,黄灯亮;若有两台设备同时产生故障,红灯亮;而当三台设备都产生故障时,红、黄灯同时亮。试设计一个控制指示灯的逻辑电路,用适当的逻辑门实现。

11-29 某车间三台电动机 A、B、C 的工作状态需要配备一监测装置,其要求是 A 开机时,B 必须开机,B 开机时 C 必须开机。如不满足这个要求,则发出报警。试用**与非门**实现上述要求的逻辑电路。

11-30 分别用与非门设计、组成可实现以下逻辑功能的电路。
(1) A、B、C 三个输入变量中有奇数个 **1** 时,输出为 **1**,其他为 **0**(三变量判奇电路)。
(2) A、B、C 三个输入变量中有偶数个 **1** 时,输出为 **1**,其他为 **0**(三变量判偶电路)。

11-31 某智力竞赛,有 A、B、C、D 四道必做题,其中 A 为 40 分,B 为 30 分,C 为 20 分,D 为 10 分,选手答对者得满分,答错则得 0 分,总分大于 60 分才可获胜,试用**与非门**设计评定获胜者的逻辑电路。

11-32 8 选 1 数据选择电路如题图 11-32 所示,试写出它所实现的函数 Y 的最简**与或**表达式。

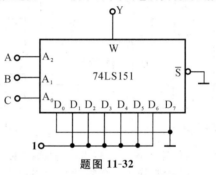

题图 11-32

# 12 触发器与时序逻辑电路

时序逻辑电路是数字系统中应用广泛的又一类逻辑电路,与组合逻辑电路形成对比的是:电路的每一次输出状态的变化不仅与当前输入有关,还与过去的状态有关。即在前一时刻的输入触发信号消失后,电路输出端仍能保持原来的状态,这一特性表明,时序逻辑电路具有存储功能。组成时序逻辑电路的基本单元模块是触发器,它的基本特点是输出具有两种稳定的电平。这就是说触发器具有保持和记忆能力,是存储数字信息的基本单元。因此,用触发器和门电路可构成寄存器、记数器等各类不同用途的时序逻辑电路。本章从触发器电路着手,依次讨论寄存器、计数器、单稳态触发器和多谐振荡器等时序逻辑电路的原理和应用。

## 12.1 双稳态触发器

在门电路基础上引入反馈后,就构成了具有保持低电平和高电平两种稳定输出状态的电路。这种电路只有在外加信号的触发下,才可以从一个稳定状态转换到另一个稳定状态。因此,被称为双稳态触发器。触发器按其特点可分为多个类别:按逻辑功能分为 RS 触发器、JK 触发器、D 触发器和 T 触发器等;按控制信号可分为基本触发器和时钟控制触发器;按触发方式不同又可分为电平触发器、主从触发器和边沿触发器等。

### 12.1.1 基本 RS 触发器

**1. 电路组成**

利用 $G_1$ 和 $G_2$ 两个**与非门**输出端的交叉反馈连接,就可构成基本 RS 触发器,其逻辑电路图和逻辑符号如图 12-1 所示。这两个与非门可以是 TTL 门电路,也可以是 CMOS 门电路。除了与非门以外,用或非门、与或非门等也可以构成基本 RS 触发器。

由图 12-1 可知,基本 RS 触发器有两个输出端 Q 和 $\overline{Q}$,正常情况下,两个输出端的状态互为相反。触发器的两个稳定状态:当输出端为低电平,即 $Q=0,\overline{Q}=1$ 时,称为触发器处于 0 稳定状态,或称复位状态;当输出端为高电平,即 $Q=1,\overline{Q}=0$ 时,称触发器处于 1 稳定状态,或称置位状态。$\overline{R}_D$、$\overline{S}_D$ 是触发器的两个输入触发端,分别称为复位(Reset)端和置位(Set)端。一般无输入信号时,$\overline{R}_D$、$\overline{S}_D$ 接高电平,处于 1 状态。

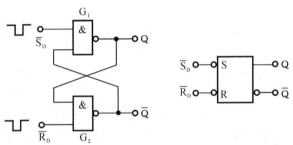

图 12-1 基本 RS 逻辑电路图和逻辑符号图

**2. 原理分析**

下面利用与非门的逻辑功能对基本 RS 触发器的工作原理进行分析。

(1) $\overline{R}_D=0,\overline{S}_D=1$ 。

在 $\overline{R}_D$ 端加一个负脉冲(通常为一窄脉冲),$\overline{S}_D$ 端保持高电平时,按照当与非门的逻辑关系即"有 0 出 1,全 1 出 0"的功能,$G_2$ 门输出 $\overline{Q}=1$,$G_1$ 门的两输入端,即 $\overline{S}_D$ 和反馈端 $\overline{Q}$ 均为 1,故输出 $Q=0$,所以触发器为复位状态,也称置 0 状态。

(2) $\overline{R}_D=1,\overline{S}_D=0$。

在 $\overline{S}_D$ 端加入一个负脉冲,$\overline{R}_D$ 端保持高电平时,则 $G_1$ 门输出为 $Q=1$,而 $G_2$ 门的两个输入端 $\overline{R}_D$ 和反馈端 Q 均为 1,所以输出端为 $\overline{Q}=0$,故称触发器输出为置位状态,即 $Q=1$,也称置 1 状态。

(3) $\overline{R}_D=1,\overline{S}_D=1$。

由于此时触发器的输入端没有负脉冲,即均保持高电平。因此,触发器的输出端也将保持原来的状态。例如,设原状态为复位状态,即 $Q=0,\overline{Q}=1$,则 Q 的 0 状态经反馈至 $G_1$ 门的输入端,使输出为 $\overline{Q}=1$,而 $\overline{Q}$ 的 1 状态反馈到 $G_2$ 门的输入端,与 $\overline{S}_D=1$ 共同作用使 $Q=0$;触发器此时保持不变。同理,若触发器原状态为置位状态,即 $Q=1,\overline{Q}=0$,由于交叉反馈,同样也会保持原来的置位状态。

在以上(1)和(2)两种情况下,当两个输入端所加的负脉冲结束(或消失)后,相

当于 $\overline{R}_D = 1, \overline{S}_D = 1$。触发器可将此输出状态一直保持到下一输入信号到来为止,这就是触发器的记忆或存储功能。

(4) $\overline{R}_D = 0, \overline{S}_D = 0$。

若在两个输入端 $\overline{R}_D$ 和 $\overline{S}_D$ 同时加入负脉冲,则两个**与非门** $G_1$ 和 $G_2$ 的输出均为 1,这与触发器的两个输出端 Q 与 $\overline{Q}$ 状态相反(互补)的正常逻辑要求相违背。而且重要的是:当两个负脉冲同时结束后,触发器的最终状态是随机的而无法预先确定。这是因为两个门电路 $G_1$、$G_2$ 的平均传输延迟时间不一定完全相同,导致触发器的输出状态可能是 Q=0,也可能是 Q=1,这种不确定的最终稳定状态,在使用中应禁止出现,即避免同时出现 $\overline{R}_D = \overline{S}_D = 0$ 的情况。

根据上述分析可知,基本 RS 触发器具有置 0、置 1 和保持功能。由于 $\overline{R}_D = 0$ 时,Q=0,故复位端 $\overline{R}_D$ 又称为直接置 0 端。而 $\overline{S}_D = 0$ 时,Q=1,则置位端 $\overline{S}_D$ 又称为直接置 1 端。同时,将用低电平(或负脉冲)的输入改变输出状态的功能,称为输入低电平有效,并且在输入端用一个小圆圈表示。如图 12-1 中 $\overline{R}_D$ 和 $\overline{S}_D$ 端子所示。而输出端 $\overline{Q}$ 处的小圆圈,则表示 $\overline{Q}$ 与 Q 两输出端的逻辑状态相反。

### 3. 逻辑功能

1) 逻辑状态转换表

触发器的逻辑功能可以用逻辑状态转换真值表(简称真值表或功能表)来描述,也可以用卡诺图来表示。表 12-1 所示为基本 RS 触发器的状态转换真值表,表 12-2 是其简化的真值表,简称状态表。其中 $Q_n$ 表示触发器输出的初始状态(或称原态),$Q_{n+1}$ 表示 Q 的下次态(或称新态)。图 12-2 所示的是基本 RS 触发器次态 $Q_{n+1}$ 的卡诺图。

表 12-1 基本 RS 触发器状态转换表

| $\overline{R}_D$ | $\overline{S}_D$ | $Q_n$ | $Q_{n+1}$ | 说明 |
|---|---|---|---|---|
| 0 | 0 | 0 | 不定 | 禁止 |
| 0 | 0 | 1 | 不定 | 禁止 |
| 0 | 1 | 0 | 0 | 复位 |
| 0 | 1 | 1 | 0 | 复位 |
| 1 | 0 | 0 | 1 | 置位 |
| 1 | 0 | 1 | 1 | 置位 |
| 1 | 1 | 0 | $Q_n$ | 保持 |
| 1 | 1 | 1 | $Q_n$ | 保持 |

表 12-2 基本 RS 触发器状态表

| $\overline{R}_D$ | $\overline{S}_D$ | $Q_{n+1}$ |
|---|---|---|
| 0 | 0 | 不定 |
| 0 | 1 | 0 |
| 1 | 0 | 1 |
| 1 | 1 | $Q_n$ |

2) 特征方程

触发器的功能也可以用逻辑函数表达式——特征方程来描述。由 RS 触发器次态 $Q_{n+1}$ 的卡诺图可知,考虑到禁止不确定的输出状态,将 $\overline{R}_D \overline{S}_D = 00$ 的输出 $Q_{n+1}$ 设

为约束项 Φ，进行化简后，得到基本 RS 触发器的特征方程和约束条件为

$$Q_{n+1}=\overline{S}_D+\overline{R}_D Q_n, \quad \overline{R}_D+\overline{S}_D=1 \tag{12-1}$$

式中：表达式 $\overline{R}_D+\overline{S}_D=1$ 称为约束条件，表示 $\overline{R}_D$ 和 $\overline{S}_D$ 不能同时为 **0**。

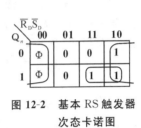

图 12-2　基本 RS 触发器次态卡诺图

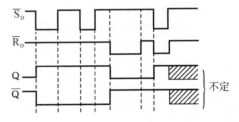

图 12-3　基本 RS 触发器工作波形

**3）波形图**

触发器的逻辑功能还可以用波形图来表示。图 12-3 表示基本 RS 触发器的工作波形。图中 $\overline{R}_D=\overline{S}_D=0$ 为禁止的输入状态约束条件；阴影部分表示当 $\overline{R}_D=\overline{S}_D=0$ 同时结束为高电平后输出状态的不确定情况。

### 12.1.2　同步 RS 触发器

基本 RS 触发器的特点是输出直接由输入状态控制。当输入信号发生变化时触发器的输出状态会立即发生变化。但是在数字系统中，往往要求触发器只在某一时刻按输入信号的状态发生转换，其他时间尽管输入改变，但输出仍保持不变。这一控制时刻由一个外加时钟脉冲（clock pulse,CP）来决定，为了简便，CP 也用 C 表示。这种由时钟脉冲 CP 决定其转换时刻，而由输入信号决定其转换状态的触发器称为同步触发器或可控触发器。

**1. 电路组成**

同步 RS 触发器的逻辑电路和逻辑符号如图 12-4 所示，它是在基本 RS 触发器的基础上，增加了 $G_3$ 和 $G_4$ 两个与非门，称为引导门，并在引导门上加入时钟脉冲 CP 的输入端，S 和 R 为信号的输入端，$\overline{S}_D$ 和 $\overline{R}_D$ 为直接置 **1** 端和直接置 **0** 端，也称为异步置位端和异步复位端。之所以称为异步，是由于 $\overline{S}_D$ 和 $\overline{R}_D$ 不是接在引导门输入端，即不受时钟脉冲的同步控制。因此，$\overline{S}_D$ 和 $\overline{R}_D$ 输入端的优先级高于输入端的 S 和 R。通常在开始工作时利用 $\overline{S}_D$ 或 $\overline{R}_D$ 为触发器预置某种初始状态。当不用 $\overline{S}_D$ 和 $\overline{R}_D$ 的功能时，也不能悬空，应将 $\overline{S}_D$ 和 $\overline{R}_D$ 置为高电平。

**2. 原理分析**

由图 12-4 可知，时钟脉冲是一组等间隔的脉冲序列。当 CP=**0** 时，图中的引导

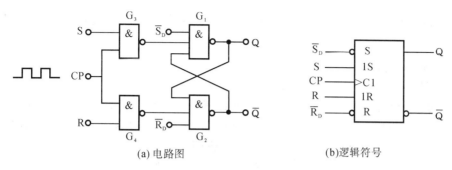

(a) 电路图　　　　　　　(b) 逻辑符号

**图 12-4　同步 RS 触发器的逻辑电路和逻辑符号**

门 $G_3$ 和 $G_4$ 被封锁，使他们的输出为 **1**，输入端 S 和 R 的状态对触发器不起作用，触发器输出保持原来的状态不变。

下面讨论在时钟脉冲作用下（CP＝**1**），同步 RS 触发器输出与输入的逻辑关系。

(1) S＝R＝**0**。

由与非门的逻辑功能可得，逻辑门 $G_3$ 和 $G_4$ 的输出为 **1**，触发器的输出保持原状态不变，即 $Q_{n+1}=Q_n$。

(2) S＝**0**，R＝**1**。

对于与非引导门 $G_4$，两个输入端 R 和 CP 均为 **1**，故 $G_4$ 输出为 **0**，将输出 $\overline{Q}$ 置为 **1**。而 S＝**0**，引导门 $G_3$ 输出为 **1**，故门 $G_1$ 的 3 个输入端均为 **1**，所以将触发器输出端 Q 置为 **0**，即 $Q_{n+1}=0$。

无论触发器原来的状态如何，在此输入状态下，当 CP 到来时，触发器的状态都被置为 **0** 状态，即 Q 从原来的 **1** 变为 **0**，或者 Q 保持 **0** 不变。CP 过后输出 Q 仍为 **0** 不变。

(3) S＝**1**，R＝**0**。

S 和 CP 为 **1**，将门 $G_3$ 置 **0**，使触发器（门 $G_1$）输出为 Q 置 **1**；R＝**0**，门 $G_4$ 置 **1**，进而门 $G_2$ 输出 $\overline{Q}$ 被置 **0**，即 $Q_{n+1}=1$，当 CP 脉冲过后，即 CP＝**0**，触发器的输出将保持 **1** 不变。

(4) S＝R＝**1**。

当时钟 CP＝**1** 时，将使 $G_3$ 和 $G_4$ 的输出都为 **0**，使 Q 和 $\overline{Q}$ 同时输出为 **1**。而 CP 过后触发器的输出状态不确定，这一过程与基本 RS 触发器的输入为 $\overline{R}_D=\overline{S}_D=0$ 的状态相同，也称为禁止状态。

同步 RS 触发器的工作过程，用波形图表示如图 12-5 所示。由图可知，输入信号 S-R 的变化并不立即引起触发器的输出端 Q 和 $\overline{Q}$ 的转换，而是在 CP 的上升沿（即从 **0→1**）到来时，Q 和 $\overline{Q}$ 的状态才会随输入而发生变化，这就是

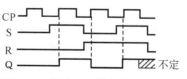

**图 12-5　同步 RS 触发器波形图**
（初态为 **0**）

"同步"的意义,波形图还说明了$\overline{S_D}$和$\overline{R_D}$的置位和复位作用,以及它们与CP的异步关系。

#### 3. 逻辑功能

根据以上分析,可得同步RS触发器的逻辑状态转换表,如表12-3所示。与基本RS触发器相比,同样具有置位、复位和保持功能,只是输入端信号电平要求不同而已,也有不确定的禁止状态,为S=R=1。由逻辑状态表填写的卡诺图如图12-6所示,Φ为不定状态的约束条件,经化简后得同步RS触发器的特征方程。

$$Q_{n+1}=S+\overline{R}Q_n, \quad SR=0 \tag{12-2}$$

式中:SR=0表示S和R不能同时为1的约束条件。

表12-3 同步RS触发器状态表

| CP | R | S | $Q_{n+1}$ | 说明 |
|---|---|---|---|---|
| 1 | 0 | 0 | $Q_n$ | 保持 |
| 1 | 0 | 1 | 1 | 置位 |
| 1 | 1 | 0 | 0 | 复位 |
| 1 | 1 | 1 | 不定 | 禁用 |

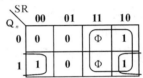

图12-6 同步RS次态卡诺图

#### 4. 触发方式的说明

同步触发器的特点是状态变化的时刻不取决于输入,而受时钟脉冲控制。定义时钟脉冲CP与同步触发器的状态转换时刻的关系称为触发方式。触发器的触发方式有电平触发、边沿触发及主从触发等三种。电平触发分为高电平与低电平;边沿触发分为上升沿和下降沿等触发方式。从以上分析可知:同步RS触发器的状态是在CP=1期间发生的,为高电平触发方式。因此,在CP=1期间,当R,S状态变化时会影响触发器输出状态,这一现象被称为空翻,是不允许的。因此,应不断改进触发器的性能,以满足各种实际应用的需求。

### 12.1.3 JK触发器

#### 1. JK触发器的组成和触发方式

JK触发器以其完善的逻辑功能、使用灵活、通用性好等优点得到了广泛的应用,是触发器中最重要的一种。按电路的组成和触发方式,JK触发器分为主从型和边沿型两类。

主从型JK触发器的内部电路是由主RS触发器和从RS触发器连接而成。主从型JK触发器的触发时钟脉冲由同一时钟经反相后而形成互补的时钟组成。因此,最终的状态转换是在CP的上升沿或者下降沿触发的。本节将以主从型下降沿触发方式为例,讨论JK触发器的工作原理。

图12-7(a)所示是一种典型结构的主从型JK触发器。J和K是信号输入端。时

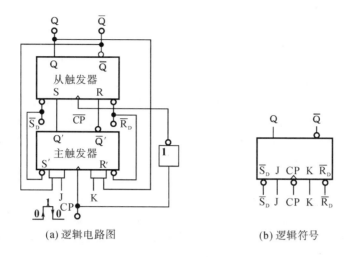

图 12-7 主从型 JK 触发器逻辑电路和符号

钟 CP 控制主触发器和从触发器的翻转。

主从型 JK 触发器逻辑符号如 12-7(b)所示,CP 端加小圆圈表示下降沿触发。为了区别边沿触发和电平触发,在图 12-7(b)所示的逻辑符号中,用"∧"表示边沿触发,电平触发无"∧"标识,图中 CP 端的小圆圈表示下降沿触发方式,而 $\overline{R}_D$、$\overline{S}_D$ 端的小圆圈表示低电平置 0、置 1 有效的功能。

**2. JK 触发器逻辑功能**

当 CP=0 时,主触发器状态不变,从触发器输出状态与主触发器的输出状态相同。

当 CP=1 时,输入 J、K 影响主触发器,而从触发器状态不变。当 CP 从 1 变成 0 时,主触发器的状态传送到从触发器,即主从触发器是在 CP 下降沿到来时才使触发器翻转的。

下面分四种情况来分析主从型 JK 触发器的逻辑功能。

(1) J=0,K=0。

设时钟脉冲到来之前(CP=0)触发器的初始状态为 Q=0,当 CP=1 时,由于主触发器的 $R'=KQ=0$,$S'=J\overline{Q}=0$,主触发器的输出状态保持不变;当 CP 下跳时,由于从触发器的 R=1,S=0,它的输出为 0 态,即触发器保持 0 态不变。如果初始状态为 1,触发器亦保持 1 态不变。由此可见,在此条件下,JK 触发器具有保持功能。

(2) J=0,K=1。

设触发器的初始状态为 1 态。当 CP=1 时,由于主触发器的 $R'=KQ=1$,$S'=J\overline{Q}=0$,它翻转成 $Q'=0$ 态;当 CP 下跳时,从触发器也翻转成 Q=0 态。如果触发器的初始状态为 0 态,当 CP=1 时,由于主触发器 $R'=0$,$S'=0$,它保持原态不变;在

CP 从 1 下跳为 0 时,由于从触发器的 R=1,S=0,也保持 Q=0 态。可见此条件下,JK 触发器具有置 0 功能。

(3) J=1,K=0。

设触发器的初始状态为 0 态。当 CP=1 时,由于主触发器的 $R'=KQ=1$,$S'=J\overline{Q}=0$,它翻转成 $Q'=1$ 态;当 CP 下跳时,由于从触发器的 R=0,S=1,也翻转成 Q=1 态。如果触发器的初始状态为 1,当 CP=1 时,由于主触发器的 $R'=0$,$S'=0$,它保持原态不变;在 CP 从 1 下跳为 0 时,由于从触发器的 R=0,S=1,也保持 1 态。所以此条件下,JK 触发器具有置 1 功能。

(4) J=1,K=1。

设触发器的初始状态为 0 态,主触发器的 $R'=KQ=0$,$S'=J\overline{Q}=1$,时钟脉冲到来后(CP=1),主触发器翻转成 $Q'=1$ 态。当 CP 从 1 下跳为 0 时,主触发器状态不变,从触发器的 R=0,S=1,它也翻转成 Q=1 态。反之,设触发器的初始状态为 1,可以同样分析,主、从触发器都翻转成 0 态。

可见,JK 触发器在 J=1,K=1 的情况下,接收到一个时钟脉冲就翻转一次,即 $Q_{n+1}=\overline{Q}_n$,此时触发器具有计数功能。

由以上分析得出:JK 触发器具有保持、复位、置位、计数等 4 种逻辑功能,其功能表如表 12-4 所示,由此作出的 JK 触发器次态卡诺图如图 12-8 所示,其简化后的特征方程为

$$Q_{n+1}=J\overline{Q}_n+\overline{K}Q_n \qquad (12-3)$$

式中:$Q_n$、$Q_{n+1}$ 分别为 CP 下降沿时刻之前和之后触发器的状态。

表 12-4 JK 触发器的逻辑功能表

| J | K | $Q_{n+1}$ | 说明 |
|---|---|---|---|
| 0 | 0 | $Q_n$ | 保持 |
| 0 | 1 | 0 | 复位 |
| 1 | 0 | 1 | 置位 |
| 1 | 1 | $\overline{Q}_n$ | 计数 |

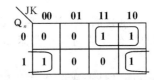

图 12-8 JK 触发器次态卡诺图

**3. 下降沿触发的工作波形**

下降沿触发的 JK 触发器工作波形如图 12-9 所示,图中触发器的初态为 Q=9,输入端 JK 在 CP=1 期间的变化不影响输出状态,且输出状态的转换方向,取决于 JK 端在 CP 下降沿到来前的瞬间值,同时输出也不存在不确定的状态。

【例 12-1】 已知主从 JK 触发器的输入 J、K 和时钟 CP 的波形如图 12-10 所示。设触发器初始状态为 0 态,试画出 Q 的波形。

【解】 第一个 CP 下降沿到来之前,J=1,K=0,触发后 Q 端为 1 态。第二个 CP 下降沿到来之前,J=0,K=1,触发后 Q 端翻转为 0 态。第三个 CP 下降沿过后,触发器翻转,Q=1。第四个

CP 过后,Q 仍为 1。

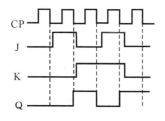

图 12-9 主从 JK 触发器波形图

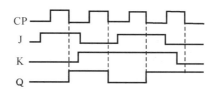

图 12-10 例 12-1 的波形图

### 12.1.4 D 触发器

主从型 JK 触发器是在 CP 高电平期间接收信号,如果在 CP 高电平期间输入端出现干扰信号,就有可能使触发器产生与逻辑功能表不符合的错误状态。边沿触发器的电路结构可使触发器在 CP 有效触发沿到来前一瞬间接收信号,在有效触发沿到来后产生状态转换,这种电路结构的触发器大大提高了抗干扰能力和电路工作的可靠性。下面以维持阻塞型 D 触发器为例来介绍边沿触发器的工作原理。

**1. 电路组成**

D 触发器只有一个信号输入端,具有置 0 和置 1 及保持功能,也是数字电路中应用广泛的触发器。D 触发器大多采用维持阻塞型结构,上升沿触发方式,即触发器的 CP 的上升沿到来的瞬时,而在 CP 的低电平和高电平期间,输入信号的变化对输出不产生影响,因而具有很强的抗干扰能力和可靠性。维持阻塞型 D 触发器的逻辑电路图和逻辑符号如图 12-11 所示,它由 6 个与非门组成,$G_1$、$G_2$ 与非门组成基本 RS 触发器,$G_3$、$G_4$ 为时钟控制门,$G_5$、$G_6$ 为数字信号输入门电路。逻辑符号中,"∧"表示 CP 的边沿触发,CP 处没有小圆圈表示上升沿触发,$\overline{R}_D$、$\overline{S}_D$ 为低电平有效的异步置 0 和置 1 端。分析工作原理时,设 $\overline{R}_D$ 和 $\overline{S}_D$ 均为高电平,不影响电路的工作。

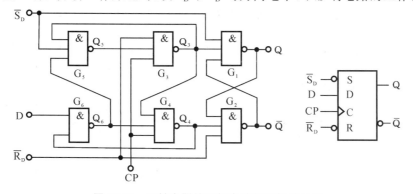

图 12-11 D 触发器的逻辑电路和逻辑符号图

### 2. 逻辑功能

(1) CP = **0** 时，与非门 $G_3$ 和 $G_4$ 封锁，其输出为 **1**，触发器的状态不变。同时，由于 $Q_3$ 至 $G_5$ 和 $Q_4$ 至 $G_6$ 的反馈信号将门 $G_5$、$G_6$ 打开，因此，可接收输入信号 D，使 $Q_6 = \overline{D}$，$Q_5 = \overline{Q_6} = D$。

(2) 当 CP 由 **0** 变 **1** 时，门 $G_3$ 和 $G_4$ 打开，它们的输出 $Q_3$ 和 $Q_4$ 的状态由 $G_5$ 和 $G_6$ 的输出状态决定。$Q_3 = \overline{Q_5} = \overline{D}$，$Q_4 = \overline{Q_6} = D$。由基本 RS 触发器的逻辑功能可知，$Q = D$。

(3) 触发器翻转后，在 CP=1 时输入信号被封锁。$G_3$ 和 $G_4$ 打开后，它们的输出 $Q_3$ 和 $Q_4$ 的状态是互补的，即必定有一个是 **0**，若 $Q_4$ 为 **0**，则经 $G_4$ 输出至 $G_6$ 输入的反馈线将 $G_6$ 封锁，即封锁了 D 通往基本 RS 触发器的路径；该反馈线起到了使触发器维持在 **0** 状态和阻止触发器变为 **1** 状态的作用，故该反馈线称为置 **0** 维持线或置 **1** 阻塞线。$G_3$ 为 **0** 时，将 $G_4$ 和 $G_5$ 封锁，D 端通往基本 RS 触发器的路径也被封锁；$G_3$ 输出端至 $G_5$ 反馈线起到使触发器维持在 **1** 状态的作用，称作置 **1** 维持线；$G_3$ 输出端至 $G_4$ 输入的反馈线起到阻止触发器置 **0** 的作用，称为置 **0** 阻塞线。因此，该触发器称为维持阻塞触发器。

由上述分析可知，维持阻塞型 D 触发器在 CP 脉冲的上升沿产生状态变化，触发器的次态取决于 CP 脉冲上升沿前 D 端的信号，而在上升沿后，输入 D 端的信号变化对触发器的输出状态没有影响。如在 CP 脉冲的上升沿到来前 D=**0**，则在 CP 脉冲的上升沿到来后，触发器置 **0**；如在 CP 脉冲的上升沿到来前 D=**1**，则在 CP 脉冲的上升沿到来后触发器置 **1**。

综上所述，维持阻塞型 D 触发器具有复位和置位两种逻辑功能，其功能表如表 12-5 所示。依据逻辑功能表可得 D 触发器的状态方程为

$$Q_{n+1} = D \qquad (12-4)$$

表 12-5　D 触发器的逻辑功能表

| D | $Q_{n+1}$ | 说明 |
|---|---|---|
| 0 | 0 | 复位 |
| 1 | 1 | 置位 |

【**例 12-2**】已知上升沿触发的 D 触发器输入 D 和时钟 CP 的波形如图 12-12 所示，试画出 Q 端波形。设触发器初态为 **0**。

【**解**】该 D 触发器是上升沿触发，即在 CP 的上升沿到来时，D 触发器的状态发生转换，并且根据 CP 脉冲上升沿之前 D 的瞬时状态决定转换方向。所以第一个 CP 过后，Q = **1**，第二个 CP 过后，Q = **0**，……，其波形如图 12-12 所示。

从特征方程和例 12-2 的波形图得出：D 触发器在 CP 上升沿前接受输入信号，上升沿触发翻转，即触发器的输出状态具有延迟跟随的特点，这就是 D 触发器的由来。而且当 CP=1 期间，即使 D 的状态改变，Q 的状态也不会改变。

利用跟随特点，若将 D 触发器的反相输出端 $\overline{Q}$ 与输入端 D 连接，则 D 触发器构成计数器，即不需要外加输入信号，每来一个 CP，Q 的状态转换一次，D 触发器的计数状态接线图和波形图如图 12-13 所示。

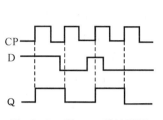
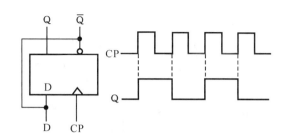

图 12-12 例 12-2 的波形图　　图 12-13 D 触发器的计数状态

以上介绍了几种基本触发器的结构、功能和触发方式。它们各有不同的特性,在使用时要注意分辨不同类型触发器的逻辑符号,以便获得正确的逻辑功能。即使功能相同,但内部结构不同(如触发方式不同),将导致在同样输入信号下,输出状态有可能不同。

### 12.1.5 触发器逻辑功能的转换

在实际工程应用中,有时需要其他不同功能的触发器,但手头又无现存的实物,则可将基本触发器通过若干连线和门电路转换成另一种功能的触发器。

**1. 将 JK 触发器转换为 D 触发器**

转换电路图如 12-14 所示。由图可知:当 D = 0 时, J = 0, K = $\overline{D}$ = 1, 故在 CP 下降沿作用下, JK 触发器为置 0 功能;当 D = 1 时, J = 1, K = $\overline{D}$ = 0, 故在 CP 下降沿作用下, JK 触发器为置 1 功能。在 CP 的其他时间触发器保持不变。

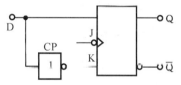

图 12-14 JK 触发器转换的 D 触发器

**2. 将 JK 触发器转换为 T 触发器**

在时钟脉冲的作用下,只具有保持和计数(翻转)两种功能的触发器被称为 T 触发器。其逻辑功能是:在时钟作用下,当输入端 T = 0 时, $Q_{n+1} = Q_n$; T = 1 时, $Q_{n+1} = \overline{Q}_n$。真值表如表 12-6 所示。但这种 T 触发器没有现成产品,一般是由其他触发器转换而来。由 JK 触发器转换为 T 触发器的电路和逻辑符号如图 12-15 所示。

表 12-6 T 触发器真值表

| T | $Q_{n+1}$ | 说明 |
|---|---|---|
| 0 | $Q_n$ | 保持 |
| 1 | $\overline{Q}_n$ | 计数 |

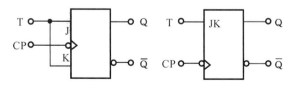

(a) JK触发器转换的T触发器　　(b) 逻辑符号

图 12-15 T 触发器

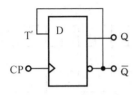

图 12-16 T′触发器电路图

由图可知：当 T=**0** 时，J=K=**0**，故在 CP 下降沿作用下，JK 触发器为保持状态；当 T=**1** 时（高电平），J=K=**1**，故 JK 触发器为翻转状态，实现对 CP 的计数功能。

### 3. 将 D 触发器转换为 T′触发器

在时钟脉冲作用下，只对 CP 计数的触发器称为 T′触发器。T′触发器也没有现成产品，是由其他触发器转换而来的。由 D 触发器转换的具有计数功能的 T′触发器逻辑电路如图 12-16 所示。从图可知，将 D 触发器的反相输出端与输入端连接，因为 D=$\overline{Q}_n$，$Q_{n+1}$=D，故在 CP 上升沿到来时，$Q_{n+1}$=$\overline{Q}_n$，能实现翻转计数功能。

## 12.2 寄存器

在数字系统中，寄存器是用来暂时存储指令、参数和其他信息的逻辑部件，属于典型的时序逻辑电路。由于触发器具有记忆功能，可用来存储二进制数码，所以利用触发器及控制门电路可组成寄存器。按照操作功能，寄存器可分为数码寄存器和移位寄存器两类。按照数据代码的输出、输入过程不同，可分为并行输入、并行输出、串行输入和串行输出等方式。

### 12.2.1 数码寄存器

数码寄存器是用来暂时寄存和可随时取出数码的寄存器，并且具有清除和接收数码的功能。一个触发器可存储 1 位二进制数码，$n$ 位二进制寄存器至少需要 $n$ 个触发器。图 12-17 所示的是由 4 个 D 触发器组成的 4 位二进制数码寄存器。

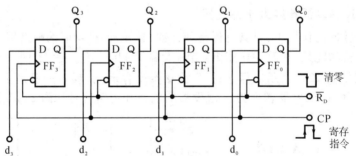

图 12-17  4 位二进制数码寄存器图

设需要寄存的数码为 $d_3$、$d_2$、$d_1$、$d_0$，在 CP 到来之前，数码已分别加到 D 触发器的输入端 $D_3 \sim D_0$。当需要寄存时，发出寄存指令 CP；当 CP 的上升沿到来后，4 个 D 触发器输入端的数据同时存入触发器，各输出端状态就是所寄存的数码，即

$Q_3Q_2Q_1Q_0 = d_3d_2d_1d_0$，这种各位数码同时存入寄存器的输入方式称为并行输入。在新的数据存入之前，寄存器的状态将把存入的数据一直保持下去，并可以多次读取。

将各 D 触发器的 $\overline{R_D}$ 端连在一起作为清零端。若在寄存数码之前，在清零端加一负脉冲，则将各触发器的输出状态置为 **0**。若在寄存数码之前不进行清零，新存入的数据将覆盖原来的数据。

### 12.2.2 移位寄存器

为了数据处理的需要，有时需要将寄存器中的各位数据依次移位，这种具有移位功能的寄存器称为移位寄存器。移位寄存器不仅能够寄存数码，同时具有移位功能。移位是数字系统和计算机技术中非常重要的一个功能。如二进制数 **0101** 乘以 **2** 的运算，可以通过将 **0101** 左移一位实现；而除以 2 的运算则可通过右移一位实现。根据移位性能，移位寄存器的种类很多，有左移寄存器、右移寄存器、双向移位寄存器和循环移位寄存器等。

#### 1. 单向移位寄存器

根据数码移位的方向，单向移位寄存器分为左移和右移两种：寄存的数码从右向左移动的称为左移位寄存器，数码从左向右移动的称为右移位寄存器。

图 12-18 所示是由 4 个 D 触发器组成的 4 位左移寄存器。数码从第一个触发器的 $D_0$ 端串行输入，操作之前，先用 $\overline{R_D}$ 将各触发器清零。现将数码 $d_3d_2d_1d_0 = 1101$ 从高位到低位依次送到 $D_0$ 端。

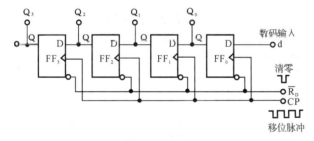

表 12-7  4 位左移寄存器状态表

| CP | $Q_3$ | $Q_2$ | $Q_1$ | $Q_0$ |
|---|---|---|---|---|
| 1 | **0** | **0** | **0** | $d_3$ |
| 2 | **0** | **0** | $d_3$ | $d_2$ |
| 3 | **0** | $d_3$ | $d_2$ | $d_1$ |
| 4 | $d_3$ | $d_2$ | $d_1$ | $d_0$ |

图 12-18  由 D 触发器组成的四位左移寄存器

第一个 CP 过后，$Q_0 = d_3 = 1$，其他触发器输出状态仍为 **0**，即 $Q_3Q_2Q_1Q_0 = \mathbf{0001}$，$d_3 = 1$。第二个 CP 过后，$Q_0 = d_2 = 1$，$Q_1 = d_3 = 1$，而 $Q_3 = Q_2 = 0$。经过 4 个 CP 后，$Q_3Q_2Q_1Q_0 = d_3d_2d_1d_0 = \mathbf{1101}$，存数结束。各输出端状态如表 12-7 所示。如果继续送 4 个移位脉冲，就可以使寄存的这 4 位数码 **1101** 逐位从 $Q_3$ 端输出，这种取数方式为串行输出方式。直接从 $Q_3Q_2Q_1Q_0$ 取数为并行输出方式。

#### 2. 双向移位寄存器

在单向移位寄存器电路的基础上，增加适当的门电路和连线，可以组成在同一个电路上具有左移和右移功能的双向移位寄存器,其逻辑电路如图 12-19 所示。

在图中,数据可以从 $FF_0$ 逐位向 $FF_2$ 方向移动,称为右移操作,还可以从 $FF_2$ 逐位向 $FF_0$ 方向移位,称为左移操作。只要正确地选择控制端 S 的状态和相对应的数据输入端,就可以实现双向移位的功能,其工作原理分析如下。

(1) 右移操作:当控制端 S=**0** 时,**与或**门左边的**与**门开启,右边与门封闭,左边 D 触发器的 Q 端经**与或**门加到右边触发器的 D 输入端。在移位脉冲 CP 到来时,数据 d 自左向右移动,实现右移功能。

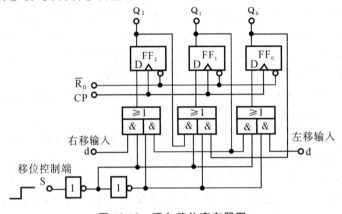

图 12-19 双向移位寄存器图

(2) 左移操作:当控制端 S=**1** 时,**与或**门右边的**与**门开启,左边的**与**门封闭,右边 D 触发器的 Q 端经**与或**门反相后加到左边触发器的 D 输入端,在移位脉冲 CP 到来时,数据 d 自右向左移动,实现左移功能。

## 12.3 计数器

计数器是数字逻辑系统的基本部件之一,其基本功能就是统计输入的 CP 脉冲数目,还可以对输入脉冲进行分频、定时等。计数器种类繁多,按计数法可分为加法计数器、减法计数器及两者兼有的可逆计数器;按进位制可分为二进制、十进制(也称二—十进制)计数器和 N(任意)进制计数器;按计数器输出状态翻转的先后次序,又可把计数器分为同步计数器和异步计数器两种。本节先讨论触发器组成的二进制计数器,然后介绍集成计数器。

### 12.3.1 二进制计数器

所谓二进制计数器,就是以 $2^n$ 的模为进位制的计数器,其中 $n$ 为整数。二进制计数器是数字逻辑系统中最基本的计数器。由于一个触发器有 **0** 和 **1** 两种状态,正好表示一位二进制数码,因而实现二进制计数的电路最简单。组成二进制计数器,双稳触发器可以是一种理想的选择,将触发器进行适当的连接,可以构成多种二进制计数器。显然,要表示 $n$ 位二进制数,则应使用 $n$ 个触发器。

### 1. 二进制异步加法计数器

二进制加法计数就是"逢二进一"。例如,$0+1=1,1+1=10$。若本位是 **1** 时,再加 **1**,则本位为 **0**,向高位进 **1**(或称向高位加 **1**)。将双稳态触发器适当连接即可构成计数器。

由以上计数规则,可以列出 3 位二进制加法计数器状态转换表,如表 12-8 所示,当来一个计数脉冲时,最低位触发器要翻转一次。而高位触发器是在其相邻低位触发器从 **1** 变为 **0** 时才翻转一次,表示高位与低位的进位关系。由表可知,3 位二进制计数器计数范围为 **000**~**111**,最大计数值是 **7**,分 8 个不同的状态循环一次,也称模 $8(2^3)$ 计数器。

表 12-8　3 位二进制加法计数器状态表

| 计数脉冲 | 二 进 制 数 | | |
|---|---|---|---|
| | $Q_2$ | $Q_1$ | $Q_0$ |
| 0 | **0** | **0** | **0** |
| 1 | **0** | **0** | **1** |
| 2 | **0** | **1** | **0** |
| 3 | **0** | **1** | **1** |
| 4 | **1** | **0** | **0** |
| 5 | **1** | **0** | **1** |
| 6 | **1** | **1** | **0** |
| 7 | **1** | **1** | **1** |
| 8 | **0** | **0** | **0** |

根据表 12-8 所列状态转换的要求,由 3 个 JK 触发器组成的异步二进制计数器,如图 12-20 所示。触发器输出端 $Q_2$ 为高位,$Q_0$ 为低位。从图中可知,每个触发器的 $J=K=1$(对于 TTL 电路,输入端悬空时等效于接高电平)。所以 3 个 JK 触发器均为计数状态。低位的输出端 Q 作为高位的输入时钟脉冲,接于 CP 端,这样既符合低位向高位进位的关系,也满足高位触发器需要下降沿触发翻转的要求。

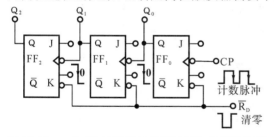

图 12-20　3 位 JK 触发器组成的异步二进制计数器

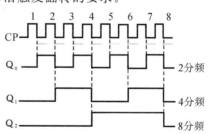

图 12-21　3 位二计数器波形图

3 位二进制计数器的工作过程波形如图 12-21 所示。当计数脉冲 CP 的下降边沿到达时钟端时,$Q_0$ 的状态发生改变。而每当 $Q_0$ 从高电平变为低电平时(即 $Q_0$ 的下降沿),作为 $FF_1$ 的 CP 下降沿使 $Q_1$ 的输出状态发生翻转,符合进位要求。同理,$Q_1$ 的下降沿使 $Q_2$ 翻转。

当 $Q_0=Q_1=Q_2=1$ 时,在下一个 CP 脉冲的下降沿到来时,3 个触发器都被置 **0**,计数器进入下一个周期。同时,$Q_2$ 的下降变为低电平,为更高位触发器的进位产生下降沿时钟。如此不断循环。

另外,从图中可知,由于计数的时钟脉冲不是同时加到各个触发器的 CP 端,而只加到最低位触发器的 CP 端,这样计数器各位的状态改变是由低位向高位逐位发生的,而不是同一瞬时的,所以被称为异步计数器。

【例 12-3】 分析图 12-22 所示逻辑电路的逻辑功能。设触发器的初始状态为 **0**。

【解】 在图 12-22 所示电路中,每个 D 触发器的 $\overline{Q}$ 端与输入 D 连接,故具有计数功能。高位触发器的 CP 来自相邻的低位触发器 Q 端。每来一个计数脉冲,最低位触发器在 CP 的上升沿翻转一次;而高位触发器是在相邻的低位触发器从 **0** 变为 **1** 时翻转。

其波形图和状态表分别如图 12-23 和表 12-9 所示。可见,图 12-22 所示电路是 3 位异步二进制减法计数器。

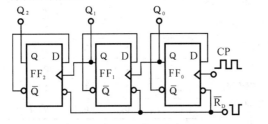

图 12-22 例 12-3 二进制减法计数器电路图

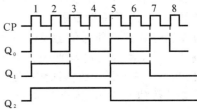

图 12-23 例 12-3 所求 3 位二进制减法计数器波形图

表 12-9  3 位二进制减法计数器状态表

| 计数脉冲 | 二 进 制 数 | | |
|---|---|---|---|
| | $Q_2$ | $Q_1$ | $Q_0$ |
| 0 | 0 | 0 | 0 |
| 1 | 1 | 1 | 1 |
| 2 | 1 | 1 | 0 |
| 3 | 1 | 0 | 1 |
| 4 | 1 | 0 | 0 |
| 5 | 0 | 1 | 1 |
| 6 | 0 | 1 | 0 |
| 7 | 0 | 0 | 1 |
| 8 | 0 | 0 | 0 |

**2. 二进制同步加法计数器**

所谓同步计数器,是指各触发器状态的翻转和计数时钟脉冲 CP 是同一个脉冲。因此,同步计数器的工作速度比异步计数器要快。而计数器各位的状态翻转方向,是由各位触发输入端的驱动表达式(逻辑关系式)决定的。因此,要达到既快速又准确的逻辑功能,电路相对要复杂。所以对于多位同步计数器电路的具体连接,可由同步时序电路的设计产生。

下面根据 3 位二进制加法计数器状态表说明同步计数器的组成原理。

图 12-24 所示的是用主从型 JK 触发器组成的 3 位二进制同步加法计数器的电路图。由于计数脉冲 CP 同时加到各触发器的时钟端,每个触发器的状态变化和计数脉冲同步,这就是"同步"名称的由来,并与"异步"相区别。同步计数器的计数速度比异步的快。

图 12-24 中,各触发器的信号输入端 $J_i$ 和 $K_i$ 相连,作为共同的信号输入端,即 JK 触发器转换为 T 触发器。当 $T_i = J_i = K_i = \mathbf{0}$ 时,来一个时钟脉冲,触发器状态保持不

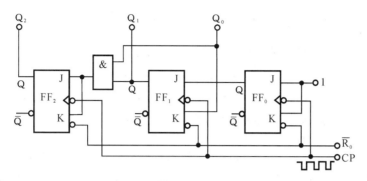

图 12-24  3 位二进制同步加法计数器

变;当 $T_i = J_i = K_i = 1$ 时,来一个时钟脉冲,触发器状态发生翻转,即由 **0→1** 或由 **1→0**。

各触发器 J、K 端的逻辑关系式为

$$T_0 = J_0 = K_0 = 1$$
$$T_1 = J_1 = K_1 = Q_0$$
$$T_2 = J_2 = K_2 = Q_1 Q_0$$

根据上式和 T 触发器的功能表,可得到次态 $Q_{1n+1}$,如表 12-10 所示。

表 12-10  3 位二进制同步加法计数器状态转换表

| CP | $Q_2$ | $Q_1$ | $Q_0$ | $T_2$ | $T_1$ | $T_0$ | $Q_{2n+1}$ | $Q_{1n+1}$ | $Q_{0n+1}$ |
|---|---|---|---|---|---|---|---|---|---|
| 1 | **0** | **0** | **0** | **0** | **0** | **1** | **0** | **0** | **1** |
| 2 | **0** | **0** | **1** | **0** | **1** | **1** | **0** | **1** | **0** |
| 3 | **0** | **1** | **0** | **0** | **0** | **1** | **0** | **1** | **1** |
| 4 | **0** | **1** | **1** | **1** | **1** | **1** | **1** | **0** | **0** |
| 5 | **1** | **0** | **0** | **0** | **0** | **1** | **1** | **0** | **1** |
| 6 | **1** | **0** | **1** | **0** | **1** | **1** | **1** | **1** | **0** |
| 7 | **1** | **1** | **0** | **0** | **0** | **1** | **1** | **1** | **1** |
| 8 | **1** | **1** | **1** | **1** | **1** | **1** | **0** | **0** | **0** |

各触发器状态的翻转发生在计数脉冲的下降沿时刻。3 位二进制同步加法计数器的波形如图 12-25 所示。

根据以上分析,3 位二进制加法计数器,能计数的最大十进制数为 $2^3 - 1 = 7$。依次类推,$n$ 位二进制加法计数器,能计数的最大十进制数为 $2^n - 1$。

另外,由电路可知,同步计数器各位状态的翻转方向,仅取决于每个触发器输入端的驱动表达式,由于同一个逻辑可以有不同的表达式,因而,

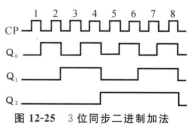

图 12-25  3 位同步二进制加法计数器的波形图

相同位数的二进制计数器,可能有多个不同的逻辑电路。

### 12.3.2 同步十进制计数器

二进制计数器结构简单、容易实现,但是读数不习惯。为了满足读数的习惯和显示的要求,在数字系统中,经常采用十进制计数方法和十进制计数器。十进制计数器是在二进制的基础上产生的,也是用4位二进制数来代表1位十进制数,所以也称为二-十进制(或称BCD码)计数器。

4位二进制数代表1位十进制数,从编码角度讲,4位二进制的代码中,有6个无关编码。因此,有多种选择方式。为了方便,通常采用8421的自然二进制编码方式。即取自然二进制前面的 **0000~1001** 这10个编码来表示 0~9 的10个数码,**1010~1111** 作为无效状态的约束条件,也就是当4位二进制计数从 **0000** 加到 **1001** 时,再来一个 CP,则计数器的状态变为 **0000**,进入下一个循环,而不是进入 **1010** 状态。一个十进制计数器最大值为 9,10 个不同状态循环一次,并产生一个进位信号,也称为模十计数器。

由4个JK触发器组成的同步十进制加法计数器的逻辑图如图12-26所示。

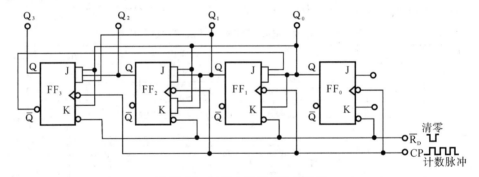

图 12-26 同步十进制加法计数器

由图 12-26 可以列出各触发器 JK 端的逻辑关系式(又称驱动方程)为

$$J_3 = Q_2 Q_1 Q_0, \quad K_3 = Q_0$$
$$J_2 = K_2 = Q_1 Q_0$$
$$J_1 = \overline{Q}_3 Q_0, \quad K_1 = Q_0$$
$$J_0 = K_0 = 1$$

代入各个 JK 触发器的状态方程,有

$$Q_{3n+1} = J_3 \overline{Q}_{3n} + \overline{K}_3 Q_{3n} = \overline{Q}_{3n} Q_{2n} Q_{1n} Q_{0n} + Q_{3n} \overline{Q}_{0n}$$
$$Q_{2n+1} = J_2 \overline{Q}_{2n} + \overline{K}_2 Q_{2n} = Q_{2n} Q_{1n} Q_{0n} + Q_{2n} \overline{Q_{1n} Q_{0n}}$$
$$Q_{1n+1} = J_1 \overline{Q}_{1n} + \overline{K}_1 Q_{1n} = \overline{Q}_{3n} Q_{1n} Q_{0n} + Q_{1n} \overline{Q}_{0n}$$
$$Q_{0n+1} = J_0 \overline{Q}_{0n} + \overline{K}_0 Q_{0n} = \overline{Q}_{0n}$$

将触发器 $Q_3Q_2Q_1Q_0$ 的 16 种取值组合代入各触发器的状态方程,得到如表 12-11 所示的状态转移表。根据状态转移表可画出状态转移图,检验其自启动功能,如图 12-27 所示。

从状态转移图可知,在 CP 作用下,无论计数器的初始状态如何,即使在 6 个无效状态下,电路经过几个 CP 之后,都能自动进入 **0000~1001** 的主循环状态,此功能称为自启动功能,因而电路的可靠性高。

根据以上分析,对于具有自启动功能的十进制计数器,只要列出其主循环的 10 个状态就可以了。表 12-12 所示为 8421 码的十进制加法计数器的状态表。依据状态表可作出各个触发器的波形,如图 12-28 所示。

表 12-11 同步十进制加法计数器时状态转移表

| $Q_3$ | $Q_2$ | $Q_1$ | $Q_0$ | $Q_{3n+1}$ | $Q_{2n+1}$ | $Q_{1n+1}$ | $Q_{0n+1}$ |
|---|---|---|---|---|---|---|---|
| 0 | 0 | 0 | 0 | 0 | 0 | 0 | 1 |
| 0 | 0 | 0 | 1 | 0 | 0 | 1 | 0 |
| 0 | 0 | 1 | 0 | 0 | 0 | 1 | 1 |
| 0 | 0 | 1 | 1 | 0 | 1 | 0 | 0 |
| 0 | 1 | 0 | 0 | 0 | 1 | 0 | 1 |
| 0 | 1 | 0 | 1 | 0 | 1 | 1 | 0 |
| 0 | 1 | 1 | 0 | 0 | 1 | 1 | 1 |
| 0 | 1 | 1 | 1 | 1 | 0 | 0 | 0 |
| 1 | 0 | 0 | 0 | 1 | 0 | 0 | 1 |
| 1 | 0 | 0 | 1 | 0 | 0 | 0 | 0 |
| 1 | 0 | 1 | 0 | 1 | 0 | 1 | 1 |
| 1 | 0 | 1 | 1 | 0 | 1 | 0 | 0 |
| 1 | 1 | 0 | 0 | 1 | 1 | 0 | 1 |
| 1 | 1 | 0 | 1 | 0 | 1 | 0 | 0 |
| 1 | 1 | 1 | 0 | 1 | 1 | 1 | 1 |
| 1 | 1 | 1 | 1 | 0 | 0 | 0 | 0 |

(下方 6 个为无效状态)

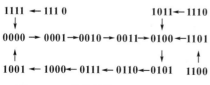

图 12-27 状态转换图($Q_3Q_2Q_1Q_0$)

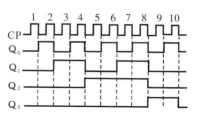

图 12-28 同步十进制加法计数器波形

从以上二进制和十进制计数器的分析,可归纳出计数器电路的一般分析步骤。

(1) 由给定计数器的逻辑电路图,写出各个触发器的驱动方程,若计数器具有输出端,则写出输出方程。

(2) 将驱动方程代入触发器的特征方程,得出各触发器的状态转换方程。

(3) 根据状态方程和输出方程,列出计数器的逻辑状态转换表,画出工作波形图,从而确定计数器的功能。必要时,应作自启动状态检验。

还应当指出的是,如果电路是异步计数器,在写输入端驱动方程时,还要写出各触发器时钟 CP 的激励关系式。以上的分析方法也适用于一般时序逻辑电路。

表 12-12  8421 码的十进制计数器状态表

| 计数脉冲 | $Q_3$ | $Q_2$ | $Q_1$ | $Q_0$ | 十进制数 | 计数脉冲 | $Q_3$ | $Q_2$ | $Q_1$ | $Q_0$ | 十进制数 |
|---|---|---|---|---|---|---|---|---|---|---|---|
| 0 | 0 | 0 | 0 | 0 | 0 | 6 | 0 | 1 | 1 | 0 | 6 |
| 1 | 0 | 0 | 0 | 1 | 1 | 7 | 1 | 1 | 1 | 0 | 7 |
| 2 | 0 | 0 | 1 | 0 | 2 | 8 | 1 | 0 | 0 | 0 | 8 |
| 3 | 0 | 0 | 1 | 1 | 3 | 9 | 1 | 0 | 0 | 1 | 9 |
| 4 | 0 | 1 | 0 | 0 | 4 | 10 | 1 | 0 | 1 | 0 | 进位 |
| 5 | 0 | 1 | 0 | 1 | 5 | | | | | | |

### 12.3.3 任意进制计数器

在实际应用中,经常要用到二进制和十进制以外的其他进位制计数器,例如计算时间时,会用到六十进制、十二进制或二十四进制。计算日期时会用到三十、三十一进制或十二进制等。这类计数器,一般被称为任意进制,也称为 $N$ 进制。实现 $N$ 进制计数器的方法,是在大于 $N$ 进制的二进制计数电路基础上进行改进,使其不出现多余部分的无效状态,从而得到 $N$ 进制计数器。有时它也被称为模数 $M=N$ 的计数器。下面通过具体例题的讨论,来进一步熟悉时序逻辑电路的分析方法。

【例 12-4】 计数器电路如图 12-29 所示,试分析电路的逻辑功能。

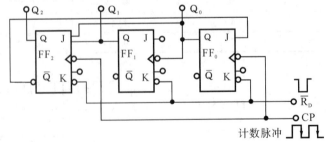

图 12-29  例 12-4 逻辑电路图

【解】 由逻辑电路图知,触发器 $FF_0$、$FF_2$ 的时钟输入端与计数输入脉冲 CP 连接,而 $FF_1$ 的时钟输入端没有接到计数脉冲 CP 上,所以该电路为异步计数器电路。

(1) 写出逻辑电路各触发器输入端的驱动方程,即输入逻辑表达式:

$$CP_2 = CP_0 = CP, \quad CP_1 = Q_0$$

$$J_0 = \overline{Q_2}, \quad K_0 = 1$$

$$J_1 = K_1 = 1$$

$$J_2 = Q_1 Q_0, \quad K_2 = 1$$

(2) 写出逻辑电路各触发器输出端的状态方程,即将驱动方程代入特征方程,得到输出表达式:

$$Q_{0n+1} = J_0 \overline{Q_{0n}} + \overline{K_0} Q_{0n} = \overline{Q_{2n}} \overline{Q_{0n}}$$

$$Q_{1n+1} = J_1 \overline{Q_{1n}} + \overline{K_1} Q_{1n} = \overline{Q_{1n}}$$

$$Q_{2n+1} = J_2 \overline{Q_{2n}} + \overline{K_2} Q_{2n} = Q_{1n} Q_{0n} \overline{Q_{2n}}$$

(3) 列出状态转换表。

设初始状态为 $Q_2 Q_1 Q_0 = \mathbf{000}$,由驱动方程(也可以由 JK 触发器的状态表),可列出计数器的输入激励表和状态转换表,如表 12-13 所示。分析时应注意触发器 $FF_1$ 的状态翻转条件,是用 $Q_0$ 从 **1** 到 **0** 的下降作为触发时钟。在第 4 个 CP 过后,计数器的输出状态为 $Q_2 Q_1 Q_0 = \mathbf{100}$,触发器 $FF_2$ 和 $FF_0$ 的 J 端均为 **0**。在第五个 CP 过后,将 $Q_2 \setminus Q_0$ 均置为 **0**,使计数器回复初始状态,开始下一个循环。该计数器的工作波形如图 12-30 所示。

(4) 分析逻辑功能。

由表 12-13 可知计数器经过 5 个 CP 脉冲(即 5 个不同状态)为一个计数循环,且是递增计数。从而得出该电路功能为异步五进制加法计数器。

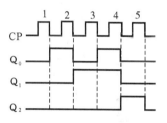

图 12-30 例 12-4 的工作波形图

表 12-13 例 12-4 的激励和状态转换表

| CP | $J_2 = Q_0 Q_1$ | $K_2 = 1$ | $J_1 = 1$ | $K_1 = 1$ | $J_0 = \overline{Q_2}$ | $K_0 = 1$ | $Q_2$ | $Q_1$ | $Q_0$ |
|---|---|---|---|---|---|---|---|---|---|
| 0 | **0** | **1** | **1** | **1** | **1** | **1** | **0** | **0** | **0** |
| 1 | **0** | **1** | **1** | **1** | **1** | **1** | **0** | **0** | **1** |
| 2 | **0** | **1** | **1** | **1** | **1** | **1** | **0** | **1** | **0** |
| 3 | **1** | **1** | **1** | **1** | **1** | **1** | **0** | **1** | **1** |
| 4 | **0** | **1** | **1** | **1** | **0** | **1** | **1** | **0** | **0** |
| 5 | **0** | **1** | **1** | **1** | **1** | **1** | **0** | **0** | **0** |

### 12.3.4 中规模集成计数器

前面介绍了由触发器(称为小规模集成电路)构成的计数器基本原理和逻辑功能。其特点是电路简单、调整方便,但可靠性差。若将触发器和逻辑门电路等控制电路集成在一块芯片上,可以组成中大规模集成计数器。由于集成工艺独特的特点,使得集成计数器具有功能完善、种类齐全、通用性强、可靠性高、功耗低、速度快等优点,得到广泛应用。下面将讨论几种典型的集成计数器电路,其目的在于学会阅读计数器功能表,掌握使用方法。

### 1. 异步十进制计数器 74LS290

74LS290 是异步十进制计数器。其逻辑图和外引线排列图如图 12-31 所示。它由一个 1 位二进制计数器和一个异步五进制计数器组成。如果计数脉冲由 $CP_0$ 端输入,输出由 $Q_0$ 端引出,即得二进制计数器;如果计数脉冲由 $CP_1$ 端输入,输出由 $Q_3Q_2Q_1$ 引出,即是五进制计数器;如果将 $Q_0$ 与 $CP_1$ 相连,计数脉冲由 $CP_0$ 输入,输出由 $Q_3Q_2Q_1Q_0$ 引出,即得到 8421BCD 码十进制计数器。因此,又称此电路为二-五-十进制计数器。

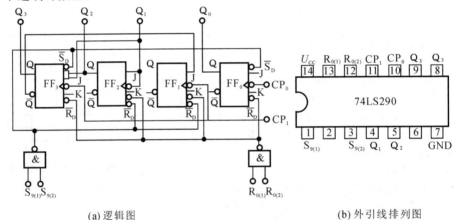

(a) 逻辑图　　　　　　　　　　　　　(b) 外引线排列图

图 12-31　74LS290 型计数器

表 12-14 是 74LS290 的功能表。由表中可以看出,当复位输入 $R_{0(1)}=R_{0(2)}=1$,且置位输入 $S_{9(1)}=S_{9(2)}=0$ 时,74LS290 的输出被直接置零;只要置位输入 $S_{9(1)}=S_{9(2)}=1$,则 74LS290 的输出将被直接置 9,即 $Q_3Q_2Q_1Q_0=1001$;只有同时满足 $R_{0(1)}=R_{0(2)}=0$ 和 $S_{9(1)}=S_{9(2)}=0$ 时,才能在计数脉冲(下降沿)的作用下实现二-五-十进制加法计数。

表 12-14　74LS290 型计数器的功能表

| 复位输入 | | 置位输入 | | 时钟 | 输出 | | | |
|---|---|---|---|---|---|---|---|---|
| $R_{0(1)}$ | $R_{0(2)}$ | $S_{9(1)}$ | $S_{9(2)}$ | CP | $Q_3$ | $Q_2$ | $Q_1$ | $Q_0$ |
| 1 | 1 | 0 | × | × | 0 | 0 | 0 | 0 |
| 1 | 1 | × | 0 | × | 0 | 0 | 0 | 0 |
| × | × | 1 | 1 | × | 1 | 0 | 0 | 1 |
| × | 0 | × | 0 | ↓ | 计 | 数 | | |
| 0 | × | × | 0 | ↓ | 计 | 数 | | |
| 0 | × | 0 | × | ↓ | 计 | 数 | | |
| × | 0 | 0 | × | ↓ | 计 | 数 | | |

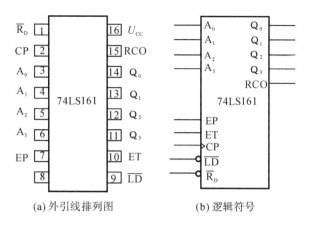

图 12-32 74161 型 4 位同步二进制计数器

### 2. 74161 型 4 位二进制同步计数器

图 12-32 所示的为 74LS161 型 4 位二进制同步可预置计数器的外引线排列图及其逻辑符号,其中 $\overline{R_D}$ 是直接清零端,$\overline{LD}$ 是预置数据控制端,$A_3$、$A_2$、$A_1$、$A_0$ 是预置数据输入端,EP 和 ET 是计数控制端,$Q_3$、$Q_2$、$Q_1$、$Q_0$ 是计数输出端,RCO 是进位输出端。74LS161 型计数器的功能表如表 12-15 所示。

表 12-15  74LS161 型 4 位同步二进制计数器的功能表

| 清零 | 预置 | 控制 | | 时钟 | 预置数据输入 | | | | 输 出 | | | |
|---|---|---|---|---|---|---|---|---|---|---|---|---|
| $\overline{R_D}$ | $\overline{LD}$ | EP | ET | CP | $A_3$ | $A_2$ | $A_1$ | $A_0$ | $Q_3$ | $Q_2$ | $Q_1$ | $Q_0$ |
| 0 | × | × | × | × | × | × | × | × | 0 | 0 | 0 | 0 |
| 1 | 0 | × | × | ↑ | $d_3$ | $d_2$ | $d_1$ | $d_0$ | $d_3$ | $d_2$ | $d_1$ | $d_0$ |
| 1 | 1 | 0 | × | × | × | × | × | × | 保持 | | | |
| 1 | 1 | × | 0 | × | × | × | × | × | 保持 | | | |
| 1 | 1 | 1 | 1 | ↑ | × | × | × | × | 计数 | | | |

由表 12-15 可知,74LS161 具有以下功能。

(1) 异步清零。$\overline{R_D} = 0$ 时,计数器输出被直接清零,与其他输入端的状态无关。

(2) 同步并行预置数。在 $\overline{R_D} = 1$ 条件下,当 $\overline{LD} = 0$ 且有时钟脉冲 CP 的上升沿作用时,$A_3$、$A_2$、$A_1$、$A_0$ 输入端的数据 $d_3$、$d_2$、$d_1$、$d_0$ 将分别被 $Q_3$、$Q_2$、$Q_1$、$Q_0$ 接收。

(3) 保持。在 $\overline{R_D} = \overline{LD} = 1$ 条件下,当 ET·EP = 0,不管有无 CP 作用,计数器都将保持原有状态不变。需要说明的是,当 EP = 0,ET = 1 时,进位输出 RCO 也保持不变;而当 ET = 0 时,不管 EP 状态如何,进位输出 RCO = 0。

(4) 计数。当 $\overline{R_D}=\overline{LD}=EP=ET=1$ 时,74LS161 型计数器处于计数状态。

### 3. 集成计数器构成任意进制计数器

一个集成计数器所能计数的全部计数状态,称为该计数器的模。因此,$N$ 进制计数器的模就是 $N$,或称为模 $N$ 计数器。例如 4 位二进制,即十六进制计数器的模为 $N=2^4=16$,也称模 16 计数器;同样十进制计数器,其模为 $N=10$,或称模 10 计数器。而使用具有复位端或者置位端的模 $N$ 集成计数器可以实现模 $N$ 范围内的任意 $M$(或进制)计数器,其中 $M<N$。根据集成计数器的控制端不同,实现的方法不同,一般有反馈复位法(清零法)和置位法(置数法)两种。

1) 反馈复位法

反馈复位法的原理:设原有的计数器模为 $N$ 进制,当它从初始状态 $S_0$ 开始计数,并接收了 $M$ 个脉冲以后,电路进入 $S_M$ 状态。如果这时利用 $S_M$ 状态产生一个复位脉冲将计数器提前置成初始状态 $S_0$,这样就可以跳越 $(N-M)$ 个状态而得到 $M$ 进制计数器了。

【例 12-5】 试利用反馈复位法将二-五-十进制集成计数器 74LS290 接成六进制计数器。

【解】 当 74LS290 的 $R_{0(1)}=R_{0(2)}=0$ 和 $S_{9(1)}=S_{9(2)}=0$ 时,计数器处于计数状态。如果将 $Q_0$ 与 $CP_1$ 相连,计数脉冲由 $CP_0$ 输入,输出由 $Q_3Q_2Q_1Q_0$ 引出,即可得 8421BCD 码十进制计数器。已知计数器的 $N=10$,而要求实现 $M=6$ 进制计数器,故满足 $M<N$,可以用反馈复位法接成六进制计数器。

若取 $Q_3Q_2Q_1Q_0=0000$ 为起始状态,则记入 6 个计数脉冲后,电路应为 0110 状态。只要将 $Q_2$、$Q_1$ 分别接至 $R_{0(1)}$、$R_{0(2)}$,则当电路进入 0110 状态后,$Q_2Q_1=11$,则 $R_{0(1)}=R_{0(2)}=1$,计数器将立即被清零,重新回到初始状态 0000;当下一个时钟脉冲 CP 到来时,计数器进入新的循环。0110 这一状态转瞬即逝,非常短暂,不会显示出来。电路如图 12-33 所示。

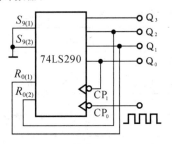

图 12-33 例 12-5 用 74LS290 实现的六进制计数器

计数器的状态循环如下:

0000→0001→0010
↑           ↓
0101←0100←0011

它经过 6 个脉冲循环一次,故为六进制计数器。

虽然这种电路的连接方法十分简单,但它的可靠性较差。因为置 0 信号的作用时间极其短暂。

2) 反馈置位法

反馈置位法与复位法不同,它利用给计数器重新置入某个数值的方法跳越 $(N-M)$ 个状态,从而获得 $M$ 进制计数器。

置位法适用于具有预置数功能的集成计数器。对于具有同步预置数功能的计数器而言,在其计数过程中,可以将它输出的任何一个状态,通过译码逻辑电路,产生一个预置数控制信号反馈至预置数控制端,在下一个 CP 作用后,计数器就会把预置数输入端的状态置入输出端。预置数控制信号消失后,计数器就从预置的状态开始重新计数。

图 12-34(a)和图 12-34(b)都是借助同步预置数功能,采用反馈置位法,用 74LS161 构成十二进制计数器的。其中图 12-34(a)的接法是把输出 $Q_3Q_2Q_1Q_0=$ **1101** 状态译码产生预置数控制信号 **0**,反馈至 $\overline{LD}$ 端,在下一个 CP 脉冲的上升沿到达时置入 **0000** 状态。图 12-34(a)电路的循环状态为

$$0000 \rightarrow 0001 \rightarrow 0010 \rightarrow 0011 \rightarrow 0100 \rightarrow 0101$$
$$\uparrow \qquad\qquad\qquad\qquad\qquad\qquad \downarrow$$
$$1011 \leftarrow 1010 \leftarrow 1001 \leftarrow 1000 \leftarrow 0111 \leftarrow 0110$$

其中,**0001**~**1011** 这 11 个状态是 74LS161 进行加 1 计数实现的,**0000** 由反馈置数得到。

图 12-34(b)所示电路的接法是将 74LS161 计数到 **1111** 状态时产生的进位信号译码后,反馈到预置数控制端。预置数输入端置成 **0100** 状态。电路从 **0100** 状态开始加 1 计数,输入第 11 个 CP 脉冲后到达 **1111** 状态,此时 RCO=1,$\overline{LD}$=0,在第 12 个 CP 脉冲作用后,$Q_3Q_2Q_1Q_0$ 被置成 **0100** 状态,同时使 RCD=0,$\overline{LD}$=1。新的计数周期又从 **0100** 开始。图 12-34(b)所示电路的循环状态为

$$0100 \rightarrow 0101 \rightarrow 0110 \rightarrow 0111 \rightarrow 1000 \rightarrow 1001$$
$$\uparrow \qquad\qquad\qquad\qquad\qquad\qquad \downarrow$$
$$1111 \leftarrow 1110 \leftarrow 1101 \leftarrow 1100 \leftarrow 1011 \leftarrow 1010$$

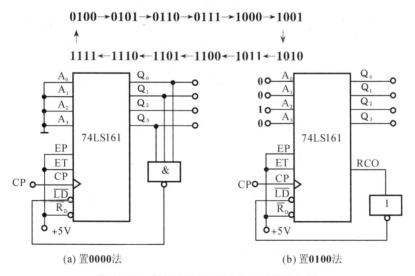

图 12-34 用 74LS161 实现十二进制计数器

## 12.4 单稳态和无稳态触发器

单稳态触发器是脉冲整形和延迟控制中经常使用的一种电路。与双稳态触发器不同,单稳态触发器具有以下特点:

① 有稳态和暂稳态两个不同的工作状态;

② 在触发脉冲的作用下,电路从稳态翻转到暂时稳态,并保持一段时间,然后自动返回到稳态;

③ 暂时稳态持续的时间($t_w$表示)取决于电路外接电阻和电容的参数,而与触发脉冲的宽度无关。

而无稳态触发器是指输出自动在 **1** 和 **0** 之间转换,没有稳定状态,并且无需外加触发,就能产生一定频率的矩形波(即自激振荡)。由于矩形波含有丰富的谐波,故无稳态触发器也称多谐振荡器。实现单稳态和双稳态的电路有专用触发器和通用触发器等多种,下面仅分别介绍由 555 定时器构成的单稳态和无稳态触发器电路。

### 12.4.1 555 定时器简介

555 定时器是一种数字电路与模拟电路相结合的中规模集成电路。该电路使用灵活、方便,只需外接少量的电阻和电容元件就可以构成单稳态触发器和多谐振荡器等,因而广泛用于信号的产生、变换、控制与检测之中。

555 定时器产品有 TTL 型和 CMOS 型两类。TTL 型产品型号的最后三位都是 555,CMOS 型产品的最后四位都是 7555,它们的逻辑功能和外部引线排列完全相同。

555 定时器的电路如图 12-35 所示。它由 3 个阻值为 5 kΩ 的电阻组成的分压器、2 个电压比较器 $C_1$ 和 $C_2$、基本 RS 触发器、放电晶体管 T、与非门和反相器组成。

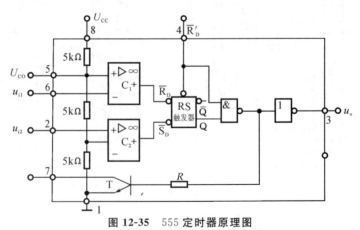

图 12-35　555 定时器原理图

分压器为两个电压比较器 $C_1$、$C_2$ 提供参考电压。如 5 端悬空,则比较器 $C_1$ 的参考电压为 $2U_{CC}/3$,加在同相端;$C_2$ 的参考电压为 $U_{CC}/3$,加在反相端。

$\overline{R}'_D$ 是复位输入端。当 $\overline{R}'_D=0$ 时,基本 RS 触发器被置 **0**,晶体管 T 导通,输出端 $u_o$ 为低电平。正常工作时,$\overline{R}'_D=1$。

$u_{i1}$ 和 $u_{i2}$ 分别为 6 端和 2 端的输入电压。当 $u_{i1}>2U_{CC}/3$,$u_{i2}>U_{CC}/3$ 时,$C_1$ 输出为低电平,$C_2$ 输出为高电平,即 $\overline{R}_D=0$,$\overline{S}_D=1$,基本 RS 触发器被置 **0**,晶体管 T 导通,输出端 $u_o$ 为低电平。

当 $u_{i2}<2U_{CC}/3$,$u_{i2}<U_{CC}/3$ 时,$C_1$ 输出为高电平,$C_2$ 输出为低电平,$\overline{R}_D=1$,$\overline{S}_D=0$,基本 RS 触发器被置 **1**,晶体管 T 截止,输出端 $u_o$ 为高电平。

当 $u_{i2}<2U_{CC}/3$,$u_{i2}>U_{CC}/3$ 时,基本 RS 触发器状态不变,电路亦保持原状态不变。

综上所述,可得 555 定时器功能如表 12-16 所示。

**表 12-16 555 定时器功能表**

| 输入 | | | 输出 | |
| --- | --- | --- | --- | --- |
| 复位 $\overline{R}'_D$ | $u_{i1}$ | $u_{i2}$ | 输出 $u_o$ | 晶体管 T |
| **0** | × | × | **0** | 导通 |
| **1** | $>2U_{CC}/3$ | $>U_{CC}/3$ | **0** | 导通 |
| **1** | $<2U_{CC}/3$ | $<U_{CC}/3$ | **1** | 截止 |
| **1** | $<2U_{CC}/3$ | $>U_{CC}/3$ | 保持 | 保持 |

### 12.4.2 555 定时器的应用

**1. 单稳态电路**

前面介绍的双稳态触发器具有两个稳态的输出状态 Q 和 $\overline{Q}$,且两个状态始终相反,而单稳态触发器只有一个稳态状态。在未加触发信号之前,触发器处于稳定状态,经触发后,触发器由稳定状态翻转为暂稳状态,暂稳状态保持一段时间后,又会自动翻转回原来的稳定状态。单稳态触发器一般用于延时和脉冲整形电路。

单稳态触发器电路的构成形式很多。图 12-36(a)所示为用 555 定时器构成的单稳态触发器,$R$、$C$ 为外接元件,触发脉冲 $u_i$ 由 2 端输入。5 端不用时一般通过 0.01 $\mu$F 电容接地,以防干扰。下面对照图 12-36(b)进行分析。

1) 稳态

接通电源后,$U_{CC}$ 经 $R$ 给电容 $C$ 充电,当 $u_C$ 上升到大于 $2U_{CC}/3$ 时,基本 RS 触发器复位,输出 $u_o=0$。同时,晶体管 T 导通,使电容 $C$ 放电。此后 $u_C<2U_{CC}/3$,若不加触发信号,即 $u_i>U_{CC}/3$,则 $u_o$ 保持 **0** 状态。电路将一直处于这一稳定状态。

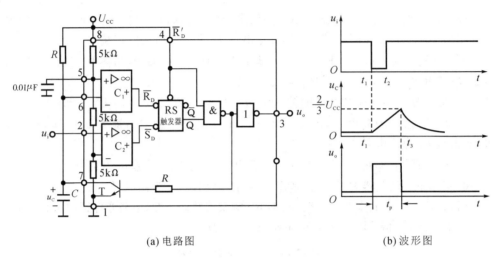

(a) 电路图　　　　　　(b) 波形图

图 12-36　单稳态触发器

2) 暂稳态

在 $t=t_1$ 瞬间，2 端输入一个负脉冲，即 $u_i<U_{CC}/3$，基本 RS 触发器置 **1**，输出为高电平，并使晶体管 T 截止，电路进入暂稳态。此后，电源又经 $R$ 向 $C$ 充电，充电时间常数 $t=RC$，电容的电压 $u_C$ 按指数规律上升。

在 $t=t_2$ 时刻，触发负脉冲消失（$u_i>U_{CC}/3$），若 $u_C<2U_{CC}/3$，则 $\overline{R}_D=1,\overline{S}_D=1$，基本 RS 触发器保持原状态，$u_o$ 仍为高电平。

在 $t=t_3$ 时刻，当 $u_C$ 上升略高于 $2U_{CC}/3$ 时，$\overline{R}_D=0,\overline{S}_D=1$，基本 RS 触发器复位，输出 $u_o=0$，回到初始稳态。同时，晶体管 T 导通，电容 $C$ 通过 T 迅速放电直至 $u_C$ 为 **0**。这时 $\overline{R}_D=1,\overline{S}_D=1$，电路为下次翻转做好了准备。

输出脉冲宽度 $t_p$ 为暂稳态的持续时间，即电容 $C$ 的电压从 0 充至 $2U_{CC}/3$ 所需的时间。由 $2U_{CC}/3=U_{CC}(1-e^{-t_p/(RC)})$ 得

$$t_p=\ln 3 \cdot RC \approx 1.1 RC \tag{12-5}$$

由上式可知：

① 改变 $R$、$C$ 的值，可改变输出脉冲宽度，从而可以用于定时控制。

② 在 $R$、$C$ 的值一定时，输出脉冲的幅度和宽度是一定的，利用这一特性可对边沿不陡、幅度不齐的波形进行整形。

**2. 多谐振荡器**

多谐振荡器又称为无稳态触发器，它没有稳定的输出状态，只有两个暂稳态。在电路处于某一暂稳态后，经过一段时间可以自行触发翻转到另一暂稳态。两个暂稳态自行相互转换而输出一系列矩形波。多谐振荡器可用做方波发生器。

图 12-37(a) 所示为由 555 定时器构成的多谐振荡器。$R_1$、$R_2$ 和 $C$ 是外接元件。

刚接通电源时，$u_C=0$，$u_o=1$。当 $u_C$ 升至 $2U_{CC}/3$ 后，比较器 $C_1$ 输出低电平（$\overline{R}_D=0$），基本 RS 触发器置 0，定时器输出 $u_o$ 由 1 变为 0。同时，三极管 T 导通，电容通过 $R_2$ 放电，$u_C$ 下降。在 $U_{CC}/3 < u_C < 2U_{CC}/3$ 期间，$u_o$ 保持低电平状态。在 $u_C$ 下降至 $U_{CC}/3$ 以后，比较器 $C_2$ 输出低电平（$\overline{S}_D=0$），使触发器置 1，输出 $u_o$ 由 0 变为 1。同时三极管 T 截止，于是电容 C 再次被充电。如此不断重复上述过程，多谐振荡器的输出端就可得到一串矩形波。工作波形如图 12-37(b) 所示。

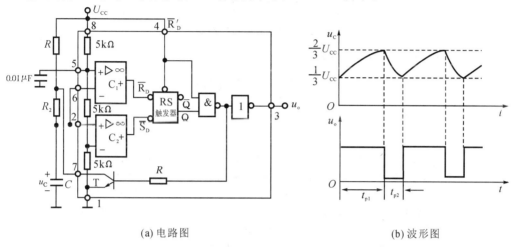

(a) 电路图　　　　　　　　　(b) 波形图

**图 12-37　多谐振荡器**

振荡周期等于两个暂稳态的持续时间。第一个暂稳态时间 $t_{p1}$ 为电容 C 的电压 $u_C$ 从 $U_{CC}/3$ 充电至 $2U_{CC}/3$ 所需的时间，即

$$t_{p1} \approx (R_1+R_2)C\ln 2 = 0.7(R_1+R_2)C \tag{12-6}$$

第二个暂稳态时间 $t_{p2}$ 为电容 C 的电压从 $2U_{CC}/3$ 放电至 $U_{CC}/3$ 所需的时间，即

$$t_{p2} \approx R_2 C\ln 2 = 0.7 R_2 C \tag{12-7}$$

振荡周期

$$T = t_{p1} + t_{p2} = 0.7(R_1+2R_2)C \tag{12-8}$$

振荡频率

$$f = \frac{1}{T} = \frac{1.43}{(R_1+2R_2)C}$$

占空比为

$$D = \frac{t_{p1}}{t_{p1}+t_{p2}} = \frac{R_1+R_2}{R_1+2R_2} \tag{12-9}$$

**【例 12-6】** 图 12-38 所示为用 555 定时器组成的液位监控电路，当液面低于正常值时，监控器发声报警。请说明监控报警的原理并计算扬声器发声的频率。

**【解】** 图 12-38 所示电路是由 555 定时器组成的多谐振荡器，其振荡频率由 $R_1$、$R_2$ 和 C 的值决定。电容两端引出两个探测电极插入液体内。液位正常时，探测电极被液体短路，振荡器不振荡，扬声器不发声。当液面下降到探测电极以下时，探测电极开路，电源通过 $R_1$、$R_2$ 给 C 充电，当 $u_C$ 升至 $2U_{CC}/3$ 时，振荡器开始振荡，振荡器发声报警。

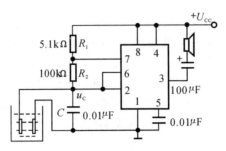

图 12-38 液位监控电器

扬声器的发声频率,即为多谐振荡器的频率,有

$$f=\frac{1.43}{(R_1+2R_2)C}=\frac{1.43}{(5.1+2\times100)\times10^3\times0.01\times10^{-6}}\text{Hz}=697\text{ Hz}$$

## 本章小结

本章介绍了时序逻辑电路的基本单元——触发器以及常用时序逻辑电路的集成器件。分析了常用寄存器、计数器、定时器电路的基本原理和逻辑功能。重点在于灵活应用。

(1) 触发器的基本性质。在时序数字逻辑电路中,触发器是最基本的电路模块。由于电路的反馈结构,使它有两个稳定的输出状态,因而称为双稳态。在一定的外界信号作用下,可以从一个稳定状态转变为另一个稳定状态。而无外界信号作用时,它可维持原来的稳定状态不变,因而成为二进制代码的存储单元。重点是理解触发器的工作原理和逻辑状态转换表。

(2) 触发器的结构形式和逻辑功能。触发器的电路组成,决定了不同的结构形式。逻辑功能表示了触发器的下一个输出状态与当前的输入和现在的输出状态之间的逻辑关系。由于功能不同,触发器被分成为 RS 触发器、JK 触发器、D 触发器和 T 触发器等几种类型。重点是理解、掌握 JK 触发器和 D 触发器的状态功能表及触发方式。

(3) 与组合逻辑电路不同,时序逻辑电路任一时刻的输出状态不仅与当前的输入信号有关,还与电路原来的输出状态有关。这是时序逻辑电路在功能上的特点。基于这一特点,产生了种类繁多功能完备的时序逻辑集成器件,如各种寄存器、计数器、定时器等。重点是理解寄存器、计数器的功能表、工作原理和方式,理解二进制、十进制计数器的状态转换要求,掌握组成不同进位制式计数器的分析、判断和连接使用方法。

## 习 题 12

12-1 已知由与非门组成的基本 RS 触发器和输入端 $\overline{R}_D$、$\overline{S}_D$ 的波形如题图 12-1 所示,试对应地画出 Q 和 $\overline{Q}$ 的波形,并说明状态"不定"的含义。

12-2 已知可控 RS 触发器 CP、R 和 S 的波形如题图 12-2 所示,试画出输出 Q 的波形。设初始状态分别为 **0** 和 **1** 两种情况。

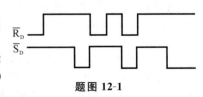

题图 12-1

12-3 在主从型 JK 触发器中,已知 CP、J、K 的波形如题图 12-3 所示,试画出 Q 端的波形。设初始状态 Q=**0**。

12-4 维持阻塞型 D 触发器的输入 D 和时钟脉冲 CP 的波形如题图 12-4 所示,试画出 Q 端的波形。设初始状态 Q = **0**。

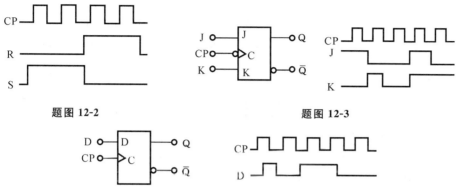

题图 12-2　　　　　　　　　　题图 12-3

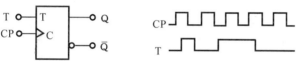

题图 12-4

12-5 在 T 触发器中,已知 T 和 CP 的波形如题图 12-5 所示,试画出 Q 端的波形。设初始状态 Q=**0**。

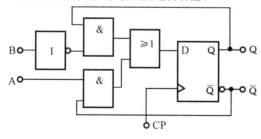

题图 12-5

12-6 写出题图 12-6 所示电路的逻辑关系式,说明其逻辑功能。

题图 12-6

12-7 如题图 12-7 所示的电路和波形,试画出 D 端和 Q 端的波形。设初始状态 Q=**0**。

12-8 将主从型 JK 触发器转换为 T′ 触发器有几种方案?画出外部连线图。

12-9 电路如题图 12-9 所示。画出 $Q_0$ 端和 $Q_1$ 端在 6 个时钟脉冲 CP 作用下的波形。设初态 $Q_1 = Q_0 = $ **0**。

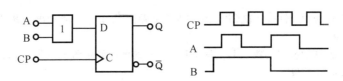

题图 12-7

12-10 用题图 12-10(a)所示器件构成电路,并在示波器上观察到如图 12-10(b)所示波形。试问电路是如何连接的?请画出逻辑电路图。

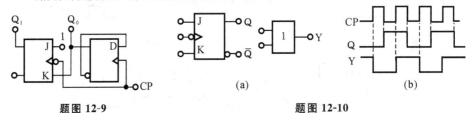

题图 12-9　　　　　　　　　　　题图 12-10

12-11 已知如题图 12-11(a)所示电路的各输入端信号如题图 12-11(b)所示。试画出触发器输出端 $Q_0$ 和 $Q_1$ 的波形。设触发器的初态均为 **0**。

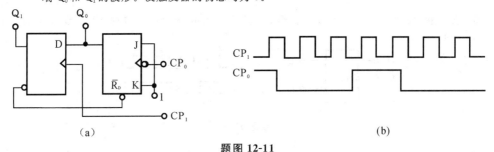

题图 12-11

12-12 已知电路和时钟脉冲 CP 及输入端 A 的波形如题图 12-12 所示,试画出输出端 $Q_0$、$Q_1$ 的波形。假定各触发器初态均为 **1**。

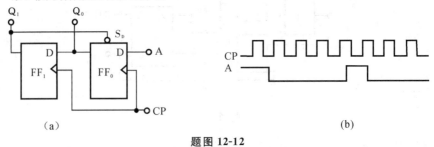

题图 12-12

12-13 已知题图 12-13(a)所示电路中输入 A 及 CP 的波形如题图 12-13(b)所示。试画出输出端 $Q_0$、$Q_1$、$Q_2$ 的波形,设触发器初态均为 **0**。

12-14 电路如题图 12-14 所示,已知时钟脉冲 CP 的频率为 2 kHz,试求 $Q_0$、$Q_1$ 的波形和频率。设触发器的初始状态为 **0**。

12-15 分析如题图 12-15 所示电路的逻辑功能。

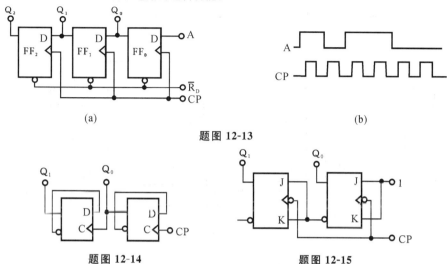

题图 12-13

题图 12-14　　题图 12-15

12-16 某计数器波形如题图 12-16 所示,试确定该计数器有几个独立状态,并画出状态循环图。

12-17 电路如题图 12-17 所示。假设初始状态 $Q_2Q_1Q_0 = \mathbf{000}$。试分析 $FF_2$、$FF_1$ 构成几进制计数器？整个电路为几进制计数器？画出 CP 作用下的输出波形。

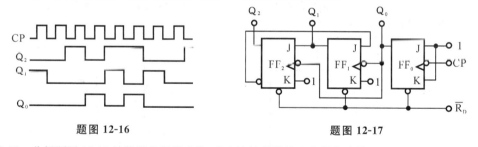

题图 12-16　　题图 12-17

12-18 分析题图 12-18 计数器的逻辑功能,确定该计数器是几进制的计数器。

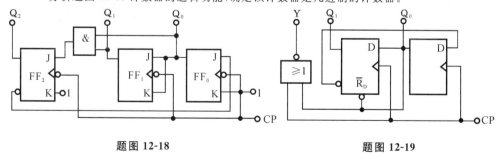

题图 12-18　　题图 12-19

12-19 同步时序逻辑电路如题图 12-19 所示,触发器为维持阻塞型 D 触发器。其初态均为 **0**。试求：① 在连续 7 个时钟脉冲 CP 作用下输出端 $Q_0$、$Q_1$ 和 Y 的波形；② 输出端 Y 与时钟 CP 的关系。

12-20 用二-五-十进制计数器 74LS290 构成如题图 12-20 所示计数电路，试分析它们各为几进制计数器？

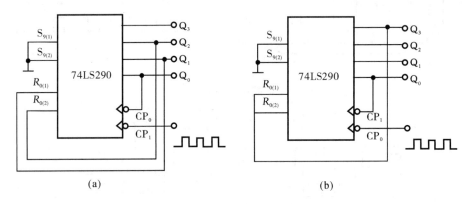

题图 12-20

12-21 试用 74LS161 构成同步十二进制和二十四进制计数器。

12-22 题图 12-22 所示电路，简述电路的组成及工作原理。若要求发光二极管 LED 在开关 SB 按下后，持续亮 10s，试确定图中 R 的阻值。

12-23 用 555 定时器构成的多谐振荡器电路如题图 12-23 所示，当电位器滑动臂移至上、下两端时，分别计算振荡频率和相应的占空比 D。

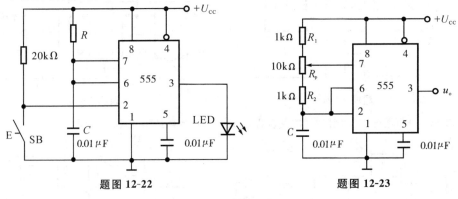

题图 12-22    题图 12-23

# 附 录

## 附录 A　电路仿真软件 EWB-Multisim 简介

### A.1　EWB-Multisim 特点

以计算机辅助设计为基础的电子设计自动化(electronic design automation,简称 EDA)技术已经成为电子学科的一个重要分支。因此,各类 EDA 软件也得到了快速发展。虚拟电子工作平台(electronics workbench,简称 EWB),是一种功能强大的模拟与数字电路混合仿真软件。该软件是加拿大交互图像技术有限公司(interactive image technologies ltd.,简称 IIT)在 20 世纪 80 年代设计推出的 EDA 软件。它的仿真功能强大,可近乎 100%地仿真真实电路的结果,它在桌面上提供各种各样的电子工具,对于电子工作者来说,是个极好的 EDA 工具。

从 6.0 版开始,EWB 仿真设计模块改名为 Multisim。2001 年,IIT 公司又推出了新版本 Multisim 2001。EWB 的 Layout 模块(即 PCB 制版软件模块)更名为 Ultiboard。为了加强 Ultiboard 的布线能力,IIT 公司还开发了一个 Ultiroute 布线引擎。后来又推出了一个专门用于通信电路分析与设计的模块 Commsim。2005 年 12 月隶属于美国国家仪器公司(national instruments,简称 NI)的 Electronics Workbench IIT 公司发布了 Multisim 9 软件,包括 Ultiboard 9 和 Ultiroute 9。

无论是 Multisim、Ultiboard 还是 Ultiroute、Commsim,都是 EWB 的基本组成部分,能完成从电路的仿真设计到电路版图生成的全过程。但它们彼此相互独立,可以分别使用。这 4 个模块中最具特色的首推 EWB 仿真模块——Multisim。与其他电路设计软件相比较,Multisim 9 具有如下特点。

(1) 界面形象直观,操作方便。绘制电路图需要的元器件、测试仪器都是以图标方式出现的,而且仪器的操作开关、按钮同实际情形非常相似,很容易学会和使用。

(2) 仿真的手段和实际相符,仪器和元器件的选用和实际情形非常相似。可以通过对电路的仿真,既掌握电路的性能,又熟悉仪器的正确使用方法。

(3) 具有齐全和可扩充的元器件库。提供了数千种元器件供选用,不仅提供了元器件的理想值,而且有的元器件还提供了实际厂家的元器件模型。

(4) 具有完整的混合模拟与数字信号模拟的功能。在系统中可任意地集成数字及模拟元器件,会自动地进行信号转换。测试具有即时的显示功能。

(5) 在对电路进行仿真的同时,还可以存储实验数据、波形、元器件清单、工作状态等,并可打印输出。

(6) 提供了各种分析手段。有静态分析、动态分析、时域分析、频域分析、噪声分析、失真分析、离散傅立叶分析、温度分析等各种分析方法。

(7) 与 SPICE 软件兼容,可相互转换。Multisim 产生的电路文件还可以直接输出至常见的 Protel、Tango、Orca。

使用虚拟测试仪器对电路进行仿真实验如同置身于实验室使用真实仪器测试电路,既解决了购买大量元器件和高档仪器的难处,又避免了仪器损坏等不利因素。同时,该软件直观的电路图和仿真分析结果的显示形式非常适合于电子类课程的课堂和实验教学环节,是一种非常好的电子技术实训工具。可以弥补实验仪器、元件少的不足及避免仪器、元器件的损坏,可以帮助学生更好地掌握教学内容,加深对概念、原理的理解,通过电路仿真,进一步培养学生的综合分析、开发设计和创新能力。另外,在该软件下调试所得结果电路可以和 Tango、Protel 和 Orcad 等印制电路设计软件共享,生成印制电路,自动排出印制电路版,从而大大加快了产品开发速度,提高工作效率。

## A.2　Multisim 窗口界面及其菜单和工具栏

与 Windows 环境下运行的其他系统一样,Multisim 提供了良好的界面和便捷的操作菜单。

### 1. Multisim 的主窗口界面

Multisim 界面由多个区域构成,如附图 A-1 所示,具有菜单命令栏(menu bar)、标准工具栏(standard toolbar)、元器件工具栏(component toolbar)、仪器工具栏(instruments toolbar)、电路设计工作窗(circuit window)、电路描述框(circuit description box)、设计工具箱(design toolbox)、数据表观察区(spreadsheet view)等 8 个功能部分。通过对各部分的操作可以实现电路图的输入、编辑,并根据需要对电路进行相应的观测和分析。

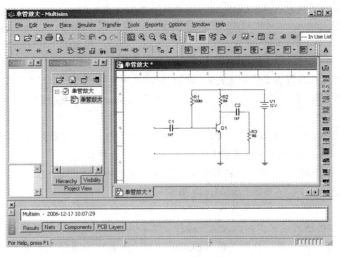

附图 A-1　Multisim 主窗口

## 2. 主菜单命令区

Multisim 的主菜单命令区提供了各类下拉菜单命令，如附图 A-2 所示。

附图 A-2　主菜单命令区

File：文件操作。打开、建立、保存、打印各类文件。下拉菜单如附图 A-3 所示。

Edit：编辑操作。对电路图的内容进行编辑等。下拉菜单如附图 A-4 所示。

View：观察操作。对电路图放大、缩小、全屏、增加网格、标尺、定制工作界面以及选择工具栏的各种功能按钮等。下拉菜单如附图 A-5 所示。

附图 A-3　File 下拉菜单　　附图 A-4　Edit 下拉菜单　　附图 A-5　View 下拉菜单

Place：放置操作。向电路图中放置元器件、节点、总线、说明文字、标题栏，构造子电路、公共模块电路、多图电路等。下拉菜单如附图 A-6 所示。

Simulate：仿真操作。启动仿真，选择各种仿真方法，设置系统仿真参数等。下拉菜单如附图 A-7 所示。

Tools：常用工具。主要有数据库操作类工具、元器件设计工具、标准电路生成工具、电路检查工具、屏幕捕捉工具、各类编辑器工具（标题栏、符号、电路描述）等。下拉菜单如附图 A-8 所示。

  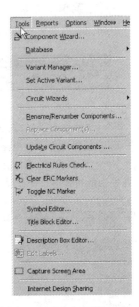

附图 A-6　Place 下拉菜单　　附图 A-7　Simulate 下拉菜单　　附图 A-8　Tools 下拉菜单

　　Transfer：转换操作。主要用于将仿真完成的电路转换为 Ultiboard 软件（用于生成 PCB 板）所需的文件。下拉菜单如附图 A-9 所示。

　　Reports：报表生成操作。生成与电路相关的各类报表。下拉菜单如附图 A-10 所示。

　　Options：选择定制工作界面，设置或修改在电路设计时所需的基本信息。

　　Window：窗口排放格式选择以及当前窗口队列内容。下拉菜单如附图 A-11 所示。

　　Help：各类帮助信息。

附图 A-9　Transfer 下拉菜单　　附图 A-10　Reports 下拉菜单　　附图 A-11　Window 下拉菜单

### 3. 工具栏选项

　　Multisim 提供丰富的按钮式工具栏，如附图 A-12 所示。工具栏是否显示可通过"视图"（View）菜单中的工具栏（Toolbars）选项来选择。

（a）标准工具栏　　　　　　　　　（b）主工具栏

附图 A-12　系统工具栏

## A.3　元器件库及仪表库

Multisim 为电子电路的设计和仿真分析提供了丰富的元器件库和常用测量仪器、仪表库，用鼠标单击界面中相应的图标按钮，可以打开该库。

Multisim 元器件库分为虚拟元器件库和实元器件库，虚拟元器件库为淡蓝色元器件图标。

### 1. 虚拟元器件库

虚拟元器件库分类图标栏如附图 A-13 所示。单击图标栏中各图标右侧的下拉按钮即可看到库中的各类虚拟元器件。

所谓虚拟元器件是指元器件模型参数可以任意修改，但并不一定存在（不一定能在市场上购买到）的元器件。虚拟元器件库的内容可分为 8 类，按图标排列（从左到右）如下。

附图 A-13　虚拟元器件库图标栏

（1）电源类，包括交流电源、直流电源、TTL 电源、CMOS 电源、星形接法电源、三角形接法电源、地线等。

（2）信号源类，包括交流电流源、交流电压源、调幅信号源、方波信号电流源、方波信号电压源、直流电流源、指数电流源、指数电压源、调频信号电流源、调频信号电压源、PWL（分段线性）电流源、PWL 电压源、脉冲电流源、脉冲电压源、热噪声源等。

（3）元件类，包括电阻、电容、电感、电位器、可调电容、可调电阻、各类触点形式的继电器、电源变压器、耦合变压器、磁心耦合线圈、空心线圈、压控电阻、上拉电阻。

（4）二极管类，包括通用二极管、稳压二极管。

（5）三极管、MOS 管类，包括 PNP 三极管、NPN 三极管、砷化镓场效应管、结型场效应管（N 沟道、P 沟道）、NMOS 场效应管（耗尽型、绝缘栅型）、PMOS 场效应管（耗尽型、绝缘栅型）等。

（6）运算放大器类，包括三端运算放大器、五端运算放大器、电压比较器等。

（7）杂类，包括 555 定时器、模拟开关、晶体振荡器、单稳态触发器、单相电机、锁相环、灯泡、保险丝、光电耦合器、七段数码管。

（8）简单测量工具类，包括电流表、电压表、电平测量指示器。

### 2. 实元器件库

实元器件库分类图标栏如附图 A-14 所示。元器件库的内容可分为 13 类，单击图标栏中各图标即可看到库中的元器件,各种元器件均有详细说明(在实元器件库中也包含了一批虚拟元器件,库中对虚拟元器件都做了特殊说明,并以深绿色图标表示)。

附图 A-14　实元器件库图标栏

实元器件库的内容可分为 13 类,按图标排列(从左到右)如下。

(1) 电源、信号源类,包括各类交流电源、直流电源、受控源、调制信号源等。

(2) 基本元件类,包括各类电阻、电容、电感、排电阻、可调元件(电阻、电容、电感)开关、变压器、继电器、接插件等。

(3) 二极管类,包括各类二极管、稳压管、可控硅、整流桥、特种二极管(变容二极管)、双向开关、发光二极管等。

(4) 三极管类,包括各类三极管、组合三极管、MOS 管和组合 MOS 管等。

(5) 放大器类,包括各类运算放大器、比较器等。

(6) TTL 逻辑与时序电路类,包括 74STD、74LS、74S、74F、74ALS、74AS 系列逻辑与时序电路。

(7) CMOS 逻辑与时序电路类,包括各种电压等级的 CMOS 逻辑与时序电路,包括 4XXX、74HC 系列以及 NC7S 系列等。

(8) 大规模集成电路类,包括微处理器、存储器、DSP、CPLD、FPGA 等。

(9) 特种器件类,包括 A/D 变换器、D/A 变换器、555 信号发生器、模拟开关、单稳态电路、锁相环等。

(10) 指示装置类,包括数码管、指示灯、蜂鸣器、数字仪表等。

(11) 杂类,包括直流电动机、保险丝、三端稳压器等。

(12) 开关类,包括继电器、开关、三相电动机、变压器等。

(13) 射频元器件类,包括射频三极管、射频 MOS 管、天线、延迟线等。

所谓实元器件是指元器件模型参数不可以修改;大部分实元器件有型号、封装,是在市场上可以购得的真实元器件。

在实元器件库中除了元器件之外,还有一些以模型出现的模块,如乘法器、积分器等。

在进行电路设计时,一般先用虚拟元器件设计,最后再用实元器件取代并调整参数,也可以直接使用实元器件库内的元器件进行设计。

两种元器件在工作界面中可通过颜色设置而使它们有所区别。对于某些可以通过改变结构、特制或挑选而达到给定参数要求的元器件,既可以将其看成是虚拟元器件,也可以将其看成是实元器件,如变压器、线圈、某些晶体管等。

## 3. 测量分析仪表库

Multisim 测量分析仪表库中有 20 种测试仪器,其分类图标栏如附图 A-15 所示。

附图 A-15　分析仪器库图标

按图标排列(从左到右)分别为数字万用表(multimeter)、函数信号发生器(function generator)、功率表(wattmeter)、双踪示波器(oscilloscope)、四踪示波器(4 channel oscilloscope)、波特图示仪(bode plotter)、频率计(frequency counter)、数字信号发生器(word generator)、逻辑分析仪(logic analyzer)、逻辑转换仪(logic converter)、IV 分析仪(IV-analysis)、失真分析仪(distortion analyzer)、频谱分析仪(spectrum analyzer)、网络分析仪(network analyzer)、安捷伦函数发生器(agilent function generator)、安捷伦万用表(agilent multimeter)、安捷伦示波器(agilent oscilloscope)、泰克示波器(tektronix oscilloscope)、电平观察指示仪(labVIEW instrument)、测量探针(measurement probe)。是否显示仪器库图标,可通过"视图"(View)菜单中的工具栏(Toolbars)选项来选择。点击主窗口中仪器图标栏上相应的仪器按钮,可将该仪表移动到所编辑的电路中,且不受数量限制,或者通过"仿真"菜单中的仪器选项来选择仪表。

### 4. 测量指示元件库

Multisim 除了分析仪表库以外,还提供了测量指示元件库,其分类图标栏如附图 A-16 所示。

附图 A-16　测量元件库图标

测量指示元件可分为 13 种,按图标排列(从左到右)分别为水平电流表(ammeter-horizontal)、水平旋转电流表(ammeter-horizontal rotated)、垂直电流表(ammeter-vertical)、垂直旋转电流表(ammeter-vertical rotated)、探针(probe)、蓝色探针(blue probe)、绿色探针(green probe)、红色探针(red probe)、黄色探针(yellow probe)、水平伏特计(voltmeter-horizontal)、水平旋转伏特计(voltmeter-horizontal rotated)、垂直伏特计(voltmeter-vertical)、垂直旋转伏特计(voltmeter-vertical rotated)。测量元件库图标的显示与否,也可通过"视图"(View)菜单中的工具栏(Toolbars)选项来选择。需要测量元件时,点击主窗口中测量元件库的相应图标,则可将该元件移动到所编辑的电路中;也可通过虚拟元件库图标中的下拉菜单来选择。

## A.4　Multisim 电路原理图绘制功能

绘制电路原理图是 EWB 的主要功能之一,利用 Multisim 提供的元件库,在 Multisim 主窗口的工作区,使用鼠标点击拖曳、移动就可以完成所要设计的原理图。其基本操作是选择元件库,点击并移动元件以及连接导线。

## 1. 元件的操作

其具体过程有：元件的选择，元件的移动，元件的形状调整（旋转、翻转），元件删除、剪切、复制及粘贴等。通过相应功能的菜单命令，或者在元件图标上点击鼠标左、右键及其下拉菜单，或者用组合热键，都可以方便地实现以上操作功能。

虚拟元件和实元件的选择过程有所不同，虚拟元件只要直接点击图标就可选择相应元件移动到工作区，如附图 A-17 所示。实元件在点击图标后，通过类型选择确认才能移动到工作区，如附图 A-18 所示。

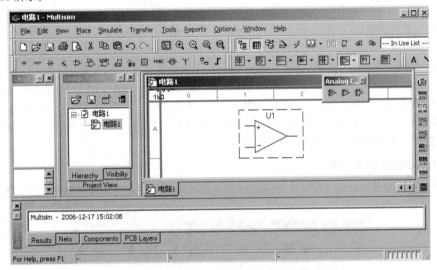

附图 A-17　虚拟元件点击移动到工作区

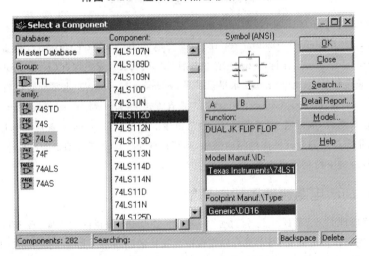

附图 A-18　实元件类型选择对话框

### 2. 元器件参数设置

元器件的参数设置是非常重要的一个环节。通过参数调整，可以改变电路的性能指标及测试电路的工作状态等。EWB 提供的器件性能参数选项有：标识(Label)、显示(Display)、参数(Value)、引脚(Pins)、变量(Variant)等内容。首先选中该元器件，双击该元器件，或单击鼠标右键，会弹出相关特性参数对话框，提供参数的设置和修改，如附图 A-19 所示。

### 3. 导线连接与编辑

(1) 导线的连接：将鼠标指向某一元件的端点，出现一个节点后，按住鼠标左键并拖动出一根导线，拉住导线并指向另一个元件的端点，使其出现小圆点后，释放鼠标左键，即完成了导线的连接。

(2) 导线颜色的改变：双击要改变颜色的导线，或选中导线后右击鼠标，可在弹出的"Wire Properties"对话框中选择"Schematic Options"选项，并按

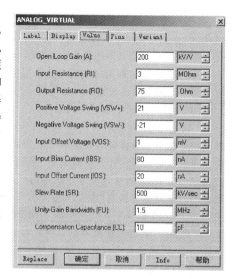

附图 A-19 元件参数设置对话框

下"Set Wire Color"按钮，然后选择合适的颜色，点击确定即可改变导线的颜色。

(3) 导线的删除：对准要删除的导线，单击鼠标右键，在弹出的菜单中，选择"Delete Wire"即可删除导线。或者对准要删除的导线的一端，按住左键拖动圆点，使导线离开元器件端点，放开左键，导线则自动删除。

(4) 弯曲导线的调整：元器件位置与导线不在同一条直线上时，会产生导线弯曲。可以选中该元器件，然后用四个箭头键微调该元件的位置，使导线变直。这种微调方法也可用于对一组选中元器件的位置调整。

(5) 导线上插入和删除元件：在导线中插入元器件，只要将元器件直接拖动并放置在导线上，然后释放即可插入电路中；删除元器件，如要删除，只需选中该元件，按"Delete"键即可删除。

### 4. 节点应用

节点是一个小圆点，存放在基本器件库中，一个节点有上、下、左、右四个连接点可以连接来自四个方向的导线。将一条导线伸展到另一条导线时会自动产生连接点，并可以赋予标识。节点应用包含节点调整、节点编号及标识颜色。

## A.5 Multisim 电路仿真分析功能

Multisim 软件为电路提供 6 种基本分析方法，分别为直流静态工作点分析、交流频率分析、瞬态分析、傅立叶分析、噪声分析、失真分析；以及交流和直流参数扫描分析、直流和交流灵敏度分析、温度扫描分析、磁极零点分析、转移函数分析、最差情况分析、蒙特卡罗分析等 7 种高级分析功能。另外，Multisim 还提供导线宽度分析、批分析、用户定义分析和射频分析等 4 种可选分析。

### 1. 基本功能分析

(1) 直流分析：在进行直流(静态)工作点分析时，电路中的交流源将被置为零，电感短路，电容

开路,电路中的数字元器件将被视为高阻接地。这种分析方法对模拟电路非常适用。

(2) 交流分析:即分析电路中某一节点的频率特性。分析时,电路中的直流源将自动置零,交流信号源、电容、电感等均处于交流模式,输入信号也设定为正弦波形式。无论输入是何交流信号,在进行交流频率分析时,会自动把它作为正弦信号输入。因此,输出响应也是该电路的交流频率的函数。

(3) 瞬态分析:也称为时域暂态分析,是指电路中某一节点的时域响应,即该节点在整个显示周期中每一时刻的电压波形。在进行瞬态分析时,直流电源保持常数,交流信号源随着时间而改变,电容和电感都是能量储存模式元件。

(4) 傅立叶分析:傅立叶分析方法用于分析估计时域信号的直流、基频和谐波分量,即离散傅立叶变换。这个分析将电压波形从时域变换到频域,求出它的频域变化规律。EWB 会自动地进行时域分析以得到傅立叶分析的结果。在进行傅立叶分析时,必须首先在对话栏里选择一个输出节点即输出分量,分析从这个节点获得的电压波形。分析还需要一个基频,一般将电路中的交流激励源的频率设定为基频,若在电路中有几个交流源时,那么基频将是这些频率的最小公因数。比如一个 10.5 kHz 和一个 7 kHz 的交流激励信号,那么基频就是 0.5 Hz。

(5) 噪声分析:即分析噪声的影响。对指定电路某一输出节点的噪声强度进行检测,计算所选择的噪声源(无源或有源器件)在扫描频率范围内对该节点所产生噪声的效果,结果以输入噪声谱图、输出噪声谱图和元件噪声谱图显示。

(6) 失真分析:也称谐波分析,是对指定的任意节点以及扫描范围、扫描类型(线性或对数)和分辨率,计算总的小信号谐波失真和互调失真。

**2. 高级分析**

(1) 参数扫描分析:包括直流和交流参数扫描分析,即分析元件参数的改变对电路性能的影响。选取电路中某个元件的参数,在一定取值范围内变化时,测量对电路直流工作点瞬态特性、交流频率特性的影响。

(2) 灵敏度分析:包括直流和交流灵敏度分析,即改变电路元件参数,分析电路中任意节点电压、支路电流对这一改变量的敏感程度。

(3) 温度扫描分析:指分析不同温度下电路性能的变化。选择不同的温度值,则显示不同温度条件下的电路特性。

(4) 磁极零点分析:即电路频率稳定性分析,用于确定交流小信号电路传递函数中的极点和零点,以获得有关电路稳定性信息。

(5) 转移函数分析:是分析电路的幅频和相频特性,即在交流小信号状态下,分析一个输入信号源与两节点的输出电压变化量之间,或一个信号源与一个节点的输出电流变化量之间的传递函数;也可用于计算电路的输入和输出阻抗。

(6) 最坏情况分析:用统计方法分析和观察元件参数在给予的误差条件下,电路特性变化的最坏可能结果。

(7) 蒙特卡罗分析:用统计方法分析和计算电路中的元件参数,按给定的误差分布类型在一定范围内变化时对电路特性的影响,以预测电路在批量生产时的成品率和生产成本。

**3. 仿真分析操作实例**

1) 直流工作分析

附图 A-20 所示为一单管共射放大电路,求各个节点直流电压。分析步骤如下。

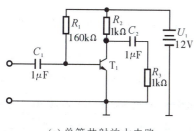 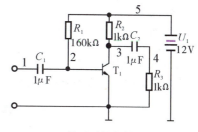

(a) 单管共射放大电路　　　　　　(b) 显示网络名的电路

附图 A-20　直流静态工作点分析

(1) 打开一个新文件,在电路工作区中创建如附图 A-20(a)所示电路,并通过电气连接检测后,将文件存盘。接着显示网络名称(即静态值观测点)。方法是:双击连接导线,在弹出对话标签中输入"网络名称"(net name),并勾选"显示"(show)框;单击确定后,则电路中的网络名(节点标志)显示在电路中,如附图 A-20(b)所示。

(2) 选择菜单栏"仿真"(simulate)→"分析"(analysis)中的"直流工作点分析"(DC operating point analysis)选项,根据对话框(标签)的要求,在输出选项中添加要分析的网络点名称,则软件会自动把电路中所有的网络节点电压数值和电源支路的电流数值显示在"分析"(analysis)记录仪中,结果如附图 A-21 所示。

附图 A-21　直流静态工作点分析结果

在进行直流工作点分析时,电路中的数字元器件将被视为高阻接地。

由附图 A-21 可知,各网络节点电压值:
$U_1=0$ V, $U_2=824.48118$ V, $U_3=5.0153$ V, $U_4=0$ V, $U_5=12$ V。
电源支路的电流数值:$I=-7.05455$ mA。

2) 电路瞬态分析

对于附图 A-22 所示微分电路,试分析输入信号选择矩形波时该电路输出节点 1 的瞬态波形。分析步骤如下。

(1) 首先创建要进行分析的电路,如附图 A-22 所示,选择菜单栏"仿真"(simulate)→"分析"(analysis)中的"瞬态分析"(transient)。根据对话框(标签)的要求设置参数,在输出选项中添加要分析的网络点名称。

（2）点击对话框中"仿真"(simulate)按钮，即得到如附图 A-23 所示节点 1 的瞬态波形（矩形波为节点 3 的输入波形）。

在对选定的节点做瞬态分析时，可以用直流分析的结果作为瞬态分析的初始条件。瞬态分析也可以通过连接示波器来实现。瞬态分析的优点是通过设置，可以更好、更仔细地观察起始波形的变化情况。

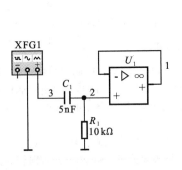

附图 A-22　微分电路

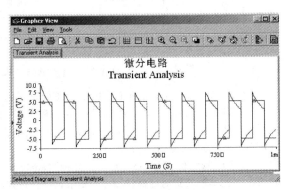

附图 A-23　瞬态分析结果

# 附录 B　常用半导体分立器件的参数

## B.1　二极管

| 型号 | 最大整流电流 $I_{OM}$/mA | 最大电流正向压降 $U_F$/V | 反向工作峰值电压 $U_{RWM}$/V | 型号 | 最大整流电流 $I_{OM}$/mA | 最大电流正向压降 $U_F$/V | 反向工作峰值电压 $U_{RWM}$/V |
|---|---|---|---|---|---|---|---|
| 2AP1 | 16 |  | 20 | 2CZ55B |  |  | 50 |
| 2AP2 | 16 |  | 30 | 2CZ55C |  |  | 100 |
| 2AP3 | 25 |  | 30 | 2CZ55D |  |  | 200 |
| 2AP4 | 16 | ≤1.2 | 50 | 2CZ55E | 1000 | ≤1 | 300 |
| 2AP5 | 16 |  | 75 | 2CZ55F |  |  | 400 |
| 2AP6 | 12 |  | 100 | 2CZ55G |  |  | 500 |
| 2AP7 | 12 |  | 100 | 2CZ55H |  |  | 600 |
| 2CZ52B |  |  | 50 | 2CZ56B |  |  | 50 |
| 2CZ52C |  |  | 100 | 2CZ56C |  |  | 100 |
| 2CZ52D |  |  | 200 | 2CZ56D |  |  | 200 |
| 2CZ52E | 100 | ≤1 | 300 | 2CZ56E | 3000 | ≤0.8 | 300 |
| 2CZ52F |  |  | 400 | 2CZ56F |  |  | 400 |
| 2CZ52G |  |  | 500 | 2CZ56G |  |  | 500 |
| 2CZ52H |  |  | 600 | 2CZ56H |  |  | 600 |

## B.2 稳压二极管

| 参数 | 稳定电压 | 稳定电流 | 耗散功率 | 最大稳定电流 | 动态电阻 |
|---|---|---|---|---|---|
| 符号/单位 | $U_Z$/V | $I_Z$/mA | $P_Z$/mW | $I_{ZM}$/mA | $r_Z/\Omega$ |
| 测试条件 | 工作电流等于稳定电流 | 工作电压等于稳定电压 | $-60 \sim +50$℃ | $-60 \sim +50$℃ | 工作电流等于稳定电流 |
| 型号 2CW52 | 3.2~4.5 | 10 | 250 | 55 | ≤70 |
| 型号 2CW53 | 4~5.8 | 10 | 250 | 41 | ≤50 |
| 型号 2CW54 | 5.5~6.5 | 10 | 250 | 38 | ≤30 |
| 型号 2CW55 | 6.2~7.5 | 10 | 250 | 33 | ≤15 |
| 型号 2CW56 | 7~8.8 | 10 | 250 | 27 | ≤15 |
| 型号 2CW57 | 8.5~9.5 | 5 | 250 | 26 | ≤20 |
| 型号 2CW58 | 9.2~10.5 | 5 | 250 | 23 | ≤25 |
| 型号 2CW59 | 10~11.8 | 5 | 250 | 20 | ≤30 |
| 型号 2CW60 | 11.5~12.5 | 5 | 250 | 19 | ≤40 |
| 型号 2CW61 | 12.2~14 | 3 | 250 | 16 | ≤50 |

## B.3 双极性三极管

| 参数符号 | 单位 | 测试条件 | 型号 3DG100A | 3DG100C | 9013A | 9014A | 9018E |
|---|---|---|---|---|---|---|---|
| 直流参数 $I_{CBO}$ | μA | $U_{CB}=10$ V | ≤0.1 | ≤0.1 | ≤0.1 | ≤0.1 | ≤0.1 |
| 直流参数 $I_{EBO}$ | μA | $U_{EB}=1.5$ V | ≤0.1 | ≤0.1 | ≤0.1 | ≤0.1 | ≤0.1 |
| 直流参数 $I_{CEO}$ | μA | $U_{CE}=10$ V | ≤0.1 | ≤0.1 | ≤0.1 | ≤0.1 | ≤0.1 |
| 直流参数 $U_{BE(sat)}$ | V | $I_B=1$ mA, $I_C=10$ mA | ≤1.1 | ≤1.1 | ≤1.1 | ≤1.1 | ≤1.1 |
| 直流参数 $h_{FE(\beta)}$ |  | $U_{CB}=10$ V, $I_C=3$ mA | ≥30 | ≥30 | ≥30 | ≥50 | ≥30 |
| 交流参数 $f_T$ | MHz | $U_{CE}=10$ V, $I_C=3$ mA, $f=30$ MHz | ≥150 | ≥300 | ≥100 | ≥150 | ≥600 |
| 交流参数 $C_{ob}$ | pF | $U_{CB}=10$ V, $I_C=3$ mA, $f=5$ MHz | ≤4 | ≤3 | ≤5 | ≤5 | ≤1 |
| 极限参数 $U_{(BR)CBO}$ | V | $I_C=100$ μA | ≥30 | ≥30 | ≥40 | ≥50 | ≥30 |
| 极限参数 $U_{(BR)CEO}$ | V | $I_C=200$ μA | ≥20 | ≥20 | ≥20 | ≥40 | ≥15 |
| 极限参数 $U_{(BR)EBO}$ | V | $I_E=100$ μA | ≥4 | ≥4 | ≥5 | ≥5 | ≥5 |
| 极限参数 $I_{CM}$ | mA |  | 20 | 20 | 500 | 100 | 50 |
| 极限参数 $P_{CM}$ | mW |  | 100 | 100 | 600 | 450 | 400 |
| 极限参数 $T_{jM}$ | ℃ |  | 150 | 150 | 150 | 150 | 150 |

## B.4 晶闸管

| 参数 | 符号 | 单位 | 型号 KP5 | KP20 | KP50 | KP200 | KP500 |
|---|---|---|---|---|---|---|---|
| 正向重复峰值电压 | $U_{FRM}$ | V | 100～3000 | 100～3000 | 100～3000 | 100～3000 | 100～3000 |
| 反向重复峰值电压 | $U_{RRM}$ | V | 100～3000 | 100～3000 | 100～3000 | 100～3000 | 100～3000 |
| 导通时平均电压 | $U_F$ | V | 1.2 | 1.2 | 1.2 | 0.8 | 0.8 |
| 正向平均电流 | $I_F$ | A | 5 | 20 | 50 | 200 | 500 |
| 维持电流 | $I_H$ | mA | 40 | 60 | 60 | 100 | 100 |
| 控制极触发电压 | $U_G$ | V | ≤3.5 | ≤3.5 | ≤3.5 | ≤4 | ≤5 |
| 控制极触发电流 | $I_G$ | mA | 5～70 | 5～100 | 8～150 | 10～250 | 20～300 |

# 附录C  部分模拟集成电路主要参数

## C.1 集成电压比较器

| 型号 | 名称 | 电源电压 $U_{OC}$/V | 开环差模增益 $A_{od}$ | 输入偏置电流 $I_{IB}$/μA | 输入失调电流 $I_{IO}$/μA | 输入失调电压 $U_{IO}$/mV | 响应时间 $t_r$/ns | 输出兼容电路 |
|---|---|---|---|---|---|---|---|---|
| CJ0119 | 双精密电压比较器 | ±15 或 5 | 40 | 0.5 | 0.075 | 4 | 80 | TTL、DTL |
| CJ0306 | 高速电压比较器 | +12−3～−12 | 40 | 25 | 5 | 5 | 40 | TTL、DTL |
| CJ0311 | 单电压比较器 | ±15～5 | 200 | 0.25 | 0.06 | 2 | 200 | TTL、DTL |
| CJ0339 | 低功耗低失调四电压比较 | ±1～±18 或 5～36 | 200 | 0.25 | 5 | 0.05 | 1300 | TTL、ECL |
| CJ0361 | 高速互补输出电压比较器 | ±5～±15(5) | 3 | 15 | 4 | 4 | 12 | TTL、DTL |
| CJ0393 | 低功耗低失调双电压比较器 | ±1～±18 或 5～36 | 200 | 0.25 | 5 | 0.05 | 1300 | TTL、ECL |
| CJ0510 | 高速电压比较器 | +12～−6 | 33 | 15 | 3 | 2 | 30 | TTL、DTL |
| CJ0514 | 双高速电压比较器 | +12～−6 | 33 | 15 | 3 | 2 | 30 | TTL、DTL |
| CJ0710 | 高速电压比较器 | +12～−6 | 1.5 | 25 | 5 | 5 | 40 | TTL、DTL |
| CJ0811 | 双高速电压比较器 | +12～−6 | 17.5 | 20 | 3 | 3.5 | 33 | TTL、DTL |
| CJ1311 | EFT输入电压比较器 | 36 | 200 | $1.5×10^{-3}$ | $75×10^{-6}$ | 10 | 200 | TTL、DTL |
| CJ1414 | 双高速电压比较器 | +12～−6 | 1.5 | 25 | 5 | 4 | 30 | TTL、DTL |
| J0734 | 精密电压比较器 | ±15 | ≥25 | 0.15 | 25 | 5 | 200 | TTL、DTL |

## C.2 集成运算放大器

| 参数名称 | 符号 | 单位 | 型号 | | | | | |
|---|---|---|---|---|---|---|---|---|
| | | | F007 | F101 | 8FC2 | CF118 | CF725 | CF747M |
| 最大电源电压 | $U_S$ | V | ±22 | ±22 | ±22 | ±22 | ±22 | ±22 |
| 差模开环电压放大倍数 | $A_{uO}$ | | ≥80 dB | ≥88 dB | $3×10^4$ | $2×10^5$ | $3×10^6$ | $2×10^5$ |
| 输入失调电压 | $U_{IO}$ | mV | 2~10 | 3~5 | ≤3 | 2 | 0.5 | 1 |
| 输入失调电流 | $I_{IO}$ | nA | 100~300 | 20~200 | ≤100 | | | |
| 输入偏置电流 | $I_{IB}$ | nA | 500 | 150~500 | | 120 | 42 | 80 |
| 共模输入电压范围 | $U_{ICB}$ | V | ±15 | | | ±11.5 | ±14 | ±13 |
| 共模抑制比 | $U_{CMR}$ | dB | ≥70 | ≥80 | ≥80 | ≥80 | 120 | 90 |
| 最大输出电压 | $I_{OPP}$ | V | ±13 | ±14 | ±12 | | ±13.5 | |
| 静态功率损耗 | $P_D$ | mW | ≤120 | ≤60 | 150 | | 80 | |

## C.3 W7800 系列和 W7900 系列集成稳压器

| 参数名称 | 符号 | 单位 | 型号 | | | | | |
|---|---|---|---|---|---|---|---|---|
| | | | 7805 | 7815 | 7820 | 7905 | 7915 | 7920 |
| 输出电压 | $U_O$ | V | 5±5% | 15±5% | 20±5% | −5±5% | −15±5% | −20±5% |
| 输入电压 | $U_I$ | V | 10 | 23 | 28 | 10 | 23 | 28 |
| 电压最大调整率 | $S_a$ | mV | 50 | 150 | 200 | 50 | 150 | 200 |
| 静态工作电流 | $I_o$ | mA | 6 | 6 | 6 | 6 | 6 | 6 |
| 输出电压温漂 | $S_r$ | mV/℃ | 0.6 | 1.8 | 2.5 | −0.4 | −0.9 | −1 |
| 最小输入电压 | $U_{imin}$ | V | 7.5 | 17.5 | 22.5 | −7 | −17 | −22 |
| 最大输入电压 | $U_{imax}$ | V | 35 | 35 | 35 | −35 | −35 | −35 |
| 最大输出电流 | $I_{omax}$ | A | 1.5 | 1.5 | 1.5 | 1.5 | 1.5 | 1.5 |

## 附录 D  部分数字集成电路品种型号

| 类型 | TTL 型 | | CMOS 型 | |
|---|---|---|---|---|
| | 型 号 | 名 称 | 型 号 | 名 称 |
| 门电路 | CT4000（74LS00） | 四 2 输入与非门 | CC4000（CD4000） | 双 3 输入或非门 |
| | CT4004（74LS04） | 六反相器 | CC4002（CD4002） | 双 4 输入或非门 |
| | CT4008（74LS08） | 四 2 输入与门 | CC4011（CD4011） | 四 2 输入与非门 |
| | CT4011（74LS11） | 三 3 输入与门 | CC4012（CD4012） | 双 4 输入与非门 |
| | CT4020（74LS20） | 双 4 输入与非门 | CC4023（CD4023） | 三 3 输入与非门 |
| | CT4021（74LS21） | 双 4 输入与门 | CC4030（CD4030） | 4 输入异或门 |
| | CT4027（74LS27） | 三 3 输入或非门 | CC4068（CD4068） | 8 输入与非门 |
| | CT4030（74LS30） | 8 输入与非门 | CC4073（CD4073） | 三 3 输入与门 |
| | CT4032（74LS32） | 四 2 输入或门 | CC4078（CD4078） | 8 输入或非门 |
| | CT4086（74LS86） | 四 2 输入异或门 | CC4081（CD4081） | 四 2 输入与非门 |
| 触发器 | CT4074（74LS74） | 双上升沿 D 触发器 | CC4013（CD4013） | 双 D 上升沿触发器 |
| | CT4109（74LS109） | 双上升沿 JK 触发器 | CC4027（CD4027） | 双 JK 触发器 |
| | CT4112（74LS112） | 双下降沿 JK 触发器 | CC4098（CD4098） | 双单稳态触发器 |
| | CT4123（74LS123） | 双单稳态触发器 | CC40106（CD40106） | 六施密特触发器 |
| | CT4175（74LS175） | 四上升沿 D 触发器 | CC40175（CD40175） | 四 D 触发器 |
| 计数器 | CT4160（74LS160） | 十进制同步计数器 | CC4017（CD4017） | 十进制环形计数器 |
| | CT4161（74LS161） | 二进制同步计数器 | CC4018（CD4018） | 可预置 1/N 计数器 |
| | CT4162（74LS162） | 十进制同步计数器 | CC4020（CD4020） | 14 位二进制计数器 |
| | CT4192（74LS192） | 十进制可逆计数器 | CC4510（CD4510） | 单 BCD 可逆计数器 |
| | CT4290（74LS290） | 二-五-十进制计数器 | CC4518（CD4518） | 双 BCD 加计数器 |
| | CT4293（74LS293） | 二-八-十六进制计数器 | CC4520（CD4520） | 双二进制加计数器 |
| 寄存器 | CT4174（74LS174） | 六上升沿 D 寄存器 | CC4006（CD4006） | 18 级移位寄存器 |
| | CT4194（74LS194） | 4 位双向移位寄存 | CC4015（CD4015） | 双 4 位移位寄存器 |
| | CT4195（74LS195） | 4 位移位寄存 | CC4034（CD4034） | 8 位双向总线寄存器 |
| | CT4373（74LS373） | 八 D 型锁存寄存器 | CC4076（CD4076） | 4 位 D 型寄存器 |
| | CT4374（74LS374） | 八上升 D 型寄存器 | CC14194（MC14194） | 4 位通用移位寄存器 |

# 附录 E 习题部分参考答案

**习题 1**

1-1　230 V,2.2 Ω
1-2　1.6 V,3.2 Ω
1-3　484 Ω,0.45 A
1-4　31.6 mA,31.6 V
1-5　4 A,12.5 Ω,52 V,104 A
1-6　3.7 kΩ,20 W
1-7　−560 W,−540 W,600 W,320 W,180 W
1-8　45 V,35 V,10 V
1-9　5 V
1-10　8 V,8 V
1-11　−5.8 V,1.96 V
1-12　2 Ω,1 Ω
1-13　200 Ω,200 Ω
1-14　3 Ω,1.33 Ω,0.5 Ω
1-15　16 V,1.6 V,0.16 V,0.016 V
1-16　5.64 ~ 8.41 V

**习题 2**

2-1　12 V
2-2　0.2 A
2-3　2.37 V
2-4　1 A
2-5　2 A,5 A,3 A
2-6　9.38 A,8.75 A,28.13 A
2-7　−0.5 A,1 A,−0.5 A
2-8　12.8 V,115.2 W
2-9　6 A
2-10　−2 A
2-11　3 A
2-12　0.5 A
2-13　−2.5 A
2-14　36 V
2-15　30 Ω
2-16　−1 A
2-17　0.75 A
2-18　0.154 A

**习题 3**

3-1　(1) $U_m = 220\sqrt{2}$ V, $U=220$ V, $\omega=314$ rad/s, $T = \frac{2\pi}{314} = 20$ ms, $\varphi_u = 30°$
　　(2) $t=0$ 时,$u=155$ V;$t=30/314$ s 时,$u=269$ V
3-2　$\dot{U} = 100\cos 60° + j100\sin 60°$ V,$\dot{I} = 5\angle 36.8°$ A
3-3　$u = 220\sqrt{2}\sin\omega t$ V,$i_1 = 10\sqrt{2}\sin(\omega t + 60°)$ A,$i_2 = 10\sin(\omega - 30°)$ A,$\dot{I}_1$ 超前 $\dot{U} 60°$,$\dot{I}_2$ 滞后 $\dot{U} 30°$
3-4　$I_1 = 11.6$ A
3-5　(a) 2 A,(b) $10\sqrt{2}$ A,(c) $10\sqrt{2}$ V,(d) 80 V
3-6　$X_L = 15$ Ω,$L=2.4$ mH
3-7　$X_L = 17$ Ω,$I=10$ A,$U_L = 170$ V
3-8　$f=50$ Hz 时,$I_R=1$ A,$I_L=1$ A,$I_C=1$ A;$Q_L = 100$ Var,$Q_C = 100$ Var,$P_R = 100$ W;$f=100$ Hz 时,$I_R=1$ A,$I_L=0.5$ A,$I_C=2$ A;$Q_L=50$ Var,$Q_C=200$ Var,$P_R=100$ W
3-9　$I=10$ A,$R_2 = X_C = 7.5$ Ω,$X_L = 15$ Ω
3-10　$I_o = 0.33$ A,$U_1 = 66$ V,$U_2 = 207$ V
3-11　$R=500$ Ω,$C=3.67$ μF,且 $u_C$ 滞后 $u$
3-12　$R=9.2$ kΩ,$U_2 = 50$ mV
3-13　$C=0.159$ μF
3-14　$C=405$ μF
3-15　$C=199$ μF,$I=0.625$ A
3-16　$\dot{I}_1 = 5.6\angle(-93.7°)$ A,$\dot{I}_2 = 13.9\angle(49.3°)$ A,$U = 281\angle(-38.7°)$ V
3-17　$X_L = 5$ Ω,$\dot{U}_C = 220\sqrt{2}\angle(-45°)$
3-18　$\dot{I} = 20.4\angle(-21.8°)$ A,$P=4161$ W,$Q=1667$ Var,$S=4488$ VA
3-19　$I=0.34$ A,$R=518$ Ω,$X_L = 438$ Ω
3-20　(1) $R_L = 403$ Ω,$R=54$ Ω,$L=2.1$ H;(2) $\cos\varphi=0.57$;(3) $C=2.1$ μF
3-21　$P=5387.6$ W,$Q=310.6$ Var,$S=5396.6$ VA
3-22　$Z_2 = 22\angle(60°)$ Ω
3-23　$Q_C = 169.8$ kVar,$C=11148$ μF
3-24　$I=20$ A,$X_L = 11$ Ω,$R = X_C = 22$ Ω

3-25  $I_1=0.36$ A, $I_2=0.45$ A, $I=0.7$ A, $\lambda=0.9$

3-26  $f_L=16$ kHz, $|T(j\omega)|=2\sqrt{5}/5, \varphi(j\omega)=26.6°$

3-27  $\Delta\omega=1000$ Hz

3-28  $C=53.1$ μF, $Q=15, I=25$ A

3-29  $U=4.78$ V, $R=1.6$ Ω, $L=0.253$ H

3-30  $f_o=95.1$ Hz, $I\to 0$

## 习题 4

4-1  (2) 22 A

(3) $i_A=22\sqrt{2}\sin(\omega t-6.9°)$ A,
$i_B=22\sqrt{2}\sin(\omega t-126.9°)$ A,
$i_C=22\sqrt{2}\sin(\omega t+113.1°)$ A

4-2  $I_P=I_L=44$ A, $P=17.4$ kW

4-4  (1) $I_A=44$ A, $I_B=I_C=22$ A, $I_N=22$ A

(2) $U_A=U_B=220$ V, $U_C=0$ V; $I_A=44$ A, $I_B=22$ A, $I_C=0$ A, A, B 相负载工作正常。

4-5  $U_A=126.7$ V, $U_B=253.3$ V, $U_C=0$ V; $I_A=I_B=25.3$ A, $I_C=0$ A, A, B 相负载不能正常工作。

4-6  $R=14.46$ Ω, $X_L=30.35$ H

4-7  15.2 A, 25.8 A, 38.1 A

4-12  $L\approx 55$ mH, $C\approx 184$ μF

4-13  39.3 A

4-14  $i_{AB}=38\sqrt{2}\sin(\omega t-53°)$, $i_A=38\sqrt{6}\sin(\omega t-83°)$

4-19  8.8 A

4-20  $10/\sqrt{3}$ A, 10 A, $10/\sqrt{3}$ A

## 习题 5

5-10  $i_{L1}(0_+)=i_{L2}(0_+)=0$ A, $i_{C1}(0_+)=i_{C2}(0_+)=1$ A, $i_2(0_+)=-1$ A, $u_{C1}(0_+)=u_{C2}(0_+)=0$ V, $u_1(0_+)=2$ V, $u_2(0_+)=-u_{L1}(0_+)=-u_{L2}(0_+)=-8$ V

5-11  初始值: $t=0_+$ 时, $i_L(0_+)=\dfrac{U_S+I_SR_1}{R_1+R_2}$, $i_1(0_+)=\dfrac{U_S}{R_1}$, $i_C(0_+)=\dfrac{U_S}{R_1}+\dfrac{U_S+I_SR_1}{R_1+R_2}+I_S$; $u_L(0_+)=-\dfrac{U_S+I_SR_1}{R_1+R_2}\cdot R_2$, $u_C(0_+)=0$ V, $u_1(0_+)=U_S$, $u_2(0_+)=\dfrac{U_S+I_SR_1}{R_1+R_2}\cdot R_2$; 稳态值: $t=\infty$ 时, $i_L(\infty)=\dfrac{U_S+I_SR_1}{R_1+R_2}$, $i_C(\infty)=0$, $i_1(\infty)=\dfrac{U_S+I_SR_1}{R_1+R_2}-I_S$; $u_C(\infty)=\dfrac{U_S+I_SR_1}{R_1+R_2}\cdot R_2$,

$u_L(\infty)=0$ V, $u_1(\infty)=\left(\dfrac{U_S+I_SR_1}{R_1+R_2}-I_S\right)\cdot R_1$, $u_2(\infty)=u_C(\infty)$

5-12  (a) 初始: $u_C(0_+)=0$ V, $u_1(0_+)=U$, $u_2(0_+)=\dfrac{R_2}{R_2+R_3}U$, $u_3(0_+)=\dfrac{R_3}{R_2+R_3}U$, $i_1(0_+)=\dfrac{U}{R_1}$, $i_2(0_+)=i_C(0_+)=\dfrac{U}{R_2+R_3}$

稳态: $u_1(\infty)=u_C(\infty)=U$, $u_2(\infty)=u_3(\infty)=0$ V, $i_1(\infty)=\dfrac{U}{R_1}$, $i_2(\infty)=i_C(\infty)=0$ A

时间常数: $\tau=(R_2+R_3)C$

(b) 初始: $i_1(0_+)=i_2(0_+)=I_S$, $i_L(0_+)=0$ A, $u_1(0_+)=R_1I_S$, $u_2(0_+)=R_2I_S$, $u_3(0_+)=0$ V, $u_S(0_+)=(R_1+R_2)I_S$

稳态: $i_1(\infty)=I_S$, $i_L(\infty)=\dfrac{R_2}{R_2+R_3}I_S$, $i_2(\infty)=\dfrac{R_3}{R_2+R_3}I_S$, $u_L(\infty)=0$

$u_1(\infty)=R_1I_S$, $u_2(\infty)=u_3(\infty)=\dfrac{R_2R_3}{R_2+R_3}I_S$, $u_S(\infty)=\left(R_1+\dfrac{R_2R_3}{R_2+R_3}\right)I_S$

时间常数: $\tau=L/(R_2+R_3)$

5-13  $i_R(t)=0.24e^{-2t}$ mA, $i_{C1}(t)=0.096e^{-2t}$ mA, $i_{C2}(t)=0.144e^{-2t}$ mA

5-14  $u_{C1}(t)=15-3e^{-100t}$ V, $u_{C2}(t)=15-12e^{-50000t}$ V, $i(t)=0.03e^{-100t}+0.03e^{-50000t}$ A

5-16  $u_C(t)=10+75e^{-100t}$ V, $i_3(t)=2.5+7.5e^{-100t}$ mA, $i_1(t)=7.5+7.5e^{-100t}$ mA

5-17  (1) $i_1(t)=i_2(t)=2-2e^{-100t}$ A;
(2) $i_1(t)=3-e^{-200(t-0.1)}$ A, $i_2(t)=2e^{-50(t-0.1)}$ A

5-18  $u_C(t)=30-30e^{-2t/3}e^{-10(t-0.1)}$ V

5-19  $u_2(t)=-24e^{-10t}$ V, $u_L(t)=-40e^{-10t}$ V

5-20  $i_L(t)=9e^{-3t}$ A, $i_1(t)=-6e^{-3t}$ A, $i_2(t)=-3e^{-3t}$ A

## 习题 6

6-1 (1)$I_1=1.2$ A; (2)$I_2=0.525$ A

6-2 $N=1865$ 匝

6-3 (1)$\cos\varphi=0.23$; (2)$R'=25$ Ω,$X'=107$ Ω

6-4 (1)$K=5$,$P_c=0.18$ W;(2)$P_o=0.027$ W

6-5 (1)$N_2=164$ 匝;(2)$I_1=0.27$ A

6-6 (1)$I_{1N}=10$ A,$I_{2N}=250$ A

(2)$\eta=97.1\%$,$\eta_{0.5}=97.7\%$

6-7 有 3 V、6 V、9 V、12 V、15 V 共 18 V 及 6 种

6-8 $P=3,S=0.025$

6-9 (1)$I_N=84.2$ A;(2)$s_N=0.013$;

(3)$T_N=290.4$ N·m,$T_{max}=638.9$ N·m,$T_{St}=551.8$ N·m

6-10 (1)$U=U_N$ 时,可以启动;$U'=0.9U_N$ 时,不能启动;

(2)Y-△ 启动时,$I_{St}=196.5$ A,$T_{St}=183.9$

N·m,80%时,电动机也不能启动。说明 Y-△ 降压启动,电动机也不能启动。说明 Y-△ 降压启动,只能在轻载或空载下进行。

6-12 (1)$I_{St}=221.2$ A,$T_{St}=292.4$ N·m;

(2)$I_{St}=73.7$ A,$T_{St}=97.5$ N·m

6-13 (1)$n_0=1000$ r/min;(2)$f_2=2$ Hz;

(3)$n'=n_0-n=125$ r/min

## 习题 7

7-1 (1)A;(2)A;(3)B;(4)C

7-2 (a)$D$ 导通,$U_{AB}=-2.3$ V;

(b)D,截止,$U_{AB}=-11.3$ V

7-5 (1)$U_o=1$ V;(2)$U_o=10$ V

7-6 $I_{A1}=18$ mA,$I_{A2}=6$ mA,$I_Z=12$ mA

7-7 $R=220 \sim 880$ Ω

7-8 (a)$U_o=-8.7$ V;(b)$U_o=0.7$ V

## 习题 8

8-1 (1)B;(2)B;(3)B

8-2 (1)放大区;(2)饱和区或截止区;(3)下降止。

8-4 (a)PNP 管是锗管;(b)NPN 管是硅管

8-5 (a)放大;(b)饱和;(c)截止

8-7 $I_B=20$ μA,$I_C=1.6$ mA,$U_{CE}=5.2$ V

8-8 $R_C=2.5$ kΩ,$R_B=640$ kΩ

8-11 $r_{be}=1.5$ kΩ,$\dot{A}_u=-160$,$U_o=1.07$ V

8-13 $R_L=4.56$ kΩ

8-14 (1)$I_E=2.98$ mA,$I_B=18$ μA,$U_{CE}=5.11$ V;

2.5 kΩ;(4)$\dot{A}_u=-93$

(3)$\dot{A}_u=-250$,$r_i=1.21$ kΩ,$r_o\approx R_C=$

8-16 (1)$I_B=10$ μA,$I_C=0.62$ mA,$U_{CE}=5.84$ V;

(2)$r_i=190.5$ kΩ,$r_o\approx 45$ Ω;

(3)$\dot{A}_u=0.996$,$\dot{A}_i=0.991$

8-17 (1)$r_i=0.81$ kΩ,$r_o=2.7$ kΩ;(2)$\dot{A}_u=1868.5$

8-19 $P_{CM}=10$ W

8-20 (1) $r_i \approx 1$ kΩ;

(2) $\dot{A}_u=-113$;

(3) $\dot{A}_u=-120$,$\dot{A}_u'=-60$

8-21 $I_{DQ}=1.5$ mA,$U_{GSQ}=4$ V,$U_{DSQ}=15$ V

## 习题 9

9-2 (1)$\pm 0.13$ mV;(2)$6.5\times 10^{-8}$ mA

9-7 (1)75;(2)$+4.34\%$,$-5.88\%$

9-9 $u_o=5.4$ V

9-10 (1)$-5$;(2)250 kΩ

9-11 $u_o=-5.5$ V

9-12 $u_o=\dfrac{2R_F}{R_1}u_i$

9-13 $u_o=4$ V

9-14 $u_o=(1+k)(u_{i2}-u_{i1})$

9-16 $u_o=5.5$ V

9-18 $u_o=\dfrac{1}{RC}\int (u_{i2}-u_{i1})dt$

## 习题 10

10-1 (1)$U_o=9$ V,$I_o=90$ mA

(2)$I_D=0.1$ A,$U_{DRM}=22\sqrt{2}$ V

10-2 (1)$U_2=40$ V,$I_2=200$ mA

(2)$I_D=90$ mA,$U_{DRM}=40\sqrt{2}$ V

10-3 $U_o=9$ V,$I_o=180$ mA,$U_{DRM}=20\sqrt{2}$ V

## 习题 10

10-4 S断开：$U_o=-45$ V，$I_o=45$ mA；
S闭合：$U_o=90$ V，$I_o=90$ mA

10-5 (1)$U_o=-18$ V，$I_o=0.06$ A；
(2)$I_D=30$ mA，$U_{DRM}=15\sqrt{2}$ V，$C=167$ μF
(3)电容C断开$U_o=13.5$ V，电阻$R_L$开路$U_o=15\sqrt{2}$ V

10-6 (1)开路合理，断图是$R_L$，开路。
(2)有故障，断图是发管C子断路。
(3)正常导通。
(4)有故障，断图是有一个D开路，且电签C也开路。

10-7 (1)$I_z=26.3$ mA
(2)$I_z$超过$I_{z\max}$，减小$U_i$，配$R_L$，或者换大$R$

10-8 $R_L$为 375 Ω~1000 Ω

10-9 $k=13.2$，$I_o=300$ mA，$U_{DRM}=16.7\sqrt{2}$ V，$C=$1500 μF，$U_C \geq 16.7\sqrt{2}$ V

10-11 (1)$U_{o1}=45$ V，$U_{o2}=9$ V
(2)$I_{D1}=4.5$ mA，$I_{D2}=45$ mA，$U_{DRM1}=141$，4 V，$U_{DRM2}=U_{DRM3}=28.3$ V

10-12 (1)$U_{o-}=-12$ V，(2)$R_P=5$ kΩ

10-13 (1)$U_o$为15~25 V，(2)$U_{i\min}=18$ V

10-14 (1)$U_o=6$~18 V，(2)$I_o=2$ mA

10-15 $U_o=12$ V

## 习题 11

11-1 (1)$(45317)_{10}=4\times10^3+5\times10^2+1\times10^1$
$+7\times10^0$
(2)$(10110)_2=1\times2^4+0\times2^3+1\times2^2+1$
$\times2^1+0\times2^0$
(3)$(7A8F)_{16}=7\times16^3+10\times16^2+8\times$
$16^1+15\times16^0$

11-2 (1)$(10110011)_2=179$；(2)$(85D)_{16}=2141$

11-3 (1)$(85)_D=(55)_{16}$；(2)$(124)_D=(7C)_{16}$

11-4 (a)$Y=A+B+C$ 属于或非门电路；
(b)$Y=\overline{A+B}$ 属于或非门电路。

11-5 $Y_1=\overline{AB}\cdot\overline{B}\cdot\overline{C}$，$Y_2=AB+BC+CD$

11-6 $Y_1=A\cdot 1=A$，$Y_2=A+B+0=B$，$Y_3=\overline{ABC}$

11-7 $C=1$时，$y=\overline{AC}$，$C=0$时，$y=\overline{B}$

11-8 $C=1$时，$y=A$，$C=0$时，$y=B$，依此作出$Y$的波形。

## 习题 12

12-6 $Q=A\overline{Q}+\overline{B}Q$，功能为JK触发器

11-32 $Y=\overline{AC}+\overline{A}\ \overline{B}+B+C$

11-31 由真值表得，$y=AB+ACD$

11-30 (2)利用电路，$y_2=\overline{ABC}+A\ \overline{BC}+AB\ \overline{C}$

11-29 (1)利用电路，$y_1=\overline{ABC}+\overline{AB}\ \overline{C}+A\ \overline{BC}+ABC$

11-29 由真值表得，$y=\overline{B}+\overline{A}C$

11-28 红灯，$y_1=\overline{AB}+\overline{BC}+\overline{AC}$；黄灯，$y_2=\overline{AB}\ \overline{C}+\overline{ABC}+\overline{ABC}$

11-27 $Y=\overline{ABC}+\overline{A}\overline{B}C+\overline{A}BC+ABC$
$=\overline{Y_3}\cdot\overline{Y_5}\cdot\overline{Y_6}\cdot\overline{Y_7}$

11-26 $Y_1=A\ \overline{BC}+A\ \overline{B}\ \overline{C}=\overline{Y_1}\cdot\overline{Y_5}\cdot\overline{Y_7}$
$Y_2=A\ \overline{B}\ \overline{C}+AB\ \overline{C}=\overline{Y_1}\cdot\overline{Y_4}\cdot\overline{Y_6}$

11-25 $\overline{AB}C_{i+1}=\overline{AB}+\overline{AC}+BC$

11-24 由真值表得，$y=\overline{A}\ \overline{B}\ \overline{C}+\overline{AB}\ \overline{C}+A\ \overline{B}\ \overline{C}$

11-23 由真值表得，$y=\overline{B}+\overline{AB}$

11-22 由真值表得，$y=AB+\overline{AC}+AB$

11-21 由真值表得，$y=\overline{AB}\ \overline{C}+AC+AB$

11-20 逻辑式为，$y=AB+BC+AC$

11-19 逻辑式为，$y=\overline{AD}+\overline{AC}+CD$

11-17 $C=0$时，$y=1$，$C=1$时，$y=0$

11-16 非门1，$y=\overline{AA}=\overline{A}$；与门1，$y=\overline{AB}=AB$；或非门1，$y=\overline{A}\ \overline{B}$；或非门2，$y=\overline{AB}\cdot\overline{AB}$

11-15 (1)$Y=A+C$ (2)$Y=\overline{AB}+\overline{BC}$
(3)$Y=1$ (4)$Y=\overline{AB}+AD+BC$

11-14 (1)$Y=B$，(2)$Y=C+\overline{AD}$
(3)$Y=\overline{ABC}$，(4)$Y=A$

11-13 (1)$Y=\overline{ABC}+ABC+A\overline{BC}+\overline{ABC}$

12-9

波形图 CP, $Q_0$, $Q_1$

12-14  $f_{Q0}=1000$ Hz, $f_{Q1}=500$ Hz
12-15  用八个JK触发器组成一个四进制计数器
12-16  6 个稳定状态:
$$010 \to 000 \to 100$$
$$\uparrow \qquad\qquad \downarrow$$
$$101 \to 110 \to 001$$
12-17  三进制计数器和六进制计数器
12-18  五进制计数器
12-19  $Y=\overline{CP} \cdot Q_c$

12-20  (a)六进制计数器;(b)八进制计数器
12-21

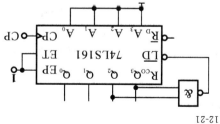

12-22  $R=909$ MΩ
12-23  $f_1=6.21\times10^3$ Hz, $D_1=0.52$; $f_2=11\times10^3$ Hz, $D_2=0.92$

# 参考文献

[1] 秦曾煌. 电工学[M]. 6版. 北京: 高等教育出版社, 2004.
[2] 张南. 电工学(少学时)[M]. 北京: 高等教育出版社, 2007.
[3] 唐介. 电工学(少学时)[M]. 北京: 高等教育出版社, 2005.
[4] 李维胜. 电路和电子技术[M]. 北京: 北京工业大学出版社, 2004.
[5] 沈伯弘. 电工与电子技术[M]. 北京: 清华大学出版社, 2005.
[6] 叶挺秀, 张伯尧. 电工电子学[M]. 北京: 高等教育出版社, 2004.
[7] 周长源, 黄勤, 黄丽瑕. 电工学[M]. 武汉: 华中科技大学出版社, 2003.
[8] 黄文娟, 刘晓玲, 郑玉良. 电工电子技术疑难指南与习题全解[M]. 武汉: 华中科技大学出版社, 2007.
[9] 张英梅, 田耀蓉. 电工电子技术学习指导[M]. 北京: 高等教育出版社, 2004.
[10] 陈菊红. 电工电子基础[M]. 北京: 化学工业出版社, 2004.
[11] 李守权. 电工电子技术[M]. 成都: 西南交通大学出版社, 2002.
[12] 刘蕴陶. 电工电子技术[M]. 北京: 高等教育出版社, 2005.
[13] 杨碧石. 电工电子技术[M]. 北京: 机械工业出版社, 2004.
[14] 林小青, 夏鼎. 电工电子技术[M]. 北京: 高等教育出版社, 2004.
[15] 王鼎, 王桂馨. 电工电子技术[M]. 北京: 机械工业出版社, 2006.
[16] 吴建强. 电工电子学题解精析[M]. 哈尔滨: 哈尔滨工业大学出版社, 2000.
[17] 殷瑞祥, 蒋和国. 电工电子技术——实验教程[M]. 北京: 机械工业出版社, 2007.
[18] 夏志东, 朱雪红. 电工实习指南与精解[M]. 上海: 上海交通大学出版社, 2005.
[19] 殷瑞祥, 刘明春. 电工电子基础实验教程[M]. 北京: 机械工业出版社, 2007.
[20] 杨振坤, 陈国联. 电工电子技术[M]. 西安: 西安交通大学出版社, 2007.
[21] 毕淑娥. 电工电子技术[M]. 北京: 清华大学出版社, 2007.
[22] 周元兴. 电工电子技术基础[M]. 北京: 高等教育出版社, 2005.
[23] 郑重春, 杨亮本, 姜湘岚. 电工电子技术基础[M]. 武汉: 华中科技大学出版社, 2005.
[24] 马全喜, 李久胜. 电工电子技术简明教程[M]. 北京: 中国水利水电出版社, 2005.
[25] 苏梓嘉. 电工电子实验教程[M]. 北京: 机械工业出版社, 2007.
[26] 丘文波, 张继祯. 电工与电子技术基础[M]. 广州: 华南理工大学出版社, 2003.
[27] 王桢璐, 吴春国, 周国水. 电路与电子学简明教程[M]. 武汉: 华中科技大学出版社, 2006.